“十二五”普通高等教育本科国家级规划教材
普通高等教育“十一五”国家级规划教材
普通高等教育电气工程与自动化类系列教材

现代控制理论基础

第3版

合肥工业大学　王孝武　主　编

机械工业出版社

本书为“十二五”普通高等教育本科国家级规划教材。

本书系统地介绍了状态空间法的基本理论与基本方法，包括系统分析的方法以及为了获得希望的系统瞬态性能和稳态性能的设计方法。除此之外，本书还介绍了系统最优控制中最基本的理论和方法。

本书的内容阐述循序渐进，富有启发性；论证与实例配合紧密；注意全书各章节之间内容的衔接，注意与经典控制理论中有关内容的联系，可读性好，便于自学。

本书配有免费电子课件，欢迎选用本书作教材的老师登录 www. cmpedu. com 注册下载。

本书是在原高等工业学校工业自动化专业教学指导委员会规划的工业自动化专业本科生教材的基础上修订的。可作为自动化、电气工程及其自动化、计算机科学与技术、电子信息工程、测控技术与仪器等专业本科生教材，也可供从事这些领域的工程技术人员参考。

图书在版编目（CIP）数据

现代控制理论基础/王孝武主编. —3 版. —北京：机械工业出版社，2013.7（2025.6 重印）

“十二五”普通高等教育本科国家级规划教材　普通高等教育“十一五”国家级规划教材

ISBN 978 - 7 - 111 - 42547 - 2

Ⅰ. ①现…　Ⅱ. ①王…　Ⅲ. ①现代控制理论 - 高等学校 - 教材　Ⅳ. ①O231

中国版本图书馆 CIP 数据核字（2013）第 102058 号

机械工业出版社（北京市百万庄大街 22 号　邮政编码 100037）

策划编辑：王雅新　责任编辑：王雅新

版式设计：霍永明　责任校对：刘秀丽

责任印制：单爱军

三河市航远印刷有限公司印刷

2025 年 6 月第 3 版 · 第 16 次印刷

184mm × 260mm · 19 印张 · 477 千字

标准书号：ISBN 978 - 7 - 111 - 42547 - 2

定价：59. 80 元

电话服务	网络服务
客服电话：010-88361066	机　工　官　网：www. cmpbook. com
010-88379833	机　工　官　博：weibo. com/cmp1952
010-68326294	金　　书　　网：www. golden-book. com
封底无防伪标均为盗版	机工教育服务网：www. cmpedu. com

前　　言

本书第1版1998年出版，2006年作为“十一五”国家级规划教材出版了第2版，2012年被评为“十二五”普通高等教育本科国家级规划教材。在保持第1、2版教材体系结构和基本特色的前提下，根据专业的发展趋势、教学改革的深入以及本书的使用情况作进一步修订。

本书在第2版教材内容的基础上增加了如下内容：

（1）输出反馈系统极点配置。

（2）带状态观测器的状态反馈系统控制结构的等效性。

（3）状态转移矩阵的性质的证明。

（4）最优控制一章中的考虑燃料消耗的快速系统。

修订后本书更加充实和完整，但仍是以状态空间模型描述的系统为主进行系统分析和综合。即分析系统在输入信号作用下的运动形态以及能控性、能观测性、稳定性等系统结构特性；研究状态反馈系统的极点配置，介绍了内模原理和鲁棒性概念，实现渐近跟踪与干扰抑制的综合方法。介绍了输出反馈系统极点配置的问题以及动态输出反馈系统极点配置的方法。介绍了状态观测器及其作为状态反馈应用的设计方法。对于具有关联的多输入-多输出系统，应用状态反馈解耦的方法。在本书第6章介绍了最优控制的基本理论和方法。

本书在编写方法上仍保持第1、2版的特色，从实例出发，引出问题，进而分析问题，解决问题。书中内容的阐述循序渐近，富有启发性；论证与实例配合紧密；注意各章节之间内容的呼应，注意与经典控制理论中一些内容的联系，可读性好，便于自学。

本书可以作为自动化、电气工程及其自动化、计算机科学与技术、电子信息工程、测控技术与仪器等专业本科生教材，也可供从事这些领域的工程技术人员参考。

本书主要内容由王孝武编写。其中单级倒立摆系统建模、分析和设计，MATLAB语言的应用和部分习题参考答案由张晓江编写。本书配有电子教案，由张晓江制作。欢迎选用本书为教材的老师登录http://www.cmpedu.com注册下载。

在本书修订时，得到合肥工业大学、机械工业出版社的资助以及合肥工业大学电气与自动化工程学院的大力支持和帮助，在此一并致谢。

由于编者的水平有限，书中的不妥和错误之处在所难免，恳请指正。

编　者

2013年2月于合肥

目　录

绪　论

0.1 自动控制与控制理论

控制理论是一门关于控制的科学。所谓控制就是把有目的性的作用组织起来，使某些被控制对象的运动不超越一定范围或按一定的规律变化等。自动控制是在不需要人直接参与的情况下有目的性的作用，而实现这种目的性作用的是自动控制系统或装置。

在人们生活的社会中，到处都可以看到控制过程。冶金工业、石化工业、机械制造工业、电力工业等，尤其是运载火箭、地球同步轨道卫星、宇宙飞船，不利用高度完善的自动控制系统是不可能实现的。现在，自动控制已经越出地球范围到达月球进而伸展到宇宙空间中去。不管这些控制过程发生在哪里，在人们制造的自动控制装置中也好，在当代社会经济或在动物或人的生命系统中也好，都会涉及控制过程所遵循的理论问题，这就是控制理论。控制理论是基于被控对象的数学模型，构建完成一定的任务要求的人造系统的普遍性理论和方法。控制理论中的核心问题是反馈和优化。反馈主要是指负反馈，是实现自动控制的主要方法。因为实际的被控对象及其环境总存在各种未知因素、不确定因素和不可预测因素，人们在设计控制规律时又不得不面对这些复杂因素作出决策。一般地说，系统实际运行的性能和希望的性能之间一定存在偏差，而通过传感器及其变换元件可以测量，适时地加以调整或修正。这是一个反复和适应的过程，从而有可能获得希望的性能。控制理论的主要任务之一是以定量方式研究如何设计有效的反馈控制规律来保证预期目标的实现。

应当指出，反馈控制的应用不仅仅是建立在系统数学模型基础上的，且还不完全受模型形式的限制。但对本书来说，仅限于研究基于系统数学模型的反馈控制。

对于任何一个控制过程，总希望得到最好的性能。这就要有一个指标并用这个指标去衡量所选用的控制方案是否为最优的方案或者采用的决策是否为最优决策。显然，这是一个诱人的控制问题。不过在考虑这个问题时，必须了解被控对象可能存在各种各样的限制，例如能量的限制、加速度的限制不能超过某个值等。一旦考虑到这些限制条件时，控制问题就是基于被控对象数学模型，在某个条件限制下寻求一个控制函数或控制规律，使系统在给定的性能指标下最优。例如最小时间控制问题、恒推力火箭发动机在给定时间内最大半径的轨道转移问题等。这就是最优控制（优化）问题。最优控制是建立在准确的数学模型基础上的。如果数学模型不准，就只能得到准最优的性能了。

控制理论来源于控制过程的实践，而控制理论又指导控制过程的实践。控制理论的作用正如著名科学家钱学森在《工程控制论》序言中写的：“建立这门技术科学，能赋予人们更宽阔、更缜密的眼光去观察老问题，为解决新问题开辟意想不到的新前景。”现在控制理论不仅在工程控制中得到广泛应用，而且已延伸到社会经济和生命科学的研究之中。

0.2 控制理论发展简况

理论来源于实践，又反过来指导实践。控制理论的发展过程也证明了这一点。在控制理论未形成之前，人们对控制理论中的一个最为重要的概念——反馈就有了认识，并利用它创造一些装置或机器，最有代表性的是 1765 年瓦特（J. Watt）发明了蒸汽机离心调速器。在使用过程中，发现在某些条件下，蒸汽机的速度有可能自发地产生剧烈的振荡。1868 年，物理学家麦克斯韦（J. C. Maxwell）解释了这种不稳定现象，并提出避免这种现象的调速器设计规则。通过线性常系数微分方程的系数和根的关系，推导出一个简单的代数判据。1877 年和 1895 年两位数学家罗斯（Routh）和赫尔维茨（Hurwitz）各自独立地提出了对于高阶微分方程描述的、较为复杂系统的稳定性代数判据，至今沿用。1892 年俄国数学家李亚甫诺夫（A. M. Ляпунов）发表了《论运动稳定性的一般问题》论著。他用严格的数学分析方法全面地论述了稳定性理论及方法，为控制理论奠定了坚实的基础。总之，这一时期的控制工程出现的问题多是稳定性问题，所用的数学工具是常系数微分方程。

1927 年布莱克（H. S. Black）发明了负反馈放大器。20 世纪 30 年代，美国贝尔实验室建设一个长距离电话网，需要配置高质量的高增益放大器。在使用中，放大器在某些条件下，会不稳定而变成振荡器。1932 年布莱克的放大器稳定性判据由奈奎斯特（H. Nyquist）提出。这是一个频率判据。它不仅可以判别系统稳定与否，而且给出稳定裕量。1940 年伯德（H. W. Bode）引入对数坐标系，使频率法更适合工程应用。1942 年哈里斯（H. Harris）引入了传递函数概念。1945 年伯德发表了《网络分析和反馈放大器设计》，奠定了自动控制理论的基础。1948 年依万斯（W. R. Evans）提出了根轨迹法，该法指出如何靠改变系统中的某些参数去改善反馈系统动态特性的方法。这是对奈奎斯特频率法的补充。在这个期间，尼科尔斯（N. Nishols）和菲利浦（R. Philips）介绍了随机噪声对系统性能的影响，其理论基础是建立在维纳（Wiener）滤波理论之上的；雷加基尼（Ragazzini）和查德（Zadeh）领导 40 多人研究了线性采样系统。至此，对单输入-单输出（单变量）线性定常系统为主要研究对象，以传递函数作为系统基本的描述，以频率法和根轨迹法作为系统分析和设计方法的自动控制理论建立起来了，通常称其为经典控制理论。由于这个理论采用频（复）域法研究，主要优点是：①与时域法相比，计算量小，而且有的工作可用作图法完成；②物理概念清晰；③可以用实验方法建立系统数学模型，因此受到工程技术人员的欢迎。有了理论指导，这时期的工业生产得到很快的发展。尤其是二次世界大战期间，军事上如飞机的自动导航，反情报雷达的研制，炮位跟踪系统等均应用了反馈控制理论。

到了 20 世纪 50 年代，世界进入了一个和平发展时期。核反应堆的控制、航空和航天的控制，尤其是后者，它的特点是飞行高度高、一次性飞行、精度要求高、控制参数多等。经典控制理论就显出它的局限性，难以用来解决复杂的控制问题。而此期间，计算机发展很快，高速、高精度的数字计算机相继推出，为控制理论的发展提供了强有力的工具。这时期，最优控制（Optimal Control）方法提出来了。其理论就是1956年苏联数学家庞德里亚金（Л. С. понтрягин）的极大值原理和1957年美国学者别尔曼（Bellman）的动态规划法。到了1959年在美国达拉斯（Dallas）召开的第一次自动控制年会上，卡尔曼（Kalman）及伯策姆（Bertram）严谨地介绍了非线性系统稳定性。在他们的论文中，用基于状态变量的系统方程来描述系统。他们讨论了自适应控制系统（Adaptive Control System）的问题，并首次提出了现代控制理论。随后，卡尔曼又发表了《控制系统的一般理论》、《线性估计和辨识问题的新结果》，奠定了现代控制理论的基础。现代控制理论以状态空间模型为基础，研究系统内部结构的关系，提出了能控性、能观测性等重要概念，提出了不少设计方法。首先获得实际应用的是20世纪60年代出现的各种空间技术，这在相当大的程度上依赖最优控制问题的解决，例如空间运载火箭用最少燃料消耗、最少时间送入轨道等等。然而把它用到一般工业控制中，却遇到了一些困难。原因是：①大多数工业对象和宇航问题不一样，其数学模型很难精确得到，系统的性能指标常给出一定范围，不便写成明确的数学表达式；②直接采用最优控制方法设计的控制器往往过于复杂，不便于实际应用；③工业上的应用，希望投资少，控制效果好。因此，20世纪70年代，在状态空间法蓬勃发展的同时，不少学者对频域法研究感兴趣，特别值得提出的是英国学者罗森布劳克（N. H. Rosenbrock），他系统地、开创性地研究了如何将单变量系统的频率法推广到多变量系统的设计中。他的著名论文“采用逆奈奎斯特阵列法设计多变量系统”，利用矩阵对角优势（Diagonal Dominant）概念，把一个多变量系统的设计转化为人们熟知的多个单变量系统的设计问题。这个方法的成功带来了频域法的复兴。20世纪70年代，相继又出现了梅奈（Mayne）的序列回差法，麦克法兰（Macfarlane）的特征轨迹法和欧文斯（Owens）的并矢展开法等，使频域法日趋完善，这些方法被称为现代频域法。它们的一个共同特点是把一个相关联的多输入-多输出系统的设计转化为多个单输入-单输出系统的设计问题，进而可以用任何一种经典控制理论中的方法完成系统的设计。显然对于广大熟悉单输入-单输出系统设计方法的人来说，具有很大的吸引力。

实际上控制系统的数学模型都是在一定条件下对真实系统的一个近似描述。由于模型参数是时变的，设计时对模型进行简化，存在干扰和噪声等都影响模型的准确性。一般地说，由它们引起的模型结构或参数不是明确而肯定的，故称为模型不确定性。对于要求高的控制系统就要考虑不确定性对系统性能的影响，于是出现鲁棒控制（Robust Control）。鲁棒控制对于存在模型不确定性系统来说，就是不考虑模型不确定性时系统有某个（些）性能；当考虑模型不确定时，仍保持原来的性能，则系统对模型不确定性来说有鲁棒性（Robustness）。这样的控制称为鲁棒控制。现在控制理论中该分支发展很快，方法很多。有兴趣的读者可阅读文献［26］。

0.3 现代控制理论的基本内容

现代控制理论的基本内容，主要包括四个方面：

（1）线性多变量系统理论。这是现代控制理论中最基础、最成熟的部分。它揭示系统的内在规律，从能控性、能观测性两个基本概念出发，研究系统的极点配置、状态观测器设计和抗干扰问题的一般理论。

（2）最优控制理论。在被控对象数学模型已知的情况下，寻求一个最优控制规律（或最优控制函数），使系统从某一个初始状态到达最终状态并使控制系统的性能在某种意义下是最优的。

（3）最优估计理论。在对象数学模型已知的情况下，最优估计理论研究的问题是如何从被噪声污染的观测数据中，确定系统的状态，并使这种估计在某种意义下是最优的。由于噪声是随机的，而且是非平稳随机过程（随机序列），这种情况下的状态估计是卡尔曼提出和解决的，故又称卡尔曼滤波。这种滤波方法是保证状态估计为线性无偏最小估计误差方差的估计。

（4）系统辨识与参数估计。这是基于对象的输入、输出数据在希望的估计准则下，建立与对象等价的动态系统（即建立对象的数学模型），由于数学模型一般是由阶数和参数决定的，因此，要决定系统的阶数和参数（即参数估计）。

0.4 本课程的基本任务

“现代控制理论基础”是自动化专业（本科）的一门重要的专业基础课。学习这门课程的目的在于掌握现代控制理论的基本理论和基本方法，以便进行系统分析和综合；同时，为进一步学习更深入的现代控制理论打下扎实的基础。所谓系统分析，就是指在规定的条件下，对数学模型已知的系统性能进行分析。系统分析包括定量分析和定性分析。定量分析是通过系统对某一输入信号的响应来分析系统性能的。定性分析是研究系统能控性、能观测性、稳定性和关联性等的结构特性。对系统结构特性的分析既是揭示系统特性本身，也是研究系统综合的需要。所谓系统综合，就是基于被控对象的数学模型和希望的瞬态、稳态、抗干扰等性能，选择合适的控制方法，形成一个完整的系统，实现并达到希望的系统性能。因此，系统综合是一个与系统分析相反的命题。系统综合也可以说是系统设计，不过是一个理论层面的设计，与工程实际的设计有差别。对于工程实际设计来说，不仅要解决理论上的设计，还要进行可实现性设计，包括确定控制线路类型、选择元器件和参数等。综合方法基于系统分析，故系统分析是十分重要的。

综上所述，本书的基本任务有两个：第一，用有效和简单可行的方法导出主要结果，得到有关系统分析和综合的方法；第二，使读者能够应用本书导出的结果去分析和综合具体的控制系统。

第 1 章　控制系统的数学模型

进行系统的分析和设计，首先要建立数学模型。根据系统分析、设计所用方法的不同，或所要解决的问题的不同，描述同一系统的数学模型也有所不同。本章介绍描述系统内部特性和端部特性的状态空间表达式以及只描述系统端部特性的传递函数（矩阵）。

1.1　状态空间表达式

1.1.1　状态、状态变量和状态空间

现以图 1-1 所示的电路为例，引出状态、状态变量和状态空间表达式。电压 $u(t)$ 为电路的输入量，电容上的电压 $u_C(t)$ 为电路的输出量。R、L、C 分别为电路的电阻、电感和电容。由电路理论可知，回路中的电流 $i(t)$ 和电容上电压 $u_C(t)$ 的变化规律满足如下方程

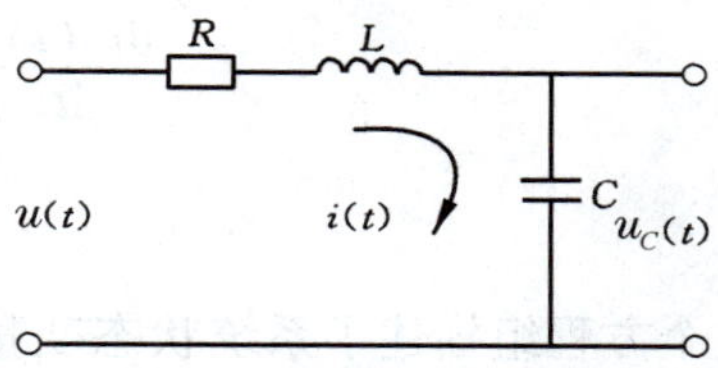

图　1-1

$$\left.\begin{aligned} L\frac{\mathrm{d}i(t)}{\mathrm{d}t} + Ri(t) + u_C(t) &= u(t) \\ \frac{1}{C}\int i(t)\,\mathrm{d}t &= u_C(t) \end{aligned}\right\} \tag{1-1}$$

求解这个微分方程组，出现两个积分常数。它们由初始条件

$$\left.\begin{aligned} i(t)\mid_{t=t_0} &= i(t_0) \\ u_C(t)\mid_{t=t_0} &= u_C(t_0) \end{aligned}\right\} \tag{1-2}$$

来确定。也就是说，欲知道 $i(t)$ 和 $u_C(t)$ 的变化规律，必须在知道初始值 $i(t_0)$、$u_C(t_0)$ 以及电路在 $t \geqslant t_0$ 时的输入量 $u(t)$ 的情况下，求解微分方程组(1-1)。因此，$i(t)$ 和 $u_C(t)$ 就可以表征这个电路的行为。若将 $i(t)$ 和 $u_C(t)$ 视为一组信息量，则这样一组信息量就称为**状态**。这组信息量中的每一个变量均是该电路的状态变量。

状态变量　系统的状态变量就是确定系统状态的最小一组变量。如果知道这些变量在任意初始时刻 t_0 的值以及 $t \geqslant t_0$ 的系统输入，便能完整地确定系统在时刻 t 的状态。这样一组最小的变量称为系统的状态变量。这里所说的“完整”是指系统所有可能的运动情况都能表示出来；所谓“最小”即是变量的个数最少，对于这个电路来说，选择 $i(t)$、$u_C(t)$ 这两个变量作为状态变量就够了。再增加一个变量，例如电流 $i(t)$ 的变化量

di/dt，对完整地确定电路的运动情况来说不必要；若去掉一个变量例如 $i(t)$，只选 $u_C(t)$ 一个变量作为状态变量，又不能完整地确定系统的全部运动情况。

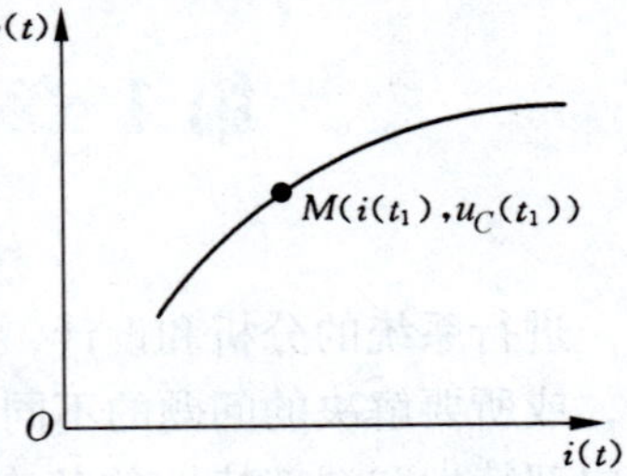

图 1-2

状态空间　以选择的一组状态变量为坐标轴而构成的正交空间，称为状态空间。对于上面的电路，选择了 $i(t)$、$u_C(t)$ 为状态变量，由 $i(t)$、$u_C(t)$ 为坐标轴构成的正交空间如图 1-2 所示（实际上是一个状态平面）。

系统在任意时刻的状态可以用状态空间中的一个点来表示。例如 t_1 时刻的状态，在状态空间中的表示为 $M(i(t_1)、u_C(t_1))$ 点。状态空间中状态转移的轨线称为状态轨线。它表征系统运动的行为或形态。

1.1.2　状态空间表达式

描述系统输入、输出和状态变量之间关系的方程组称为系统的状态空间表达式。针对图 1-1 的电路，方程组（1-1）可改写成

$$\frac{di(t)}{dt} = -\frac{R}{L}i(t) - \frac{u_C(t)}{L} + \frac{u(t)}{L}$$

$$\frac{du_C(t)}{dt} = \frac{1}{C}i(t)$$

这个方程组描述了系统状态变量和输入量之间的关系，称为电路的状态方程。换句话说，状态方程就是由状态变量、输入量和电路参数构成的一阶微分方程组。为了书写简便，统一处理，采用向量、矩阵形式表示。即

$$\begin{bmatrix} \dfrac{di(t)}{dt} \\ \dfrac{du_C(t)}{dt} \end{bmatrix} = \begin{bmatrix} -\dfrac{R}{L} & -\dfrac{1}{L} \\ \dfrac{1}{C} & 0 \end{bmatrix} \begin{bmatrix} i(t) \\ u_C(t) \end{bmatrix} + \begin{bmatrix} \dfrac{1}{L} \\ 0 \end{bmatrix} u(t) \tag{1-3a}$$

这是一个矩阵微分方程。

若将电容上电压 u_C 作为电路的输出量，则

$$u_C(t) = \begin{bmatrix} 0 & 1 \end{bmatrix} \begin{bmatrix} i(t) \\ u_C(t) \end{bmatrix} \tag{1-3b}$$

这是联系状态变量和输出量之间关系的方程，称为电路的输出方程或观测方程。这是一个矩阵代数方程。

如果令 $\boldsymbol{x} = \begin{bmatrix} i(t) \\ u_C(t) \end{bmatrix}$，$u = u(t)$，$y = u_C(t)$，$\boldsymbol{A} = \begin{bmatrix} -\dfrac{R}{L} & -\dfrac{1}{L} \\ \dfrac{1}{C} & 0 \end{bmatrix}$，$\boldsymbol{b} = \begin{bmatrix} \dfrac{1}{L} \\ 0 \end{bmatrix}$，

$\boldsymbol{C} = [0 \quad 1]$，则方程(1-3)可改写成

$$\left.\begin{aligned}\dot{\boldsymbol{x}} &= \boldsymbol{A}\boldsymbol{x} + \boldsymbol{b}u \\ y &= \boldsymbol{C}\boldsymbol{x}\end{aligned}\right\} \tag{1-4}$$

式中，$\boldsymbol{x}$ 为二维的状态向量；u 为标量输入；y 为标量输出；$\boldsymbol{A}$ 为 2×2 系数矩阵；$\boldsymbol{b}$ 为 2×1 输入矩阵；$\boldsymbol{C}$ 为 1×2 输出矩阵。如果将电路视为一个系统，则状态方程是描述系统状态变量和输入量之间动力学特性的方程，是矩阵微分方程；而输出方程是描述系统输出量和状态变量之间的变换关系，是矩阵代数方程。系统的状态方程和输出方程合称状态空间表达式或系统动态方程或系统方程，式（1-3）或式（1-4）就是图 1-1 所示系统的状态空间表达式。

现在将这个例子的分析结果推广到一般情况，如图 1-3 所示。

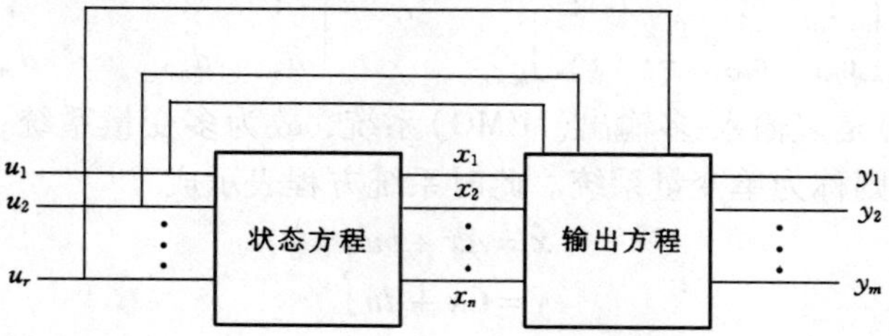

图　1-3

$\boldsymbol{x}$ 为 n 维状态向量，$\boldsymbol{u}$ 为 r 维输入向量，$\boldsymbol{y}$ 为 m 维输出向量，即

$$\boldsymbol{x}(t)=\begin{bmatrix}x_1(t)\\x_2(t)\\\vdots\\x_n(t)\end{bmatrix}，简记成\ \boldsymbol{x}=\begin{bmatrix}x_1\\x_2\\\vdots\\x_n\end{bmatrix}$$

$$\boldsymbol{u}(t)=\begin{bmatrix}u_1(t)\\u_2(t)\\\vdots\\u_r(t)\end{bmatrix}，简记成\ \boldsymbol{u}=\begin{bmatrix}u_1\\u_2\\\vdots\\u_r\end{bmatrix}$$

$$\boldsymbol{y}(t)=\begin{bmatrix}y_1(t)\\y_2(t)\\\vdots\\y_m(t)\end{bmatrix}，简记成\ \boldsymbol{y}=\begin{bmatrix}y_1\\y_2\\\vdots\\y_m\end{bmatrix}$$

则系统方程为

$$\left.\begin{aligned}\dot{\boldsymbol{x}} &= \boldsymbol{A}\boldsymbol{x} + \boldsymbol{B}\boldsymbol{u} \\ \boldsymbol{y} &= \boldsymbol{C}\boldsymbol{x} + \boldsymbol{D}\boldsymbol{u}\end{aligned}\right\} \tag{1-5}$$

式中，$\boldsymbol{A}$ 为 $n\times n$ 系数矩阵；$\boldsymbol{B}$ 为 $n\times r$ 输入矩阵；$\boldsymbol{C}$ 为 $m\times n$ 输出矩阵；$\boldsymbol{D}$ 为 $m\times r$ 直接传输矩阵，即

$$\boldsymbol{A}=\begin{bmatrix} a_{11} & a_{12} & \cdots & a_{1n} \\ a_{21} & a_{22} & \cdots & a_{2n} \\ \vdots & \vdots & & \vdots \\ a_{n1} & a_{n2} & \cdots & a_{nn} \end{bmatrix}_{n\times n} \quad \boldsymbol{B}=\begin{bmatrix} b_{11} & b_{12} & \cdots & b_{1r} \\ b_{21} & b_{22} & \cdots & b_{2r} \\ \vdots & \vdots & & \vdots \\ b_{n1} & b_{n2} & \cdots & b_{nr} \end{bmatrix}_{n\times r}$$

$$\boldsymbol{C}=\begin{bmatrix} c_{11} & c_{12} & \cdots & c_{1n} \\ c_{21} & c_{22} & \cdots & c_{2n} \\ \vdots & \vdots & & \vdots \\ c_{m1} & c_{m2} & \cdots & c_{mn} \end{bmatrix}_{m\times n} \quad \boldsymbol{D}=\begin{bmatrix} d_{11} & d_{12} & \cdots & d_{1r} \\ d_{21} & d_{22} & \cdots & d_{2r} \\ \vdots & \vdots & & \vdots \\ d_{m1} & d_{m2} & \cdots & d_{mr} \end{bmatrix}_{m\times r}$$

由于方程(1-5)是多输入-多输出(MIMO)系统，故为多变量系统；如果是单输入-单输出(SISO)系统，则称为单变量系统。此时系统方程表示成

$$\left.\begin{aligned} \dot{\boldsymbol{x}} &= \boldsymbol{A}\boldsymbol{x}+bu \\ y &= \boldsymbol{C}\boldsymbol{x}+du \end{aligned}\right\} \tag{1-6}$$

若方程(1-5)或方程(1-6)中的矩阵 $\boldsymbol{A}$、$\boldsymbol{B}$、$\boldsymbol{C}$、$\boldsymbol{D}$ 的诸元素是实常数时，则称这样的系统为线性定常系统或线性时不变系统。如果这些元素是时间 t 的函数，即

$$\left.\begin{aligned} \dot{\boldsymbol{x}} &= \boldsymbol{A}(t)\boldsymbol{x}+\boldsymbol{B}(t)\boldsymbol{u} \\ \boldsymbol{y} &= \boldsymbol{C}(t)\boldsymbol{x}+\boldsymbol{D}(t)\boldsymbol{u} \end{aligned}\right\} \tag{1-7}$$

则称系统为线性时变系统。其中 $\boldsymbol{x}$、$\boldsymbol{u}$、$\boldsymbol{y}$ 分别为 n、r、m 维的状态向量、输入向量和输出向量。$\boldsymbol{A}(t)$、$\boldsymbol{B}(t)$、$\boldsymbol{C}(t)$ 和 $\boldsymbol{D}(t)$ 为满足矩阵加(减)法、乘法运算的矩阵，即 $\boldsymbol{A}(t)$ 为 $n\times n$ 矩阵，$\boldsymbol{B}(t)$ 为 $n\times r$ 矩阵，$\boldsymbol{C}(t)$ 为 $m\times n$ 矩阵，$\boldsymbol{D}(t)$ 为 $m\times r$ 矩阵。

控制系统方程可用图形表示，称为系统的状态图。对于式（1-7）描述的线性时变系统其状态图如图 1-4a 所示。线性定常系统的状态图如图 1-4b 所示。图中符号 $\int$ 为积分运算。很显然，状态图是描述系统输入量、状态变量和输出量之间函数关系的图。它含有系统动态性能的全部信息。除用图 1-4 所示的状态图表示以外，还常用信号流图，如图 1-5 所示。比较两种状态图的表示法，可以毫无困难地从一种图形表示转换成另一种图形表示。因为用状态图来表示系统的结构，信号的传递与变换关系，形象而直观，便于应用，所以系统分析和设计常采用这种图示法。

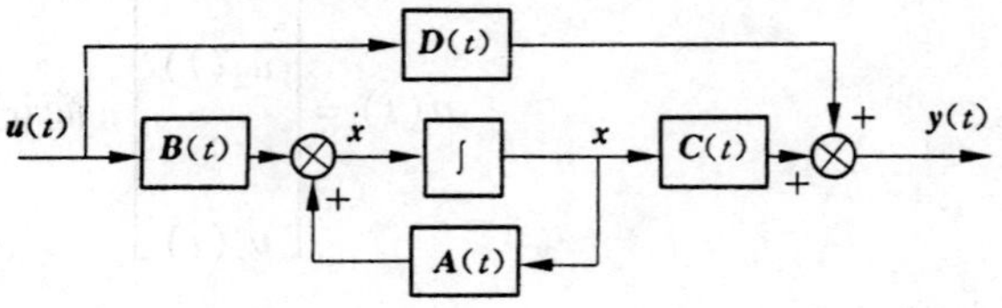

a)

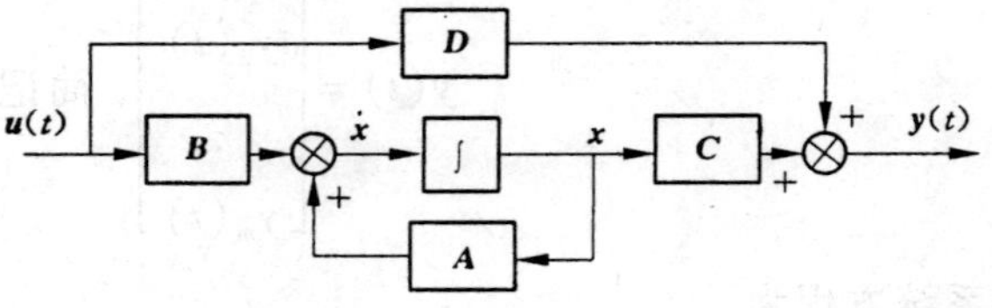

b)

图 1-4

严格地说，一切物理系统都是非线性系统。描述非线性系统输入量、状态变量和输出量之间关系的状态方程和输出方程为

$$\left.\begin{aligned}\dot{\boldsymbol{x}}&=\boldsymbol{f}(\boldsymbol{x},\ \boldsymbol{u},\ t)\\ \boldsymbol{y}&=\boldsymbol{g}(\boldsymbol{x},\ \boldsymbol{u},\ t)\end{aligned}\right\}\tag{1-8}$$

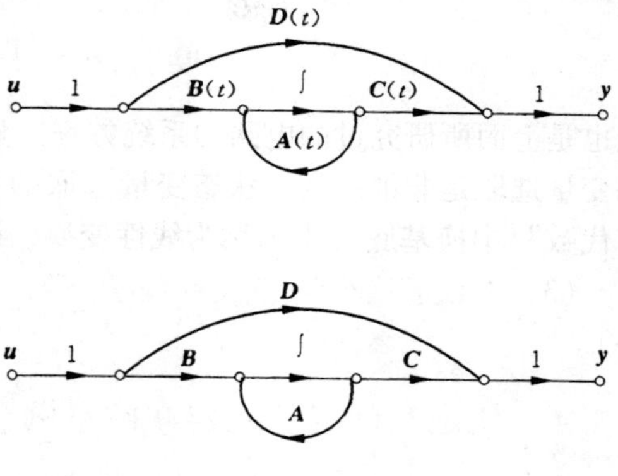

图 1-5

式中，$\boldsymbol{f}$ 为 n 维向量函数；$\boldsymbol{g}$ 为 m 维向量函数。这种系统的状态变量和输入量之间的关系，由非线性矩阵微分方程描述，输出量和状态变量之间的关系由非线性矩阵代数方程描述。式（1-8）所描述的系统称为非线性时变系统；如果非线性系统方程不显含时间 t，则称为非线性定常系统，其状态方程和输出方程为

$$\left.\begin{aligned}\dot{\boldsymbol{x}}&=\boldsymbol{f}(\boldsymbol{x},\ \boldsymbol{u})\\ \boldsymbol{y}&=\boldsymbol{g}(\boldsymbol{x},\ \boldsymbol{u})\end{aligned}\right\}\tag{1-9}$$

1.1.3 状态变量的选取

（1）状态变量的选取可以视所研究的问题性质和输入特性而定。从便于检测和控制角度考虑可以选择能测量到的物理量为状态变量；也可以选择那些为了分析、研究需要但却不能测量到的量为状态变量。当无特殊要求时，对于一个物理系统而言，通常可选择系统中反映独立储能元件状态的特征量作为状态变量。例如电路中电容两端的电压、流过电感的电流，机械系统中的速度和位置（转角）均可作为系统的状态变量。

（2）状态变量选取的非唯一性。同一个系统可以选取不同变量作为状态变量。例如图 1-1 所示的电路，经过简单的推导，得到电路的微分方程为

$$\frac{\mathrm{d}^2u_C}{\mathrm{d}t^2}+\frac{R}{L}\frac{\mathrm{d}u_C}{\mathrm{d}t}+\frac{1}{LC}u_C=\frac{1}{LC}u\tag{1-10}$$

如果选取电容上的电压 u_C 和 u_C 随时间变化率 $\mathrm{d}u_C/\mathrm{d}t$ 作为状态变量，则有

$$x_1=u_C$$

$$\dot{x}_1=\dot{u}_C=x_2$$

$$\dot{x}_2=\ddot{u}_C=-\frac{R}{L}x_2-\frac{1}{LC}x_1+\frac{1}{LC}u$$

记成向量、矩阵形式为

$$\begin{bmatrix}\dot{x}_1\\ \dot{x}_2\end{bmatrix}=\begin{bmatrix}0 & 1\\ -\dfrac{1}{LC} & -\dfrac{R}{L}\end{bmatrix}\begin{bmatrix}x_1\\ x_2\end{bmatrix}+\begin{bmatrix}0\\ \dfrac{1}{LC}\end{bmatrix}u\tag{1-11a}$$

选取 u_C 作为电路的输出量 y，则有

$$y=\begin{bmatrix}1 & 0\end{bmatrix}\begin{bmatrix}x_1\\x_2\end{bmatrix} \tag{1-11b}$$

这也是上面所研究过的电路的系统方程。显然它与式（1-3）形式不同。也就是说，状态变量选取是非惟一的。状态变量选取的不同，系统方程亦异。不过总可以利用“矩阵代数”中换基底（本书称为线性变换，详见本章1.5节）的方法，互相转换。

（3）系统状态变量的数目是唯一的。它等于系统微分方程的阶数（延迟元件除外）。

1.1.4 状态空间表达式建立的举例

例 1-1 建立图1-6所示的机械系统的状态空间表达式。系统由弹簧、质量块和阻尼器组成。阻尼器是一种产生粘性摩擦或阻尼的装置，它由活塞和充满油液的缸体组成。活塞杆和缸体之间的任何相对运动，都将受到油液的阻滞，因为这时油液必须从活塞的一端，经过活塞周围的间隙（或通过活塞上的专用小孔）流到活塞的另一端。阻尼器主要用来吸收系统的能量，被阻尼器吸收的能量转变为热量散失掉，而阻尼器本身不贮藏任何动能或位能。在质量块 m 上作用一个外力 F，质量块 m 的位移为 y。为了建立这个机械系统的状态空间表达式，设阻尼器的摩擦力与 $\dot{y}$ 成正比，并设弹簧为线性弹簧，即弹力与 y 成正比。

牛顿定律是机械系统的基本定律。对于图1-6所示的机械系统，根据牛顿第二定律有

$$\Sigma F = m\frac{\mathrm{d}^2y}{\mathrm{d}t^2} \tag{1-12}$$

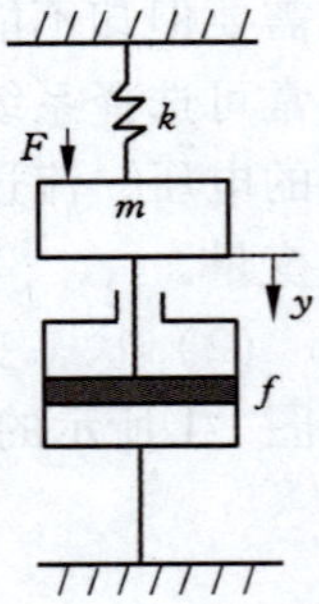

图 1-6

若 f 为粘性摩擦系数，k 表示弹簧刚度，则

$$\Sigma F = F - ky - f\frac{\mathrm{d}y}{\mathrm{d}t} = m\frac{\mathrm{d}^2y}{\mathrm{d}t^2}$$

或表示成

$$m\frac{\mathrm{d}^2y}{\mathrm{d}t^2} + f\frac{\mathrm{d}y}{\mathrm{d}t} + ky = F$$

如果选择位移 y 和速度 $\mathrm{d}y/\mathrm{d}t$ 为状态变量，而位移为系统的输出，力 F 为输入量，则有

$$x_1 = y$$

$$\dot{x}_1 = x_2 = \dot{y}$$

$$\dot{x}_2 = -\frac{k}{m}y - \frac{f}{m}\frac{\mathrm{d}y}{\mathrm{d}t} + \frac{1}{m}F = -\frac{k}{m}x_1 - \frac{f}{m}x_2 + \frac{1}{m}F$$

于是该机械系统的系统方程为

$$\begin{bmatrix}\dot{x}_1\\ \dot{x}_2\end{bmatrix}=\begin{bmatrix}0 & 1\\ -\dfrac{k}{m} & -\dfrac{f}{m}\end{bmatrix}\begin{bmatrix}x_1\\ x_2\end{bmatrix}+\begin{bmatrix}0\\ \dfrac{1}{m}\end{bmatrix}F \tag{1-13a}$$

$$y=\begin{bmatrix}1 & 0\end{bmatrix}\begin{bmatrix}x_1\\ x_2\end{bmatrix} \tag{1-13b}$$

该机械系统的状态图如图 1-7 所示。注意，如果将式（1-13）和式（1-11）比较一下可见，虽然一个是电路，一个是机械系统，但是它们具有相似的状态空间表达式。这与经典控制理论中的力-电压相似系统的结果是一致的。

例 1-2　建立图 1-8 所示的电枢控制直流他励电动机的状态空间表达式。

电动机电枢在供电电压 u_D 作用下，产生电流 i_D，转矩 T_D，使电动机轴以角速度 ω 带动粘性摩擦负载转动。

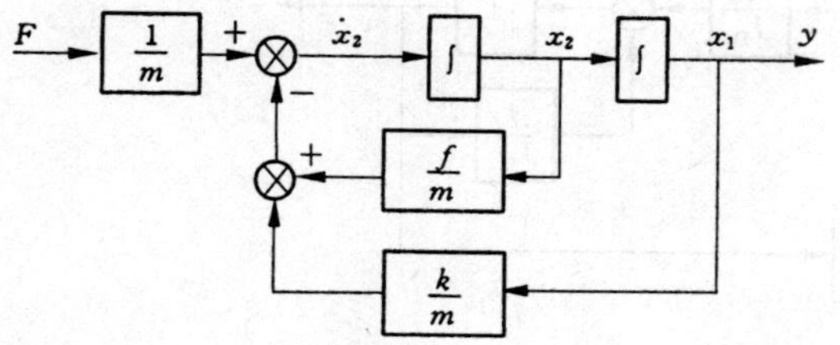

图　1-7

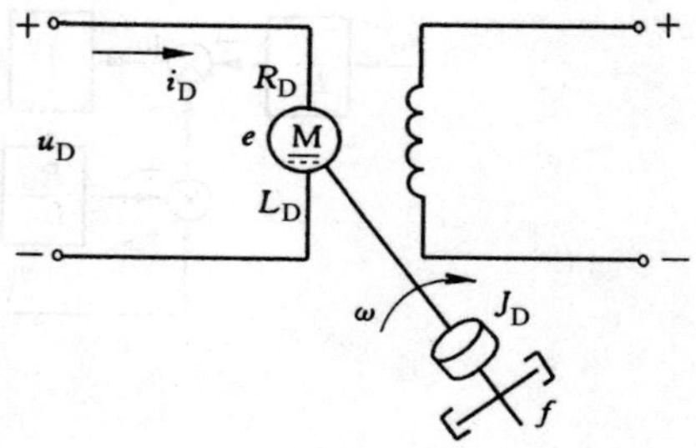

图　1-8

电枢回路的电压方程为

$$L_D\frac{\mathrm{d}i_D}{\mathrm{d}t}+R_Di_D+e=u_D$$

式中，R_D、L_D 分别为电动机电枢回路的电阻和电感。因为励磁电流保持不变，励磁磁通不变，所以电动机反电动势 $e=K_e\omega$, K_e 为电动势常数。

$$L_D\frac{\mathrm{d}i_D}{\mathrm{d}t}+R_Di_D+K_e\omega=u_D$$

系统运动方程式为

$$T_D-f\omega=J_D\frac{\mathrm{d}\omega}{\mathrm{d}t} \tag{1-14}$$

考虑电动机的电磁转矩 $T_D=K_mi_D$。K_m 为转矩常数。于是有

$$K_mi_D-f\omega=J_D\frac{\mathrm{d}\omega}{\mathrm{d}t} \tag{1-15}$$

式中，J_D 为电动机及负载折合到电动机轴上的转动惯量；f 为电动机及负载折合到电动机轴上的粘性摩擦系数。如果选取电流 i_D 和角速度 ω 为状态变量，角速度为电动机的输出量，电枢电压 u_D 为输入量，来建立状态空间表达式。则有

$$\frac{\mathrm{d}i_{\mathrm{D}}}{\mathrm{d}t}=-\frac{R_{\mathrm{D}}}{L_{\mathrm{D}}}i_{\mathrm{D}}-\frac{K_e}{L_{\mathrm{D}}}\omega+\frac{1}{L_{\mathrm{D}}}u_{\mathrm{D}}$$

$$\frac{\mathrm{d}\omega}{\mathrm{d}t}=\frac{K_m}{J_{\mathrm{D}}}i_{\mathrm{D}}-\frac{f}{J_{\mathrm{D}}}\omega$$

$$\begin{bmatrix}\dfrac{\mathrm{d}i_{\mathrm{D}}}{\mathrm{d}t}\\ \dfrac{\mathrm{d}\omega}{\mathrm{d}t}\end{bmatrix}=\begin{bmatrix}-\dfrac{R_{\mathrm{D}}}{L_{\mathrm{D}}} & -\dfrac{K_e}{L_{\mathrm{D}}}\\ \dfrac{K_m}{J_{\mathrm{D}}} & -\dfrac{f}{J_{\mathrm{D}}}\end{bmatrix}\begin{bmatrix}i_{\mathrm{D}}\\ \omega\end{bmatrix}+\begin{bmatrix}\dfrac{1}{L_{\mathrm{D}}}\\ 0\end{bmatrix}u_{\mathrm{D}} \tag{1-16a}$$

$$y=\begin{bmatrix}0 & 1\end{bmatrix}\begin{bmatrix}i_{\mathrm{D}}\\ \omega\end{bmatrix} \tag{1-16b}$$

状态图如图 1-9 所示。

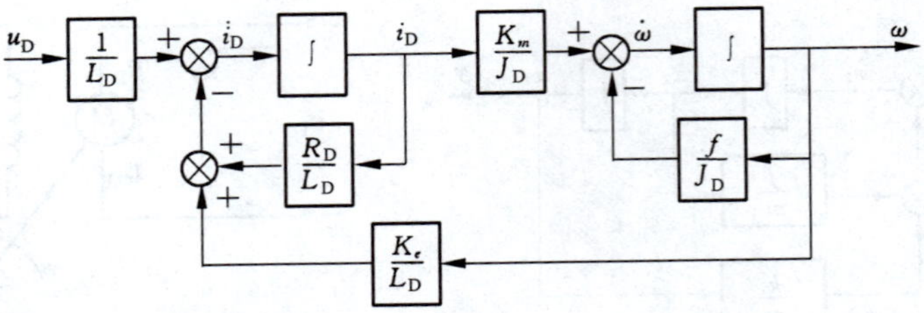

图 1-9

例 1-3 建立单级倒立摆系统的状态空间表达式。

单级倒立摆系统如图 1-10a 所示。一根长度为 l 的杆子，顶部有质量为 m 的小球，通过铰链支撑在质量为 M 的小车上，摆杆被限制在平面内摆动。一般情况下，摆杆保持在竖直位置是不可能的。为了使摆杆直立于车上，依靠一台伺服电动机通过滑轮、尼龙带驱动小车在轨道上左右移动，使摆杆保持在竖直方向上不倒下。轨道要严格安装在水平面上。这个单级倒立摆系统是许多重要的宇宙空间应用的一个简单模型。

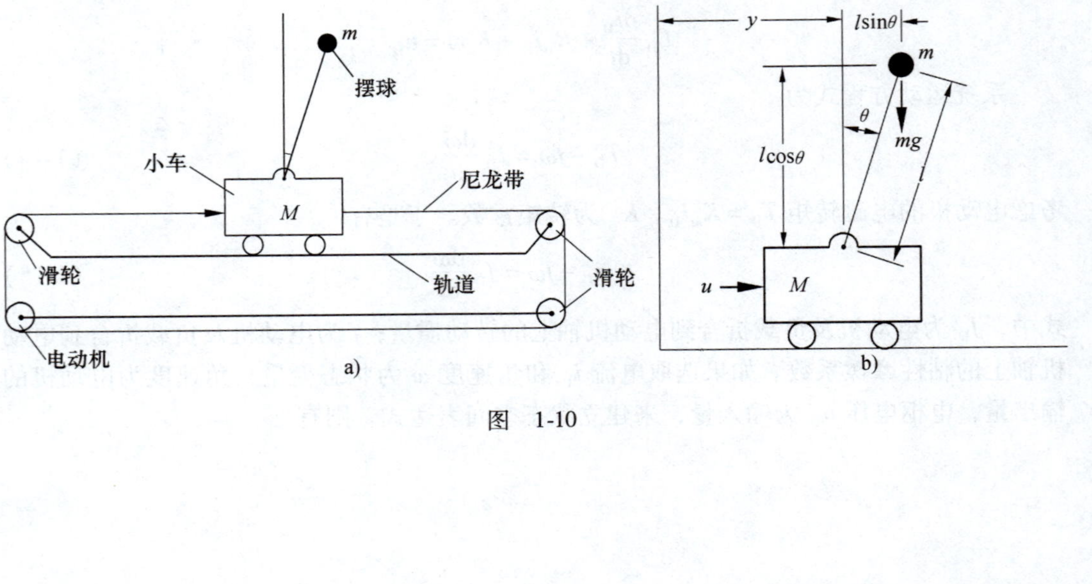

图 1-10

在建立单级倒立摆系统状态空间表达式时，将图 1-10a 改画为图 1-10b。

为了简单起见，建立系统状态空间表达式时，忽略杆子的质量、驱动小车的电动机本身的动力学特性、摩擦和风力等影响。在图 1-10b 所示的坐标下，小车的水平位置是 y，摆杆的偏离垂直位置的角度为 θ，摆球的水平位置为 $y+l\sin\theta$。这样，作为整个倒立摆系统来说，在水平方向，根据牛顿第二定律，得到

$$M\frac{\mathrm{d}^2y}{\mathrm{d}t^2}+m\frac{\mathrm{d}^2}{\mathrm{d}t^2}(y+l\sin\theta)=u$$

$$M\frac{\mathrm{d}^2y}{\mathrm{d}t^2}+m\frac{\mathrm{d}}{\mathrm{d}t}(\dot{y}+l\dot{\theta}\cos\theta)=u$$

$$M\frac{\mathrm{d}^2y}{\mathrm{d}t^2}+m\frac{\mathrm{d}^2}{\mathrm{d}t^2}y+ml\ddot{\theta}\cos\theta-ml\dot{\theta}^2\sin\theta=u$$

$$(M+m)\ddot{y}+ml\ddot{\theta}\cos\theta-ml\dot{\theta}^2\sin\theta=u \tag{1-17a}$$

对于摆球来说，在垂直于摆杆方向，由牛顿第二定律得到

$$m\frac{\mathrm{d}^2}{\mathrm{d}t^2}(y+l\sin\theta)=mg\sin\theta$$

$$m\frac{\mathrm{d}}{\mathrm{d}t}(\dot{y}+l\dot{\theta}\cos\theta)=mg\sin\theta$$

$$m\ddot{y}+ml\ddot{\theta}\cos\theta-ml\dot{\theta}^2\sin\theta=mg\sin\theta \tag{1-17b}$$

式中，g 为重力加速度。式(1-17a)、式(1-17b)是关于 θ、$\dot{\theta}$ 的非线性微分方程。考虑到加入控制 u，目的在于保持摆杆直立于车上。因此，可以假设 θ、$\dot{\theta}$ 值很小，接近于零。基于这种假设，就能使式(1-17a)、式(1-17b)在 $\theta=0$、$\dot{\theta}=0$、$u=0$ 处线性化，保留 θ、$\dot{\theta}$ 的一阶项，忽略 θ^2、$\dot{\theta}^2$ 和 $\theta\dot{\theta}$项。对三角函数作类似的简化，可得

$$\sin\theta=\theta-\frac{\theta^3}{3!}+\frac{\theta^5}{5!}-\cdots\approx\theta \tag{1-17c}$$

$$\cos\theta=1-\frac{\theta^2}{2!}+\frac{\theta^4}{4!}-\cdots\approx 1 \tag{1-17d}$$

将式(1-17c)、式(1-17d)代入式(1-17a)和式(1-17b)，得到

$$(M+m)\ddot{y}+ml\ddot{\theta}\approx u$$

$$m\ddot{y}+ml\ddot{\theta}\approx mg\theta$$

对上面两个式子联立求解，得到

$$\ddot{y}=-\frac{mg}{M}\theta+\frac{1}{M}u \tag{1-17e}$$

$$\ddot{\theta}=\frac{(M+m)g}{Ml}\theta-\frac{1}{Ml}u \tag{1-17f}$$

如果选择位移 y、速度 $\dot{y}$、角度 θ 和角速度 $\dot{\theta}$ 为系统的状态变量，位移 y 为系统的输出，控制力 u 为输入量，并令 $x_1=y$，$x_2=\dot{x}_1=\dot{y}$，$x_3=\theta$，$x_4=\dot{x}_3=\dot{\theta}$，则得到

$$\dot{x}_1 = \dot{y} = x_2$$

$$\dot{x}_2 = \ddot{y} = -\frac{mg}{M}x_3 + \frac{1}{M}u$$

$$x_3 = \theta$$

$$\dot{x}_3 = \dot{\theta} = x_4$$

$$\dot{x}_4 = \ddot{\theta} = \frac{(M+m)g}{Ml}x_3 - \frac{1}{Ml}u$$

记成向量、矩阵形式为

$$\begin{bmatrix} \dot{x}_1 \\ \dot{x}_2 \\ \dot{x}_3 \\ \dot{x}_4 \end{bmatrix} = \begin{bmatrix} 0 & 1 & 0 & 0 \\ 0 & 0 & -\dfrac{mg}{M} & 0 \\ 0 & 0 & 0 & 1 \\ 0 & 0 & \dfrac{(M+m)g}{Ml} & 0 \end{bmatrix} \begin{bmatrix} x_1 \\ x_2 \\ x_3 \\ x_4 \end{bmatrix} + \begin{bmatrix} 0 \\ \dfrac{1}{M} \\ 0 \\ -\dfrac{1}{Ml} \end{bmatrix} u \tag{1-18a}$$

$$\boldsymbol{y} = \begin{bmatrix} 1 & 0 & 0 & 0 \end{bmatrix} \begin{bmatrix} x_1 \\ x_2 \\ x_3 \\ x_4 \end{bmatrix} \tag{1-18b}$$

单级倒立摆系统的状态图如图 1-11 所示。

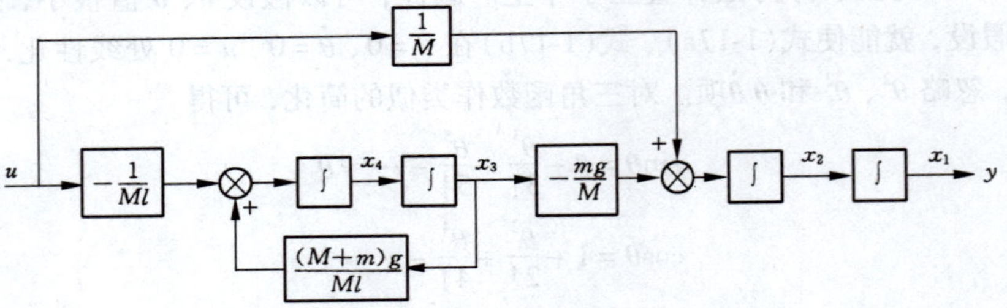

图 1-11

1.2 由微分方程求状态空间表达式

一个动力学系统，常用微分方程描述其输入和输出的关系。通过选取合适的状态变量，可以得到状态空间表达式。

1.2.1 微分方程中不含有输入信号导数项

若系统的微分方程为

$$\dddot{y} + a_2\ddot{y} + a_1\dot{y} + a_0 y = b_0 u \tag{1-19}$$

如果选取输出变量 y 及其导数 $\dot{y}$、$\ddot{y}$ 为一组状态变量，即

$$
\begin{aligned}
x_1 &= y \\
\dot{x}_1 &= x_2 = \dot{y} \\
\dot{x}_2 &= x_3 = \ddot{y} \\
\dot{x}_3 &= \dddot{y} = -a_2\ddot{y} - a_1\dot{y} - a_0 y + b_0 u \\
&= -a_2 x_3 - a_1 x_2 - a_0 x_1 + b_0 u
\end{aligned}
$$

于是方程(1-19)可以写成三个一阶微分方程，系统的状态方程为

$$
\begin{aligned}
\dot{x}_1 &= x_2 \\
\dot{x}_2 &= x_3 \\
\dot{x}_3 &= -a_2 x_3 - a_1 x_2 - a_0 x_1 + b_0 u
\end{aligned}
$$

或记成向量、矩阵形式

$$
\begin{bmatrix} \dot{x}_1 \\ \dot{x}_2 \\ \dot{x}_3 \end{bmatrix} = \begin{bmatrix} 0 & 1 & 0 \\ 0 & 0 & 1 \\ -a_0 & -a_1 & -a_2 \end{bmatrix} \begin{bmatrix} x_1 \\ x_2 \\ x_3 \end{bmatrix} + \begin{bmatrix} 0 \\ 0 \\ b_0 \end{bmatrix} u
$$

$$
y = \begin{bmatrix} 1 & 0 & 0 \end{bmatrix} \begin{bmatrix} x_1 \\ x_2 \\ x_3 \end{bmatrix} \tag{1-20}
$$

这就是系统的状态空间表达式。其状态图如图 1-12 所示。

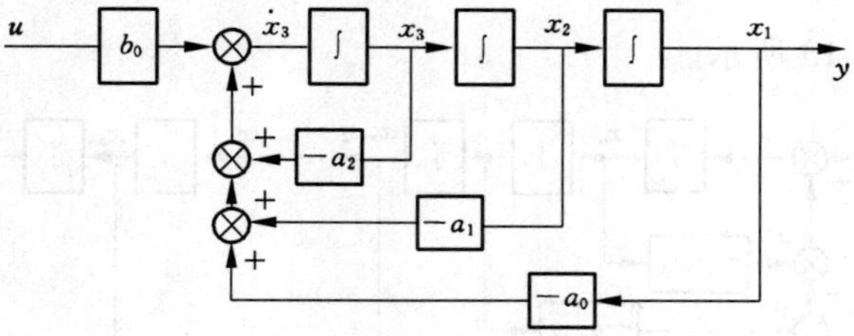

图 1-12

一般情况下，系统的输入和输出关系由 n 阶微分方程描述，即

$$
y^{(n)} + a_{n-1}y^{(n-1)} + a_{n-2}y^{(n-2)} + \cdots + a_2\ddot{y} + a_1\dot{y} + a_0 y = b_0 u \tag{1-21}
$$

如果选取系统输出变量 $y, \dot{y}, \ddot{y}, \cdots y^{(n-1)}$ 为状态变量，

$$
\begin{aligned}
x_1 &= y \\
\dot{x}_1 &= x_2 = \dot{y} \\
\dot{x}_2 &= x_3 = \ddot{y} \\
&\vdots \\
\dot{x}_{n-1} &= x_n = y^{(n-1)} \\
\dot{x}_n &= y^{(n)} = -a_{n-1}y^{(n-1)} - a_{n-2}y^{(n-2)} - \cdots - a_2\ddot{y} - a_1\dot{y} - a_0 y + b_0 u \\
&= -a_{n-1}x_n - a_{n-2}x_{n-1} - \cdots - a_2 x_3 - a_1 x_2 - a_0 x_1 + b_0 u
\end{aligned}
$$

则方程(1-21)可以写成 n 个一阶微分方程

$$
\begin{aligned}
\dot{x}_1 &= x_2 \\
\dot{x}_2 &= x_3 \\
&\vdots \\
\dot{x}_{n-1} &= x_n \\
\dot{x}_n &= -a_{n-1}x_n - a_{n-2}x_{n-1} - \cdots - a_2x_3 - a_1x_2 - a_0x_1 + b_0u
\end{aligned}
$$

记成向量、矩阵形式为

$$
\begin{bmatrix} \dot{x}_1 \\ \dot{x}_2 \\ \vdots \\ \dot{x}_{n-1} \\ \dot{x}_n \end{bmatrix} = \begin{bmatrix} 0 & 1 & 0 & 0 & \cdots & 0 \\ 0 & 0 & 1 & 0 & \cdots & 0 \\ \vdots & \vdots & \vdots & \vdots & & \vdots \\ 0 & 0 & 0 & 0 & \cdots & 1 \\ -a_0 & -a_1 & -a_2 & -a_3 & \cdots & -a_{n-1} \end{bmatrix} \begin{bmatrix} x_1 \\ x_2 \\ \vdots \\ x_{n-1} \\ x_n \end{bmatrix} + \begin{bmatrix} 0 \\ 0 \\ \vdots \\ 0 \\ b_0 \end{bmatrix} u \tag{1-22}
$$

$$
y = \begin{bmatrix} 1 & 0 & 0 & \cdots & 0 \end{bmatrix} \begin{bmatrix} x_1 \\ x_2 \\ \vdots \\ x_n \end{bmatrix}
$$

系统的状态图如图 1-13 所示。

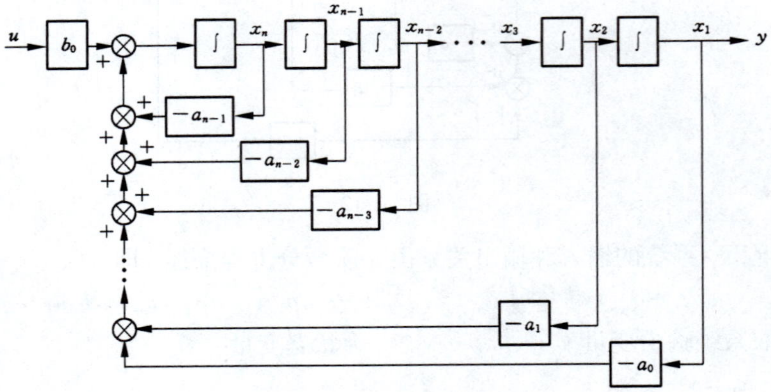

图　1-13

1.2.2　微分方程中含有输入信号的导数项

若系统微分方程为

$$
\dddot{y} + a_2\ddot{y} + a_1\dot{y} + a_0y = b_3\dddot{u} + b_2\ddot{u} + b_1\dot{u} + b_0u \tag{1-23}
$$

如果仍选取输出变量 y 及其导数 $\dot{y}$、$\ddot{y}$ 作为一组状态变量，则有

$$x_1 = y$$
$$\dot{x}_1 = x_2 = \dot{y}$$
$$\dot{x}_2 = x_3 = \ddot{y}$$
$$\dot{x}_3 = \dddot{y} = -a_2\ddot{y} - a_1\dot{y} - a_0 y + b_3\dddot{u} + b_2\ddot{u} + b_1\dot{u} + b_0 u$$

可见最后一个方程中包含 u 的导数项。这是不希望的。为了在系统状态方程中不出现 u 的导数项，状态变量可以这样来选择

$$\left.\begin{aligned} x_1 &= y - \beta_0 u \\ x_2 &= \dot{y} - \beta_0\dot{u} - \beta_1 u = \dot{x}_1 - \beta_1 u \\ x_3 &= \ddot{y} - \beta_0\ddot{u} - \beta_1\dot{u} - \beta_2 u = \dot{x}_2 - \beta_2 u \end{aligned}\right\} \tag{1-24}$$

再引入一个中间变量 x_4，且

$$x_4 = \dddot{y} - \beta_0\dddot{u} - \beta_1\ddot{u} - \beta_2\dot{u} - \beta_3 u = \dot{x}_3 - \beta_3 u \tag{1-25}$$

式(1-24)和式(1-25)中的 β_i 为待定的系数。由这两个式子得到

$$\left.\begin{aligned} y &= x_1 + \beta_0 u \\ \dot{y} &= x_2 + \beta_0\dot{u} + \beta_1 u \\ \ddot{y} &= x_3 + \beta_0\ddot{u} + \beta_1\dot{u} + \beta_2 u \\ \dddot{y} &= x_4 + \beta_0\dddot{u} + \beta_1\ddot{u} + \beta_2\dot{u} + \beta_3 u \end{aligned}\right\} \tag{1-26}$$

将式(1-26)代入式(1-23)，整理后得到

$$\begin{aligned} &(x_4 + a_2x_3 + a_1x_2 + a_0x_1) + \beta_0\dddot{u} + (\beta_1 + a_2\beta_0)\ddot{u} + \\ &(\beta_2 + a_2\beta_1 + a_1\beta_0)\dot{u} + (\beta_3 + a_2\beta_2 + a_1\beta_1 + a_0\beta_0)u \\ = &\, b_3\dddot{u} + b_2\ddot{u} + b_1\dot{u} + b_0 u \end{aligned}$$

上面方程等式两边同次幂项的系数应该相等，于是可以求得待定系数

$$\begin{aligned} \beta_0 &= b_3 \\ \beta_1 &= b_2 - a_2\beta_0 \\ \beta_2 &= b_1 - a_1\beta_0 - a_2\beta_1 \\ \beta_3 &= b_0 - a_0\beta_0 - a_1\beta_1 - a_2\beta_2 \end{aligned} \tag{1-27}$$

和

$$x_4 + a_2x_3 + a_1x_2 + a_0x_1 = 0 \tag{1-28}$$

考虑到式(1-25)，式(1-28)可写成

$$x_4 = -a_0x_1 - a_1x_2 - a_2x_3 = \dot{x}_3 - \beta_3 u \tag{1-29}$$

由方程组(1-24)和式(1-29)，得到系统的状态方程

$$\dot{x}_1 = x_2 + \beta_1 u$$
$$\dot{x}_2 = x_3 + \beta_2 u$$
$$\dot{x}_3 = -a_0x_1 - a_1x_2 - a_2x_3 + \beta_3 u$$

记成向量、矩阵形式为

$$\begin{bmatrix} \dot{x}_1 \\ \dot{x}_2 \\ \dot{x}_3 \end{bmatrix} = \begin{bmatrix} 0 & 1 & 0 \\ 0 & 0 & 1 \\ -a_0 & -a_1 & -a_2 \end{bmatrix} \begin{bmatrix} x_1 \\ x_2 \\ x_3 \end{bmatrix} + \begin{bmatrix} \beta_1 \\ \beta_2 \\ \beta_3 \end{bmatrix} u = \boldsymbol{Ax} + \boldsymbol{bu} \tag{1-30}$$

由方程组(1-24)中的第一方程，得到系统的输出方程

$$y = x_1 + \beta_0 u$$

$$= [1 \quad 0 \quad 0]\begin{bmatrix} x_1 \\ x_2 \\ x_3 \end{bmatrix} + \beta_0 u = \boldsymbol{Cx} + du \tag{1-31}$$

系统的状态图如图 1-14 所示。

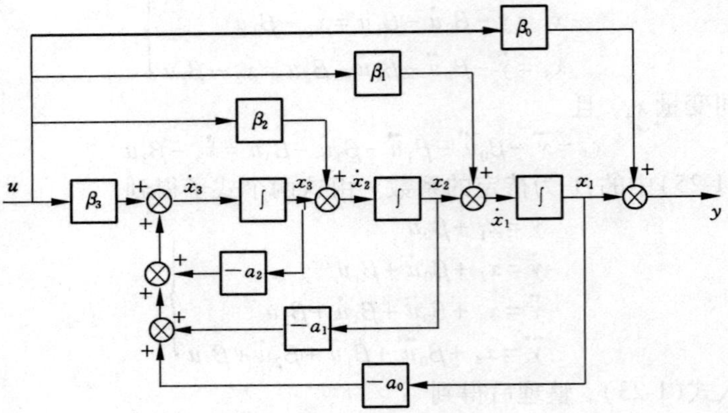

图 1-14

一般情况下，系统输入和输出关系由如下 n 阶微分方程描述

$$y^{(n)} + a_{n-1}y^{(n-1)} + a_{n-2}y^{(n-2)} + \cdots + a_2\ddot{y} + a_1\dot{y} + a_0 y$$
$$= b_n u^{(n)} + b_{n-1}u^{(n-1)} + \cdots + b_2\ddot{u} + b_1\dot{u} + b_0 u \tag{1-32}$$

类似方程组(1-24)选取 n 个状态变量为

$$\begin{aligned} x_1 &= y - \beta_0 u \\ x_2 &= \dot{x}_1 - \beta_1 u \\ x_3 &= \dot{x}_2 - \beta_2 u \\ &\vdots \\ x_n &= \dot{x}_{n-1} - \beta_{n-1} u \end{aligned} \tag{1-33}$$

则系统方程为

$$\begin{bmatrix} \dot{x}_1 \\ \dot{x}_2 \\ \vdots \\ \\ \dot{x}_n \end{bmatrix} = \begin{bmatrix} 0 & 1 & 0 & \cdots & 0 \\ 0 & 0 & 1 & \cdots & 0 \\ \vdots & \vdots & \vdots & & \vdots \\ 0 & 0 & 0 & \cdots & 1 \\ -a_0 & -a_1 & \cdots & \cdots & -a_{n-1} \end{bmatrix} \begin{bmatrix} x_1 \\ x_2 \\ \vdots \\ \\ x_n \end{bmatrix} + \begin{bmatrix} \beta_1 \\ \beta_2 \\ \vdots \\ \\ \beta_n \end{bmatrix} u \tag{1-34a}$$

$$y = [1 \quad 0 \quad \cdots \quad 0]\begin{bmatrix} x_1 \\ x_2 \\ \vdots \\ x_n \end{bmatrix} + \beta_0 u \tag{1-34b}$$

式中

$$\left.\begin{aligned} \beta_0 &= b_n \\ \beta_1 &= b_{n-1} - a_{n-1}\beta_0 \\ \beta_2 &= b_{n-2} - a_{n-2}\beta_0 - a_{n-1}\beta_1 \\ &\vdots \\ \beta_n &= b_0 - a_0\beta_0 - a_1\beta_1 - \cdots - a_{n-1}\beta_{n-1} \end{aligned}\right\} \tag{1-35}$$

系统的状态图如图 1-15 所示。

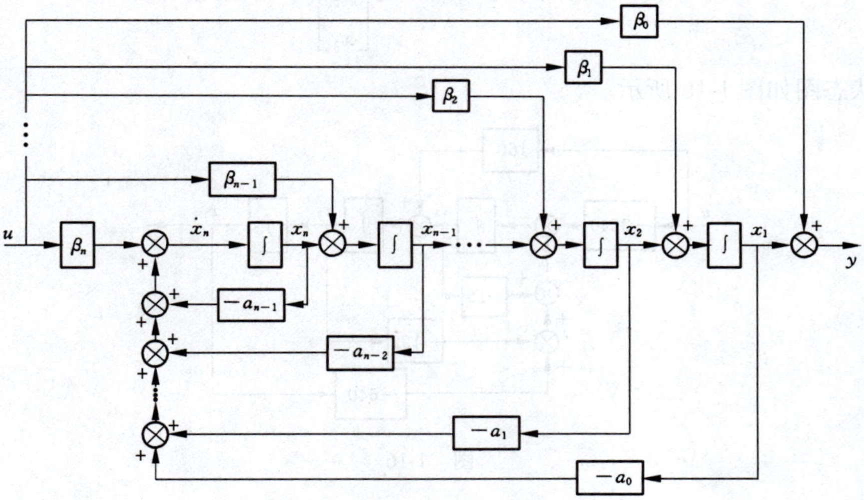

图 1-15

例 1-4 已知描述系统的输入和输出关系的微分方程为

$$\dddot{y} + 18\ddot{y} + 192\dot{y} + 640y = 160\dot{u} + 640u$$

试求系统的状态空间表达式。

解 参照式(1-33)

$$x_1 = y - \beta_0 u$$

$$x_2 = \dot{x}_1 - \beta_1 u$$

$$x_3 = \dot{x}_2 - \beta_2 u$$

其中，β_i 由式(1-35)确定

$$\beta_0 = b_n = b_3 = 0$$

$$\beta_1 = b_{n-1} - a_{n-1}\beta_0 = b_2 - a_2\beta_0 = 0$$

$$\beta_2 = b_1 - a_1\beta_0 - a_0\beta_1 = 160 - 192 \times 0 - 640 \times 0 = 160$$

$$\beta_3 = b_0 - a_0\beta_0 - a_1\beta_1 - a_2\beta_2 = 640 - 18 \times 160 = -2240$$

于是系统状态空间表达式为

$$\begin{bmatrix} \dot{x}_1 \\ \dot{x}_2 \\ \dot{x}_3 \end{bmatrix} = \begin{bmatrix} 0 & 1 & 0 \\ 0 & 0 & 1 \\ -640 & -192 & -18 \end{bmatrix} \begin{bmatrix} x_1 \\ x_2 \\ x_3 \end{bmatrix} + \begin{bmatrix} 0 \\ 160 \\ -2240 \end{bmatrix} u$$

$$\boldsymbol{y} = \begin{bmatrix} 1 & 0 & 0 \end{bmatrix} \begin{bmatrix} x_1 \\ x_2 \\ x_3 \end{bmatrix}$$

系统的状态图如图 1-16 所示。

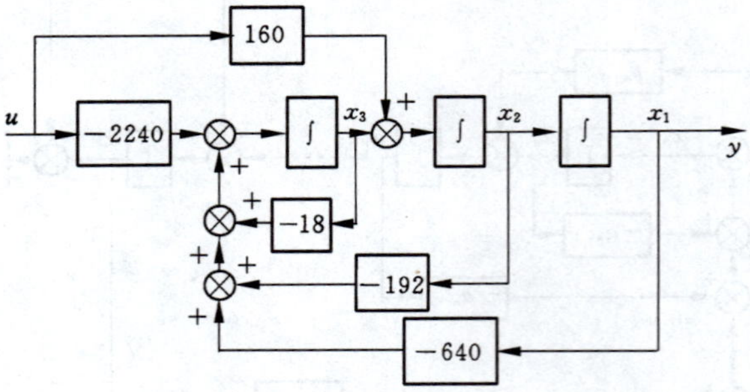

图 1-16

通过本节的学习可知，由微分方程求状态空间表达式时，选取状态变量必须考虑输入信号的性质。因此，把微分方程分为含有 u 的导数项与不含有 u 的导数项两种情况，为了保证状态方程中不含 u 的导数项，状态变量选取方法是不同的，而这两种情况下的状态方程中 $\boldsymbol{A}$ 阵是一样的，只是 $\boldsymbol{b}$ 阵的元素不同。

1.3 传递函数矩阵

在经典控制理论中，单输入-单输出线性定常数系统的传递函数，是系统初始松弛（初始条件为零的系统称初始松弛系统）时，输出量的拉普拉斯变换与输入量拉普拉斯变换之比。这是一种用系统结构和参数表示的线性定常系统的输入量和输出量之间的关系式，它表达了系统本身的特性。由于它是描述系统输入量和输出量之间的关系，有时称为系统的外部（端部）描述。

当线性定常系统输入量和输出量之间的关系是由微分方程给出时，只要对输入量和输出量及其导数进行拉普拉斯变换，令初始松弛，即可求出系统输出量和输入量之间的传递函数。如果给出系统状态空间表达式，也可以求出系统的传递函数。

1.3.1 传递函数

若单输入-单输出线性定常系统状态空间表达式为

$$\dot{\boldsymbol{x}} = \boldsymbol{A}\boldsymbol{x} + \boldsymbol{b}u \tag{1-36a}$$

$$y = \boldsymbol{C}\boldsymbol{x} + \boldsymbol{d}u \tag{1-36b}$$

式中，$\boldsymbol{x}$ 为 n 维状态向量；u 为标量输入；y 为标量输出；$\boldsymbol{A}$，$\boldsymbol{b}$，$\boldsymbol{C}$，$\boldsymbol{d}$ 为满足矩阵运算的矩阵。

对式(1-36a)进行拉普拉斯变换，得到

$$s\boldsymbol{x}(s) - \boldsymbol{x}(0) = \boldsymbol{A}\boldsymbol{x}(s) + \boldsymbol{b}u(s)$$

式中，$\boldsymbol{x}(0)$为系统初始状态。

$$[s\boldsymbol{I} - \boldsymbol{A}]\boldsymbol{x}(s) = \boldsymbol{b}u(s) + \boldsymbol{x}(0)$$

如果$[s\boldsymbol{I} - \boldsymbol{A}]^{-1}$存在，则

$$\boldsymbol{x}(s) = [s\boldsymbol{I} - \boldsymbol{A}]^{-1}\boldsymbol{b}u(s) + [s\boldsymbol{I} - \boldsymbol{A}]^{-1}\boldsymbol{x}(0)$$

若系统初始松弛，即 $\boldsymbol{x}(0) = 0$，有

$$\boldsymbol{x}(s) = [s\boldsymbol{I} - \boldsymbol{A}]^{-1}\boldsymbol{b}u(s) = \boldsymbol{G}_{xu}(s)u(s)$$

式中，$\boldsymbol{G}_{xu}(s)$称为状态变量对输入量的传递函数。

$$\boldsymbol{G}_{xu}(s) = [s\boldsymbol{I} - \boldsymbol{A}]^{-1}\boldsymbol{b} = \frac{\mathrm{adj}[s\boldsymbol{I} - \boldsymbol{A}]}{\det[s\boldsymbol{I} - \boldsymbol{A}]}\boldsymbol{b} \tag{1-37}$$

式中，$\mathrm{adj}[s\boldsymbol{I} - \boldsymbol{A}]$是矩阵$[s\boldsymbol{I} - \boldsymbol{A}]$的伴随矩阵；$\det[s\boldsymbol{I} - \boldsymbol{A}]$是矩阵$[s\boldsymbol{I} - \boldsymbol{A}]$的行列式。

对式(1-36b)进行拉普拉斯变换

$$\begin{aligned} y(s) &= \boldsymbol{C}\boldsymbol{x}(s) + \boldsymbol{d}u(s) \\ &= \boldsymbol{C}[s\boldsymbol{I} - \boldsymbol{A}]^{-1}\boldsymbol{b}u(s) + \boldsymbol{d}u(s) \\ &= \{\boldsymbol{C}[s\boldsymbol{I} - \boldsymbol{A}]^{-1}\boldsymbol{b} + \boldsymbol{d}\}u(s) = g_{yu}(s)u(s) \end{aligned} \tag{1-38}$$

式中，$g_{yu}(s)$称为系统输出量对输入量的传递函数，简称传递函数。

$$g_{yu}(s) = \boldsymbol{C}[s\boldsymbol{I} - \boldsymbol{A}]^{-1}\boldsymbol{b} + \boldsymbol{d} = \boldsymbol{C}\frac{\mathrm{adj}[s\boldsymbol{I} - \boldsymbol{A}]}{\det[s\boldsymbol{I} - \boldsymbol{A}]}\boldsymbol{b} + \boldsymbol{d} \tag{1-39}$$

例 1-5 系统状态空间表达式为

$$\dot{\boldsymbol{x}} = \begin{bmatrix} 0 & 1 \\ -6 & -5 \end{bmatrix}\boldsymbol{x} + \begin{bmatrix} 0 \\ 1 \end{bmatrix}u$$

$$y = [1 \quad 1]\boldsymbol{x}$$

求系统的传递函数。

解 由式(1-39)得

$$g(s)=C[sI-A]^{-1}b=[1\quad 1]\begin{bmatrix}s & -1\\ 6 & s+5\end{bmatrix}^{-1}\begin{bmatrix}0\\ 1\end{bmatrix}$$

$$=[1\quad 1]\frac{\mathrm{adj}\begin{bmatrix}s & -1\\ 6 & s+5\end{bmatrix}}{\det\begin{bmatrix}s & -1\\ 6 & s+5\end{bmatrix}}\begin{bmatrix}0\\ 1\end{bmatrix}$$

$$=[1\quad 1]\frac{\begin{bmatrix}s+5 & 1\\ -6 & s\end{bmatrix}}{s^2+5s+6}\begin{bmatrix}0\\ 1\end{bmatrix}=\frac{s+1}{s^2+5s+6}$$

例 1-6 求方程(1-18)描述的单级倒立摆系统的传递函数。

解 单级倒立摆系统的状态空间表达式已由系统方程(1-18)给出。其传递函数为

$$g(s)=\frac{y(s)}{u(s)}=C[sI-A]b=[1\quad 0\ \vdots\ 0\quad 0]\left[\begin{array}{cc:cc}s & -1 & 0 & 0\\ 0 & s & \frac{mg}{M} & 0\\ \hdashline 0 & 0 & s & -1\\ 0 & 0 & -\frac{(M+m)g}{Ml} & s\end{array}\right]^{-1}\left[\begin{array}{c}0\\ \frac{1}{M}\\ \hdashline 0\\ -\frac{1}{Ml}\end{array}\right]$$

上式中矩阵$[sI-A]$的维数为4×4，求逆阵时，计算比较繁琐。但如果将其分块，就成为分块三角形阵。令

$$[sI-A]=\bar{A}=\begin{bmatrix}\bar{A}_{11} & \bar{A}_{12}\\ 0 & \bar{A}_{22}\end{bmatrix}$$

式中，$\bar{A}_{11}=\begin{bmatrix}s & -1\\ 0 & s\end{bmatrix}$；$\bar{A}_{12}=\begin{bmatrix}0 & 0\\ \frac{Mg}{M} & 0\end{bmatrix}$；$\bar{A}_{22}=\begin{bmatrix}s & -1\\ -\frac{(M+m)g}{Ml} & s\end{bmatrix}$。$\bar{A}$的逆阵为

$$\bar{A}^{-1}=\begin{bmatrix}\bar{A}_{11}^{-1} & -\bar{A}_{11}^{-1}\bar{A}_{12}\bar{A}_{22}\\ 0 & \bar{A}_{22}^{-1}\end{bmatrix}$$

求出$\bar{A}_{11}^{-1}$、$\bar{A}_{22}^{-1}$代入$\bar{A}^{-1}$求出$[sI-A]$的逆阵。进而利用$g(s)$的表达式可以求出单级倒立摆系统传递函数为

$$g(s)=\frac{Mls^2-(M+m)g+mg}{Ms^2[Mls^2-(M+m)g]}$$

实际上对于给出单级倒立摆系统的状态图 1-11，可以据此较简单地求出$g(s)$。上述计算只是说明由式(1-39)计算传递函数的方法。

1.3.2 传递函数矩阵

对于图 1-3 所示的线性定常系统，状态空间表达式为

$$\left.\begin{aligned}\dot{\boldsymbol{x}}&=\boldsymbol{A}\boldsymbol{x}+\boldsymbol{B}\boldsymbol{u}\\ \boldsymbol{y}&=\boldsymbol{C}\boldsymbol{x}+\boldsymbol{D}\boldsymbol{u}\end{aligned}\right\} \tag{1-40}$$

式中，$\boldsymbol{x}$ 为 $n\times1$ 维状态向量；$\boldsymbol{u}$ 为 $r\times1$ 维输入向量；$\boldsymbol{y}$ 为 $m\times1$ 维输出向量；$\boldsymbol{A}$、$\boldsymbol{B}$、$\boldsymbol{C}$、$\boldsymbol{D}$ 为满足矩阵运算相应维数的矩阵。

对式(1-40)进行拉普拉斯变换

$$s\boldsymbol{x}(s)-\boldsymbol{x}(0)=\boldsymbol{A}\boldsymbol{x}(s)+\boldsymbol{B}\boldsymbol{u}(s)$$

$$[s\boldsymbol{I}-\boldsymbol{A}]\boldsymbol{x}(s)=\boldsymbol{B}\boldsymbol{u}(s)+\boldsymbol{x}(0)$$

如果$[s\boldsymbol{I}-\boldsymbol{A}]^{-1}$存在，则 $\boldsymbol{x}(s)=[s\boldsymbol{I}-\boldsymbol{A}]^{-1}\boldsymbol{B}\boldsymbol{u}(s)+[s\boldsymbol{I}-\boldsymbol{A}]^{-1}\boldsymbol{x}(0)$

若

$$\boldsymbol{x}(0)=0$$

有

$$\boldsymbol{x}(s)=[s\boldsymbol{I}-\boldsymbol{A}]^{-1}\boldsymbol{B}\boldsymbol{u}(s)=\boldsymbol{G}_{xu}(s)\boldsymbol{u}(s)$$

$$\boldsymbol{G}_{xu}(s)=[s\boldsymbol{I}-\boldsymbol{A}]^{-1}\boldsymbol{B}=\frac{\mathrm{adj}[s\boldsymbol{I}-\boldsymbol{A}]}{\det[s\boldsymbol{I}-\boldsymbol{A}]}\boldsymbol{B} \tag{1-41}$$

式中，$\boldsymbol{G}_{xu}(s)$为状态向量对输入向量传递函数矩阵，是一个 $n\times r$ 矩阵。

$$\begin{aligned}\boldsymbol{y}(s)&=\boldsymbol{C}\boldsymbol{x}(s)+\boldsymbol{D}\boldsymbol{u}(s)\\&=\boldsymbol{C}[s\boldsymbol{I}-\boldsymbol{A}]^{-1}\boldsymbol{B}\boldsymbol{u}(s)+\boldsymbol{D}\boldsymbol{u}(s)\\&=\{\boldsymbol{C}[s\boldsymbol{I}-\boldsymbol{A}]^{-1}\boldsymbol{B}+\boldsymbol{D}\}\boldsymbol{u}(s)=\boldsymbol{G}_{yu}(s)\boldsymbol{u}(s)\end{aligned} \tag{1-42}$$

$$\begin{aligned}\boldsymbol{G}_{yu}(s)&=\boldsymbol{C}[s\boldsymbol{I}-\boldsymbol{A}]^{-1}\boldsymbol{B}+\boldsymbol{D}\\&=\boldsymbol{C}\frac{\mathrm{adj}[s\boldsymbol{I}-\boldsymbol{A}]}{\det[s\boldsymbol{I}-\boldsymbol{A}]}\boldsymbol{B}+\boldsymbol{D}\end{aligned} \tag{1-43}$$

式中，$\boldsymbol{G}_{yu}(s)$为系统输出向量对输入向量的传递函数矩阵，简称传递函数矩阵，是一个 $m\times r$ 矩阵。其结构为

$$\boldsymbol{G}_{yu}(s)=\begin{bmatrix}g_{11}(s)&g_{12}(s)&\cdots&g_{1r}(s)\\g_{21}(s)&g_{22}(s)&\cdots&g_{2r}(s)\\\vdots&\vdots&&\vdots\\g_{m1}(s)&g_{m2}(s)&\cdots&g_{mr}(s)\end{bmatrix} \tag{1-44}$$

式中，$g_{ij}(s)$表示只有第 j 输入作用时第 i 个输出量 $y_i(s)$对第 j 个输入量 $u_j(s)$的传递函数($i=1,2,\cdots,m$; $j=1,2,\cdots,r$)。

例 1-7 线性定常系统状态空间表达式为

$$\dot{\boldsymbol{x}}=\begin{bmatrix}0&1&0\\0&-4&3\\-1&-1&-2\end{bmatrix}\boldsymbol{x}+\begin{bmatrix}0&0\\1&0\\0&1\end{bmatrix}\boldsymbol{u}$$

$$\boldsymbol{y}=\begin{bmatrix}1&0&0\\0&0&1\end{bmatrix}\boldsymbol{x}$$

求系统的传递函数矩阵。

解 由式(1-43)

$$G_{yu}(s)=C[sI-A]^{-1}B=\begin{bmatrix}1&0&0\\0&0&1\end{bmatrix}\begin{bmatrix}s&-1&0\\0&s+4&-3\\1&1&s+2\end{bmatrix}^{-1}\begin{bmatrix}0&0\\1&0\\0&1\end{bmatrix}$$

$$=\begin{bmatrix}1&0&0\\0&0&1\end{bmatrix}\frac{\begin{bmatrix}s^2+6s+11&s+2&3\\-3&s(s+2)&3s\\-(s+4)&-(s+1)&s(s+4)\end{bmatrix}\begin{bmatrix}0&0\\1&0\\0&1\end{bmatrix}}{s^3+6s^2+11s+3}$$

$$=\frac{1}{s^3+6s^2+11s+3}\begin{bmatrix}s+2&3\\-(s+1)&s(s+4)\end{bmatrix}$$

$$=\begin{bmatrix}\dfrac{s+2}{s^3+6s^2+11s+3}&\dfrac{3}{s^3+6s^2+11s+3}\\\dfrac{-(s+1)}{s^3+6s^2+11s+3}&\dfrac{s(s+4)}{s^3+6s^2+11s+3}\end{bmatrix}$$

当 $D=0$ 时，式(1-42)可展开为

$$\begin{bmatrix}y_1(s)\\y_2(s)\\\vdots\\y_m(s)\end{bmatrix}=\begin{bmatrix}g_{11}(s)&g_{12}(s)&\cdots&g_{1r}(s)\\g_{21}(s)&g_{22}(s)&\cdots&g_{2r}(s)\\\vdots&\vdots&&\vdots\\g_{m1}(s)&g_{m2}(s)&\cdots&g_{mr}(s)\end{bmatrix}\begin{bmatrix}u_1(s)\\u_2(s)\\\vdots\\u_r(s)\end{bmatrix}\tag{1-45}$$

如果 $G_{yu}(s)$ 不是对角矩阵，则多输入-多输出系统中的输入量和输出量之间就存在相互作用的耦合(或关联)关系。这种耦合关系，对控制来说是不方便的。如果消除第 i 个输出量和非第 i 个输入量之间的耦合关系，实现 $y_1(s)$ 只受 $u_1(s)$ 的作用，$y_2(s)$ 只受 $u_2(s)$ 的作用等，这种方法称为解耦。显然，解耦系统的传递函数矩阵必为对角矩阵。

1.3.3 正则(严格正则)有理传递函数(矩阵)

传递函数未必是 s 的有理函数。例如延迟系统的传递函数就不是 s 的有理函数，但本书只研究 s 的有理函数。若当 s 为∞时，$g_{ij}(\infty)$ 是有限常量，则称有理函数 $g_{ij}(s)$ 是正则的。若 $g_{ij}(\infty)=0$，则称 $g_{ij}(s)$ 是严格正则的。例如 $g(s)=s^2/(s^2+s+2)$ 是正则的传递函数，$g(s)=s^2/(s^3+2s^2+s+4)$ 是严格正则的传递函数，而 $g(s)=s^2/(s+1)$ 为非正则的传递函数。非正则传递函数描述的系统在实际的控制工程中是不能应用的，因为这时系统对高频噪声将会大幅度放大。例如 $g(s)=y(s)/u(s)=s$，这是一个微分器(非正则有理传递函数)。假如输入信号 u 为 $\cos t$，但受到高频噪声 $0.01\cos 1000t$ 的污染，即 $u(t)=\cos t+0.01\cos 1000t$，经过微分器输出

$$y(t)=\frac{\mathrm{d}}{\mathrm{d}t}u(t)=-\sin t-10\sin 1000t$$

可见，在微分器输入端，噪声的幅值只是输入信号幅值的百分之一，然而经过微分器（非正则有理传递函数）以后，其输出端噪声的幅值却是输入信号幅值的10倍，即

信噪比变得很小。

如何判断有理传递函数矩阵是正则、严格正则和非正则的方法与传递函数判断方法相同，即令 $s=\infty$ 代入有理传递函数矩阵

$$\lim_{s\to\infty}\boldsymbol{G}(s)=\begin{cases}\text{零阵} & \text{严格正则传递函数矩阵}\\ \text{非零常阵} & \text{正则传递函数矩阵}\\ \infty\text{阵} & \text{非正则传递函数矩阵}\end{cases}$$

1.3.4 闭环系统传递函数矩阵

如图 1-17 所示反馈系统，其前向通道的传递函数矩阵为 $\boldsymbol{G}(s)$，反馈通道的传递函数矩阵为 $\boldsymbol{H}(s)$。若误差向量为 $\boldsymbol{E}(s)$，则

$$\boldsymbol{E}(s)=\boldsymbol{u}(s)-\boldsymbol{B}(s) \tag{1-46}$$

$$\boldsymbol{B}(s)=\boldsymbol{H}(s)\boldsymbol{y}(s)=\boldsymbol{H}(s)\boldsymbol{G}(s)\boldsymbol{E}(s) \tag{1-47}$$

上式中的 $\boldsymbol{H}(s)\boldsymbol{G}(s)$ 为 $\boldsymbol{B}(s)$ 和 $\boldsymbol{E}(s)$ 之间的传递函数矩阵，称为系统开环传递函数矩阵。注意，元件串联时，总的传递函数矩阵是串联的各个元件传递函数矩阵的乘积（由于矩阵相乘，通常是不可交换的，所以矩阵相乘的顺序是很重要的）。

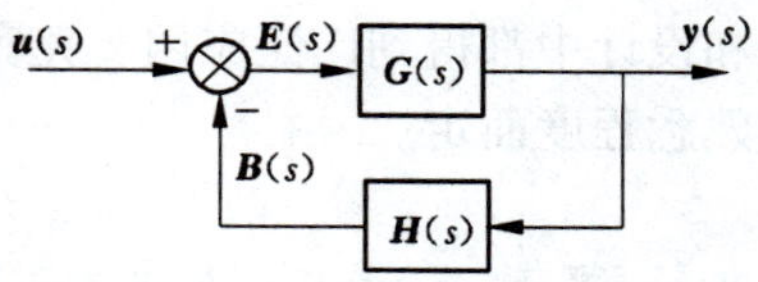

图 1-17

$$\boldsymbol{y}(s)=\boldsymbol{G}(s)[\boldsymbol{u}(s)-\boldsymbol{B}(s)]=\boldsymbol{G}(s)[\boldsymbol{u}(s)-\boldsymbol{H}(s)\boldsymbol{y}(s)]$$

上式可改写成

$$[\boldsymbol{I}+\boldsymbol{G}(s)\boldsymbol{H}(s)]\boldsymbol{y}(s)=\boldsymbol{G}(s)\boldsymbol{u}(s)$$

上式两边左乘 $[\boldsymbol{I}+\boldsymbol{G}(s)\boldsymbol{H}(s)]^{-1}$，可得

$$\boldsymbol{y}(s)=[\boldsymbol{I}+\boldsymbol{G}(s)\boldsymbol{H}(s)]^{-1}\boldsymbol{G}(s)\boldsymbol{u}(s) \tag{1-48}$$

于是闭环系统的传递矩阵为

$$\boldsymbol{G}_H(s)=[\boldsymbol{I}+\boldsymbol{G}(s)\boldsymbol{H}(s)]^{-1}\boldsymbol{G}(s) \tag{1-49}$$

或

$$\boldsymbol{G}_H(s)=\boldsymbol{G}(s)[\boldsymbol{I}+\boldsymbol{H}(s)\boldsymbol{G}(s)]^{-1} \tag{1-50}$$

1.3.5 传递函数（矩阵）描述和状态空间描述的比较

（1）传递函数是系统在初始松弛的假定下输入-输出间的关系描述。因此对于非初始松弛的系统，不能应用这种描述。若用传递函数去描述非初始松弛的系统，所能得到的将是不完全描述。状态空间表达式可以作为初始松弛系统的描述，也可以描述非初始松弛系统。

（2）传递函数适用于线性定常系统，不能应用到时变系统中去。而状态空间表达式可以在定常系统应用，也可以在时变系统中应用。

（3）对于机理不甚明确的复杂系统，建立状态空间表达式是很复杂的，有时是不可能的，然而借助超低频频率特性测试仪等，用实验方法可以求得系统频率特性，进而获得系统传递函数。这种方法往往是方便的、有效的。

(4) 在经典控制理论中，系统分析与设计都借助传递函数描述。但仅限于单输入-单输出系统，不能用于多输入-多输出系统；而状态空间表达式不仅用于单输入-单输出系统，而且可用于多输入-多输出系统，并有形式相同的公式。但是 20 世纪 70 年代，英国学者罗森布劳克（Rosenbrock）将频率特性法推广到多输入-多输出系统，建立了线性多变量系统的频域法，使得在状态空间表达式描述中得到的各种结果，一般地以传递函数矩阵描述也能得到，而在概念上和计算方法上更为简单。

(5) 传递函数只能给出系统的输出信息，而不能提供系统内部状态的信息。这就有可能出现这样一种情况，即系统是稳定的，但系统内部元件的某个（些）物理量有可能超过它们的额定值。状态空间表达式描述不仅可以给出系统输出信息，而且给出内部的状态信息。一般地说，状态变量的维数高于输出量的维数，即 $m \leqslant n$。因此在控制中，用状态实现控制，可调参数多，容易得到比较满意的系统性能。

综上所述，传递函数（矩阵）和状态空间表达式两种描述各有所长，在系统的分析和设计中都得到广泛应用。究竟选取哪种描述，应视所研究的问题以及对这两种描述的熟悉程度而定。

1.4 离散系统的数学描述

以上各节讨论的系统，输入和输出都是时间的连续函数，称之为连续系统。本节研究的是称为离散系统的另一类系统。这类系统的输入和输出仅定义在一些离散时间上，为了方便起见，假定离散时间是等间隔的并以 T 记之，称时间间隔 T 为采样周期。用 $u(k)$ 代表 $u(kT)$，$y(k)$ 代表 $y(kT)$，$k=0, 1, 2, \cdots$，分别表示系统的输入序列和输出序列，来建立系统的数学模型。

描述离散系统的数学模型有状态空间表达式和线性定常离散系统的脉冲传递函数（矩阵）。

1.4.1 状态空间表达式

1. 差分方程中不含有输入量差分项

线性定常离散系统的差分方程为

$$y(k+3)+a_2y(k+2)+a_1y(k+1)+a_0y(k)=b_0u(k) \tag{1-51}$$

如果选取 $y(k)$，$y(k+1)$，$y(k+2)$ 作为状态变量，令

$$\begin{aligned}
&x_1(k)=y(k)\\
&\quad x_1(k+1)=y(k+1)=x_2(k)\\
&\quad x_2(k+1)=y(k+2)=x_3(k)\\
&\quad x_3(k+1)=y(k+3)=-a_2y(k+2)-a_1y(k+1)-a_0y(k)+b_0u(k)\\
&\qquad\qquad\quad =-a_2x_3(k)-a_1x_2(k)-a_0x_1(k)+b_0u(k)
\end{aligned}$$

则系统的状态方程为

$$x_1(k+1)=x_2(k)$$
$$x_2(k+1)=x_3(k) \tag{1-52}$$
$$x_3(k+1)=-a_2x_3(k)-a_1x_2(k)-a_0x_1(k)+b_0u(k)$$

记成向量、矩阵形式为

$$\begin{bmatrix} x_1(k+1) \\ x_2(k+1) \\ x_3(k+1) \end{bmatrix}=\begin{bmatrix} 0 & 1 & 0 \\ 0 & 0 & 1 \\ -a_0 & -a_1 & -a_2 \end{bmatrix}\begin{bmatrix} x_1(k) \\ x_2(k) \\ x_3(k) \end{bmatrix}+\begin{bmatrix} 0 \\ 0 \\ b_0 \end{bmatrix}u(k) \tag{1-53}$$

或

$$\boldsymbol{x}(k+1)=\boldsymbol{G}\boldsymbol{x}(k)+\boldsymbol{H}u(k)$$

式中

$$\boldsymbol{x}(k)=\begin{bmatrix} x_1(k) \\ x_2(k) \\ x_3(k) \end{bmatrix},\ \boldsymbol{G}=\begin{bmatrix} 0 & 1 & 0 \\ 0 & 0 & 1 \\ -a_0 & -a_1 & -a_2 \end{bmatrix},\ \boldsymbol{H}=\begin{bmatrix} 0 \\ 0 \\ b_0 \end{bmatrix}$$

输出方程为

$$y(k)=[1\quad 0\quad 0]\begin{bmatrix} x_1(k) \\ x_2(k) \\ x_3(k) \end{bmatrix} \tag{1-54}$$

或 $y(k)=\boldsymbol{C}\boldsymbol{x}(k)$

其中 $\boldsymbol{C}=[1\quad 0\quad 0]$

系统的状态图如图 1-18 所示。图中 z^{-1} 表示单位延迟。

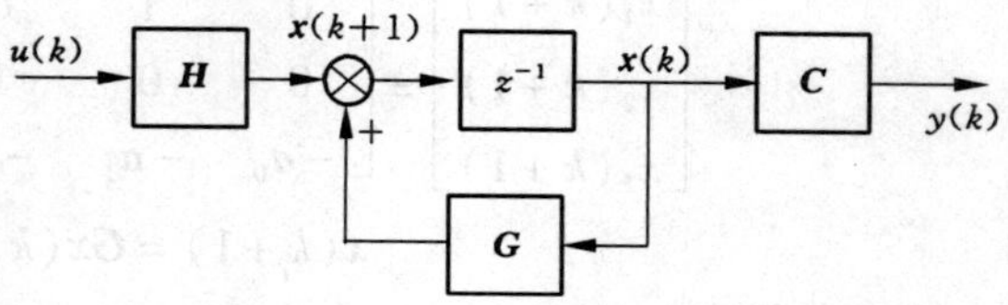

图 1-18

推广到 n 阶线性定常差分方程所描述的系统

$$y(k+n)+a_{n-1}y(k+n-1)+\cdots+a_2y(k+2)+a_1y(k+1)+a_0y(k)=b_0u(k) \tag{1-55}$$

这时，选取 $y(k)$，$y(k+1)$，…，$y(k+n-1)$ 为 n 个状态变量，则系统的状态方程为

$$\begin{bmatrix} x_1(k+1) \\ x_2(k+1) \\ \vdots \\ x_n(k+1) \end{bmatrix}=\begin{bmatrix} 0 & 1 & 0 & 0 & \cdots & 0 \\ 0 & 0 & 1 & 0 & \cdots & 0 \\ \vdots & \vdots & \vdots & \vdots & & \vdots \\ 0 & 0 & 0 & 0 & \cdots & 1 \\ -a_0 & -a_1 & & & \cdots & -a_{n-1} \end{bmatrix}\begin{bmatrix} x_1(k) \\ x_2(k) \\ \vdots \\ x_n(k) \end{bmatrix}+\begin{bmatrix} 0 \\ 0 \\ \vdots \\ 0 \\ b_0 \end{bmatrix}u(k) \tag{1-56}$$

输出方程为

$$y(k)=[1\quad 0\quad \cdots\quad 0]\begin{bmatrix} x_1(k) \\ x_2(k) \\ \vdots \\ x_n(k) \end{bmatrix} \tag{1-57}$$

2. 差分方程中含有输入量的差分项

为了简便，并不失一般性，研究三阶线性定常差分方程

$$\begin{aligned}&y(k+3)+a_2y(k+2)+a_1y(k+1)+a_0y(k)\\&=b_3u(k+3)+b_2u(k+2)+b_1u(k+1)+b_0u(k)\end{aligned}\tag{1-58}$$

类似于连续系统选取状态变量的方法，即

$$\left.\begin{aligned}x_1(k)&=y(k)-\beta_0u(k)\\x_2(k)&=y(k+1)-\beta_0u(k+1)-\beta_1u(k)=x_1(k+1)-\beta_1u(k)\\x_3(k)&=y(k+2)-\beta_0u(k+2)-\beta_1u(k+1)-\beta_2u(k)\\&=x_2(k+1)-\beta_2u(k)\end{aligned}\right\}\tag{1-59}$$

式中待定系数 β_i 可按下列方程求得

$$\left.\begin{aligned}\beta_0&=b_3\\\beta_1&=b_2-a_2\beta_0\\\beta_2&=b_1-a_1\beta_0-a_2\beta_1\\\beta_3&=b_0-a_0\beta_0-a_1\beta_1-a_2\beta_2\end{aligned}\right\}\tag{1-60}$$

系统的状态方程为

$$\begin{bmatrix}x_1(k+1)\\x_2(k+1)\\x_3(k+1)\end{bmatrix}=\begin{bmatrix}0&1&0\\0&0&1\\-a_0&-a_1&-a_2\end{bmatrix}\begin{bmatrix}x_1(k)\\x_2(k)\\x_3(k)\end{bmatrix}+\begin{bmatrix}\beta_1\\\beta_2\\\beta_3\end{bmatrix}u(k)\tag{1-61}$$

即
$$\boldsymbol{x}(k+1)=\boldsymbol{G}\boldsymbol{x}(k)+\boldsymbol{H}u(k)$$

输出方程为

$$y(k)=[1\quad 0\quad 0]\begin{bmatrix}x_1(k)\\x_2(k)\\x_n(k)\end{bmatrix}+\beta_0u(k)\tag{1-62}$$

即
$$y(k)=\boldsymbol{C}\boldsymbol{x}(k)+du(k)$$

系统状态图如图 1-19 所示。

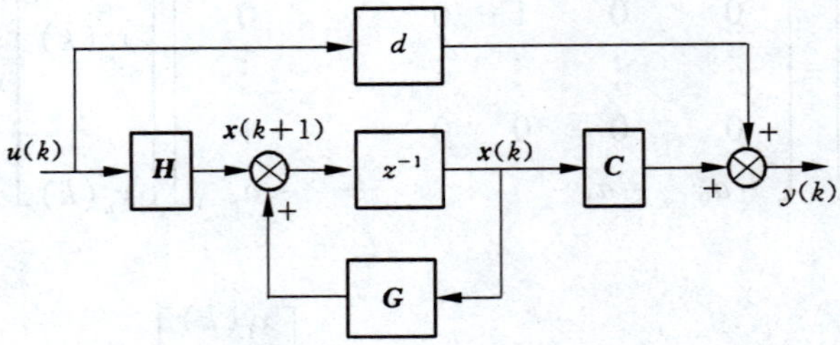

图 1-19

例 1-8 已知线性定常离散系统差分方程为

$$y(k+3)+4y(k+2)+3y(k+1)+y(k)$$
$$=u(k+3)+2u(k+2)+u(k+1)+3u(k)$$

试求其状态空间表达式。

解 $\beta_0=b_3=1$

$\beta_1=b_2-a_2\beta_0=2-4\times1=-2$

$\beta_2=b_1-a_1\beta_0-a_2\beta_1=1-3\times1-4\times(-2)=6$

$\beta_3=b_0-a_0\beta_0-a_1\beta_1-a_2\beta_2=3-1\times1-3\times(-2)-4\times6=-16$

故
$$\begin{bmatrix}x_1(k+1)\\x_2(k+1)\\x_3(k+1)\end{bmatrix}=\begin{bmatrix}0&1&0\\0&0&1\\-1&-3&-4\end{bmatrix}\begin{bmatrix}x_1(k)\\x_2(k)\\x_3(k)\end{bmatrix}+\begin{bmatrix}-2\\6\\-16\end{bmatrix}u(k)$$

$$y(k)=\begin{bmatrix}1&0&0\end{bmatrix}\begin{bmatrix}x_1(k)\\x_2(k)\\x_3(k)\end{bmatrix}+u(k)$$

状态图如图 1-20 所示。

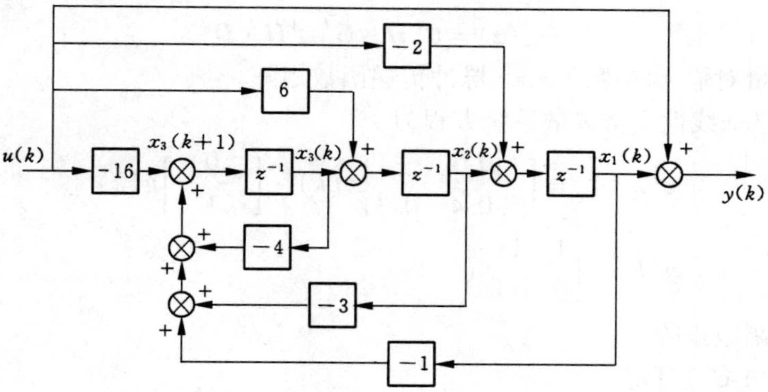

图 1-20

多输入-多输出线性时变离散系统的状态空间表达式为

$$\left.\begin{aligned}\boldsymbol{x}(k+1)&=\boldsymbol{G}(k)\boldsymbol{x}(k)+\boldsymbol{H}(k)\boldsymbol{u}(k)\\\boldsymbol{y}(k)&=\boldsymbol{C}(k)\boldsymbol{x}(k)+\boldsymbol{D}(k)\boldsymbol{u}(k)\end{aligned}\right\}\tag{1-63}$$

其中，$\boldsymbol{x}(k)$为 n 维状态向量；$\boldsymbol{u}(k)$为 r 维输入向量；$\boldsymbol{y}(k)$为 m 维输出向量；$\boldsymbol{G}(k)$，$\boldsymbol{H}(k)$，$\boldsymbol{C}(k)$和$\boldsymbol{D}(k)$为满足矩阵运算的矩阵。当$\boldsymbol{G}(k)$、$\boldsymbol{H}(k)$、$\boldsymbol{C}(k)$和$\boldsymbol{D}(k)$的诸元素与时刻 k 无关时，即得到线性定常离散系统状态空间表达式

$$\begin{aligned}\boldsymbol{x}(k+1)&=\boldsymbol{Gx}(k)+\boldsymbol{Hu}(k)\\\boldsymbol{y}(k)&=\boldsymbol{Cx}(k)+\boldsymbol{Du}(k)\end{aligned}\tag{1-64}$$

1.4.2 脉冲传递函数(矩阵)

对于描述线性定常离散系统的差分方程，通过 z 变换，在系统初始松弛时，可求得系统的脉冲传递函数(矩阵)。而当给出系统状态空间表达式时，通过 z 变换也可以得到脉冲传递函数(矩阵)。

将方程(1-64)进行 z 变换得

$$z\boldsymbol{x}(z)-z\boldsymbol{x}(0)=\boldsymbol{G}\boldsymbol{x}(z)+\boldsymbol{H}\boldsymbol{u}(z)$$

式中，$\boldsymbol{x}(0)$ 为初始状态

$$[z\boldsymbol{I}-\boldsymbol{G}]\boldsymbol{x}(z)=\boldsymbol{H}\boldsymbol{u}(z)+z\boldsymbol{x}(0)$$

如果 $[z\boldsymbol{I}-\boldsymbol{G}]^{-1}$ 存在，则

$$\boldsymbol{x}(z)=[z\boldsymbol{I}-\boldsymbol{G}]^{-1}\boldsymbol{H}\boldsymbol{u}(z)+[z\boldsymbol{I}-\boldsymbol{G}]^{-1}z\boldsymbol{x}(0)$$

当初始松弛时，$\boldsymbol{x}(0)=0$

$$\boldsymbol{x}(z)=[z\boldsymbol{I}-\boldsymbol{G}]^{-1}\boldsymbol{H}\boldsymbol{u}(z)=\boldsymbol{G}_{xu}(z)\boldsymbol{u}(z) \tag{1-65}$$

式中，$\boldsymbol{G}_{xu}(z)=[z\boldsymbol{I}-\boldsymbol{G}]^{-1}\boldsymbol{H}$ 为系统状态向量对输入向量的 $n\times r$ 脉冲传递函数矩阵。

$$\begin{aligned}\boldsymbol{y}(z)&=\boldsymbol{C}\boldsymbol{x}(z)+\boldsymbol{D}\boldsymbol{u}(z)\\&=\boldsymbol{C}[z\boldsymbol{I}-\boldsymbol{G}]^{-1}\boldsymbol{H}\boldsymbol{u}(z)+\boldsymbol{D}\boldsymbol{u}(z)\\&=\{\boldsymbol{C}[z\boldsymbol{I}-\boldsymbol{G}]^{-1}\boldsymbol{H}+\boldsymbol{D}\}\boldsymbol{u}(z)=\boldsymbol{G}_{yu}(z)\boldsymbol{u}(z)\end{aligned} \tag{1-66}$$

式中

$$\boldsymbol{G}_{yu}(z)=\boldsymbol{C}[z\boldsymbol{I}-\boldsymbol{G}]^{-1}\boldsymbol{H}+\boldsymbol{D} \tag{1-67}$$

为系统输出向量对输入向量的 $m\times r$ 脉冲传递函数矩阵。

例 1-9 已知线性定常离散系统方程为

$$\boldsymbol{x}(k+1)=\begin{bmatrix}0 & -1\\ -0.4 & 0.3\end{bmatrix}\boldsymbol{x}(k)+\begin{bmatrix}0\\1\end{bmatrix}u(k)$$

$$\boldsymbol{y}(k)=\begin{bmatrix}1 & 1\\0 & 1\end{bmatrix}\boldsymbol{x}(k)$$

求其脉冲传递函数矩阵。

解 由式(1-67)可得

$$\begin{aligned}\boldsymbol{G}_{yu}(z)=\boldsymbol{C}[z\boldsymbol{I}-\boldsymbol{G}]^{-1}\boldsymbol{H}&=\begin{bmatrix}1 & 1\\0 & 1\end{bmatrix}\begin{bmatrix}z & 1\\0.4 & z-0.3\end{bmatrix}^{-1}\begin{bmatrix}0\\1\end{bmatrix}\\&=\begin{bmatrix}1 & 1\\0 & 1\end{bmatrix}\begin{bmatrix}\dfrac{z-0.3}{(z-0.8)(z+0.5)} & \dfrac{-1}{(z-0.8)(z+0.5)}\\ \dfrac{-0.4}{(z-0.8)(z+0.5)} & \dfrac{z}{(z-0.8)(z+0.5)}\end{bmatrix}\begin{bmatrix}0\\1\end{bmatrix}\\&=\begin{bmatrix}\dfrac{z-1}{(z-0.8)(z+0.5)}\\ \dfrac{z}{(z-0.8)(z+0.5)}\end{bmatrix}\end{aligned}$$

如果系统为单输入-单输出线性定常离散系统，即

$$\left.\begin{aligned} \boldsymbol{x}(k+1) &= \boldsymbol{G}\boldsymbol{x}(k) + \boldsymbol{h}u(k) \\ y(k) &= \boldsymbol{C}\boldsymbol{x}(k) + du(k) \end{aligned}\right\} \tag{1-68}$$

系统脉冲传递函数为

$$\boldsymbol{g}_{yu}(z) = \boldsymbol{C}[z\boldsymbol{I} - \boldsymbol{G}]^{-1}\boldsymbol{h} + d \tag{1-69}$$

与连续系统一样，可以定义正则、严格正则脉冲传递函数（矩阵）。在实际工程中，非正则脉冲传递函数（矩阵）是不能应用的。

1.5 线性变换

在本章1.1节建立状态空间表达式时曾指出过，状态变量的选取是非惟一的。选取不同的状态变量而得到的状态空间表达式也不同。由于它们都是系统的状态空间描述，它们之间必然存在某种关系。这个关系就是“矩阵代数”中的线性变换关系。本节将研究这个关系，并利用这个关系，得到便于应用且简单的状态空间表达式。

1.5.1 等价系统方程

1. 线性定常系统

若线性定常系统以某个基底的系统方程为

$$\left.\begin{aligned} \dot{\boldsymbol{x}} &= \boldsymbol{A}\boldsymbol{x} + \boldsymbol{B}\boldsymbol{u} \\ \boldsymbol{y} &= \boldsymbol{C}\boldsymbol{x} + \boldsymbol{D}\boldsymbol{u} \end{aligned}\right\} \tag{1-70}$$

式中，$\boldsymbol{x}$ 为 n 维状态向量；$\boldsymbol{u}$ 为 r 维输入向量；$\boldsymbol{y}$ 为 m 维输出向量；$\boldsymbol{A}$、$\boldsymbol{B}$、$\boldsymbol{C}$ 和 $\boldsymbol{D}$ 为满足矩阵运算的矩阵。

引入 $n \times n$ 非奇异变换矩阵 $\boldsymbol{P}$，对状态变量 $\boldsymbol{x}$ 进行线性变换

$$\bar{\boldsymbol{x}} = \boldsymbol{P}\boldsymbol{x} \tag{1-71}$$

或

$$\boldsymbol{x} = \boldsymbol{P}^{-1}\bar{\boldsymbol{x}} \tag{1-72}$$

$$\begin{aligned} \dot{\bar{\boldsymbol{x}}} &= \boldsymbol{P}\dot{\boldsymbol{x}} = \boldsymbol{P}(\boldsymbol{A}\boldsymbol{x} + \boldsymbol{B}\boldsymbol{u}) = \boldsymbol{P}\boldsymbol{A}\boldsymbol{x} + \boldsymbol{P}\boldsymbol{B}\boldsymbol{u} \\ &= \boldsymbol{P}\boldsymbol{A}\boldsymbol{P}^{-1}\bar{\boldsymbol{x}} + \boldsymbol{P}\boldsymbol{B}\boldsymbol{u} = \bar{\boldsymbol{A}}\bar{\boldsymbol{x}} + \bar{\boldsymbol{B}}\boldsymbol{u} \end{aligned}$$

比较上式两边对应项，可得到

$$\begin{aligned} \bar{\boldsymbol{A}} &= \boldsymbol{P}\boldsymbol{A}\boldsymbol{P}^{-1} \\ \bar{\boldsymbol{B}} &= \boldsymbol{P}\boldsymbol{B} \end{aligned} \tag{1-73}$$

$$\boldsymbol{y} = \boldsymbol{C}\boldsymbol{x} + \boldsymbol{D}\boldsymbol{u} = \boldsymbol{C}\boldsymbol{P}^{-1}\bar{\boldsymbol{x}} + \boldsymbol{D}\boldsymbol{u} = \bar{\boldsymbol{C}}\bar{\boldsymbol{x}} + \bar{\boldsymbol{D}}\boldsymbol{u}$$

比较上式两边对应项可得到

$$\begin{aligned} \bar{\boldsymbol{C}} &= \boldsymbol{C}\boldsymbol{P}^{-1} \\ \bar{\boldsymbol{D}} &= \boldsymbol{D} \end{aligned} \tag{1-74}$$

于是系统方程

$$\left.\begin{aligned} \dot{\bar{\boldsymbol{x}}} &= \bar{\boldsymbol{A}}\bar{\boldsymbol{x}} + \bar{\boldsymbol{B}}\boldsymbol{u} \\ \boldsymbol{y} &= \bar{\boldsymbol{C}}\bar{\boldsymbol{x}} + \bar{\boldsymbol{D}}\boldsymbol{u} \end{aligned}\right\} \tag{1-75}$$

为方程(1-70)通过式(1-71)基底变换得到的系统方程，称为方程(1-70)的等价系统方程。

对于图 1-1 所示的例子，以 $i(t)$、$u_C(t)$ 为状态变量时，系统方程为式(1-3)，而以 $u_C(t)$ 和 $\dot{u}_C(t)$ 为状态变量时，系统方程式为(1-11)。

由式(1-71)有

$$\begin{bmatrix} u_C \\ \dot{u}_C \end{bmatrix} = \begin{bmatrix} P_{11} & P_{12} \\ P_{21} & P_{22} \end{bmatrix} \begin{bmatrix} i \\ u_C \end{bmatrix}$$

上式展开后

$$u_C = P_{11} i + P_{12} u_C$$
$$\dot{u}_C = P_{21} i + P_{22} u_C$$

如果选取 $P_{11}=0$，则 $P_{12}=1$；选取 $P_{22}=0$，则 $P_{21}=1/C$。于是，线性变换矩阵为

$$\boldsymbol{P} = \begin{bmatrix} 0 & 1 \\ \frac{1}{C} & 0 \end{bmatrix},\ \boldsymbol{P}^{-1} = \begin{bmatrix} 0 & C \\ 1 & 0 \end{bmatrix}$$

由式(1-73)和式(1-71)得

$$\overline{\boldsymbol{A}} = \boldsymbol{PAP}^{-1} = \begin{bmatrix} 0 & 1 \\ \frac{1}{C} & 0 \end{bmatrix} \begin{bmatrix} -\frac{R}{L} & -\frac{1}{L} \\ \frac{1}{C} & 0 \end{bmatrix} \begin{bmatrix} 0 & C \\ 1 & 0 \end{bmatrix} = \begin{bmatrix} 0 & 1 \\ -\frac{1}{LC} & -\frac{R}{L} \end{bmatrix}$$

$$\overline{\boldsymbol{B}} = \boldsymbol{PB} = \begin{bmatrix} 0 & 1 \\ \frac{1}{C} & 0 \end{bmatrix} \begin{bmatrix} \frac{1}{L} \\ 0 \end{bmatrix} = \begin{bmatrix} 0 \\ \frac{1}{LC} \end{bmatrix}$$

$$\overline{\boldsymbol{C}} = \boldsymbol{CP}^{-1} = [0 \quad 1] \begin{bmatrix} 0 & C \\ 1 & 0 \end{bmatrix} = [1 \quad 0]$$

可见，这就是式(1-11)中的各个矩阵。也就是说虽然选取不同的量作为状态变量，使得系统方程不同，但总可以通过非奇异线性变换，使不同系统方程之间进行等价变换。

2. 线性时变系统

$$\begin{aligned} \dot{\boldsymbol{x}} &= \boldsymbol{A}(t)\boldsymbol{x} + \boldsymbol{B}(t)\boldsymbol{u} \\ \boldsymbol{y} &= \boldsymbol{C}(t)\boldsymbol{x} + \boldsymbol{D}(t)\boldsymbol{u} \end{aligned} \tag{1-76}$$

式中，$\boldsymbol{x}$ 为 n 维状态向量；$\boldsymbol{u}$ 为 r 维输入向量；$\boldsymbol{y}$ 为 m 维输出向量；$\boldsymbol{A}(t)$，$\boldsymbol{B}(t)$，$\boldsymbol{C}(t)$ 和 $\boldsymbol{D}(t)$ 为满足矩阵运算的矩阵，且它们的元素都是 t 的连续函数。

引入 $n \times n$ 变换矩阵 $\boldsymbol{P}(t)$。且 $\boldsymbol{P}(t)$、$\dot{\boldsymbol{P}}(t)$ 对所有 t 都是非奇异且连续的。

令
$$\overline{\boldsymbol{x}} = \boldsymbol{P}(t)\boldsymbol{x} \tag{1-77}$$

或
$$\boldsymbol{x} = \boldsymbol{P}^{-1}(t)\overline{\boldsymbol{x}} \tag{1-78}$$

由式(1-77)

$$\begin{aligned}\dot{\bar{x}} &= \dot{P}(t)x + P(t)\dot{x} \\ &= \dot{P}(t)P^{-1}(t)\bar{x} + P(t)[A(t)x + B(t)u] \\ &= \dot{P}(t)P^{-1}(t)\bar{x} + P(t)A(t)x + P(t)B(t)u \\ &= \dot{P}(t)P^{-1}(t)\bar{x} + P(t)A(t)P^{-1}(t)\bar{x} + P(t)B(t)u \\ &= \bar{A}(t)\bar{x} + \bar{B}(t)u\end{aligned}$$

比较上面等式两边对应项，可以得到

$$\begin{aligned}\bar{A}(t) &= \dot{P}(t)P^{-1}(t) + P(t)A(t)P^{-1}(t) \\ &= [P(t)A(t) + \dot{P}(t)]P^{-1}(t) \\ \bar{B}(t) &= P(t)B(t)\end{aligned} \tag{1-79}$$

又由

$$\begin{aligned}y(t) &= C(t)x + D(t)u \\ &= C(t)P^{-1}(t)\bar{x} + D(t)u = \bar{C}(t)\bar{x} + \bar{D}(t)u\end{aligned}$$

比较上式两边对应项，可得到

$$\begin{aligned}\bar{C}(t) &= C(t)P^{-1}(t) \\ \bar{D}(t) &= D(t)\end{aligned} \tag{1-80}$$

于是系统方程

$$\begin{aligned}\dot{\bar{x}} &= \bar{A}(t)\bar{x} + \bar{B}(t)u \\ y &= \bar{C}(t)x + \bar{D}(t)u\end{aligned} \tag{1-81}$$

就是方程(1-76)的等价系统方程。

应当指出，由于变换矩阵 $P(t)$ 或 P 是非奇异的，因此系统方程之间的等价变换是可逆的。

1.5.2 线性变换的基本特性

1. 线性变换不改变系统特征值

将系统方程(1-70)重写如下

$$\begin{aligned}\dot{x} &= Ax + Bu \\ y &= Cx + Du\end{aligned}$$

系统的特征多项式为

$$\Delta(\lambda) = \det[\lambda I - A] = \lambda^n + a_{n-1}\lambda^{n-1} + \cdots + a_2\lambda^2 + a_1\lambda + a_0 \tag{1-82}$$

它是一个首项系数为 1 的 n 次多项式（首一多项式）。

而

$$\begin{aligned}\Delta(\lambda) &= \det[\lambda I - A] = \lambda^n + a_{n-1}\lambda^{n-1} + \cdots + a_2\lambda^2 + a_1\lambda + a_0 \\ &= \prod_{i=1}^{n}(\lambda - \lambda_i) = 0\end{aligned} \tag{1-83}$$

称为 A 的特征方程或系统的特征方程。特征方程的根 λ_i 称为 A 的特征值或系统的特征值。

现在求方程(1-70)的等价系统方程(1-75)的系统特征值

$$\bar{\Delta}(\lambda) = \det(\lambda I - \bar{A}) = \det(\lambda I - PAP^{-1})$$

$$= \det(\lambda PP^{-1} - PAP^{-1}) = \det(P\lambda P^{-1} - PAP^{-1})$$

$$= \det P \cdot \det(\lambda I - A) \cdot \det P^{-1} = \det(\lambda I - A) = 0 \tag{1-84}$$

可见，经过线性变换，其系统特征值是不变的。或者说，等价系统的矩阵 A 和 $\bar{A}$ 是相似矩阵，即它们有相同的特征值。

2. 经过线性变换不改变系统的传递函数矩阵

方程(1-70)中，$D=0$时的传递函数矩阵为

$$G_{yu}(s) = C[sI - A]^{-1}B$$

而方程(1-75)的传递函数矩阵

$$\begin{aligned}\bar{G}_{yu}(s) &= \bar{C}[sI - \bar{A}]^{-1}\bar{B} \\ &= CP^{-1}[sI - PAP^{-1}]^{-1}PB \\ &= C[P^{-1}(sI - PAP^{-1})P]^{-1}B \\ &= C[P^{-1}sIP - A]^{-1}B \\ &= C[sI - A]^{-1}B = G_{yu}(s)\end{aligned} \tag{1-85}$$

可见，经过线性变换，其系统的传递函数矩阵是不改变的。除了上述两个基本特性之外，线性变换还有许多特性。这将在本书后面的内容中逐一讨论。

1.5.3 化系数矩阵 A 为标准形

这里所指的标准形是指矩阵 A 为对角形、约当形和模态形。一般形式的矩阵 A，化为标准形，可以由线性变换来实现，而其关键在于确定变换矩阵。将矩阵 A 化为对角形、约当形和模态形的变换矩阵可以由 A 的特征值对应的特征向量来构成。

设 λ_i 是 $n \times n$ 矩阵 A 的特征值，若存在一个 n 维非零向量 q_i 使

$$Aq_i = \lambda_i q_i \quad (i = 1, 2, \cdots, n) \tag{1-86a}$$

或

$$(\lambda_i I - A)q_i = 0 \tag{1-86b}$$

成立，则称 q_i 为 A 的对应于特征值 λ_i 的特征向量。

1. 化矩阵 A 为对角形

当 $n \times n$ 矩阵 A 的 n 个特征值 $\lambda_i (i=1, 2, \cdots, n)$ 互异时，每一个特征值对应一个特征向量。这时矩阵 A 共有 n 个独立的特征向量。即

$$[\lambda_i I - A]q_i = 0 \quad (i = 1, 2, \cdots, n) \tag{1-87}$$

令

$$Q = [q_1 \quad q_2 \quad \cdots \quad q_n] \tag{1-88}$$

取变换矩阵

$$P = Q^{-1} = [q_1 \quad q_2 \quad \cdots \quad q_n]^{-1} \tag{1-89}$$

则

$$\Lambda = PAP^{-1} = \begin{bmatrix} \lambda_1 & & & \mathbf{0} \\ & \lambda_2 & & \\ & & \ddots & \\ \mathbf{0} & & & \lambda_n \end{bmatrix} \tag{1-90}$$

例 1-10　将矩阵 $\boldsymbol{A}=\begin{bmatrix}0 & -1\\2 & 3\end{bmatrix}$ 化为对角形。

解　矩阵 $\boldsymbol{A}$ 的特征方程为

$$\det[\lambda\boldsymbol{I}-\boldsymbol{A}]=\det\begin{bmatrix}\lambda & 1\\-2 & \lambda-3\end{bmatrix}=(\lambda-1)(\lambda-2)=0$$

所以特征值为 $\lambda_1=1$，$\lambda_2=2$。

由式(1-87)

$$[\lambda_1\boldsymbol{I}-\boldsymbol{A}]\boldsymbol{q}_1=\left\{\begin{bmatrix}1 & 0\\0 & 1\end{bmatrix}-\begin{bmatrix}0 & -1\\2 & 3\end{bmatrix}\right\}\begin{bmatrix}q_{11}\\q_{12}\end{bmatrix}=0$$

得到

$$q_{11}+q_{12}=0$$
$$-2q_{11}-2q_{12}=0$$

故得

$$q_{11}=-q_{12}$$

选取 $q_{11}=1$，则 $q_{12}=-1$。

当 $\lambda_1=1$ 时，得到特征向量为 $\boldsymbol{q}_1^{\mathrm{T}}=[1\quad -1]$，再用 $\lambda_2=2$ 代入式(1-87)，又可得到对应 $\lambda_2=2$ 时的特征向量 $\boldsymbol{q}_2^{\mathrm{T}}=[1\quad -2]$

故

$$\boldsymbol{Q}=[\boldsymbol{q}_1\quad \boldsymbol{q}_2]=\begin{bmatrix}1 & 1\\-1 & -2\end{bmatrix}$$

变换矩阵

$$\boldsymbol{P}=\boldsymbol{Q}^{-1}=\begin{bmatrix}1 & 1\\-1 & -2\end{bmatrix}^{-1}=\begin{bmatrix}2 & 1\\-1 & -1\end{bmatrix}$$

则

$$\boldsymbol{\Lambda}=\boldsymbol{PAP}^{-1}=\begin{bmatrix}2 & 1\\-1 & -1\end{bmatrix}\begin{bmatrix}0 & -1\\2 & 3\end{bmatrix}\begin{bmatrix}1 & 1\\-1 & -2\end{bmatrix}=\begin{bmatrix}1 & 0\\0 & 2\end{bmatrix}$$

若矩阵 $\boldsymbol{A}$ 具有式(1-22)的形式，即

$$\boldsymbol{A}=\begin{bmatrix}0 & 1 & 0 & \cdots & 0\\0 & 0 & 1 & 0 & \cdots\\ & & & \ddots & \\ & & & & 1\\-a_0 & -a_1 & \cdots & \cdots & -a_{n-1}\end{bmatrix}\tag{1-91}$$

且 $\boldsymbol{A}$ 的 n 个特征值 λ_1，λ_2，…，λ_n 互异，则矩阵 $\boldsymbol{A}$ 可以化为对角形。这时由 n 个独立特征向量构成的矩阵 $\boldsymbol{Q}$ 为

$$\boldsymbol{Q}=\begin{bmatrix}1 & 1 & \cdots & 1\\\lambda_1 & \lambda_2 & \cdots & \lambda_n\\\lambda_1^2 & \lambda_2^2 & \cdots & \lambda_n^2\\\vdots & \vdots & & \vdots\\\lambda_1^{n-1} & \lambda_2^{n-1} & \cdots & \lambda_n^{n-1}\end{bmatrix}\tag{1-92}$$

变换矩阵

$$\boldsymbol{P}=\boldsymbol{Q}^{-1}\tag{1-93}$$

式(1-92)形式的矩阵又称范德蒙特(Vandermonde)矩阵。

关于式(1-92)的证明，只要应用式(1-87)即可得到。

例 1-11 将矩阵 $\boldsymbol{A}=\begin{bmatrix}0 & 1 & 0\\ 0 & 0 & 1\\ -6 & -11 & -6\end{bmatrix}$化为对角形。

解 $\boldsymbol{A}$ 的特征方程为

$$\det[\lambda\boldsymbol{I}-\boldsymbol{A}]=\lambda^3+6\lambda^2+11\lambda+6=(\lambda+1)(\lambda+2)(\lambda+3)=0$$

解得 A 的特征值为 $\lambda_1=-1$，$\lambda_2=-2$，$\lambda_3=-3$。

$$\boldsymbol{Q}=\begin{bmatrix}1 & 1 & 1\\ -1 & -2 & -3\\ 1 & 4 & 9\end{bmatrix}$$

$$\boldsymbol{P}=\boldsymbol{Q}^{-1}=\frac{1}{2}\begin{bmatrix}6 & 5 & 1\\ -6 & -8 & -2\\ 2 & 3 & 1\end{bmatrix}$$

即

$$\boldsymbol{\Lambda}=\boldsymbol{PAP}^{-1}=\begin{bmatrix}-1 & 0 & 0\\ 0 & -2 & 0\\ 0 & 0 & -3\end{bmatrix}$$

2. 化矩阵 A 为约当形

若矩阵 $\boldsymbol{A}$ 的 n 个特征值中有重特征值时，可分为两种情况。一种情况是，虽有重特征值，但矩阵 $\boldsymbol{A}$ 仍有 n 个独立的特征向量，即每个重特征值所对应的独立特征向量数恰好等于重特征值的重数，这时就同没有重特征值的情况一样，仍可将矩阵 $\boldsymbol{A}$ 化为对角阵；另一种情况是，$\boldsymbol{A}$ 有重特征值，矩阵 $\boldsymbol{A}$ 的独立特征向量的个数小于 n。这时不能化为对角阵，而只能化为约当阵。如何检验 $n\times n$ 矩阵 $\boldsymbol{A}$ 存在重特征值时，有没有 n 个独立的特征向量呢？由矩阵理论知道，对于 $n\times n$ 矩阵 $\boldsymbol{A}$，若有 m 个重特征值，则 $\boldsymbol{A}$ 可化为对角阵的充要条件是 $\boldsymbol{A}$ 的特征矩阵 $[\lambda\boldsymbol{I}-\boldsymbol{A}]$ 的秩为 $n-m$。这样，只需求出特征矩阵的秩，便可知道矩阵 $\boldsymbol{A}$ 能否化成对角阵了。

对于将矩阵 $\boldsymbol{A}$ 化为对角阵在“1”中已讨论过了。下面讨论 $n\times n$ 矩阵 $\boldsymbol{A}$ 有 n 个重特征值 λ_1，并且 λ_1 只对应有一个特征向量 q_1。很显然，这时矩阵 $\boldsymbol{A}$ 不能化成对角阵了，只能通过线性变换化成如下形式的约当阵

$$\boldsymbol{J}=\begin{bmatrix}\lambda_1 & 1 & & \boldsymbol{0}\\ & \lambda_1 & \ddots & \\ & & \ddots & 1\\ \boldsymbol{0} & & & \lambda_1\end{bmatrix}_{n\times n}=\boldsymbol{PAP}^{-1} \tag{1-94}$$

为了将一般形式的矩阵 $\boldsymbol{A}$ 化成式(1-94)的约当阵，必须确定变换矩阵 $\boldsymbol{P}$。求矩阵 $\boldsymbol{P}$ 的方法如下：设对应 n 个重特征值的 n 个特征向量为 $\boldsymbol{q}_1$，$\boldsymbol{q}_2$，…，$\boldsymbol{q}_n$。由特征向量的定义，得到

$$\boldsymbol{A}[\boldsymbol{q}_1\ \boldsymbol{q}_2\cdots\boldsymbol{q}_n]=[\boldsymbol{q}_1\ \boldsymbol{q}_2\cdots\boldsymbol{q}_n]\begin{bmatrix}\lambda_1 & 1 & & \boldsymbol{0}\\ & \lambda_1 & \ddots & \\ & & \ddots & 1\\ \boldsymbol{0} & & & \lambda_1\end{bmatrix}_{n\times n}$$

由此可得到

$$[\boldsymbol{A}\boldsymbol{q}_1\quad \boldsymbol{A}\boldsymbol{q}_2\quad\cdots\quad \boldsymbol{A}\boldsymbol{q}_n]=[\lambda_1\boldsymbol{q}_1\quad \boldsymbol{q}_1+\lambda_1\boldsymbol{q}_2\quad \boldsymbol{q}_2+\lambda_1\boldsymbol{q}_3\cdots\boldsymbol{q}_{n-1}+\lambda_1\boldsymbol{q}_n]$$

或

$$\begin{aligned}\lambda_1\boldsymbol{q}_1&=\boldsymbol{A}\boldsymbol{q}_1\\ \boldsymbol{q}_1+\lambda_1\boldsymbol{q}_2&=\boldsymbol{A}\boldsymbol{q}_2\\ \boldsymbol{q}_2+\lambda_1\boldsymbol{q}_3&=\boldsymbol{A}\boldsymbol{q}_3\\ &\vdots\\ \boldsymbol{q}_{n-1}+\lambda_1\boldsymbol{q}_n&=\boldsymbol{A}\boldsymbol{q}_n\end{aligned}$$

上式可写成

$$\left.\begin{aligned}[\lambda_1\boldsymbol{I}-\boldsymbol{A}]\boldsymbol{q}_1&=0\\ [\lambda_1\boldsymbol{I}-\boldsymbol{A}]\boldsymbol{q}_2&=-\boldsymbol{q}_1\\ [\lambda_1\boldsymbol{I}-\boldsymbol{A}]\boldsymbol{q}_3&=-\boldsymbol{q}_2\\ &\vdots\\ [\lambda_1\boldsymbol{I}-\boldsymbol{A}]\boldsymbol{q}_n&=-\boldsymbol{q}_{n-1}\end{aligned}\right\}\tag{1-95}$$

利用方程(1-95)可以求出 n 重特征值对应的特征向量。其中 $\boldsymbol{q}_2$，$\boldsymbol{q}_3$，…，$\boldsymbol{q}_n$ 叫做对应于特征值 λ_1 的广义特征向量。特征向量 $\boldsymbol{q}_1$ 是广义特征向量的特殊情况，即普通的特征向量。变换矩阵为

$$\boldsymbol{P}=\boldsymbol{Q}^{-1}=[\boldsymbol{q}_1\ \boldsymbol{q}_2\cdots\boldsymbol{q}_n]^{-1}\tag{1-96}$$

上面讨论时，假设 n 重特征值 λ_1 只对应有一个普通的特征向量 $\boldsymbol{q}_1$，如果它对应有两个普通的特征向量，则矩阵 $\boldsymbol{A}$ 就会包含有两个约当块，它们的主对角线应为 λ_1，λ_2，而且两个约当块的维数之和为 n。

如果 $n\times n$ 矩阵 $\boldsymbol{A}$ 有 m 个重特征值 λ_1，$(n-m)$ 个互异特征值 λ_{m+1}，…，λ_{n-1}，λ_n。为了确定线性变换矩阵，可以按上述方法求出对应于 λ_1 的 m 个特征向量 $\boldsymbol{q}_1$，$\boldsymbol{q}_2$，…，$\boldsymbol{q}_m$。按本节“1”的方法求出对应于 λ_{m+1}，…，λ_{n-1}，λ_n 的 $(n-m)$ 个特征向量 $\boldsymbol{q}_{m+1}$，…，$\boldsymbol{q}_{n-1}$，$\boldsymbol{q}_n$。变换矩阵为

$$\boldsymbol{P}=\boldsymbol{Q}^{-1}=[\boldsymbol{q}_1\cdots\boldsymbol{q}_m\boldsymbol{q}_{m+1}\cdots\boldsymbol{q}_n]^{-1} \tag{1-97}$$

这时

$$\boldsymbol{PAP}^{-1}=\left[\begin{array}{cccc|ccc}\lambda_1 & 1 & & & & & \\ & \ddots & \ddots & & & \boldsymbol{0} & \\ & & & 1 & & & \\ & & & \lambda_1 & & & \\ \hline & & & & \lambda_{m+1} & & \\ & \boldsymbol{0} & & & & \ddots & \\ & & & & & & \boldsymbol{\lambda}_n\end{array}\right] \tag{1-98}$$

例 **1-12** 化 $\boldsymbol{A}=\begin{bmatrix}0 & 1 & 0\\ 0 & 0 & 1\\ 2 & -5 & 4\end{bmatrix}$ 为标准形矩阵。

解 $\det[\lambda\boldsymbol{I}-\boldsymbol{A}]=\det\begin{bmatrix}\lambda & -1 & 0\\ 0 & \lambda & -1\\ -2 & 5 & \lambda-4\end{bmatrix}=(\lambda-1)^2(\lambda-2)=0$

$$\lambda_1=\lambda_2=1,\ \lambda_3=2$$

可见矩阵 $\boldsymbol{A}$ 有二重特征值 $\lambda_1=\lambda_2=1$ 和特征值 $\lambda_3=2$。由方程(1-95)求二重特征值对应的特征向量 $\boldsymbol{q}_1$ 和 $\boldsymbol{q}_2$。

$$[\lambda_1\boldsymbol{I}-\boldsymbol{A}]\boldsymbol{q}_1=0$$

即

$$\left\{\begin{bmatrix}1 & 0 & 0\\ 0 & 1 & 0\\ 0 & 0 & 1\end{bmatrix}-\begin{bmatrix}0 & 1 & 0\\ 0 & 0 & 1\\ 2 & -5 & 4\end{bmatrix}\right\}\boldsymbol{q}_1=0$$

或

$$\begin{bmatrix}1 & -1 & 0\\ 0 & 1 & -1\\ -2 & 5 & -3\end{bmatrix}\boldsymbol{q}_1=0 \quad 得到\ \boldsymbol{q}_1=\begin{bmatrix}1\\ 1\\ 1\end{bmatrix}$$

而由

$$[\lambda_1\boldsymbol{I}-\boldsymbol{A}]\boldsymbol{q}_2=-\boldsymbol{q}_1$$

$$\begin{bmatrix}1 & -1 & 0\\ 0 & 1 & -1\\ -2 & 5 & -3\end{bmatrix}\boldsymbol{q}_2=-\begin{bmatrix}1\\ 1\\ 1\end{bmatrix} \quad 得到\ \boldsymbol{q}_2=\begin{bmatrix}0\\ 1\\ 2\end{bmatrix}$$

对于 $\lambda_3=2$ 对应的特征向量，有

$$[\lambda_3\boldsymbol{I}-\boldsymbol{A}]\boldsymbol{q}_3=0$$

$$\begin{bmatrix}2 & -1 & 0\\ 0 & 2 & -1\\ -2 & 5 & -2\end{bmatrix}\boldsymbol{q}_3=0 \quad 得到\ \boldsymbol{q}_3=\begin{bmatrix}1\\ 2\\ 4\end{bmatrix}$$

故

$$\boldsymbol{Q}=[\boldsymbol{q}_1\quad \boldsymbol{q}_2\quad \boldsymbol{q}_3]=\begin{bmatrix}1 & 0 & 1\\ 1 & 1 & 2\\ 1 & 2 & 4\end{bmatrix}$$

$$P=Q^{-1}=\begin{bmatrix}1&0&1\\1&1&2\\1&2&4\end{bmatrix}^{-1}=\begin{bmatrix}0&2&-1\\-2&3&-1\\1&-2&1\end{bmatrix}$$

$$J=PAP^{-1}=\begin{bmatrix}0&2&-1\\-2&3&-1\\1&-2&1\end{bmatrix}\begin{bmatrix}0&1&0\\0&0&1\\2&-5&4\end{bmatrix}\begin{bmatrix}1&0&1\\1&1&2\\1&2&4\end{bmatrix}=\begin{bmatrix}1&1&0\\0&1&0\\0&0&2\end{bmatrix}$$

对于矩阵 $\boldsymbol{A}$ 具有式(1-91)的形式，为了简便并不失一般性，以 4×4 的矩阵 $\boldsymbol{A}$ 为例进行讨论。若有三重特征值 λ_1 和一个普通特征值 λ_2。由方程(1-95)，经过不太复杂的推导，可得到对应 λ_1 的三个特征向量，加上 λ_2 对应的特征向量，便得到变换矩阵为

$$P=Q^{-1}=\begin{bmatrix}1&0&0&1\\\lambda_1&1&0&\lambda_2\\\lambda_1^2&2\lambda_1&1&\lambda_2^2\\\lambda_1^3&3\lambda_1^2&3\lambda_1&\lambda_2^3\end{bmatrix}^{-1} \tag{1-99}$$

至于如何将矩阵 $\boldsymbol{A}$ 化成标准的形式由读者去完成。

3. 化矩阵 A 为模态形

当矩阵 $\boldsymbol{A}$ 有复数特征值时，可以用上述方法把 $\boldsymbol{A}$ 化成标准形。但计算不方便，特别是为了用计算机计算，应尽可能避免矩阵中出现复数。因此一方面希望把具有复数特征值的矩阵化简，另一方面又希望不出现复数。折衷的办法是把它化为模态形。为了简单起见，设 $\boldsymbol{A}$ 只有一对复数特征值的情况。例如 $\lambda_1=\sigma+\mathrm{j}\omega$，$\lambda_2=\sigma-\mathrm{j}\omega$，在此情况下，$\boldsymbol{A}$ 的模态形为

$$M=\begin{bmatrix}\sigma&\omega\\-\omega&\sigma\end{bmatrix} \tag{1-100}$$

它是以特征值的实部和虚部为元的矩阵，但并非对角矩阵。

下面将不加证明地给出使 $\boldsymbol{A}$ 变成模态形的变换矩阵。

设 $\boldsymbol{q}_1$ 为对应于 $\lambda_1=\sigma+\mathrm{j}\omega$ 的特征向量。根据特征向量的定义，有

$$(\sigma+\mathrm{j}\omega)\boldsymbol{q}_1=\boldsymbol{A}\boldsymbol{q}_1 \tag{1-101}$$

令

$$\boldsymbol{q}_1=\boldsymbol{\alpha}_1+\mathrm{j}\boldsymbol{\beta}_1 \tag{1-102}$$

式中，$\boldsymbol{q}_1$ 为二维复数向量；$\boldsymbol{\alpha}_1$，$\boldsymbol{\beta}_1$ 为二维实数向量。

则

$$\boldsymbol{Q}=[\boldsymbol{\alpha}_1\quad\boldsymbol{\beta}_1] \tag{1-103}$$

变换矩阵

$$\boldsymbol{P}=\boldsymbol{Q}^{-1}=[\boldsymbol{\alpha}_1\quad\boldsymbol{\beta}_1]^{-1} \tag{1-104}$$

式(1-104)表明，变换矩阵 $\boldsymbol{P}$ 是以对应于特征值 $\lambda_1=\sigma+\mathrm{j}\omega$ 的特征向量 $\boldsymbol{q}_1$ 的实部和虚部为列所构成矩阵的逆阵。

例 1-13 将 $\boldsymbol{A}=\begin{bmatrix}-2&1\\-17&-4\end{bmatrix}$ 化为模态形。

解 $\Delta(\lambda)=\det\begin{bmatrix}\lambda+2&-1\\17&\lambda+4\end{bmatrix}=\lambda^2+6\lambda+25=0$

特征值为 $\lambda_1=-3+\mathrm{j}4$，$\lambda_2=-3-\mathrm{j}4$。

对应于 λ_1 的特征向量

$$(-3+\mathrm{j}4)\begin{bmatrix}\alpha_1+\mathrm{j}\beta_1\\\alpha_2+\mathrm{j}\beta_2\end{bmatrix}=\begin{bmatrix}-2&1\\-17&-4\end{bmatrix}\begin{bmatrix}\alpha_1+\mathrm{j}\beta_1\\\alpha_2+\mathrm{j}\beta_2\end{bmatrix}$$

解得
$$\boldsymbol{q}_1=\begin{bmatrix}q_{11}\\q_{12}\end{bmatrix}=\begin{bmatrix}1\\-1+\mathrm{j}4\end{bmatrix}=\begin{bmatrix}1\\-1\end{bmatrix}+\mathrm{j}\begin{bmatrix}0\\4\end{bmatrix}$$

因此
$$\boldsymbol{Q}=\begin{bmatrix}1&0\\-1&4\end{bmatrix}=\boldsymbol{P}^{-1}$$

$$\boldsymbol{P}=\boldsymbol{Q}^{-1}=\begin{bmatrix}1&0\\\frac{1}{4}&\frac{1}{4}\end{bmatrix}$$

$$\boldsymbol{PAP}^{-1}=\begin{bmatrix}1&0\\\frac{1}{4}&\frac{1}{4}\end{bmatrix}\begin{bmatrix}-2&1\\-17&-4\end{bmatrix}\begin{bmatrix}1&0\\-1&4\end{bmatrix}=\begin{bmatrix}-3&4\\-4&-3\end{bmatrix}$$

上面是对连续系统的线性变换进行的研究。对于离散系统，同样可以进行非奇异线性变换，而且可得到与连续系统类似的结果。

1.6 组合系统的数学描述

工程中较为复杂的系统，通常是由若干个子系统按某种方式连接而成的，这样的系统称为组合系统。组合系统有很多形式。但在大多数情况下，它们是由并联、串联和反馈三种连接方式连接而成的。为了简便并不失一般性，这里讨论由两个子系统 S_1 和 S_2 构成的组合系统。

S_1 的系统方程为

$$\dot{\boldsymbol{x}}_1=\boldsymbol{A}_1\boldsymbol{x}_1+\boldsymbol{B}_1\boldsymbol{u}_1 \tag{1-105}$$
$$\boldsymbol{y}_1=\boldsymbol{C}_1\boldsymbol{x}_1+\boldsymbol{D}_1\boldsymbol{u}_1 \tag{1-106}$$

传递函数矩阵为

$$\boldsymbol{G}_1(s)=\boldsymbol{C}_1[s\boldsymbol{I}-\boldsymbol{A}_1]^{-1}\boldsymbol{B}_1+\boldsymbol{D}_1 \tag{1-107}$$

S_2 的系统方程为

$$\dot{\boldsymbol{x}}_2=\boldsymbol{A}_2\boldsymbol{x}_2+\boldsymbol{B}_2\boldsymbol{u}_2 \tag{1-108}$$
$$\boldsymbol{y}_2=\boldsymbol{C}_2\boldsymbol{x}_2+\boldsymbol{D}_2\boldsymbol{u}_2 \tag{1-109}$$

传递函数矩阵为

$$\boldsymbol{G}_2(s)=\boldsymbol{C}_2[s\boldsymbol{I}-\boldsymbol{A}_2]^{-1}\boldsymbol{B}_2+\boldsymbol{D}_2 \tag{1-110}$$

现在来研究并联、串联和反馈三种连接的组合系统的系统方程和传递函数矩阵。在研究时，假定子系统连接时，子系统之间没有负载效应，各子系统的矩阵、向量和传递函数矩阵的维数都满足子系统连接时进行运算所需要的适当维数。

1.6.1 并联连接

两个子系统并联连接，如图 1-21 所示。组合系统的输入向量 $\boldsymbol{u}$ 和两个子系统输入向量$\boldsymbol{u}_1$、$\boldsymbol{u}_2$ 相同，即

$$\boldsymbol{u}=\boldsymbol{u}_1=\boldsymbol{u}_2$$

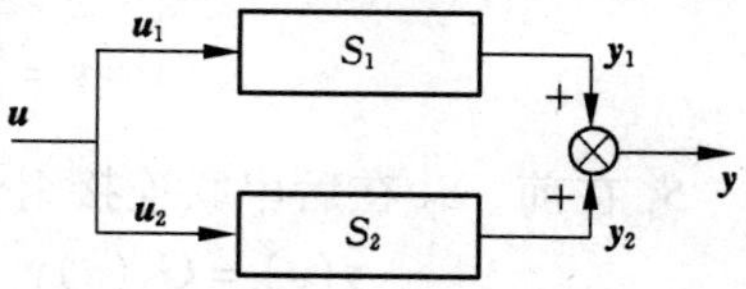

图 1-21

并联连接组合系统的输出向量 $\boldsymbol{y}$ 是两个子系统输出向量 $\boldsymbol{y}_1$、$\boldsymbol{y}_2$ 之和，即

$$\boldsymbol{y}=\boldsymbol{y}_1+\boldsymbol{y}_2$$

故并联连接组合系统的系统方程为

$$\begin{bmatrix}\dot{\boldsymbol{x}}_1\\\dot{\boldsymbol{x}}_2\end{bmatrix}=\begin{bmatrix}\boldsymbol{A}_1 & 0\\0 & \boldsymbol{A}_2\end{bmatrix}\begin{bmatrix}\boldsymbol{x}_1\\\boldsymbol{x}_2\end{bmatrix}+\begin{bmatrix}\boldsymbol{B}_1\\\boldsymbol{B}_2\end{bmatrix}\boldsymbol{u} \tag{1-111}$$

$$\boldsymbol{y}=[\boldsymbol{C}_1\quad \boldsymbol{C}_2]\begin{bmatrix}\boldsymbol{x}_1\\\boldsymbol{x}_2\end{bmatrix}+[\boldsymbol{D}_1+\boldsymbol{D}_2]\boldsymbol{u} \tag{1-112}$$

并联连接组合系统的传递函数矩阵 $\boldsymbol{G}_{yu}(s)$ 由图 1-21 可得到

$$\boldsymbol{G}_{yu}(s)=\boldsymbol{G}_1(s)+\boldsymbol{G}_2(s) \tag{1-113}$$

或由并联连接组合系统的系统方程(1-111)和(1-112)求得，即

$$\begin{aligned}\boldsymbol{G}_{yu(s)}&=[\boldsymbol{C}_1\quad \boldsymbol{C}_2]\begin{bmatrix}s\boldsymbol{I}-\boldsymbol{A}_1 & 0\\0 & s\boldsymbol{I}-\boldsymbol{A}_2\end{bmatrix}^{-1}\begin{bmatrix}\boldsymbol{B}_1\\\boldsymbol{B}_2\end{bmatrix}+[\boldsymbol{D}_1+\boldsymbol{D}_2]\\&=\boldsymbol{C}_1[s\boldsymbol{I}-\boldsymbol{A}_1]^{-1}\boldsymbol{B}_1+\boldsymbol{D}_1+\boldsymbol{C}_2[s\boldsymbol{I}-\boldsymbol{A}_2]^{-1}\boldsymbol{B}_2+\boldsymbol{D}_2\\&=\boldsymbol{G}_1(s)+\boldsymbol{G}_2(s)\end{aligned}$$

可见与式(1-113)一样即并联连接组合系统传递函数矩阵等于各子系统传递函数矩阵之和。

1.6.2 串联连接

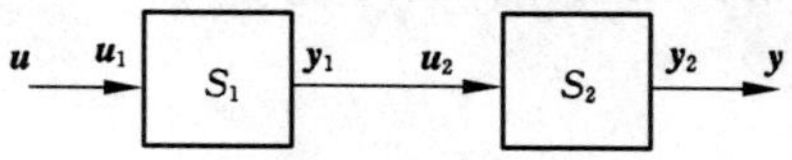

图 1-22

图 1-22 是子系统 S_1 在前，子系统 S_2 在后的串联连接而成的组合系统。这时串联连接组合系统的输入向量 $\boldsymbol{u}=\boldsymbol{u}_1$，输出向量为 $\boldsymbol{y}=\boldsymbol{y}_2$。并且子系统 S_1 的输出向量 $\boldsymbol{y}_1$ 等于子系统 S_2 的输入向量 $\boldsymbol{u}_2$。于是有

$$\begin{aligned}\dot{\boldsymbol{x}}_1&=\boldsymbol{A}_1\boldsymbol{x}_1+\boldsymbol{B}_1\boldsymbol{u}_1=\boldsymbol{A}_1\boldsymbol{x}_1+\boldsymbol{B}_1\boldsymbol{u}\\\boldsymbol{y}_1&=\boldsymbol{C}_1\boldsymbol{x}_1+\boldsymbol{D}_1\boldsymbol{u}_1=\boldsymbol{C}_1\boldsymbol{x}_1+\boldsymbol{D}_1\boldsymbol{u}\\\dot{\boldsymbol{x}}_2&=\boldsymbol{A}_2\boldsymbol{x}_2+\boldsymbol{B}_2\boldsymbol{u}_2=\boldsymbol{A}_2\boldsymbol{x}_2+\boldsymbol{B}_2\boldsymbol{y}_1\\&=\boldsymbol{A}_2\boldsymbol{x}_2+\boldsymbol{B}_2(\boldsymbol{C}_1\boldsymbol{x}_1+\boldsymbol{D}_1\boldsymbol{u})\\&=\boldsymbol{A}_2\boldsymbol{x}_2+\boldsymbol{B}_2\boldsymbol{C}_1\boldsymbol{x}_1+\boldsymbol{B}_2\boldsymbol{D}_1\boldsymbol{u}\\\boldsymbol{y}_2&=\boldsymbol{C}_2\boldsymbol{x}_2+\boldsymbol{D}_2\boldsymbol{u}_2=\boldsymbol{C}_2\boldsymbol{x}_2+\boldsymbol{D}_2\boldsymbol{y}_1\\&=\boldsymbol{C}_2\boldsymbol{x}_2+\boldsymbol{D}_2(\boldsymbol{C}_1\boldsymbol{x}_1+\boldsymbol{D}_1\boldsymbol{u})\\&=\boldsymbol{C}_2\boldsymbol{x}_2+\boldsymbol{D}_2\boldsymbol{C}_1\boldsymbol{x}_1+\boldsymbol{D}_2\boldsymbol{D}_1\boldsymbol{u}\end{aligned}$$

故 S_1 在前、S_2 在后串联连接的组合系统的系统方程为

$$\begin{bmatrix} \dot{x}_1 \\ \dot{x}_2 \end{bmatrix} = \begin{bmatrix} A_1 & 0 \\ B_2C_1 & A_2 \end{bmatrix} \begin{bmatrix} x_1 \\ x_2 \end{bmatrix} + \begin{bmatrix} B_1 \\ B_2D_1 \end{bmatrix} u \tag{1-114}$$

$$y = [D_2C_1 \quad C_2] \begin{bmatrix} x_1 \\ x_2 \end{bmatrix} + D_2D_1u \tag{1-115}$$

S_1 在前、S_2 在后串联连接组合系统的输出

$$y(s) = G_2(s)y_1(s) = G_2(s)G_1(s)u(s) = G_{yu}(s)u(s)$$

故
$$G_{yu}(s) = G_2(s)G_1(s) \tag{1-116}$$

可见，S_1 在前、S_2 在后的串联连接组合系统传递函数矩阵等于子系统 S_2 的传递函数矩阵$G_2(s)$和子系统 S_1 的传递函数矩阵 $G_1(s)$的乘积。

注意，$G_2(s)G_1(s)$的次序是不能随意改变的，这里是 S_1 在前、S_2 在后串联连接组合系统的传递函数矩阵。

1.6.3 反馈连接

若 S_1 的系统方程为

$$\dot{x}_1 = A_1x_1 + B_1u_1 \tag{1-117}$$

$$y_1 = C_1x_1 \tag{1-118}$$

S_2 的系统方程为

$$\dot{x}_2 = A_2x_2 + B_2u_2 \tag{1-119}$$

$$y_2 = C_2x_2 \tag{1-120}$$

构成反馈连接的组合系统如图 1-23 所示。子系统 S_1 在前向通道，子系统 S_2 在反馈通道。由图可知

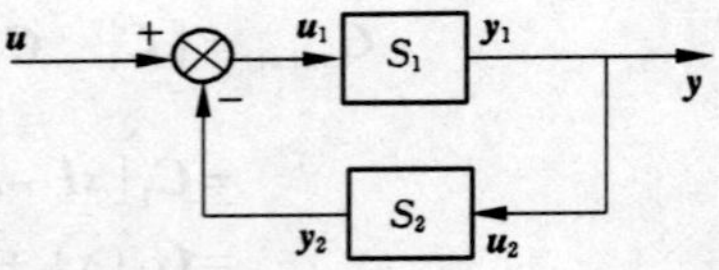

图 1-23

$$u_1 = u - y_2$$

或
$$u = u_1 + y_2$$

$$y = y_1 = u_2$$

$$\dot{x}_1 = A_1x_1 + B_1u_1 = A_1x_1 + B_1(u - y_2) = A_1x_1 + B_1u - B_1C_2x_2$$

$$\dot{x}_2 = A_2x_2 + B_2u_2 = A_2x_2 + B_2y_1 = A_2x_2 + B_2C_1x_1$$

$$y = y_1 = C_1x_1$$

故反馈连接的组合系统的系统方程为

$$\begin{bmatrix} \dot{x}_1 \\ \dot{x}_2 \end{bmatrix} = \begin{bmatrix} A_1 & -B_1C_2 \\ B_2C_1 & A_2 \end{bmatrix} \begin{bmatrix} x_1 \\ x_2 \end{bmatrix} + \begin{bmatrix} B_1 \\ 0 \end{bmatrix} u \tag{1-121}$$

$$y = [C_1 \quad 0] \begin{bmatrix} x_1 \\ x_2 \end{bmatrix} \tag{1-122}$$

反馈连接的组合系统传递函数矩阵 $G_{yu}(s)$可由图 1-23 求得。

$$\begin{aligned} y(s) &= G_1(s)u_1(s) = G_1(s)[u(s) - y_2(s)] \\ &= G_1(s)[u(s) - G_2(s)y(s)] \end{aligned}$$

$$y(s)+G_1(s)G_2(s)y(s)=G_1(s)u(s)$$

$$[I+G_1(s)G_2(s)]y(s)=G_1(s)u(s) \tag{1-123}$$

如果式(1-123)中的矩阵$[I+G_1(s)G_2(s)]$非奇异，则式(1-123)两边左乘$[I+G_1(s)G_2(s)]^{-1}$，得到

$$\begin{aligned}y(s)&=[I+G_1(s)G_2(s)]^{-1}G_1(s)u(s)\\&=G_{yu}(s)u(s)\end{aligned} \tag{1-124}$$

式中

$$G_{yu}(s)=[I+G_1(s)G_2(s)]^{-1}G_1(s) \tag{1-125}$$

上式就是反馈连接的组合系统传递函数矩阵。

如果$[I+G_1(s)G_2(s)]^{-1}$和$[I+G_2(s)G_1(s)]^{-1}$均存在，则反馈连接的组合系统传递函数矩阵$G_{yu(s)}$也可以表示成

$$G_{yu}(s)=G_1(s)[I+G_2(s)G_1(s)]^{-1} \tag{1-126}$$

应该强调，在反馈连接的组合系统中，$[I+G_1(s)G_2(s)]^{-1}$或$[I+G_2(s)G_1(s)]^{-1}$存在的条件是至关重要的。否则反馈系统对于某些输入就没有一个满足式(1-125)或式(1-126)的输出。就这个意义来说，反馈连接就变得无意义了。

组合系统传递函数矩阵必须是正则有理传递函数矩阵。非正则传递函数矩阵将放大高频噪声，使系统信噪比变小，显然是不好的，实际中是不能应用的。如果组合系统中各子系统传递函数矩阵是正则的，则并联连接、串联连接的组合系统传递函数矩阵是正则的。但在反馈连接时，虽然组成反馈连接的子系统传递函数矩阵是正则的，而且$[I+G_1(s)G_2(s)]^{-1}$存在，可以得到反馈连接的组合系统传递函数矩阵，但未必正则。

例 1-14　两个子系统 S_1、S_2 组成反馈连接

$$G_1(s)=\begin{bmatrix}-1 & \dfrac{1}{s}\\ \dfrac{1}{s+1} & \dfrac{-s-2}{s+1}\end{bmatrix}\quad G_2(s)=\begin{bmatrix}1&0\\0&1\end{bmatrix}$$

可见$G_1(s)$、$G_2(s)$均为正则有理函数矩阵。设S_1在前向通道，S_2在反馈通道，构成反馈连接，如图 1-24 所示。

反馈连接的组合系统传递函数矩阵为

$$G_{yu}=[I+G_1(s)G_2(s)]^{-1}G_1(s)$$

$$=\begin{bmatrix}0 & \dfrac{1}{s}\\ \dfrac{1}{s+1} & \dfrac{-1}{s+1}\end{bmatrix}^{-1}\begin{bmatrix}-1 & \dfrac{1}{s}\\ \dfrac{1}{s+1} & \dfrac{-s-2}{s+1}\end{bmatrix}$$

$$=\begin{bmatrix}-s+1 & -s-1\\ -s & 1\end{bmatrix}$$

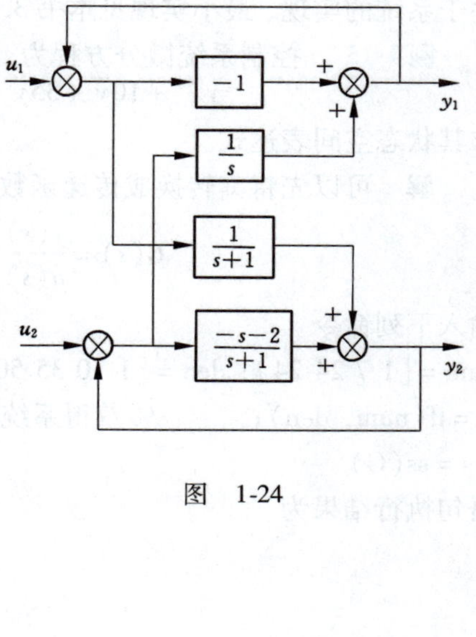

图 1-24

或

$$G_{yu}(s) = G_1(s)[I + G_2(s)G_1(s)]^{-1}$$

$$= \begin{bmatrix} -1 & \frac{1}{s} \\ \frac{1}{s+1} & \frac{-s-2}{s+1} \end{bmatrix} \begin{bmatrix} 0 & \frac{1}{s} \\ \frac{1}{s+1} & \frac{-1}{s+1} \end{bmatrix}^{-1}$$

$$= \begin{bmatrix} -s+1 & -s-1 \\ -s & 1 \end{bmatrix}$$

可见在这个例子中，各子系统的传递函数矩阵均为正则有理传递函数矩阵，但组合系统传递函数矩阵却是非正则有理传递函数矩阵。

在什么条件下反馈连接的组合系统传递函数矩阵才是正则有理函数矩阵呢？其结论为，当子系统传递函数矩阵都是正则有理传递函数矩阵时，S_1 在前向通道，S_2 在反馈通道的反馈连接组合系统，其传递函数矩阵是正则有理传递函数矩阵的充分条件是反馈连接的组合系统特征矩阵 $\Delta(s) = I + G_1(s)G_2(s)$ 当 $s=\infty$ 时，$\Delta(\infty)$ 非奇异。详细分析见文献[22]。

1.7 利用 MATLAB 进行模型的转换

1.7.1 传递函数与状态空间表达式之间的转换

1. 连续系统的状态空间表达式

可以用 ss 命令来建立状态空间模型。对于连续系统，其格式为 sys = ss(A, B, C, D)，其中 A，B，C，D 为描述线性连续系统的矩阵。

当 sys1 是一个用传递函数表示的线性定常系统时，可以用命令 sys = ss(sys1)将其转换成为状态空间形式，也可以用命令 sys = ss(sys1，'min')计算出系统 sys 的最小实现。关于系统的实现、最小实现见本书 3.9 节。

例 1-15 控制系统微分方程为

$$y^{(4)} + 10\dddot{y} + 35\ddot{y} + 50\dot{y} + 24y = \dddot{u} + 7\ddot{u} + 24\dot{u} + 24u$$

求其状态空间表达式。

解 可以先将其转换成传递函数

$$G(s) = \frac{y(s)}{u(s)} = \frac{s^3 + 7s^2 + 24s + 24}{s^4 + 10s^3 + 35s^2 + 50s + 24}$$

输入下列命令

```
num = [1 7 24 24]; den = [1 10 35 50 24]; % 分子、分母多项式
G = tf(num, den);            % 获得系统的传递函数模型
sys = ss(G)
```

语句执行结果为

```
a =
          x1        x2         x3          x4
   x1    -10    -2.188    -0.7813    -0.1875
   x2     16         0          0           0
   x3      0         4          0           0
   x4      0         0          2           0

b =
          u1
   x1      1
   x2      0
   x3      0
   x4      0

c =
          x1        x2         x3          x4
   y1      1    0.4375      0.375      0.1875

d =
          u1
   y1      0

Continuous-time model
```

这个结果表示，该系统的状态空间表达式为

$$\dot{\boldsymbol{x}} = \begin{bmatrix} -10 & -2.188 & -0.7813 & -0.1875 \\ 16 & 0 & 0 & 0 \\ 0 & 4 & 0 & 0 \\ 0 & 0 & 2 & 0 \end{bmatrix}\boldsymbol{x} + \begin{bmatrix} 1 \\ 0 \\ 0 \\ 0 \end{bmatrix}u$$

$$y = [1 \quad 0.4375 \quad 0.375 \quad 0.1875]x + [0]u$$

注意，在输入命令中，sys = ss(G)也可以改用[A, B, C, D] = tf2ss(num, den)，在本例中其作用和 sys = ss(G)近似，也可以计算出矩阵 A、B、C、D。

2. 离散系统的状态空间表达式

离散系统的状态空间表达式为

$$\left.\begin{aligned} \boldsymbol{x}(k+1) &= \boldsymbol{Gx}(k) + \boldsymbol{Hu}(k) \\ \boldsymbol{y}(k) &= \boldsymbol{Cx}(k) + du(k) \end{aligned}\right\}$$

和连续系统状态空间表达式的输入方法相类似，如果要输入离散系统的状态空间表达式，首先需要输入矩阵 G、H、C、d，然后输入语句 sys = ss（G, H, C, d, T)，即可将其输入到 MATLAB 的 workspace 中，并且用变量名 sys 来表示这个离散系统，其中 T 为采样周期。如果 Gyu 表示一个以脉冲传递函数描述的离散系统，也可以用 ss（Gyu）命令，将脉冲传递函数模型转换成状态空间表达式。

例 1-16 假设某离散系统的脉冲传递函数为

$$G_{yu}(z) = \frac{0.31z^3 + 0.57z^2 + 0.38z + 0.89}{z^4 + 3.23z^3 + 3.98z^2 + 2.22z + 0.47}$$

采样周期为 $T = 0.1$s，将其输入到 MATLAB 的 workspace 中，并且绘制零、极点分布图。并且将该离散系统脉冲传递函数模型转换成状态空间表达式。

解 输入下列语句

```
num = [0.31 0.57 0.38 0.89];
den = [1 3.23 3.98 2.22 0.47];
Gyu = tf(num,den, 'Ts', 0.1) %输入并且获得系统脉冲传递函数
```

语句执行的结果为

```
Transfer function:
    0.31 z^3 + 0.57 z^2 + 0.38 z + 0.89
----------------------------------------------
z^4 + 3.23 z^3 + 3.98 z^2 + 2.22 z + 0.47
Sampling time: 0.1
```


再输入语句 pzmap(Gyu)，绘制出零、极点分布图如下

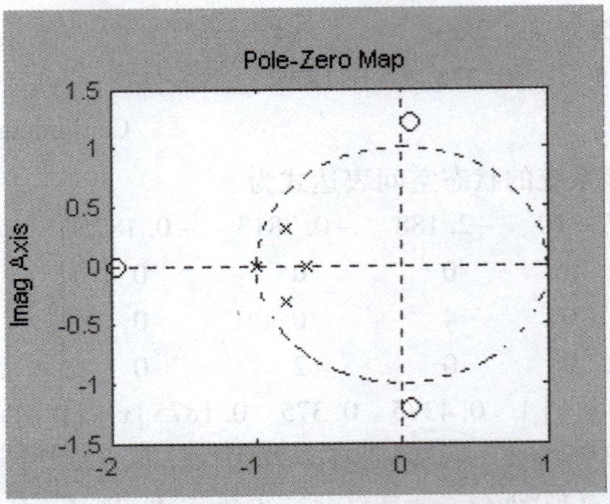

在执行完上述语句后，Gyu 已经存在于 MATLAB 的 workspace 中，这时再执行语句

sys = ss(Gyu)

执行结果为

```
a =
         x1        x2        x3        x4
  x1  -3.23     -1.99    -0.555    -0.235
  x2      2         0         0         0
  x3      0         2         0         0
  x4      0         0       0.5         0

b =
       u1
  x1    1
  x2    0
  x3    0
  x4    0

c =
         x1        x2        x3        x4
  y1   0.31     0.285     0.095     0.445

d =
       u1
  y1    0

Sampling time: 0.1
Discrete-time model
```

1.7.2 求传递函数矩阵

在已知线性定常系统中的 $\boldsymbol{A}$、$\boldsymbol{B}$、$\boldsymbol{C}$ 和 $\boldsymbol{D}$ 矩阵之后，则该系统的传递函数矩阵可以按

式(1-43)求出。

例 1-17 已知系统状态方程为

$$\begin{bmatrix}\dot{x}_1\\ \dot{x}_2\end{bmatrix}=\begin{bmatrix}0 & 1\\ -2 & -3\end{bmatrix}\begin{bmatrix}x_1\\ x_2\end{bmatrix}+\begin{bmatrix}1 & 0\\ 1 & 1\end{bmatrix}\begin{bmatrix}u_1\\ u_2\end{bmatrix}$$

$$\begin{bmatrix}y_1\\ y_2\\ y_3\end{bmatrix}=\begin{bmatrix}2 & 1\\ 1 & 1\\ -2 & -1\end{bmatrix}\begin{bmatrix}x_1\\ x_2\end{bmatrix}+\begin{bmatrix}3 & 0\\ 0 & 0\\ 0 & 1\end{bmatrix}\begin{bmatrix}u_1\\ u_2\end{bmatrix}$$

解 输入以下语句

```
syms s;        %声明符号变量
A=[0 1; -2 -3]; B=[1 0; 1 1]; C=[2 1; 1 1; -2 -1];
D=[3 0; 0 0; 0 1]; I=[1 0; 0 1]; F=inv(s*I-A)
G=simple(simple(C*F*B)+D)
```

其中 inv( )函数是求矩阵的逆矩阵，而 simple( )函数是对符号运算结果进行简化。

执行结果如下

```
F=
[ (s+3)/(s^2+3*s+2),    1/(s^2+3*s+2)]
[    -2/(s^2+3*s+2),    s/(s^2+3*s+2)]

G=
[ 3/(s+1)+3,          1/(s+1)]
[   2/(s+2),          1/(s+2)]
[-3/(s+1), -1/(s+1)+1]
```

这表示

$$[sI-A]^{-1}=\frac{1}{s^2+3s+2}\begin{bmatrix}s+3 & 1\\ -2 & s\end{bmatrix}$$

$$G(s)=\begin{bmatrix}(3/(s+1))+3 & 1/(s+1)\\ 2/(s+2) & 1/(s+2)\\ -3/(s+1) & (-1/(s+1))+1\end{bmatrix}$$

1.7.3 线性变换

1. 化矩阵 A 为对角矩阵

函数 eig( )可以计算出矩阵 $\boldsymbol{A}$ 的特征值以及将矩阵 $\boldsymbol{A}$ 转换成对角阵的线性变换矩阵。其语句格式为[Q, D]=eig(A)，则 $\boldsymbol{D}$ 为对角阵并且对角线上各元素为矩阵 $\boldsymbol{A}$ 的特征值，满足 $\boldsymbol{Q}^{-1}\boldsymbol{A}\boldsymbol{Q}=\boldsymbol{D}$，因为 $\boldsymbol{Q}=\boldsymbol{P}^{-1}$，即：$\boldsymbol{P}\boldsymbol{A}\boldsymbol{P}^{-1}=\boldsymbol{D}$。

例 1-18 线性控制系统的状态方程为

$$\dot{\boldsymbol{x}}=\begin{bmatrix}0 & 1 & 0\\ 0 & 0 & 1\\ -6 & -11 & -6\end{bmatrix}\boldsymbol{x}+\begin{bmatrix}0\\ 0\\ 1\end{bmatrix}\boldsymbol{u}$$

试作线性变换 $\boldsymbol{x}=\boldsymbol{P}^{-1}\bar{\boldsymbol{x}}=\boldsymbol{Q}\bar{\boldsymbol{x}}$，要求变换后系统矩阵 $\boldsymbol{A}$ 为对角阵。

解 先求出系统矩阵的特征值，$\boldsymbol{Q}$ 阵可以选择为由特征值构成的范德蒙特矩阵。

输入语句

```
A=[0 1 0;0 0 1; -6  -11  -6]; eig(A)
```

可以求出 $\boldsymbol{A}$ 阵的特征值为 −1、−2 和 −3。因此

$$\boldsymbol{Q}=\boldsymbol{P}^{-1}=\begin{bmatrix}1 & 1 & 1\\ -1 & -2 & -3\\ 1 & 4 & 9\end{bmatrix}$$

输入以下语句

```
A=[0 1 0;0 0 1; -6  -11  -6]; B=[0;0;1];
Q=[1 1 1; -1  -2  -3;1 4 9]; P=inv(Q);
A1=P*A*Q
B1=P*B
```

执行结果如下

```
A1 =                                               B1 =
  -1.0000      0.0000    -0.0000                     0.5000
   0.0000     -2.0000     0.0000                    -1.0000
  -0.0000     -0.0000    -3.0000                     0.5000
```

由以上计算数据可得系统经过线性变换后的方程为

$$\dot{\bar{\boldsymbol{x}}}=\begin{bmatrix}-1 & 0 & 0\\ 0 & -2 & 0\\ 0 & 0 & -3\end{bmatrix}\bar{\boldsymbol{x}}+\begin{bmatrix}0.5\\ -1\\ 0.5\end{bmatrix}\boldsymbol{u}$$

也可以输入语句

```
A=[0 1 0;0 0 1; -6  -11  -6];[Q,D]=eig(A)
```

运行结果为

```
Q =                                          D =
  -0.5774    0.2182   -0.1048                 -1.0000         0          0
   0.5774   -0.4364    0.3145                       0   -2.0000          0
  -0.5774    0.8729   -0.9435                       0         0    -3.0000
```

再计算线性变换矩阵 $\boldsymbol{P}$，并且验证结果如下

```
>> P=inv(Q)                              >> A1=P*A*Q                           >> B1=P*B
P =                                      A1 =                                  B1 =
  -5.1962   -4.3301   -0.8660              -1.0000   -0.0000    0.0000           -0.8660
 -13.7477  -18.3303   -4.5826              -0.0000   -2.0000   -0.0000           -4.5826
  -9.5394  -14.3091   -4.7697              -0.0000         0   -3.0000           -4.7697
```

可见，两种线性变换虽然不同，却都可以将矩阵 $\boldsymbol{A}$ 转换为对角阵。

2. 化矩阵 A 为约当阵

在 MATLAB 中用函数命令 jordan( ) 来求矩阵的约当形。其命令格式为[Q,J] =

jordan(A)。输入是系数矩阵 $\boldsymbol{A}$,输出是矩阵 $\boldsymbol{A}$ 的约当标准形矩阵 $\boldsymbol{J}$,而 $\boldsymbol{P}=\boldsymbol{Q}^{-1}$ 就是线性变换矩阵，满足 $\boldsymbol{J}=\boldsymbol{Q}^{-1}\boldsymbol{A}\boldsymbol{Q}=\boldsymbol{P}\boldsymbol{A}\boldsymbol{P}^{-1}$。

例 1-19 将矩阵 $\boldsymbol{A}=\begin{bmatrix}0&1&0\\0&0&1\\2&-5&4\end{bmatrix}$ 化为标准形矩阵。

解 首先输入语句

```
A=[0 1 0;0 0 1;2 -5 4];[Q,D]=eig(A)
```

得出

```
Q =                                      D =
  -0.5774   0.5774   -0.2182               1.0000        0        0
  -0.5774   0.5774   -0.4364                    0   1.0000        0
  -0.5774   0.5774   -0.8729                    0        0   2.0000
```

可见，$\boldsymbol{Q}$ 不满秩，即矩阵 $\boldsymbol{A}$ 的特征值中有重特征值，并且 $\boldsymbol{A}$ 的独立特征向量的个数小于 n。因此输入语句

```
A=[0 1 0;0 0 1;2 -5 4];[Q,J]=jordan(A)
```

语句执行结果为

```
Q =                          J =
   1     -2      0              2    0    0
   2     -2     -2              0    1    1
   4     -2     -4              0    0    1
```

计算结果表明，矩阵 $\boldsymbol{A}$ 的约当阵为 $\boldsymbol{J}=\begin{bmatrix}2&0&0\\0&1&1\\0&0&1\end{bmatrix}$。验证如下

```
A=[0 1 0;0 0 1;2 -5 4];Q=[1 -2 0; 2 -2 -2;4 -2 -4];
P=inv(Q);J1=P*A*Q
```

执行结果为

```
J1 =
     2    0    0
     0    1    1
     0    0    1
```

表明，所计算出的结果满足 $\boldsymbol{J}=\boldsymbol{P}\boldsymbol{A}\boldsymbol{P}^{-1}$。

小　结

本章介绍了状态空间描述和传递函数矩阵描述。

介绍了从状态变量的定义、状态变量的选取到建立状态空间表达式的整个过程；对于线性定常系统，在初始松弛情况下，也可以采用传递函数矩阵描述。这两种描述在系

统分析和设计中都有应用。至于采用何种描述，应视所研究的问题以及对这两种描述的熟悉程度而定。

一个系统，状态变量的数目是惟一的，而状态变量的选取是非惟一的。选取不同的状态变量，建立的状态空间表达式也不同。它们之间可以通过线性变换进行转换。本章介绍了线性变换定义、基本特性以及应用变换的方法获得几种标准形。线性变换的方法相当重要，本门课程很多章节中均要应用。

传递函数矩阵的描述与状态变量选择无关，即系统状态变量的不同选择，传递函数（矩阵）是不改变的。

应该指出，系统数学模型不仅有上述两种描述，还有系统的脉冲响应矩阵（第2章）描述。这些描述之间有一定关系。

习　　题

1-1　电路如图1-25所示。如果电压 u_1、u_2 为输入量，u_A 为输出量，选取 $i_1(t)$ 和 $i_2(t)$ 为状态变量。请建立该电路的状态空间表达式。

1-2　电路如图1-26所示。如果电压 u_1 为输入量，u_2 为输出量，电容电压 u_{C1}、u_{C2} 作为状态变量。请建立电路的状态空间表达式。

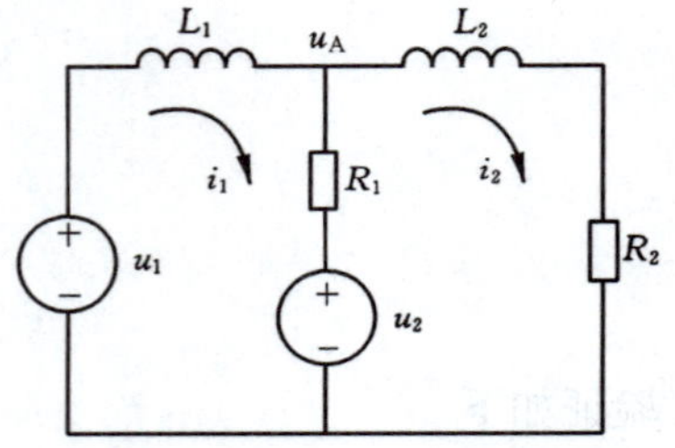

图　1-25

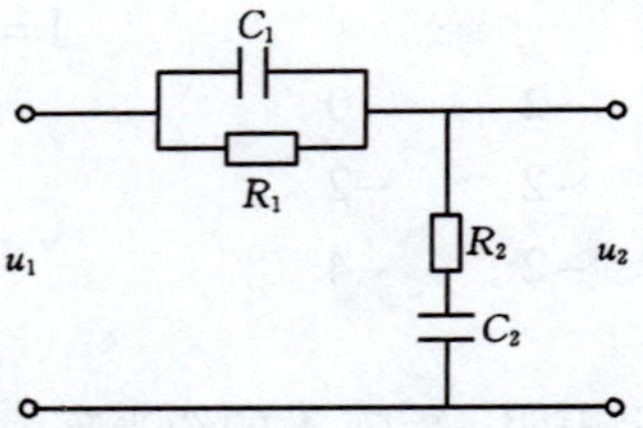

图　1-26

1-3　机械系统如图1-27所示。忽略小车与地面的摩擦力。若弹簧为线性弹簧，其弹簧刚度为 k，外力 F 为输入量，位移 y 为输出量，请选取状态变量，建立系统的状态空间表达式。

1-4　磁场控制的他励直流电动机如图1-28所示。励磁绕组加的电压为 u_B，励磁电流为 i_B。励磁回路电阻和电感分别为 R_B 和 L_B。如果保持电枢电流不变，在磁路不饱和情况下电动机转矩 T_D 与励磁电流成正比，即 $T_D=K_Bi_B$。若以电动机轴转角 θ 为输出量，励磁绕组上外加电压 u_B 为输入量，请选取状态变量，建立磁场控制的他励电动机的状态空间表达式。（J_D 为电动机及负载折合到电动机轴上的转动惯量，f 为电动机及负载折合到电动机轴上的粘性摩擦系数）

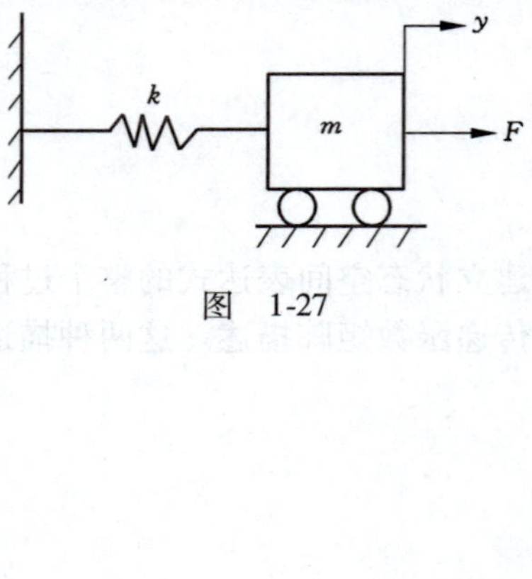

图　1-27

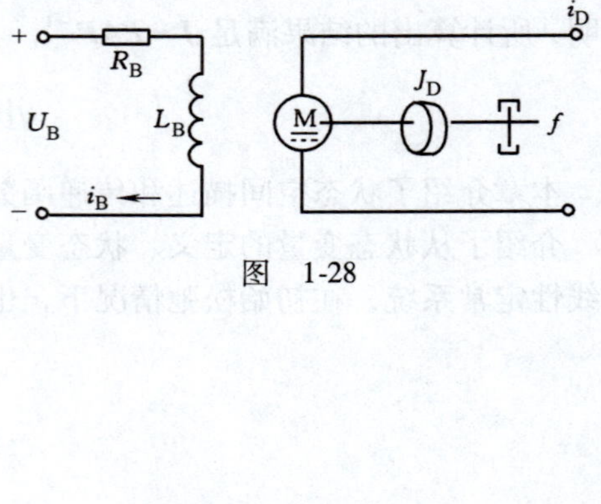

图　1-28

1-5　系统微分方程为

(1) $\ddot{y}+7\dot{y}+12y=2u$

(2) $2\dddot{y}-3y=\ddot{u}-\dot{u}$

(3) $y^{(4)}+3y^{(3)}+2\dot{y}=-\dot{u}$

请分别建立上述三个系统的状态空间表达式。

1-6　求习题 1-1、1-3、1-4 和 1-5 的传递函数(矩阵)。

1-7　已知系统方程为

$$\begin{bmatrix}\dot{x}_1\\ \dot{x}_2\\ \dot{x}_3\end{bmatrix}=\begin{bmatrix}-2&0&0\\0&-3&0\\0&0&-4\end{bmatrix}\begin{bmatrix}x_1\\x_2\\x_3\end{bmatrix}+\begin{bmatrix}1&-1\\-1&4\\5&-3\end{bmatrix}\begin{bmatrix}u_1\\u_2\end{bmatrix}$$

$$\boldsymbol{y}=\begin{bmatrix}1&1&1\\-2&-3&-4\end{bmatrix}\begin{bmatrix}x_1\\x_2\\x_3\end{bmatrix}$$

求系统传递函数矩阵(设系统初始松弛)。

1-8　控制系统结构如图 1-29 所示。如果按图上给出的状态变量 x_1 和 x_2，请求出该系统的状态空间表达式。

1-9　位置控制系统的结构如图 1-30 所示。图中 d 为干扰信号，请求出该系统的状态空间表达式。

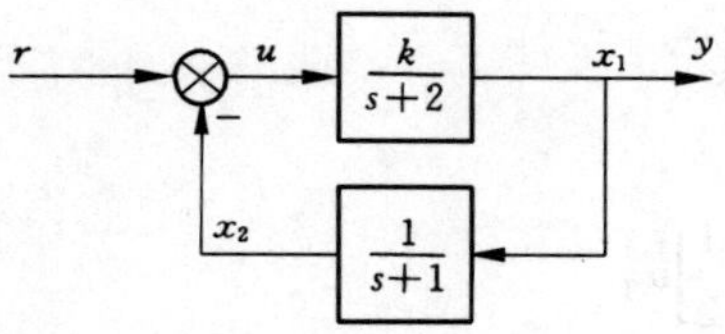

图　1-29

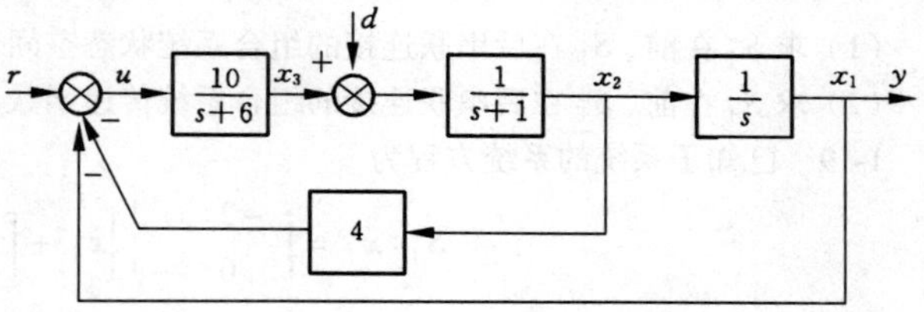

图　1-30

1-10　系统的差分方程为

$$y(k+2)+3y(k+1)+2y(k)=u(k)$$

请建立这个系统的状态空间表达式。

1-11　系统差分方程为

$$y(k+3)+3y(k+2)+2y(k+1)+y(k)=u(k+2)+2u(k+1)+u(k)$$

请建立系统的状态空间表达式。

1-12　求习题 1-10 和 1-11 的脉冲传递函数(设系统初始松弛)。

1-13　系统齐次状态方程为

$$\dot{\boldsymbol{x}}=\boldsymbol{A}\boldsymbol{x}$$

要求将矩阵 $\boldsymbol{A}=\begin{bmatrix}1&-1&0\\-1&1&0\\0&0&1\end{bmatrix}$ 化为对角形。

1-14　系统齐次状态方程为

$$\dot{\boldsymbol{x}}=\boldsymbol{A}\boldsymbol{x}$$

要求将矩阵 $A=\begin{bmatrix}0 & 1 & 0\\ 0 & 0 & 1\\ -25 & -35 & -11\end{bmatrix}$ 化为约当形。

1-15 系统齐次状态方程为

$$\dot{x}=Ax$$

要求将矩阵 $A=\begin{bmatrix}0 & 1\\ -1 & -2\end{bmatrix}$ 化为约当形。

1-16 系统齐次状态方程为

已知 $A=\begin{bmatrix}0 & 1 & 0\\ 0 & 0 & 1\\ -2 & -4 & -3\end{bmatrix}$，确定变换矩阵，将 A 化为模态形。

1-17 利用 MATLAB 语言重作习题 1-7、1-13、1-14、1-16。

1-18 已知两个子系统的系统方程为

$$S_{\mathrm{I}}:\dot{x}_{\mathrm{I}}=\begin{bmatrix}0 & 1\\ 0 & -1\end{bmatrix}x_{\mathrm{I}}+\begin{bmatrix}0\\ 1\end{bmatrix}u_{\mathrm{I}}$$

$$y_{\mathrm{I}}=[2\quad 1]x_{\mathrm{I}}$$

$$S_{\mathrm{II}}:\dot{x}_{\mathrm{II}}=-x_{\mathrm{II}}+2u_{\mathrm{II}}$$

$$y_{\mathrm{II}}=-x_{\mathrm{II}}-u_{\mathrm{II}}$$

（1）求 S_{I} 在前、S_{II} 在后串联连接的组合系统状态空间表达式。

（2）求 S_{I} 在前、S_{II} 在后串联连接的组合系统传递函数。

1-19 已知子系统的系统方程为

$$S_{\mathrm{I}}:\dot{x}_{\mathrm{I}}=\begin{bmatrix}-2 & 1\\ 0 & -1\end{bmatrix}x_{\mathrm{I}}+\begin{bmatrix}4 & 1\\ -1 & 2\end{bmatrix}u_{\mathrm{I}}$$

$$y_{\mathrm{I}}=[0\quad 1]x_{\mathrm{I}}$$

$$S_{\mathrm{II}}:\dot{x}_{\mathrm{II}}=\begin{bmatrix}2\\ 1\end{bmatrix}u_{\mathrm{II}}$$

$$y_{\mathrm{II}}=\begin{bmatrix}2 & 0\\ 1 & -1\end{bmatrix}x_{\mathrm{II}}$$

组成 S_{I} 在前向通道，S_{II} 在反馈通道的反馈连接（如图 1-31 所示），求组合系统的状态空间表达式。

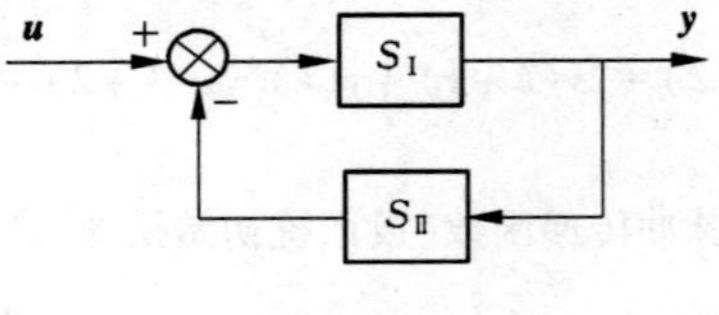

图 1-31

第 2 章　线性控制系统的运动分析

控制系统的运动是系统性能定量分析的重要内容。“运动”是物理学上的一个概念，它是通过求系统方程的解 $x(t)$、$y(t)$ 来分析研究的。由于状态方程是矩阵微分（差分）方程，输出方程是矩阵代数方程，因此求系统方程的解主要是求状态方程的解。本书将状态方程的求解（数学术语）和系统的运动（物理学的一个概念）的提法并重。根据研究问题的不同，两种提法均有应用。

2.1　线性定常系统齐次状态方程的解

线性定常系统齐次状态方程是指系统输入向量为零时的状态方程，即

$$\dot{\boldsymbol{x}} = \boldsymbol{A}\boldsymbol{x} \tag{2-1}$$

式中，$\boldsymbol{x}$ 为 n 维状态向量；$\boldsymbol{A}$ 为 $n\times n$ 系数矩阵。设初始时刻 $t_0=0$，系统的初始状态 $\boldsymbol{x}(t_0)=\boldsymbol{x}(0)$。仿照标量微分方程求解的方法求方程(2-1)的解。

设方程(2-1)的解 $\boldsymbol{x}(t)$ 为 t 的向量幂级数形式，即

$$\boldsymbol{x}(t) = \boldsymbol{b}_0 + \boldsymbol{b}_1 t + \boldsymbol{b}_2 t^2 + \boldsymbol{b}_3 t^3 + \cdots + \boldsymbol{b}_k t^k + \cdots \tag{2-2}$$

式中，$\boldsymbol{b}_i(i=0,1,2,\cdots)$ 为 n 维向量。

式(2-2)代入方程(2-1)得

$$\boldsymbol{b}_1 + 2\boldsymbol{b}_2 t + 3\boldsymbol{b}_3 t^2 + \cdots + k\boldsymbol{b}_k t^{k-1} + \cdots = A(\boldsymbol{b}_0 + \boldsymbol{b}_1 t + \boldsymbol{b}_2 t^2 + \boldsymbol{b}_3 t^3 + \cdots + \boldsymbol{b}_k t^k + \cdots) \tag{2-3}$$

既然式(2-2)是方程(2-1)的解，则式(2-3)对任意 t 都成立。因此，式(2-3)的等式两边 t 的同次幂项的系数应相等，有

$$\left.\begin{aligned} \boldsymbol{b}_1 &= \boldsymbol{A}\boldsymbol{b}_0 \\ \boldsymbol{b}_2 &= \frac{1}{2}\boldsymbol{A}\boldsymbol{b}_1 = \frac{1}{2!}\boldsymbol{A}^2\boldsymbol{b}_0 \\ \boldsymbol{b}_3 &= \frac{1}{3}\boldsymbol{A}\boldsymbol{b}_2 = \frac{1}{3!}\boldsymbol{A}^3\boldsymbol{b}_0 \\ &\ \ \vdots \\ \boldsymbol{b}_k &= \frac{1}{k}\boldsymbol{A}\boldsymbol{b}_k = \frac{1}{k!}A^k\boldsymbol{b}_0 \end{aligned}\right\} \tag{2-4}$$

当 $t=0$ 时，由式(2-2)可得到

$$\boldsymbol{b}_0 = \boldsymbol{x}(0) \tag{2-5}$$

将式(2-4)和式(2-5)代入式(2-2)，得到齐次状态方程的解

$$\boldsymbol{x}(t) = \left(\boldsymbol{I} + \boldsymbol{A}t + \frac{1}{2!}\boldsymbol{A}^2 t^2 + \cdots + \frac{1}{k!}\boldsymbol{A}^k t^k + \cdots\right)\boldsymbol{x}(0) \tag{2-6}$$

上式右边括号内的级数是 $n\times n$ 矩阵指数函数，记成 e^{At}，即

$$e^{At}\triangleq \boldsymbol{I}+\boldsymbol{A}t+\frac{1}{2!}\boldsymbol{A}^2t^2+\cdots+\frac{1}{k!}\boldsymbol{A}^kt^k+\cdots \tag{2-7}$$

故式(2-6)可写成

$$\boldsymbol{x}(t)=e^{At}\boldsymbol{x}(0) \tag{2-8}$$

如果初始时刻 $t_0\neq 0$，初始状态为 $\boldsymbol{x}(t_0)$，则齐次状态方程的解为

$$\boldsymbol{x}(t)=e^{A(t-t_0)}\boldsymbol{x}(t_0) \tag{2-9}$$

式(2-9)是方程(2-1)的解，其正确性可以通过证明式(2-9)满足方程(2-1)及初始条件 $\boldsymbol{x}(t_0)$ 加以证明。

因为
$$\dot{\boldsymbol{x}}(t)=\frac{d}{dt}\boldsymbol{x}(t)=\boldsymbol{A}e^{A(t-t_0)}\boldsymbol{x}(t_0)=\boldsymbol{A}\boldsymbol{x}(t)$$

和
$$\boldsymbol{x}(t)|_{t=t_0}=e^{A(t-t_0)}\boldsymbol{x}(t_0)=\boldsymbol{x}(t_0)$$

故 $\boldsymbol{x}(t)=e^{A(t-t_0)}\boldsymbol{x}(t_0)$ 是 $\dot{\boldsymbol{x}}=\boldsymbol{A}\boldsymbol{x}$ 满足 $\boldsymbol{x}(t)|_{t=t_0}=\boldsymbol{x}(t_0)$ 的解。

由式(2-9)可知，系统在状态空间中任一时刻 t 的状态 $\boldsymbol{x}(t)$，可视为系统的初始状态 $\boldsymbol{x}(t_0)$ 通过矩阵指数函数 $e^{A(t-t_0)}$ 的转移而得到。因此，矩阵指数函数 $e^{A(t-t_0)}$ 又称为状态转移矩阵，记成 $\boldsymbol{\phi}(t-t_0)$。当 $t_0=0$ 时，$\boldsymbol{\phi}(t-t_0)=\boldsymbol{\phi}(t)=e^{At}$。

由于系统没有输入向量，系统的运动 $\boldsymbol{x}(t)$ 是由系统初始状态 $x(t_0)$ 激励的。因此系统的运动称为自由运动。而自由运动轨线的形态是由 $e^{A(t-t_0)}$ 决定的，也即是由矩阵 $\boldsymbol{A}$ 唯一决定的。很显然，$e^{A(t-t_0)}$ 包含了系统自由运动形态的全部信息，完全表征了系统自由运动的动态特性。

例 2-1 线性定常系统齐次状态方程为

$$\begin{bmatrix}\dot{x}_1\\ \dot{x}_2\end{bmatrix}=\begin{bmatrix}0 & 1\\ -2 & -3\end{bmatrix}\begin{bmatrix}x_1\\ x_2\end{bmatrix}$$

$$\boldsymbol{x}(0)=\begin{bmatrix}1\\ 0\end{bmatrix}$$

求齐次状态方程的解。

解 将矩阵 $\boldsymbol{A}$ 代入式(2-7)，即

$$\begin{aligned}e^{At}&=\boldsymbol{I}+\boldsymbol{A}t+\frac{1}{2!}\boldsymbol{A}^2t^2+\frac{1}{3!}\boldsymbol{A}^3t^3+\cdots\\
&=\begin{bmatrix}1 & 0\\ 0 & 1\end{bmatrix}+\begin{bmatrix}0 & 1\\ -2 & -3\end{bmatrix}t+\frac{1}{2!}\begin{bmatrix}0 & 1\\ -2 & -3\end{bmatrix}^2t^2+\frac{1}{3!}\begin{bmatrix}0 & 1\\ -2 & -3\end{bmatrix}^3t^3+\cdots\\
&=\begin{bmatrix}1-t^2+t^3+\cdots & t-\frac{3}{2}t^2+\frac{7}{6}t^3+\cdots\\ -2t+3t^2-\frac{7}{3}t^3+\cdots & 1-3t+\frac{7}{2}t^2-\frac{5}{2}t^3+\cdots\end{bmatrix}\end{aligned}$$

$$
\begin{aligned}
\boldsymbol{x}(t) &= \mathrm{e}^{\boldsymbol{A}t}\boldsymbol{x}(0) \\
&= \begin{bmatrix} 1-t^2+t^3+\cdots & t-\frac{3}{2}t^2+\frac{7}{6}t^3+\cdots \\ -2t+3t^2-\frac{7}{3}t^3+\cdots & 1-3t+\frac{7}{2}t^2-\frac{5}{2}t^3+\cdots \end{bmatrix}\begin{bmatrix}1\\0\end{bmatrix} \\
&= \begin{bmatrix} 1-t^2+t^3+\cdots \\ -2t+3t^2-\frac{7}{3}t^3+\cdots \end{bmatrix}
\end{aligned}
$$

2.2 状态转移矩阵

线性定常系统齐次状态方程的解为

$$\boldsymbol{x}(t) = \mathrm{e}^{\boldsymbol{A}(t-t_0)}\boldsymbol{x}(t_0)$$

或

$$\boldsymbol{x}(t) = \mathrm{e}^{\boldsymbol{A}t}x(0)$$

由解的表达式可知，系统的初始状态$\boldsymbol{x}(t_0)$和$t>t_0$的状态$\boldsymbol{x}(t)$之间是一种向量变换关系，其变换矩阵就是$n\times n$状态转移矩阵$\mathrm{e}^{\boldsymbol{A}(t-t_0)}$。状态转移矩阵的元素一般是时间$t$的函数，即$\mathrm{e}^{\boldsymbol{A}(t-t_0)}$是一个$n\times n$时变函数矩阵。对于一个2×2矩阵指数函数，其几何意义如图2-1所示。系统从初始状态$x(t_0)$开始，随着时间的推移，由$\mathrm{e}^{\boldsymbol{A}(t_1-t_0)}$移到$\boldsymbol{x}(t_1)$，再由$\mathrm{e}^{\boldsymbol{A}(t_2-t_1)}$移到$\boldsymbol{x}(t_2)$，…。$\boldsymbol{x}(t)$的形态完全由$\mathrm{e}^{\boldsymbol{A}(t-t_0)}$决定。

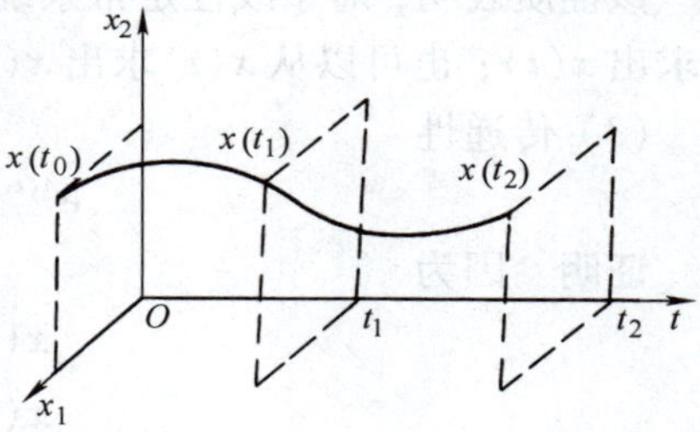

图 2-1

2.2.1 状态转移矩阵的基本性质

(1)
$$\frac{\mathrm{d}}{\mathrm{d}t}\mathrm{e}^{\boldsymbol{A}t} = \boldsymbol{A}\mathrm{e}^{\boldsymbol{A}t} = \mathrm{e}^{\boldsymbol{A}t}\boldsymbol{A} \tag{2-10a}$$

证明 设初始时刻$t_0=0$，由于

$$
\begin{aligned}
\frac{\mathrm{d}}{\mathrm{d}t}(\mathrm{e}^{\boldsymbol{A}t}) &= \frac{\mathrm{d}\left(\boldsymbol{I}+\boldsymbol{A}t+\frac{1}{2!}\boldsymbol{A}^2t^2+\frac{1}{3!}\boldsymbol{A}^3t^3+\cdots\right)}{\mathrm{d}t} \\
&= \boldsymbol{A}+\boldsymbol{A}t+\frac{1}{2!}\boldsymbol{A}^3t^2+\cdots \\
&= \boldsymbol{A}\left(\boldsymbol{I}+\boldsymbol{A}^2t+\frac{1}{2!}\boldsymbol{A}^2t^2+\cdots\right) \\
&= \boldsymbol{A}\mathrm{e}^{\boldsymbol{A}t}
\end{aligned}
$$

又

$$
\begin{aligned}
\frac{\mathrm{d}}{\mathrm{d}t}(\mathrm{e}^{\boldsymbol{A}t}) &= \left(\boldsymbol{I}+\boldsymbol{A}t+\frac{1}{2!}\boldsymbol{A}^2t^2+\cdots\right)\boldsymbol{A} \\
&= \mathrm{e}^{\boldsymbol{A}t}\boldsymbol{A}
\end{aligned}
$$

故 $$\frac{\mathrm{d}}{\mathrm{d}t}\mathrm{e}^{\boldsymbol{A}t}=\boldsymbol{A}\mathrm{e}^{\boldsymbol{A}t}=\mathrm{e}^{\boldsymbol{A}t}\boldsymbol{A}$$

即 $$\dot{\boldsymbol{\phi}}(t)=\boldsymbol{A}\boldsymbol{\phi}(t)=\boldsymbol{\phi}(t)\boldsymbol{A}$$

该性质表明，线性定常系统齐次状态方程的解 $\boldsymbol{A}\boldsymbol{\phi}(t)$ 中的 $\boldsymbol{A}$ 和 $\boldsymbol{\phi}(t)$ 是可以交换的。并且当 $t=0$ 时的状态转移矩阵为单位阵。即

$$\mathrm{e}^{\boldsymbol{A}\cdot 0}=\boldsymbol{I} \tag{2-10b}$$

(2) 可逆性

$$[\boldsymbol{\phi}(t)]^{-1}=[\mathrm{e}^{\boldsymbol{A}t}]^{-1}=\mathrm{e}^{-\boldsymbol{A}t} \tag{2-11}$$

证明 因为 $$\boldsymbol{\phi}(t)=\mathrm{e}^{\boldsymbol{A}t}$$

上式等式两边右乘 $\mathrm{e}^{-\boldsymbol{A}t}$，得到

$$\boldsymbol{\phi}(t)\mathrm{e}^{-\boldsymbol{A}t}=\mathrm{e}^{\boldsymbol{A}t}\mathrm{e}^{-\boldsymbol{A}t}=\boldsymbol{I}$$

上式等式两边左乘 $\boldsymbol{\phi}^{-1}(t)$，得到

$$\boldsymbol{\phi}^{-1}(t)\boldsymbol{\phi}(t)\mathrm{e}^{-\boldsymbol{A}t}=\boldsymbol{\phi}^{-1}(t)$$

所以 $$\boldsymbol{\phi}^{-1}(t)=\mathrm{e}^{-\boldsymbol{A}t}$$

该性质表明，对于线性定常系统齐次状态方程的解 $\boldsymbol{x}(t)=\mathrm{e}^{\boldsymbol{A}t}\boldsymbol{x}(0)$ 来说，由 $\boldsymbol{x}(0)$ 可以求出 $\boldsymbol{x}(t)$；也可以从 $\boldsymbol{x}(t)$ 求出 $\boldsymbol{x}(0)=\mathrm{e}^{-\boldsymbol{A}t}\boldsymbol{x}(t)$。

(3) 传递性

$$\mathrm{e}^{\boldsymbol{A}(t_2-t_1)}\mathrm{e}^{\boldsymbol{A}(t_1-t_0)}=\mathrm{e}^{\boldsymbol{A}(t_2-t_0)} \tag{2-12}$$

证明 因为

$$\boldsymbol{x}(t_1)=\mathrm{e}^{\boldsymbol{A}(t_1-t_0)}\boldsymbol{x}(t_0)$$
$$\boldsymbol{x}(t_2)=\mathrm{e}^{\boldsymbol{A}(t_2-t_1)}\boldsymbol{x}(t_1)$$

所以

$$\begin{aligned}\boldsymbol{x}(t_2)&=\mathrm{e}^{\boldsymbol{A}(t_2-t_1)}\mathrm{e}^{\boldsymbol{A}(t_1-t_0)}\boldsymbol{x}(t_0)\\&=\mathrm{e}^{\boldsymbol{A}(t_2-t_0)}\boldsymbol{x}(t_0)\end{aligned}$$

即 $$\boldsymbol{\phi}(t_2-t_1)\boldsymbol{\phi}(t_1-t_0)=\boldsymbol{\phi}(t_2-t_0)$$

(4) 对于 $n\times n$ 方阵 $\boldsymbol{A}$ 和 $\boldsymbol{B}$，当且仅当 $\boldsymbol{AB}=\boldsymbol{BA}$ 时，有

$$\mathrm{e}^{\boldsymbol{A}t}\mathrm{e}^{\boldsymbol{B}t}=\mathrm{e}^{(\boldsymbol{A}+\boldsymbol{B})t} \tag{2-13}$$

如果 $\boldsymbol{AB}\neq\boldsymbol{BA}$ 时，则 $\mathrm{e}^{\boldsymbol{A}t}\mathrm{e}^{\boldsymbol{B}t}\neq\mathrm{e}^{(\boldsymbol{A}+\boldsymbol{B})t}$

证明 $$\begin{aligned}\mathrm{e}^{\boldsymbol{A}t}\mathrm{e}^{\boldsymbol{B}t}&=\left(\boldsymbol{I}+\boldsymbol{A}t+\frac{1}{2!}\boldsymbol{A}^2t^2+\frac{1}{3!}\boldsymbol{A}^3t^3+\cdots\right)\left(\boldsymbol{I}+\boldsymbol{B}t+\frac{1}{2!}\boldsymbol{B}^2t^2+\frac{1}{3!}\boldsymbol{B}^3t^3+\cdots\right)\\&=\boldsymbol{I}+(\boldsymbol{A}+\boldsymbol{B})t+\frac{1}{2!}(\boldsymbol{A}^2+2\boldsymbol{AB}+\boldsymbol{B}^2)t^2+\frac{1}{3!}(\boldsymbol{A}^3+3\boldsymbol{A}^2\boldsymbol{B}+3\boldsymbol{AB}^2+\boldsymbol{B}^3)t^3+\cdots\end{aligned}$$

而 $$\begin{aligned}\mathrm{e}^{(\boldsymbol{A}+\boldsymbol{B})t}&=\boldsymbol{I}+(\boldsymbol{A}+\boldsymbol{B})t+\frac{1}{2!}(\boldsymbol{A}+\boldsymbol{B})^2t^2+\frac{1}{3!}(\boldsymbol{A}+\boldsymbol{B})^3t^3+\cdots\\&=\boldsymbol{I}+(\boldsymbol{A}+\boldsymbol{B})t+\frac{1}{2!}(\boldsymbol{A}^2+\boldsymbol{AB}+\boldsymbol{BA}+\boldsymbol{B}^2)t^2+\\&\quad\frac{1}{3!}(\boldsymbol{A}^3+\boldsymbol{A}^2\boldsymbol{B}+\boldsymbol{ABA}+\boldsymbol{AB}^2+\boldsymbol{BA}^2+\boldsymbol{BAB}+\boldsymbol{B}^2\boldsymbol{A}+\boldsymbol{B}^3)t^3+\cdots\end{aligned}$$

比较上面两个式子中 t 的同次幂项的系数可见，只有 $\boldsymbol{AB}=\boldsymbol{BA}$ 时，才有

$$e^{\boldsymbol{A}t}e^{\boldsymbol{B}t}=e^{(\boldsymbol{A}+\boldsymbol{B})t}$$

如果 $\boldsymbol{AB}\neq\boldsymbol{BA}$，则 $e^{\boldsymbol{A}t}e^{\boldsymbol{B}t}\neq e^{(\boldsymbol{A}+\boldsymbol{B})t}$

该性质表明，只有当 $\boldsymbol{A}$ 和 $\boldsymbol{B}$ 是可以交换的方阵，它们各自的状态转移矩阵之积与 $(\boldsymbol{A}+\boldsymbol{B})$ 的状态转移矩阵才相等。这与标量指数函数的性质是不同的。

(5) 状态转移矩阵的 k 次方

$$(e^{\boldsymbol{A}t})^k=e^{k\boldsymbol{A}t} \tag{2-14}$$

即
$$[\boldsymbol{\phi}(t)]^k=\boldsymbol{\phi}(kt)\quad (k\ 为整数)$$

证明
$$(e^{\boldsymbol{A}t})^k=e^{\boldsymbol{A}t}e^{\boldsymbol{A}t}\cdots e^{\boldsymbol{A}t}\quad (k\ 项)$$
$$=e^{k\boldsymbol{A}t}$$

即
$$[\boldsymbol{\phi}(t)]^k=\boldsymbol{\phi}(kt)$$

2.2.2 状态转移矩阵的求法

线性定常系统的状态转移矩阵的求法很多，下面介绍较常用的四种方法。

方法 1 根据定义，计算 $\boldsymbol{\phi}(t)$

$$\boldsymbol{\phi}(t)=e^{\boldsymbol{A}t}=\boldsymbol{I}+\boldsymbol{A}t+\frac{1}{2!}\boldsymbol{A}^2t^2+\cdots+\frac{1}{k!}\boldsymbol{A}^kt^k+\cdots \tag{2-15}$$

这种方法不论是手工运算或用计算机运算，通常取有限项，计算近似值。至于取多少项，取决于对精度的要求。一般地说，这种方法不易得到闭式解。

方法 2 应用拉普拉斯变换法计算 $\boldsymbol{\phi}(t)$

$$\dot{\boldsymbol{x}}(t)=\boldsymbol{A}\boldsymbol{x}(t)$$

若初始时刻 $t_0=0$，初始状态为 $\boldsymbol{x}(0)$。对上式进行拉普拉斯变换，得

$$s\boldsymbol{x}(s)-\boldsymbol{x}(0)=\boldsymbol{A}\boldsymbol{x}(s)$$
$$[s\boldsymbol{I}-\boldsymbol{A}]\boldsymbol{x}(s)=\boldsymbol{x}(0)$$

若 $[s\boldsymbol{I}-\boldsymbol{A}]$ 非奇异，等式两边左乘 $[s\boldsymbol{I}-\boldsymbol{A}]^{-1}$，得到

$$\boldsymbol{x}(s)=[s\boldsymbol{I}-\boldsymbol{A}]^{-1}\boldsymbol{x}(0)$$

取 $\boldsymbol{x}(s)$ 的拉普拉斯反变换，得到

$$\boldsymbol{x}(t)=\mathscr{L}^{-1}\{[s\boldsymbol{I}-\boldsymbol{A}]^{-1}\boldsymbol{x}(0)\}=\mathscr{L}^{-1}[s\boldsymbol{I}-\boldsymbol{A}]^{-1}\boldsymbol{x}(0) \tag{2-16}$$

由微分方程解的唯一性可知

$$\boldsymbol{\phi}(t)=e^{\boldsymbol{A}t}=\mathscr{L}^{-1}[s\boldsymbol{I}-\boldsymbol{A}]^{-1} \tag{2-17}$$

例 2-2 线性定常系统的齐次状态方程为

$$\begin{bmatrix}\dot{x}_1\\ \dot{x}_2\end{bmatrix}=\begin{bmatrix}0 & 1\\ -2 & -3\end{bmatrix}\begin{bmatrix}x_1\\ x_2\end{bmatrix}$$

求 $\boldsymbol{\phi}(t)=e^{\boldsymbol{A}t}$。

解 由式(2-17)，得到

$$\boldsymbol{\phi}(t)=\mathrm{e}^{\boldsymbol{A}t}=\mathscr{L}^{-1}[s\boldsymbol{I}-\boldsymbol{A}]^{-1}$$

而

$$[s\boldsymbol{I}-\boldsymbol{A}]^{-1}=\begin{bmatrix}s & -1\\ 2 & s+3\end{bmatrix}^{-1}=\frac{\mathrm{adj}\begin{bmatrix}s & -1\\ 2 & s+3\end{bmatrix}}{\det\begin{bmatrix}s & -1\\ 2 & s+3\end{bmatrix}}=\frac{1}{s(s+3)+2}\begin{bmatrix}s+3 & 1\\ -2 & s\end{bmatrix}$$

$$=\begin{bmatrix}\dfrac{s+3}{(s+1)(s+2)} & \dfrac{1}{(s+1)(s+2)}\\ \dfrac{-2}{(s+1)(s+2)} & \dfrac{s}{(s+1)(s+2)}\end{bmatrix}=\begin{bmatrix}\dfrac{2}{s+1}-\dfrac{1}{s+2} & \dfrac{1}{s+1}-\dfrac{1}{s+2}\\ \dfrac{-2}{s+1}+\dfrac{2}{s+2} & \dfrac{-1}{s+1}+\dfrac{2}{s+2}\end{bmatrix}$$

于是

$$\boldsymbol{\phi}(t)=\mathrm{e}^{\boldsymbol{A}t}=\mathscr{L}^{-1}[s\boldsymbol{I}-\boldsymbol{A}]^{-1}=\begin{bmatrix}2\mathrm{e}^{-t}-\mathrm{e}^{-2t} & \mathrm{e}^{-t}-\mathrm{e}^{-2t}\\ -2\mathrm{e}^{-t}+2\mathrm{e}^{-2t} & -\mathrm{e}^{-t}+2\mathrm{e}^{-2t}\end{bmatrix}$$

方法3　应用凯莱-哈密顿(Cayley-Hamilton)定理计算 $\boldsymbol{\phi}(t)$

凯莱-哈密顿定理：$n\times n$ 矩阵 $\boldsymbol{A}$ 满足自身的特征方程，即矩阵 $\boldsymbol{A}$ 的特征多项式是 $\boldsymbol{A}$ 的零化多项式。

$$\Delta(\lambda)=\det[\lambda\boldsymbol{I}-\boldsymbol{A}]=\lambda^{n}+a_{n-1}\lambda^{n-1}+a_{n-2}\lambda^{n-2}+\cdots+a_1\lambda+a_0=0$$

即

$$\lambda^{n}=-a_{n-1}\lambda^{n-1}-a_{n-2}\lambda^{n-2}-\cdots-a_1\lambda-a_0$$

用 $\boldsymbol{A}$ 代替 λ，代入 $\Delta(\lambda)$ 表达式，根据凯莱-哈密顿定理，有

$$\Delta(\boldsymbol{A})=\boldsymbol{A}^{n}+a_{n-1}\boldsymbol{A}^{n-1}+a_{n-2}\boldsymbol{A}^{n-2}+\cdots+a_1\boldsymbol{A}+a_0\boldsymbol{I}=0 \tag{2-18}$$

于是

$$\boldsymbol{A}^{n}=-a_{n-1}\boldsymbol{A}^{n-1}-a_{n-2}\boldsymbol{A}^{n-2}-\cdots-a_1\boldsymbol{A}-a_0\boldsymbol{I} \tag{2-19}$$

上式表明，$\boldsymbol{A}^{n}$ 是 $\boldsymbol{A}^{n-1}$，$\boldsymbol{A}^{n-2}$，…，$\boldsymbol{A}$，$\boldsymbol{I}$ 的线性组合。显然有

$$\boldsymbol{A}^{n+1}=\boldsymbol{A}\cdot\boldsymbol{A}^{n}=-a_{n-1}\boldsymbol{A}^{n}-a_{n-2}\boldsymbol{A}^{n-1}-\cdots-a_1\boldsymbol{A}^{2}-a_0\boldsymbol{A}$$

将式(2-19)代入上式得

$$\boldsymbol{A}^{n+1}=(a_{n-1}^{2}-a_{n-2})\boldsymbol{A}^{n-1}+(a_{n-1}a_{n-2}-a_{n-2})\boldsymbol{A}^{n-2}+\cdots+(a_{n-1}a_1-a_0)\boldsymbol{A}+a_{n-1}a_0\boldsymbol{I} \tag{2-20}$$

依此类推，可知 $\boldsymbol{A}^{n+1}$，$\boldsymbol{A}^{n+2}$，…均是 $\boldsymbol{A}^{n-1}$，$\boldsymbol{A}^{n-2}$，…，$\boldsymbol{A}$，$\boldsymbol{I}$ 的线性组合。将式(2-19)、式(2-20)代入式(2-15)中，便可以消去 $\mathrm{e}^{\boldsymbol{A}t}$ 中高于 $\boldsymbol{A}^{n-1}$ 的幂次项。结果 $\mathrm{e}^{\boldsymbol{A}t}$ 就化成一个 $\boldsymbol{A}$ 的最高幂次为 $n-1$ 的 n 项幂级数的形式，即

$$\boldsymbol{\phi}(t)=\mathrm{e}^{\boldsymbol{A}t}=\boldsymbol{I}+\boldsymbol{A}t+\frac{1}{2!}\boldsymbol{A}^{2}t^{2}+\cdots+\frac{1}{n!}\boldsymbol{A}^{n}t^{n}+\frac{1}{(n+1)!}\boldsymbol{A}^{n+1}t^{n+1}+\cdots$$
$$=a_0(t)\boldsymbol{I}+a_1(t)\boldsymbol{A}+\cdots+a_{n-1}(t)\boldsymbol{A}^{n-1} \tag{2-21}$$

式中，$a_i(t)$，$i=0,1,\cdots,(n-1)$ 为待定系数。$a_i(t)$ 的计算方法为：

(1) $\boldsymbol{A}$ 的特征值 $\lambda_i(i=1,2,\cdots,n)$ 互异。应用凯莱-哈密顿定理，λ_i 和 $\boldsymbol{A}$ 均是特征多项式的零根。因此，λ_i 满足式(2-21)，即 $\mathrm{e}^{\lambda_i t}=a_0(t)+a_1(t)\lambda_i+\cdots+a_{n-1}(t)\lambda_i^{n-1}$　$i=1,2,\cdots,n$

或

$$\begin{bmatrix} e^{\lambda_1 t} \\ e^{\lambda_2 t} \\ \vdots \\ e^{\lambda_n t} \end{bmatrix} = \begin{bmatrix} 1 & \lambda_1 & \lambda_1^2 & \cdots & \lambda_1^{n-1} \\ 1 & \lambda_2 & \lambda_2^2 & \cdots & \lambda_2^{n-1} \\ \vdots & \vdots & \vdots & & \vdots \\ 1 & \lambda_n & \lambda_n^2 & \cdots & \lambda_n^{n-1} \end{bmatrix} \begin{bmatrix} a_0(t) \\ a_1(t) \\ \vdots \\ a_{n-1}(t) \end{bmatrix} \tag{2-22}$$

于是

$$\begin{bmatrix} a_0(t) \\ a_1(t) \\ \vdots \\ a_{n-1}(t) \end{bmatrix} = \begin{bmatrix} 1 & \lambda_1 & \lambda_1^2 & \cdots & \lambda_1^{n-1} \\ 1 & \lambda_2 & \lambda_2^2 & \cdots & \lambda_2^{n-1} \\ \vdots & \vdots & \vdots & & \vdots \\ 1 & \lambda_n & \lambda_n^2 & \cdots & \lambda_n^{n-1} \end{bmatrix}^{-1} \begin{bmatrix} e^{\lambda_1 t} \\ e^{\lambda_2 t} \\ \vdots \\ e^{\lambda_n t} \end{bmatrix} \tag{2-23}$$

例 2-3 应用凯莱-哈密顿定理计算例 2-2 的状态转移矩阵 $\boldsymbol{\phi}(t)$。

解 $\Delta(\lambda)=\det[\lambda \boldsymbol{I}-\boldsymbol{A}]=\lambda(\lambda+3)+2=(\lambda+1)(\lambda+2)=0$。$\lambda_1=-1,\lambda_2=-2$，即矩阵 $\boldsymbol{A}$ 的两个特征值互异。由式(2-23)有

$$\begin{bmatrix} a_0(t) \\ a_1(t) \end{bmatrix} = \begin{bmatrix} 1 & \lambda_1 \\ 1 & \lambda_2 \end{bmatrix}^{-1} \begin{bmatrix} e^{\lambda_1 t} \\ e^{\lambda_2 t} \end{bmatrix} = \begin{bmatrix} 1 & -1 \\ 1 & -2 \end{bmatrix}^{-1} \begin{bmatrix} e^{-t} \\ e^{-2t} \end{bmatrix}$$

$$= \begin{bmatrix} 2 & -1 \\ 1 & -1 \end{bmatrix} \begin{bmatrix} e^{-t} \\ e^{-2t} \end{bmatrix} = \begin{bmatrix} 2e^{-t} & -e^{-2t} \\ e^{-t} & -e^{-2t} \end{bmatrix}$$

即

$$a_0(t)=2e^{-t}-e^{-2t}$$
$$a_1(t)=e^{-t}-e^{-2t}$$

$$\boldsymbol{\phi}(t)=e^{\boldsymbol{A}t}=a_0(t)\boldsymbol{I}+a_1(t)\boldsymbol{A}$$

$$=(2e^{-t}-e^{-2t})\begin{bmatrix} 1 & 0 \\ 0 & 1 \end{bmatrix}+(e^{-t}-e^{-2t})\begin{bmatrix} 0 & 1 \\ -2 & -3 \end{bmatrix}$$

$$=\begin{bmatrix} 2e^{-t}-e^{-2t} & 0 \\ 0 & 2e^{-t}-e^{-2t} \end{bmatrix}+\begin{bmatrix} 0 & e^{-t}-e^{-2t} \\ -2e^{-t}+2e^{-2t} & -3e^{-t}+3e^{-2t} \end{bmatrix}$$

$$=\begin{bmatrix} 2e^{-t}-e^{-2t} & e^{-t}-e^{-2t} \\ -2e^{-t}+2e^{-2t} & -e^{-t}+2e^{-2t} \end{bmatrix}$$

可见与用方法 2 计算的结果一样。

（2）$\boldsymbol{A}$ 的特征值均相同。设 $\boldsymbol{A}$ 的特征值为 λ_1，待定系数 $\alpha_i(t)$的计算公式如下

$$
\begin{bmatrix} a_0(t) \\ a_1(t) \\ \vdots \\ a_{n-3}(t) \\ a_{n-2}(t) \\ a_{n-1}(t) \end{bmatrix} = \begin{bmatrix} 0 & 0 & \cdots & 0 & \cdots 0 & 1 \\ \vdots & \vdots & & \vdots & \cdots 1 & (n-1)\lambda_1 \\ & & & & & \vdots \\ 0 & 0 & 1 & 3\lambda_1 & \cdots & \frac{(n-1)(n-2)}{2!}\lambda_1^{n-3} \\ 0 & 1 & 2\lambda_1 & 3\lambda_1^2 & \cdots & \frac{(n-1)}{1!}\lambda_1^{n-2} \\ 1 & \lambda_1 & \lambda_1^2 & \lambda_1^3 & \cdots \lambda_1^{n-2} & \lambda_1^{n-1} \end{bmatrix}^{-1} \begin{bmatrix} \frac{1}{(n-1)!}t^{n-1}e^{\lambda_1 t} \\ \frac{1}{(n-2)!}t^{n-2}e^{\lambda_1 t} \\ \vdots \\ \frac{1}{2!}t^2 e^{\lambda_1 t} \\ \frac{1}{1!}t^1 e^{\lambda_1 t} \\ e^{\lambda_1 t} \end{bmatrix} \tag{2-24}
$$

(3) 当 $\boldsymbol{A}$ 的 n 个特征值有重特征值和互异特征值时，待定系数 $\alpha_i(t)$ 可以根据式(2-24)和式(2-23)求得。然后代入式(2-21)，求出状态转移矩阵 $\boldsymbol{\phi}(t)$。

例 2-4 线性定常系统齐次状态方程为

$$
\dot{\boldsymbol{x}} = \begin{bmatrix} 0 & 1 & 0 \\ 0 & 0 & 1 \\ -2 & -5 & -4 \end{bmatrix} \boldsymbol{x}
$$

求系统状态转移矩阵。

解 应用凯莱-哈密顿定理计算 $\boldsymbol{\phi}(t)$。

$$
\Delta(\lambda) = \det[\lambda \boldsymbol{I} - \boldsymbol{A}] = \det \begin{bmatrix} \lambda & -1 & 0 \\ 0 & \lambda & -1 \\ 2 & 5 & \lambda+4 \end{bmatrix}
$$

$$
\lambda^3 + 4\lambda^2 + 5\lambda + 2 = (\lambda+1)^2(\lambda+2) = 0
$$

即 $\boldsymbol{A}$ 的特征值为

$$
\lambda_1 = \lambda_2 = -1, \lambda_3 = -2
$$

对于重特征值，按式(2-24)计算 $\alpha_i(t)$，非重特征值按式(2-23)计算 $\alpha_i(t)$。于是有

$$
\begin{bmatrix} \alpha_0(t) \\ \alpha_1(t) \\ \alpha_2(t) \end{bmatrix} = \begin{bmatrix} 0 & 1 & 2\lambda_1 \\ 1 & \lambda_1 & \lambda_1^2 \\ 1 & \lambda_3 & \lambda_3^2 \end{bmatrix}^{-1} \begin{bmatrix} te^{\lambda_1 t} \\ e^{\lambda_1 t} \\ e^{\lambda_3 t} \end{bmatrix} = \begin{bmatrix} 0 & 1 & -2 \\ 1 & -1 & 1 \\ 1 & -2 & 4 \end{bmatrix}^{-1} \begin{bmatrix} te^{-t} \\ e^{-t} \\ e^{-2t} \end{bmatrix}
$$

$$
= \begin{bmatrix} 2 & 0 & 1 \\ 3 & -2 & 2 \\ 1 & -1 & 1 \end{bmatrix} \begin{bmatrix} te^{-t} \\ e^{-t} \\ e^{-2t} \end{bmatrix} = \begin{bmatrix} 2te^{-t} + e^{-2t} \\ 3te^{-t} - 2e^{-t} + 2e^{-2t} \\ te^{-t} - e^{-t} + e^{-2t} \end{bmatrix}
$$

利用式(2-21)求得系统状态转移矩阵

$$
\boldsymbol{\phi}(t) = e^{\boldsymbol{A}t} = \alpha_0(t)\boldsymbol{I} + \alpha_1(t)\boldsymbol{A} + \alpha_2(t)\boldsymbol{A}^2
$$

$$
=(2te^{-t}+e^{-2t})\begin{bmatrix}1&0&0\\0&1&0\\0&0&1\end{bmatrix}+(3te^{-t}-2e^{-t}+2e^{-2t})\begin{bmatrix}0&1&0\\0&0&1\\-2&-5&-4\end{bmatrix}+
$$

$$
(te^{-t}-e^{-t}+e^{-2t})\begin{bmatrix}0&1&0\\0&0&1\\-2&-5&-4\end{bmatrix}^2
$$

$$
=\begin{bmatrix}2te^{-t}+e^{-2t} & 3te^{-t}-2e^{-t}+2e^{-2t} & te^{-t}-e^{-t}+e^{-2t}\\ -2te^{-t}+2e^{-t}-2e^{-2t} & -3te^{-t}+5e^{-t}-4e^{-2t} & te^{-t}+2e^{-t}-2e^{-2t}\\ 2te^{-t}-4e^{-t}+4e^{-2t} & 3te^{-t}-8e^{-t}+8e^{-2t} & te^{-t}-3e^{-t}+4e^{-2t}\end{bmatrix}
$$

方法 4 通过线性变换计算 $\boldsymbol{\phi}(t)$

(1) 矩阵 $\boldsymbol{A}$ 经线性变换化为对角形矩阵 $\boldsymbol{\Lambda}$，计算 $\boldsymbol{\phi}(t)$。

当矩阵 $\boldsymbol{A}$ 的 n 个特征值互异或矩阵 $\boldsymbol{A}$ 虽有重特征值但仍有 n 个独立的特征向量时，经过线性变换，将 $\boldsymbol{A}$ 化为对角形矩阵 $\boldsymbol{\Lambda}$，即

$$
\boldsymbol{PAP}^{-1}=\boldsymbol{\Lambda}=\begin{bmatrix}\lambda_1 & & & \boldsymbol{0}\\ & \lambda_2 & & \\ & & \ddots & \\ \boldsymbol{0} & & & \lambda_n\end{bmatrix}
$$

这时系统的状态转移矩阵

$$
e^{\boldsymbol{\Lambda}t}=\boldsymbol{I}+\boldsymbol{\Lambda}t+\frac{1}{2!}\boldsymbol{\Lambda}^2t^2+\cdots
$$

$$
=\begin{bmatrix}1 & & & \\ & 1 & \boldsymbol{0} & \\ \boldsymbol{0} & & \ddots & \\ & & & 1\end{bmatrix}+\begin{bmatrix}\lambda_1 & & & \boldsymbol{0}\\ & \lambda_2 & & \\ \boldsymbol{0} & & \ddots & \\ & & & \lambda_n\end{bmatrix}t+\frac{1}{2!}\begin{bmatrix}\lambda_1 & & & \boldsymbol{0}\\ & \lambda_2 & & \\ \boldsymbol{0} & & \ddots & \\ & & & \lambda_n\end{bmatrix}^2t^2+\cdots
$$

$$
=\begin{bmatrix}1+\lambda_1t+\frac{1}{2!}\lambda_1^2t^2+\cdots & & & \boldsymbol{0}\\ & 1+\lambda_2t+\frac{1}{2!}\lambda_2^2t^2+\cdots & & \\ \boldsymbol{0} & & \ddots & \\ & & & 1+\lambda_nt+\frac{1}{2!}\lambda_n^2t^2+\cdots\end{bmatrix}
$$

$$
=\begin{bmatrix}e^{\lambda_1t} & & & \boldsymbol{0}\\ & e^{\lambda_2t} & & \\ & & \ddots & \\ \boldsymbol{0} & & & e^{\lambda_nt}\end{bmatrix}
$$

由于

$$A = P^{-1} \Lambda P$$

故矩阵 A 的状态转移矩阵

$$\begin{aligned}
\boldsymbol{\phi}(t) = e^{At} = e^{P^{-1}\Lambda P t} &= I + P^{-1}\Lambda P t + \frac{1}{2!}(P^{-1}\Lambda P)^2 t^2 + \cdots \\
&= P^{-1}P + P^{-1}\Lambda t P + P^{-1}\left(\frac{1}{2!}\Lambda^2 t^2\right)P + \cdots \\
&= P^{-1}\left[I + \Lambda t + \frac{1}{2!}\Lambda^2 t^2 + \cdots\right]P \\
&= P^{-1} e^{\Lambda t} P
\end{aligned} \tag{2-25}$$

例 2-5 线性定常系统齐次状态方程为

$$\dot{x} = \begin{bmatrix} 0 & 1 \\ -2 & -3 \end{bmatrix} x$$

求状态转移矩阵 $\boldsymbol{\phi}(t)$。

解 由例 2-3 可知，矩阵 A 的两个特征值为 $\lambda_1 = -1, \lambda_2 = -2$。因此通过线性变换可以将矩阵 A 化为对角形。变换矩阵由式(1-93)确定，即

$$P = Q^{-1} = \begin{bmatrix} 1 & 1 \\ \lambda_1 & \lambda_2 \end{bmatrix}^{-1} = \begin{bmatrix} 1 & 1 \\ -1 & -2 \end{bmatrix}^{-1} = \begin{bmatrix} 2 & 1 \\ -1 & -1 \end{bmatrix}$$

$$P^{-1} = Q = \begin{bmatrix} 1 & 1 \\ -1 & -2 \end{bmatrix}$$

$$\Lambda = PAP^{-1} = \begin{bmatrix} -1 & 0 \\ 0 & -2 \end{bmatrix}$$

$$\begin{aligned}
e^{At} = P^{-1} e^{\Lambda t} P &= \begin{bmatrix} 1 & 1 \\ -1 & -2 \end{bmatrix} \begin{bmatrix} e^{-t} & 0 \\ 0 & e^{-2t} \end{bmatrix} \begin{bmatrix} 2 & 1 \\ -1 & -1 \end{bmatrix} \\
&= \begin{bmatrix} e^{-t} & e^{-2t} \\ -e^{-t} & -2e^{-2t} \end{bmatrix} \begin{bmatrix} 2 & 1 \\ -1 & -1 \end{bmatrix} \\
&= \begin{bmatrix} 2e^{-t} - e^{-2t} & e^{-t} - e^{-2t} \\ -2e^{-t} + 2e^{-2t} & -e^{-t} + 2e^{-2t} \end{bmatrix}
\end{aligned}$$

这个结果与例 2-3 的计算结果一样。

(2) 矩阵 A 经线性变换化为约当形矩阵 J，计算 $\boldsymbol{\phi}(t)$。

当矩阵 A 的 n 个特征值均相同，且为 λ_1 时，经过线性变换，可化为约当形矩阵 J

$$
PAP^{-1}=J=\begin{bmatrix} \lambda_1 & 1 & & & & \\ & \lambda_1 & 1 & & \mathbf{0} & \\ & & \ddots & \ddots & & \\ & & & \ddots & \ddots & \\ & \mathbf{0} & & & & 1 \\ & & & & & \lambda_1 \end{bmatrix}
$$

则

$$
e^{Jt}=\begin{bmatrix} 1 & t & \cdots & \frac{1}{(n-1)!}t^{n-1} \\ & 1 & t & \cdots & \frac{1}{(n-2)!}t^{n-2} \\ & & \ddots & \ddots & \vdots \\ & & & \ddots & t \\ \mathbf{0} & & & & 1 \end{bmatrix} e^{\lambda_1 t}
$$

系统状态转移矩阵为

$$
\boldsymbol{\phi}(t)=e^{At}=P^{-1}e^{Jt}P \tag{2-26}
$$

例 2-6 线性定常系统的齐次状态方程为

$$
\dot{x}=\begin{bmatrix} 0 & 1 & 0 \\ 0 & 0 & 1 \\ -1 & -3 & -3 \end{bmatrix} x
$$

求系统状态转移矩阵 $\boldsymbol{\phi}(t)$。

解 $\Delta(t)=\det[\lambda I-A]=\det\begin{bmatrix} \lambda & -1 & 0 \\ 0 & \lambda & -1 \\ 1 & 3 & \lambda+3 \end{bmatrix}=\lambda^3+3\lambda^2+3\lambda+1=(\lambda+1)^3=0$

矩阵 A 的三重特征值为 $\lambda_1=-1$。

变换矩阵 P 参照式(1-99)确定，即

$$
P=Q^{-1}=\begin{bmatrix} 1 & 0 & 0 \\ \lambda_1 & 1 & 0 \\ \lambda_1^2 & 2\lambda_1 & 1 \end{bmatrix}^{-1}=\begin{bmatrix} 1 & 0 & 0 \\ -1 & 1 & 0 \\ 1 & -2 & 1 \end{bmatrix}^{-1}=\begin{bmatrix} 1 & 0 & 0 \\ 1 & 1 & 0 \\ 1 & 2 & 1 \end{bmatrix}
$$

$$e^{Jt}=\begin{bmatrix} e^{\lambda_1 t} & te^{\lambda_1 t} & \frac{1}{2!}t^2e^{\lambda_1 t} \\ 0 & e^{\lambda_1 t} & te^{\lambda_1 t} \\ 0 & 0 & e^{\lambda_1 t}\end{bmatrix}=\begin{bmatrix} e^{-t} & te^{-t} & \frac{1}{2}t^2e^{-t} \\ 0 & e^{-t} & te^{-t} \\ 0 & 0 & e^{-t}\end{bmatrix}$$

故系统的状态转移矩阵

$$\boldsymbol{\phi}(t)=e^{At}=P^{-1}e^{Jt}\boldsymbol{P}=\begin{bmatrix} 1 & 0 & 0 \\ -1 & 1 & 0 \\ 1 & -2 & 1\end{bmatrix}\begin{bmatrix} e^{-t} & te^{-t} & \frac{1}{2}t^2e^{-t} \\ 0 & e^{-t} & te^{-t} \\ 0 & 0 & e^{-t}\end{bmatrix}\begin{bmatrix} 1 & 0 & 0 \\ 1 & 1 & 0 \\ 1 & 2 & 1\end{bmatrix}$$

$$=\begin{bmatrix} \left(1+t+\frac{1}{2}t^2\right)e^{-t} & (t+t^2)e^{-t} & \frac{1}{2}t^2e^{-t} \\ -\frac{1}{2}t^2e^{-t} & (1+t-t^2)e^{-t} & \left(t-\frac{1}{2}t^2\right)e^{-t} \\ \left(-t+\frac{1}{2}t^2\right)e^{-t} & (-3t+t^2)e^{-t} & \left(1-2t+\frac{1}{2}t^2\right)e^{-t}\end{bmatrix}$$

(3) 矩阵 $\boldsymbol{A}$ 经线性变换化为模态形矩阵 $\boldsymbol{M}$，计算 $\boldsymbol{\phi}(t)$。

如果矩阵 $\boldsymbol{A}$ 的特征值为共轭复数特征值 $\lambda_{1,2}=\sigma\pm j\omega$，经过线性变换，可化为模态形矩阵 $\boldsymbol{M}$

$$\boldsymbol{M}=\boldsymbol{PAP}^{-1}=\begin{bmatrix} \sigma & \omega \\ -\omega & \sigma\end{bmatrix}$$

变换矩阵 $\boldsymbol{P}$ 由式(1-104)确定。

对于模态形矩阵 $\boldsymbol{M}$，有

$$e^{Mt}=e^{\begin{bmatrix} \sigma & \omega \\ -\omega & \sigma\end{bmatrix}t}=e^{\begin{bmatrix} \sigma & 0 \\ 0 & \sigma\end{bmatrix}t}e^{\begin{bmatrix} 0 & \omega \\ -\omega & 0\end{bmatrix}t}$$

其中

$$e^{\begin{bmatrix} \sigma & 0 \\ 0 & \sigma\end{bmatrix}t}=\begin{bmatrix} e^{\sigma t} & 0 \\ 0 & e^{\sigma t}\end{bmatrix}$$

$$e^{\begin{bmatrix} 0 & \omega \\ -\omega & 0\end{bmatrix}t}=\begin{bmatrix} 1 & 0 \\ 0 & 1\end{bmatrix}+\begin{bmatrix} 0 & \omega \\ -\omega & 0\end{bmatrix}t+\frac{1}{2!}t^2\begin{bmatrix} 0 & \omega \\ -\omega & 0\end{bmatrix}^2+\cdots$$

$$=\begin{bmatrix} 1-\frac{t^2}{2!}\omega^2+\frac{t^4}{4!}\omega^4-\frac{t^6}{6!}\omega^6+\cdots & \omega t-\frac{t^3}{3!}\omega^3+\frac{t^5}{5!}\omega^5-\cdots \\ -\left(\omega t-\frac{t^3}{3!}\omega^3+\frac{t^5}{5!}\omega^5-\cdots\right) & 1-\frac{t^2}{2!}\omega^2+\frac{t^4}{4!}\omega^4-\frac{t^6}{6!}\omega^6+\cdots\end{bmatrix}$$

$$=\begin{bmatrix} \cos\omega t & \sin\omega t \\ -\sin\omega t & \cos\omega t\end{bmatrix}$$

则
$$e^{Mt}=\begin{bmatrix} e^{\sigma t} & 0 \\ 0 & e^{\sigma t} \end{bmatrix}\begin{bmatrix} \cos\omega t & \sin\omega t \\ -\sin\omega t & \cos\omega t \end{bmatrix}=\begin{bmatrix} e^{\sigma t}\cos\omega t & e^{\sigma t}\sin\omega t \\ -e^{\sigma t}\sin\omega t & e^{\sigma t}\cos\omega t \end{bmatrix}$$
$$=e^{\sigma t}\begin{bmatrix} \cos\omega t & \sin\omega t \\ -\sin\omega t & \cos\omega t \end{bmatrix}$$

于是系统状态转移矩阵
$$\boldsymbol{\phi}(t)=e^{At}=\boldsymbol{P}^{-1}e^{Mt}\boldsymbol{P} \tag{2-27}$$

例 2-7 线性定常系统齐次状态方程为
$$\dot{x}=\begin{bmatrix} 0 & 1 \\ -2 & -2 \end{bmatrix}x$$
求系统的状态转移矩阵 $\boldsymbol{\phi}(t)$。

解 $\Delta(\lambda)=\det[\lambda\boldsymbol{I}-\boldsymbol{A}]=\det\begin{bmatrix} \lambda & -1 \\ 2 & \lambda+2 \end{bmatrix}=\lambda^2+2\lambda+2=0$
$$\lambda_{1,2}=-1\pm j1$$
$$\boldsymbol{M}=\begin{bmatrix} -1 & 1 \\ -1 & -1 \end{bmatrix}$$

对应于 $\lambda_1=-1+j1$ 的特征向量，很容易地求出为
$$\boldsymbol{q}_1=\begin{bmatrix} 1 \\ -1+j1 \end{bmatrix}=\begin{bmatrix} 1 \\ -1 \end{bmatrix}+j\begin{bmatrix} 0 \\ 1 \end{bmatrix}$$

故变换矩阵
$$\boldsymbol{P}=\boldsymbol{Q}^{-1}=\begin{bmatrix} 1 & 0 \\ -1 & 1 \end{bmatrix}^{-1}=\begin{bmatrix} 1 & 0 \\ 1 & 1 \end{bmatrix}$$
$$e^{Mt}=\begin{bmatrix} e^{-t}\cos t & e^{-t}\sin t \\ -e^{-t}\sin t & e^{-t}\cos t \end{bmatrix}$$

系统状态转移矩阵
$$\boldsymbol{\phi}(t)=e^{At}=\boldsymbol{P}^{-1}e^{Mt}\boldsymbol{P}=\begin{bmatrix} 1 & 0 \\ -1 & 1 \end{bmatrix}\begin{bmatrix} e^{-t}\cos t & e^{-t}\sin t \\ -e^{-t}\sin t & e^{-t}\cos t \end{bmatrix}\begin{bmatrix} 1 & 0 \\ 1 & 1 \end{bmatrix}$$
$$=\begin{bmatrix} e^{-t}(\cos t+\sin t) & e^{-t}\sin t \\ -2e^{-t}\sin t & e^{-t}(\cos t-\sin t) \end{bmatrix}$$

注意，如果矩阵 $\boldsymbol{A}$ 的复数特征值超过一对，变换矩阵的确定请参考文献[23]。

2.3 线性定常系统非齐次状态方程的解

线性定常系统非齐次状态方程是指系统输入向量不等于零时的状态方程。即
$$\dot{\boldsymbol{x}}(t)=\boldsymbol{A}\boldsymbol{x}(t)+\boldsymbol{B}\boldsymbol{u}(t) \tag{2-28}$$
研究方程(2-28)的解即研究系统在输入向量作用下的运动，称为强迫运动或受控运动。

设初始时刻 $t_0=0$，初始状态为 $\boldsymbol{x}(0)$。将状态方程(2-28)改写成

$$\dot{\boldsymbol{x}}(t)-\boldsymbol{A}\boldsymbol{x}(t)=\boldsymbol{B}\boldsymbol{u}(t)$$

等式两边同左乘 $\mathrm{e}^{-\boldsymbol{A}t}$，得到

$$\mathrm{e}^{-\boldsymbol{A}t}[\dot{\boldsymbol{x}}(t)-\boldsymbol{A}\boldsymbol{x}(t)]=\mathrm{e}^{-\boldsymbol{A}t}\boldsymbol{B}\boldsymbol{u}(t)$$

或写成

$$\frac{\mathrm{d}}{\mathrm{d}t}[\mathrm{e}^{-\boldsymbol{A}t}\boldsymbol{x}(t)]=\mathrm{e}^{-\boldsymbol{A}t}\boldsymbol{B}\boldsymbol{u}(t)$$

对上式在 $0\sim t$ 时间内积分，有

$$\mathrm{e}^{-\boldsymbol{A}t}\boldsymbol{x}(t)\Big|_0^t=\int_0^t\mathrm{e}^{-\boldsymbol{A}\tau}\boldsymbol{B}\boldsymbol{u}(\tau)\mathrm{d}\tau$$

$$\mathrm{e}^{-\boldsymbol{A}t}\boldsymbol{x}(t)-\boldsymbol{x}(0)=\int_0^t\mathrm{e}^{-\boldsymbol{A}\tau}\boldsymbol{B}\boldsymbol{u}(\tau)\mathrm{d}\tau$$

上式两边同左乘 $\mathrm{e}^{\boldsymbol{A}t}$，得到

$$\begin{aligned}\boldsymbol{x}(t)&=\mathrm{e}^{\boldsymbol{A}t}\boldsymbol{x}(0)+\mathrm{e}^{\boldsymbol{A}t}\int_0^t\mathrm{e}^{-\boldsymbol{A}\tau}\boldsymbol{B}\boldsymbol{u}(\tau)\mathrm{d}\tau\\&=\mathrm{e}^{\boldsymbol{A}t}\boldsymbol{x}(0)+\int_0^t\mathrm{e}^{\boldsymbol{A}(t-\tau)}\boldsymbol{B}\boldsymbol{u}(\tau)\mathrm{d}\tau\end{aligned}\tag{2-29}$$

式中，$\mathrm{e}^{\boldsymbol{A}t}$ 就是系统状态转移矩阵，沿用 $\boldsymbol{\phi}(t)$ 表示，则

$$\boldsymbol{x}(t)=\boldsymbol{\phi}(t)\boldsymbol{x}(0)+\int_0^t\boldsymbol{\phi}(t-\tau)\boldsymbol{B}\boldsymbol{u}(\tau)\mathrm{d}\tau\tag{2-30}$$

如果 $t_0\neq0$，即更一般情况下方程(2-28)的解为

$$\boldsymbol{x}(t)=\mathrm{e}^{\boldsymbol{A}(t-t_0)}\boldsymbol{x}(t_0)+\int_{t_0}^t\mathrm{e}^{\boldsymbol{A}(t-\tau)}\boldsymbol{B}\boldsymbol{u}(\tau)\mathrm{d}\tau\tag{2-31}$$

或

$$\boldsymbol{x}(t)=\boldsymbol{\phi}(t-t_0)\boldsymbol{x}(t_0)+\int_{t_0}^t\boldsymbol{\phi}(t-\tau)\boldsymbol{B}\boldsymbol{u}(\tau)\mathrm{d}\tau\tag{2-32}$$

式(2-31)的正确性可以通过证明它满足系统状态方程(2-28)和初始条件 $\boldsymbol{x}(t)|_{t=t_0}=\boldsymbol{x}(t_0)$ 来证明。

由式(2-29)或式(2-31)可知，系统的运动 $\boldsymbol{x}(t)$ 包括两部分。第一部分是输入向量为零时，初始状态引起的即相当于自由运动，称为状态方程的零输入响应；第二部分是初始状态为零时，输入向量引起的即相当于强迫运动，称为状态方程的零状态响应。正是由于第二部分的存在，为控制提供这样的可能性，即通过选择输入向量 $\boldsymbol{u}(t)$，使 $\boldsymbol{x}(t)$ 的形态满足期望的要求。

同时，有了运动 $\boldsymbol{x}(t)$ 的表达式，可以对系统在输入向量下的运动形态进行定量分析，进而知道系统的性能。例如输入向量为阶跃形式，即 $\boldsymbol{u}(t)=\boldsymbol{U}\cdot1(t)$。$\boldsymbol{U}$ 是与 $\boldsymbol{u}(t)$ 同维的常值向量，表示阶跃输入的幅度。将 $\boldsymbol{u}(t)$ 代入式(2-29)，则

$$\begin{aligned}\boldsymbol{x}(t)&=\mathrm{e}^{\boldsymbol{A}t}\boldsymbol{x}(0)+\int_0^t\mathrm{e}^{\boldsymbol{A}(t-\tau)}\boldsymbol{B}\boldsymbol{U}\cdot1(\tau)\mathrm{d}\tau\\&=\mathrm{e}^{\boldsymbol{A}t}\boldsymbol{x}(0)+\mathrm{e}^{\boldsymbol{A}t}\int_0^t\mathrm{e}^{-\boldsymbol{A}\tau}\cdot1(\tau)\mathrm{d}\tau\cdot\boldsymbol{B}\boldsymbol{U}\\&=\mathrm{e}^{\boldsymbol{A}t}\boldsymbol{x}(0)+\mathrm{e}^{\boldsymbol{A}t}(-\boldsymbol{A})^{-1}(\mathrm{e}^{-\boldsymbol{A}\tau})\Big|_0^t\cdot\boldsymbol{B}\boldsymbol{U}\\&=\mathrm{e}^{\boldsymbol{A}t}\boldsymbol{x}(0)+\boldsymbol{A}^{-1}[\mathrm{e}^{\boldsymbol{A}t}-\boldsymbol{I}]\boldsymbol{B}\boldsymbol{U}\end{aligned}\tag{2-33}$$

当已知状态方程中的矩阵 $\boldsymbol{A}$、$\boldsymbol{B}$，并且 $\boldsymbol{A}$ 的逆阵存在，就可以求出系统在阶跃输入向量作用下的运动 $\boldsymbol{x}(t)$，系统的性能就一目了然了。

在其他形式输入向量作用下的系统运动形态也可以通过求得 $\boldsymbol{x}(t)$ 而进行定量分析。分析的内容和方法与经典控制理论中的时域分析法一样，不赘述。

例 2-8 线性定常系统的状态方程为

$$\dot{x} = \begin{bmatrix} 0 & 1 \\ -2 & -3 \end{bmatrix} x + \begin{bmatrix} 0 \\ 1 \end{bmatrix} u$$

$$\boldsymbol{x}(0) = \begin{bmatrix} 1 \\ 0 \end{bmatrix} \quad u(t) = 1(t)$$

求系统状态方程的解。

解 系统状态转移矩阵 $\boldsymbol{\phi}(t) = \mathrm{e}^{At}$ 已在例 2-1 中求得，即

$$\boldsymbol{\phi}(t) = \mathrm{e}^{At} = \begin{bmatrix} 2\mathrm{e}^{-t} - \mathrm{e}^{-2t} & \mathrm{e}^{-t} - \mathrm{e}^{-2t} \\ -2\mathrm{e}^{-t} + 2\mathrm{e}^{-2t} & -\mathrm{e}^{-t} + 2\mathrm{e}^{-2t} \end{bmatrix}$$

由式(2-29)或式(2-30)，得到

$$\begin{aligned}
\boldsymbol{x}(t) &= \boldsymbol{\phi}(t)\boldsymbol{x}(0) + \int_0^t \boldsymbol{\phi}(t-\tau)\boldsymbol{B}\boldsymbol{u}(\tau)\mathrm{d}\tau \\
&= \begin{bmatrix} 2\mathrm{e}^{-t} - \mathrm{e}^{-2t} & \mathrm{e}^{-t} - \mathrm{e}^{-2t} \\ -2\mathrm{e}^{-t} + 2\mathrm{e}^{-2t} & -\mathrm{e}^{-t} + 2\mathrm{e}^{-2t} \end{bmatrix} \begin{bmatrix} 1 \\ 0 \end{bmatrix} + \\
&\quad \int_0^t \begin{bmatrix} 2\mathrm{e}^{-(t-\tau)} - \mathrm{e}^{-2(t-\tau)} & \mathrm{e}^{-(t-\tau)} - \mathrm{e}^{-2(t-\tau)} \\ -2\mathrm{e}^{-(t-\tau)} + 2\mathrm{e}^{-2(t-\tau)} & -\mathrm{e}^{-(t-\tau)} + 2\mathrm{e}^{-2(t-\tau)} \end{bmatrix} \begin{bmatrix} 0 \\ 1 \end{bmatrix} 1(\tau)\mathrm{d}\tau \\
&= \begin{bmatrix} 2\mathrm{e}^{-t} - \mathrm{e}^{-2t} \\ -2\mathrm{e}^{-t} + 2\mathrm{e}^{-2t} \end{bmatrix} + \int_0^t \begin{bmatrix} \mathrm{e}^{-(t-\tau)} - \mathrm{e}^{-2(t-\tau)} \\ -\mathrm{e}^{-(t-\tau)} + 2\mathrm{e}^{-2(t-\tau)} \end{bmatrix} \mathrm{d}\tau \\
&= \begin{bmatrix} 2\mathrm{e}^{-t} - \mathrm{e}^{-2t} \\ -2\mathrm{e}^{-t} + 2\mathrm{e}^{-2t} \end{bmatrix} + \begin{bmatrix} \frac{1}{2} - \mathrm{e}^{-t} + \frac{1}{2}\mathrm{e}^{-2t} \\ \mathrm{e}^{-t} - \mathrm{e}^{-2t} \end{bmatrix} \\
&= \begin{bmatrix} \frac{1}{2} + \mathrm{e}^{-t} - \frac{1}{2}\mathrm{e}^{-2t} \\ -\mathrm{e}^{-t} + \mathrm{e}^{-2t} \end{bmatrix}
\end{aligned}$$

如果用式(2-33)计算，有

$$\boldsymbol{x}(t) = \mathrm{e}^{At}\boldsymbol{x}(0) + \boldsymbol{A}^{-1}[\mathrm{e}^{At} - \boldsymbol{I}]\boldsymbol{B}\boldsymbol{U}$$

$$\boldsymbol{A}^{-1} = \begin{bmatrix} -\frac{3}{2} & -\frac{1}{2} \\ 1 & 0 \end{bmatrix}, \ \boldsymbol{U} = 1$$

$$x(t)=\begin{bmatrix}2e^{-t}-e^{-2t} & e^{-t}-e^{-2t}\\ -2e^{-t}+2e^{-2t} & -e^{-t}+2e^{-2t}\end{bmatrix}\begin{bmatrix}1\\0\end{bmatrix}+$$

$$\begin{bmatrix}-\frac{3}{2} & -\frac{1}{2}\\ 1 & 0\end{bmatrix}\begin{bmatrix}2e^{-t}-e^{-2t}-1 & e^{-t}-e^{-2t}\\ -2e^{-t}+2e^{-2t} & -e^{-t}+2e^{-2t}-1\end{bmatrix}\begin{bmatrix}0\\1\end{bmatrix}$$

$$=\begin{bmatrix}2e^{-t}-e^{-2t}\\ -2e^{-t}+2e^{-2t}\end{bmatrix}+\begin{bmatrix}-\frac{3}{2} & -\frac{1}{2}\\ 1 & 0\end{bmatrix}\begin{bmatrix}e^{-t}-e^{-2t}\\ -e^{-t}+2e^{-2t}-1\end{bmatrix}$$

$$=\begin{bmatrix}2e^{-t}-e^{-2t}\\ -2e^{-t}+2e^{-2t}\end{bmatrix}+\begin{bmatrix}\frac{1}{2}-e^{-t}+\frac{1}{2}e^{-2t}\\ e^{-t}-e^{-2t}\end{bmatrix}$$

$$=\begin{bmatrix}\frac{1}{2}+e^{-t}-\frac{1}{2}e^{-2t}\\ -e^{-t}+e^{-2t}\end{bmatrix}$$

可见结果与上述计算结果一样。

如果系统的输出方程为

$$y(t)=Cx(t)+Du(t)$$

将式(2-29)或式(2-31)代入上式，得到

$$y(t)=Ce^{At}x(0)+C\int_0^t e^{A(t-\tau)}Bu(\tau)d\tau+Du(t) \tag{2-34}$$

或

$$y(t)=Ce^{A(t-t_0)}x(t_0)+C\int_{t_0}^t e^{A(t-\tau)}Bu(\tau)d\tau+Du(t) \tag{2-35}$$

可见，系统的输出 $y(t)$ 由三部分组成。第一部分是当输入向量等于零时，初始状态 $x(t_0)$ 激励引起的，故为系统的零输入响应，第二部分是当初始状态 $x(t_0)$ 为零时，输入向量引起的，故为系统的零状态响应，第三部分是系统的直接传输部分。当系统状态转移矩阵求出后，不同的输入向量作用下系统响应即可求出。进而能定量分析系统的运动性能以及通过输入向量的选取，使 $y(t)$ 具有期望的特性。

2.4　线性时变系统的运动分析

线性时变系统方程为

$$\left.\begin{aligned}\dot{x}(t)&=A(t)x(t)+B(t)u(t)\\ y(t)&=C(t)x(t)+D(t)u(t)\end{aligned}\right\} \tag{2-36}$$

式中，$x(t)$ 为 n 维状态向量；$u(t)$ 为 r 维输入向量；$y(t)$ 为 m 维输出向量；$A(t)$ 为 $n\times n$ 系数矩阵；$B(t)$ 为 $n\times r$ 输入矩阵；$C(t)$ 为 $m\times n$ 输出矩阵；$D(t)$ 为 $m\times r$ 直接传输矩阵。

如果 $A(t)$、$B(t)$ 和 $C(t)$ 的所有元素在时间区间 $[t_0, \infty]$ 上均是连续函数，则对于任意的初始状态 $x(t_0)$ 和输入向量 $u(t)$，系统状态方程的解存在并且唯一。

2.4.1 齐次状态方程的解

$$\dot{\boldsymbol{x}}(t)=\boldsymbol{A}(t)\boldsymbol{x}(t) \tag{2-37}$$

初始状态为 $\boldsymbol{x}(t_0)$

其解为

$$\boldsymbol{x}(t)=\boldsymbol{\phi}(t,t_0)\boldsymbol{x}(t_0) \tag{2-38}$$

可见 $n\times n$ 矩阵 $\boldsymbol{\phi}(t,t_0)$ 是 $\boldsymbol{x}(t_0)$ 和 $t\geqslant t_0$ 时状态 $\boldsymbol{x}(t)$ 之间变换矩阵，称为状态转移矩阵。并满足矩阵微分方程

$$\frac{\mathrm{d}}{\mathrm{d}t}\boldsymbol{\phi}(t,t_0)=\boldsymbol{A}(t)\boldsymbol{\phi}(t,t_0) \tag{2-39}$$

及初始条件

$$\boldsymbol{\phi}(t_0,t_0)=\boldsymbol{I} \tag{2-40}$$

证明 式(2-38)对 t 求导，并考虑式(2-39)，有

$$\begin{aligned}\frac{\mathrm{d}}{\mathrm{d}t}\boldsymbol{x}(t)&=\frac{\mathrm{d}}{\mathrm{d}t}[\boldsymbol{\phi}(t,t_0)\boldsymbol{x}(t_0)]=\frac{\mathrm{d}}{\mathrm{d}t}\boldsymbol{\phi}(t,t_0)\boldsymbol{x}(t_0)\\&=\boldsymbol{A}(t)\boldsymbol{\phi}(t,t_0)\boldsymbol{x}(t_0)\\&=\boldsymbol{A}(t)\boldsymbol{x}(t)\end{aligned}$$

并且当 $t=t_0$ 时，有

$$\boldsymbol{x}(t_0)=\boldsymbol{\phi}(t_0,t_0)\boldsymbol{x}(t_0)=\boldsymbol{x}(t_0)$$

即 $\boldsymbol{\phi}(t_0,t_0)=\boldsymbol{I}$。

由于式(2-38)满足方程(2-37)和初始条件，故式(2-38)为齐次状态方程(2-37)的解。这时系统输入向量为零，故为自由运动。运动的形态取决于 $\boldsymbol{\phi}(t,t_0)$ 的性质，而 $\boldsymbol{\phi}(t,t_0)$ 又由 $\boldsymbol{A}(t)$ 惟一决定。

2.4.2 状态转移矩阵 $\boldsymbol{\phi}(t,t_0)$ 的基本性质

(1) $\boldsymbol{\phi}(t,t_0)$ 满足自身的矩阵微分方程及初始条件，即

$$\frac{\mathrm{d}}{\mathrm{d}t}\boldsymbol{\phi}(t,t_0)=\boldsymbol{A}(t)\boldsymbol{\phi}(t,t_0)$$

$$\boldsymbol{\phi}(t_0,t_0)=\boldsymbol{I}$$

(2) 传递性

$$\boldsymbol{\phi}(t_2,t_1)\boldsymbol{\phi}(t_1,t_0)=\boldsymbol{\phi}(t_2,t_0) \tag{2-41}$$

证明方法同 2.2.1 中性质(3)的证法。

(3) 可逆性

$$\boldsymbol{\phi}^{-1}(t,t_0)=\boldsymbol{\phi}(t_0,t) \tag{2-42}$$

证明 根据性质(2)，有

$$\boldsymbol{\phi}(t,t)=\boldsymbol{\phi}(t,t_0)\boldsymbol{\phi}(t_0,t)=\boldsymbol{I}=\boldsymbol{\phi}(t,t_0)\boldsymbol{\phi}^{-1}(t,t_0)$$

又

$$\boldsymbol{\phi}(t_0,t_0)=\boldsymbol{\phi}(t_0,t)\boldsymbol{\phi}(t,t_0)=\boldsymbol{I}=\boldsymbol{\phi}^{-1}(t,t_0)\boldsymbol{\phi}(t,t_0)$$

由上面两个式子可见，无论对 $\boldsymbol{\phi}(t,t_0)$ 右乘 $\boldsymbol{\phi}^{-1}(t,t_0)$ 还是左乘 $\boldsymbol{\phi}^{-1}(t,t_0)$，式(2-42)均成

立，故 $\boldsymbol{\phi}(t,t_0)$ 是非奇异矩阵，其逆存在，且等于 $\boldsymbol{\phi}(t_0,t)$。即

$$\boldsymbol{\phi}^{-1}(t,t_0)=\boldsymbol{\phi}(t_0,t)$$

(4) 在 $\dot{\boldsymbol{\phi}}(t,t_0)=\boldsymbol{A}(t)\boldsymbol{\phi}(t,t_0)$ 中，$\boldsymbol{A}(t)$ 和 $\boldsymbol{\phi}(t,t_0)$ 的次序是不可交换的。这一点与线性定常系统的状态转移矩阵 $\boldsymbol{\phi}(t)$ 是不同的。

(5) $\boldsymbol{\phi}(t,\tau)$ 对第二变元 τ 的偏导数为

$$\frac{\partial}{\partial\tau}\boldsymbol{\phi}(t,\tau)=-\boldsymbol{\phi}(t,\tau)\boldsymbol{A}(\tau) \tag{2-43}$$

证明

$$\boldsymbol{\phi}(t,\tau)=\boldsymbol{\phi}^{-1}(\tau,t)$$

$$\begin{aligned}\frac{\partial}{\partial\tau}\boldsymbol{\phi}(t,\tau)&=\frac{\partial}{\partial\tau}\boldsymbol{\phi}^{-1}(\tau,t)=-\boldsymbol{\phi}^{-1}(\tau,t)\frac{\partial}{\partial\tau}\boldsymbol{\phi}(\tau,t)\boldsymbol{\phi}^{-1}(\tau,t)\\&=-\boldsymbol{\phi}^{-1}(\tau,t)\boldsymbol{A}(\tau)\boldsymbol{\phi}(\tau,t)\boldsymbol{\phi}^{-1}(\tau,t)\\&=-\boldsymbol{\phi}^{-1}(\tau,t)\boldsymbol{A}(\tau)\\&=-\boldsymbol{\phi}(t,\tau)\boldsymbol{A}(\tau)\end{aligned}$$

注意，在证明性质(5)时，应用矩阵微分公式 $\frac{\partial}{\partial t}\boldsymbol{A}^{-1}(t)=-\boldsymbol{A}^{-1}(t)\frac{\partial\boldsymbol{A}(t)}{\partial t}\boldsymbol{A}^{-1}(t)$。

2.4.3 状态转移矩阵的计算

线性时变系统的状态转移矩阵 $\boldsymbol{\phi}(t,t_0)$ 既是时间 t 的函数，又是初始时刻 t_0 的函数。因此它的计算较线性定常系统的状态转移矩阵 $\boldsymbol{\phi}(t-t_0)$ 要困难得多。一般用级数近似法计算。

$$\begin{aligned}\boldsymbol{\phi}(t,t_0)\ &=\boldsymbol{I}+\int_{t_0}^{t}\boldsymbol{A}(\tau_0)\mathrm{d}\tau_0+\int_{t_0}^{t}\boldsymbol{A}(\tau_0)\int_{t_0}^{\tau_0}\boldsymbol{A}(\tau_1)\mathrm{d}\tau_1\mathrm{d}\tau_0+\\&\quad\int_{t_0}^{t}A(\tau_0)\int_{t_0}^{\tau_0}\boldsymbol{A}(\tau_1)\int_{t_0}^{\tau_1}\boldsymbol{A}(\tau_2)\mathrm{d}\tau_2\mathrm{d}\tau_1\mathrm{d}\tau_0+\cdots\end{aligned} \tag{2-44}$$

这个公式的正确性可以通过它满足式(2-39)及式(2-40)来证明。

例 2-9 线性时变系统齐次状态方程为

$$\dot{\boldsymbol{x}}=A(t)\boldsymbol{x}=\begin{bmatrix}0&1\\0&t\end{bmatrix}\boldsymbol{x}$$

计算系统状态转移矩阵 $\boldsymbol{\phi}(t,0)$。

解 由式(2-44)

$$\begin{aligned}\boldsymbol{\phi}(t,0)\ &=\boldsymbol{I}+\int_{0}^{t}\boldsymbol{A}(\tau_0)\mathrm{d}\tau_0+\int_{0}^{t}\boldsymbol{A}(\tau_0)\int_{0}^{\tau_0}\boldsymbol{A}(\tau_1)\mathrm{d}\tau_1\mathrm{d}\tau_0+\\&\quad\int_{0}^{t}\boldsymbol{A}(\tau_0)\int_{0}^{\tau_0}\boldsymbol{A}(\tau_1)\int_{0}^{\tau_1}\boldsymbol{A}(\tau_2)\mathrm{d}\tau_2\mathrm{d}\tau_1\mathrm{d}\tau_0+\cdots\end{aligned}$$

其中

$$\int_0^t\boldsymbol{A}(\tau_0)\mathrm{d}\tau_0=\int_0^t\begin{bmatrix}0&1\\0&\tau_0\end{bmatrix}\mathrm{d}\tau_0=\begin{bmatrix}0&t\\0&\frac{1}{2}t^2\end{bmatrix}$$

$$\int_0^t \boldsymbol{A}(\tau_0)\int_0^{\tau_0}\boldsymbol{A}(\tau_1)\,\mathrm{d}\tau_1\mathrm{d}\tau_0 = \int_0^t\begin{bmatrix}0 & 1\\0 & \tau_0\end{bmatrix}\int_0^{\tau_0}\begin{bmatrix}0 & 1\\0 & \tau_1\end{bmatrix}\mathrm{d}\tau_1\mathrm{d}\tau_0$$

$$= \int_0^t\begin{bmatrix}0 & 1\\0 & \tau_0\end{bmatrix}\begin{bmatrix}0 & \tau_0\\0 & \frac{1}{2}\tau_0^2\end{bmatrix}\mathrm{d}\tau_0 = \int_0^t\begin{bmatrix}0 & \frac{1}{2}\tau_0^2\\0 & \frac{1}{2}\tau_0^3\end{bmatrix}\mathrm{d}\tau_0 = \begin{bmatrix}0 & \frac{t^3}{6}\\0 & \frac{t^4}{8}\end{bmatrix}$$

于是
$$\boldsymbol{\phi}(t,0) = \begin{bmatrix}1 & 0\\0 & 1\end{bmatrix} + \begin{bmatrix}0 & t\\0 & \frac{1}{2}t^2\end{bmatrix} + \begin{bmatrix}0 & \frac{1}{6}t^3\\0 & \frac{1}{8}t^4\end{bmatrix} + \cdots$$

$$= \begin{bmatrix}1 & t+\frac{1}{6}t^3+\cdots\\0 & 1+\frac{1}{2}t^2+\frac{1}{8}t^4+\cdots\end{bmatrix}$$

注意，计算 $\boldsymbol{\phi}(t,t_0)$ 的式(2-44)是一个无穷级数。计算多少项，取决于精度的要求。这里只是说明 $\boldsymbol{\phi}(t,t_0)$ 的计算方法。

在特殊情况下，当且仅当 $\boldsymbol{A}(t)$ 和 $\int_{t_0}^t \boldsymbol{A}(\tau)\mathrm{d}\tau$ 为可交换的，即满足

$$\boldsymbol{A}(t)\left[\int_{t_0}^t \boldsymbol{A}(\tau)\mathrm{d}\tau\right] = \left[\int_{t_0}^t \boldsymbol{A}(\tau)\mathrm{d}\tau\right]\boldsymbol{A}(t) \tag{2-45}$$

时，$\boldsymbol{\phi}(t,t_0)$ 可由如下指数函数矩阵给出。即

$$\boldsymbol{\phi}(t,t_0) = \exp\left[\int_{t_0}^t \boldsymbol{A}(\tau)\mathrm{d}\tau\right] \tag{2-46}$$

例 2-10 线性时变系统齐次状态方程为

$$\dot{\boldsymbol{x}} = \boldsymbol{A}(t)\boldsymbol{x} = \begin{bmatrix}t & 1\\1 & t\end{bmatrix}\boldsymbol{x}$$

计算系统状态转移矩阵 $\boldsymbol{\phi}(t,0)$。

解 $\int_0^t \boldsymbol{A}(\tau)\mathrm{d}\tau = \int_0^t\begin{bmatrix}\tau & 1\\1 & \tau\end{bmatrix}\mathrm{d}\tau = \begin{bmatrix}\frac{1}{2}t^2 & t\\t & \frac{1}{2}t^2\end{bmatrix}$

由于 $\boldsymbol{A}(t)\int_0^t \boldsymbol{A}(\tau)\mathrm{d}\tau = \begin{bmatrix}t & 1\\1 & t\end{bmatrix}\begin{bmatrix}\frac{1}{2}t^2 & t\\t & \frac{1}{2}t^2\end{bmatrix} = \left[\int_0^t \boldsymbol{A}(\tau)\mathrm{d}\tau\right]\boldsymbol{A}(t)$

即 $\boldsymbol{A}(t)$ 和 $\int_0^t \boldsymbol{A}(\tau)\mathrm{d}\tau$ 是可交换的，故可按式(2-46)计算 $\boldsymbol{\phi}(t,0)$。

$$\boldsymbol{\phi}(t,0)=\exp\left[\int_0^t \boldsymbol{A}(\tau)\mathrm{d}\tau\right]$$

$$=\begin{bmatrix}1&0\\0&1\end{bmatrix}+\begin{bmatrix}\frac{1}{2}t^2&t\\t&\frac{1}{2}t^2\end{bmatrix}+\frac{1}{2}\begin{bmatrix}\frac{1}{2}t^2&t\\t&\frac{1}{2}t^2\end{bmatrix}^2+\cdots$$

$$=\begin{bmatrix}1+t^2+\frac{1}{8}t^4+\cdots & t+\frac{1}{2}t^3+\cdots\\ t+\frac{1}{2}t^3+\cdots & 1+t^2+\frac{1}{8}t^4+\cdots\end{bmatrix}$$

可见，这种情况下 $\boldsymbol{\phi}(t,t_0)$ 的计算要方便得多。因此，在计算线性时变系统状态转移矩阵时，先检查式(2-45)是否满足。当不满足这个条件时，才用式(2-44)计算 $\boldsymbol{\phi}(t,t_0)$。

2.4.4 线性时变系统非齐次状态方程的解

将方程(2-36)中的状态方程重写为

$$\dot{\boldsymbol{x}}=\boldsymbol{A}(t)\boldsymbol{x}+\boldsymbol{B}(t)\boldsymbol{u}$$
$$\boldsymbol{x}(t)\mid_{t=t_0}=\boldsymbol{x}(t_0)$$

其解为

$$\boldsymbol{x}(t)=\boldsymbol{\phi}(t,t_0)\boldsymbol{x}(t_0)+\int_{t_0}^{t}\boldsymbol{\phi}(t,\tau)\boldsymbol{B}(\tau)\boldsymbol{u}(\tau)\mathrm{d}\tau \tag{2-47}$$

$$\boldsymbol{x}(t)=\boldsymbol{\phi}(t,t_0)\left[\boldsymbol{x}(t_0)+\int_{t_0}^{t}\boldsymbol{\phi}(t_0,\tau)\boldsymbol{B}(\tau)\boldsymbol{u}(\tau)\mathrm{d}\tau\right] \tag{2-48}$$

式中，$\boldsymbol{\phi}(t,\tau)$ 是系统状态转移矩阵。

证明 用直接代入法证明式(2-47)满足状态方程(2-36)以及初始条件。在证明过程中用到如下积分公式

$$\frac{\partial}{\partial t}\int_{t_0}^{t}f(t,\tau)\mathrm{d}\tau=f(t,\tau)\mid_{\tau=t}+\int_{t_0}^{t}\frac{\partial}{\partial t}f(t,\tau)\mathrm{d}\tau$$

$$\begin{aligned}\frac{\mathrm{d}}{\mathrm{d}t}\boldsymbol{x}(t)&=\frac{\partial}{\partial t}\boldsymbol{\phi}(t,t_0)\boldsymbol{x}(t_0)+\frac{\partial}{\partial t}\int_{t_0}^{t}\boldsymbol{\phi}(t,\tau)\boldsymbol{B}(\tau)\boldsymbol{u}(\tau)\mathrm{d}\tau\\&=\boldsymbol{A}(t)\boldsymbol{\phi}(t,t_0)\boldsymbol{x}(t_0)+\boldsymbol{\phi}(t,t)\boldsymbol{B}(t)\boldsymbol{u}(t)+\int_{t_0}^{t}\frac{\partial}{\partial t}\boldsymbol{\phi}(t,\tau)\boldsymbol{B}(\tau)\boldsymbol{u}(\tau)\mathrm{d}\tau\\&=\boldsymbol{A}(t)\left[\boldsymbol{\phi}(t,t_0)\boldsymbol{x}(t_0)+\int_{t_0}^{t}\boldsymbol{\phi}(t,\tau)\boldsymbol{B}(\tau)\boldsymbol{u}(\tau)\mathrm{d}\tau\right]+\boldsymbol{B}(t)\boldsymbol{u}(t)\\&=\boldsymbol{A}(t)\boldsymbol{x}(t)+\boldsymbol{B}(t)\boldsymbol{u}(t)\end{aligned}$$

当 $t=t_0$ 时，有

$$\boldsymbol{x}(t_0)=\boldsymbol{\phi}(t_0,t_0)\boldsymbol{x}(t_0)+\int_{t_0}^{t_0}\boldsymbol{\phi}(t_0,\tau)\boldsymbol{B}(\tau)\boldsymbol{u}(\tau)\mathrm{d}\tau=\boldsymbol{x}(t_0)$$

可见式(2-47)满足状态方程及初始条件，故式(2-47)是状态方程(2-36)的解。

由式(2-47)可知，线性时变系统的状态也是由状态方程的零输入响应和零状态响应之和组成。

2.4.5 系统的输出

对于系统方程(2-36)描述的线性时变系统，其输出为

$$\boldsymbol{y}(t)=\boldsymbol{C}(t)\boldsymbol{\phi}(t,t_0)\boldsymbol{x}(t_0)+\boldsymbol{C}(t)\int_{t_0}^{t}\boldsymbol{\phi}(t,\tau)\boldsymbol{B}(\tau)\boldsymbol{u}(\tau)\mathrm{d}\tau+\boldsymbol{D}(t)\boldsymbol{u}(t) \tag{2-49}$$

或

$$\boldsymbol{y}(t)=\boldsymbol{C}(t)\boldsymbol{\phi}(t,t_0)\left[\boldsymbol{x}(t_0)+\int_{t_0}^{t}\boldsymbol{\phi}(t_0,\tau)\boldsymbol{B}(\tau)\boldsymbol{u}(\tau)\mathrm{d}\tau\right]+\boldsymbol{D}(t)\boldsymbol{u}(t) \tag{2-50}$$

这个表达式只要将式(2-47)或式(2-48)代入方程(2-36)的输出方程即得。可见系统输出 $\boldsymbol{y}(t)$ 也可以分为零输入响应、零状态响应和直接传输部分。

2.5 线性系统的脉冲响应矩阵

2.5.1 线性时变系统的脉冲响应矩阵

式(2-49)或式(2-50)给出了系统在初始状态和输入向量作用下的系统输出。若假定 $\boldsymbol{x}(t_0)=x(0)=0$，而系统的输入为单位脉冲函数，即

$$\boldsymbol{u}(t)=e_i\delta(t-\tau)$$

式中，τ 为加入单位脉冲的时刻。而

$$e_i=\begin{bmatrix}0\\ \vdots\\ 0\\ 1\\ 0\\ \vdots\\ 0\end{bmatrix}\cdots\cdots\cdots\cdots i\text{ 位置}$$

$e_i\delta(t-\tau)$ 就表示 $t=\tau$ 时刻，仅在第 i 个输入端施加一个单位脉冲。由式(2-49)，系统的输出为

$$\begin{aligned}y_i(t)&=\boldsymbol{C}(t)\int_{t_0}^{t}\boldsymbol{\phi}(t,\tau)\boldsymbol{B}(\tau)e_i\delta(t-\tau)\mathrm{d}\tau+\boldsymbol{D}(t)e_i\delta(t-\tau)\\&=\boldsymbol{C}(t)\boldsymbol{\phi}(t,\tau)\boldsymbol{B}(\tau)e_i+\boldsymbol{D}(t)e_i\delta(t-\tau)\\&\triangleq\boldsymbol{h}_i(t,\tau)\end{aligned}$$

上式当 $t\geqslant\tau$ 时成立。当 $t<\tau$ 时，$\boldsymbol{y}_i(t)=0$。因此

$$\boldsymbol{h}_i(t,\tau) = \begin{cases} \boldsymbol{C}(t)\boldsymbol{\phi}(t,\tau)\boldsymbol{B}(\tau)e_i + \boldsymbol{D}(t)e_i\delta(t-\tau) & t \geqslant \tau \\ 0 & t < \tau \end{cases}$$

可见 $\boldsymbol{h}_i$ 为 m 维向量。它表示系统输出 $\boldsymbol{y}(t)$ 对输入 $\boldsymbol{u}(t)$ 的第 i 个元素在 τ 时刻加入单位脉冲时的响应。

如果分别求出所有的 $\boldsymbol{h}_i, i=1, 2, \cdots, r$, 并按次序地排列, 则

$$\begin{aligned}\boldsymbol{H}(t,\tau) &= [\boldsymbol{h}_1(t,\tau) \quad \boldsymbol{h}_2(t,\tau)\cdots\boldsymbol{h}_r(t,\tau)] \\ &= [\boldsymbol{C}(t)\boldsymbol{\phi}(t,\tau)\boldsymbol{B}(\tau)e_1 \quad \boldsymbol{C}(t)\boldsymbol{\phi}(t,\tau)\boldsymbol{B}(\tau)e_2\cdots\boldsymbol{C}(t)\boldsymbol{\phi}(t,\tau)\boldsymbol{B}(\tau)e_r] + \\ &\quad [\boldsymbol{D}(t)e_1 \quad \boldsymbol{D}(t)e_2\cdots\boldsymbol{D}(t)e_r]\delta(t-\tau) \\ &= \boldsymbol{C}(t)\boldsymbol{\phi}(t,\tau)\boldsymbol{B}(\tau)[e_1e_2\cdots e_r] + \boldsymbol{D}(t)[e_1e_2\cdots e_r]\delta(t-\tau) \\ &= \boldsymbol{C}(t)\boldsymbol{\phi}(t,\tau)\boldsymbol{B}(\tau) + \boldsymbol{D}(t)\delta(t-\tau)\end{aligned}$$

上式当 $t \geqslant \tau$ 时成立。而 $t<\tau$, $\boldsymbol{H}(t,\tau)=0$。因此

$$\boldsymbol{H}(t,\tau) = \begin{cases} \boldsymbol{C}(t)\boldsymbol{\phi}(t,\tau)\boldsymbol{B}(\tau) + \boldsymbol{D}(t)\delta(t-\tau) & t \geqslant \tau \\ 0 & t < \tau \end{cases} \tag{2-51}$$

$\boldsymbol{H}(t,\tau)$ 就是线性时变系统的脉冲响应矩阵。

2.5.2 线性定常系统的脉冲响应矩阵

对于线性定常系统来说, $\boldsymbol{A}$、$\boldsymbol{B}$、$\boldsymbol{C}$、$\boldsymbol{D}$ 均为常数矩阵。并且状态转移矩阵 $\boldsymbol{\phi}(t,\tau) = \boldsymbol{\phi}(t-\tau) = \mathrm{e}^{\boldsymbol{A}(t-\tau)}$。所以由式(2-51)直接得到脉冲响应矩阵

$$\boldsymbol{H}(t-\tau) = \begin{cases} \boldsymbol{C}\mathrm{e}^{\boldsymbol{A}(t-\tau)}\boldsymbol{B} + \boldsymbol{D}\delta(t-\tau) & t \geqslant \tau \\ 0 & t < \tau \end{cases} \tag{2-52}$$

因为线性定常系统的脉冲响应矩阵只与 $(t-\tau)$ 有关, 与 τ 本身的大小无关。所以, 为了方便起见, 假定 $\tau=0$, 即单位脉冲出现在 $\tau=0$ 的时刻。这时脉冲响应矩阵为

$$\boldsymbol{H}(t) = \begin{cases} \boldsymbol{C}\mathrm{e}^{\boldsymbol{A}t}\boldsymbol{B} + \boldsymbol{D}\delta(t) & t \geqslant 0 \\ 0 & t < 0 \end{cases} \tag{2-53}$$

2.5.3 传递函数矩阵与脉冲响应矩阵之间的关系

如果将式(2-53)进行拉普拉斯变换, 得

$$\begin{aligned}\boldsymbol{H}(s) &= \mathscr{L}\boldsymbol{H}(t) = \int_0^\infty \boldsymbol{H}(t)\mathrm{e}^{-st}\mathrm{d}t = \int_0^\infty [\boldsymbol{C}\mathrm{e}^{\boldsymbol{A}t}\boldsymbol{B} + \boldsymbol{D}\delta(t)]\mathrm{e}^{-st}\mathrm{d}t \\ &= \int_0^\infty \boldsymbol{C}\mathrm{e}^{\boldsymbol{A}t}\boldsymbol{B}\mathrm{e}^{-st}\mathrm{d}t + \int_0^\infty \boldsymbol{D}\delta(t)\mathrm{e}^{-st}\mathrm{d}t \\ &= \boldsymbol{C}\int_0^\infty \mathrm{e}^{\boldsymbol{A}t}\mathrm{e}^{-st}\mathrm{d}t\boldsymbol{B} + \boldsymbol{D}\end{aligned} \tag{2-54}$$

而

$$\begin{aligned}\boldsymbol{A}\int_0^\infty \mathrm{e}^{\boldsymbol{A}t}\mathrm{e}^{-st}\mathrm{d}t &= \int_0^\infty \boldsymbol{A}\mathrm{e}^{\boldsymbol{A}t}\mathrm{e}^{-st}\mathrm{d}t = \mathrm{e}^{-st}\mathrm{e}^{\boldsymbol{A}t}\big|_0^\infty - \int_0^\infty \mathrm{e}^{\boldsymbol{A}t}\mathrm{d}(\mathrm{e}^{-st}) \\ &= -\boldsymbol{I} + s\int_0^\infty \mathrm{e}^{\boldsymbol{A}t}\mathrm{e}^{-st}\mathrm{d}t\end{aligned}$$

上式可改写成

$$[sI - A]\int_0^{\infty} e^{At}e^{-st}dt = I$$

如果$[sI-A]^{-1}$存在，则

$$\int_0^{\infty} e^{At}e^{-st}dt = [sI - A]^{-1} \tag{2-55}$$

将式(2-55)代入式(2-54)，得到

$$H(s) = C[sI-A]^{-1}B + D = G(s) \tag{2-56}$$

当$D=0$时

$$H(s) = C[sI-A]^{-1}B = G(s) \tag{2-57}$$

可见，线性定常系统在初始松弛情况下脉冲响应矩阵的拉普拉斯变换就是系统传递函数矩阵，而传递函数矩阵$G(s)$的元素$G_{ij}(s)$就是系统在初始松弛情况下，系统输入$u(t)$的第j个元素为单位脉冲时，系统输出$y(t)$的第i个元素y_i的拉普拉斯变换。这一关系与经典控制理论中脉冲响应和传递函数之间的关系是一致的。正因为如此，脉冲响应矩阵也可以作为系统的一种数学模型而得到重视和应用。

例 2-11 线性定常系统方程为

$$\dot{x} = \begin{bmatrix} 0 & 1 \\ 0 & -2 \end{bmatrix} x + \begin{bmatrix} 0 \\ 1 \end{bmatrix} u$$

$$y = \begin{bmatrix} 1 & 0 \\ 0 & 1 \end{bmatrix} x$$

求脉冲响应矩阵。

解 采用拉普拉斯变换法求状态转移矩阵。

$$[sI-A]^{-1} = \begin{bmatrix} s & -1 \\ 0 & s+2 \end{bmatrix}^{-1} = \frac{1}{s(s+2)}\begin{bmatrix} s+2 & 1 \\ 0 & s \end{bmatrix} = \begin{bmatrix} \frac{1}{s} & \frac{1}{s(s+2)} \\ 0 & \frac{1}{s+2} \end{bmatrix}$$

$$\phi(t) = e^{At} = \mathscr{L}^{-1}[sI-A]^{-1} = \mathscr{L}^{-1}\begin{bmatrix} \frac{1}{s} & \frac{1}{s(s+2)} \\ 0 & \frac{1}{s+2} \end{bmatrix} = \begin{bmatrix} 1 & \frac{1}{2}(1-e^{-2t}) \\ 0 & e^{-2t} \end{bmatrix}$$

脉冲响应矩阵

$$H(t) = Ce^{At}B = \begin{bmatrix} 1 & 0 \\ 0 & 1 \end{bmatrix}\begin{bmatrix} 1 & \frac{1}{2}(1-e^{-2t}) \\ 0 & e^{-2t} \end{bmatrix}\begin{bmatrix} 0 \\ 1 \end{bmatrix} = \begin{bmatrix} \frac{1}{2}(1-e^{-2t}) \\ e^{-2t} \end{bmatrix}$$

传递函数矩阵$G(s)$

$$G(s) = \mathscr{L}H(t) = \mathscr{L}\begin{bmatrix} \frac{1}{2}(1-e^{-2t}) \\ e^{-2t} \end{bmatrix} = \begin{bmatrix} \frac{1}{s(s+2)} \\ \frac{1}{s+2} \end{bmatrix}$$

如果按 $\boldsymbol{G}(s)=\boldsymbol{C}[s\boldsymbol{I}-\boldsymbol{A}]^{-1}\boldsymbol{B}$ 公式求得传递函数矩阵和 $\mathscr{L}\boldsymbol{H}(t)$ 求得的结果相同。

2.5.4 利用脉冲响应矩阵计算系统的输出

当系统脉冲响应矩阵已知时，可利用脉冲响应矩阵 $\boldsymbol{H}(t)$ 求出系统在其他输入向量作用下的输出 $\boldsymbol{y}(t)$。

如果用脉冲函数来表示任意输入向量 $\boldsymbol{u}(t)$，有

$$\boldsymbol{u}(t)=\int_{t_0}^{t}\boldsymbol{u}(\tau)\delta(t-\tau)\mathrm{d}\tau \tag{2-58}$$

将式(2-58)代入式(2-35)，得到

$$\begin{aligned}\boldsymbol{y}(t)&=\boldsymbol{C}\mathrm{e}^{\boldsymbol{A}(t-t_0)}\boldsymbol{x}(t_0)+\boldsymbol{C}\int_{t_0}^{t}\mathrm{e}^{\boldsymbol{A}(t-\tau)}\boldsymbol{B}\boldsymbol{u}(\tau)\mathrm{d}\tau+\boldsymbol{D}\int_{t_0}^{t}\boldsymbol{u}(\tau)\delta(t-\tau)\mathrm{d}\tau\\&=\boldsymbol{C}\mathrm{e}^{\boldsymbol{A}(t-t_0)}\boldsymbol{x}(t_0)+\int_{t_0}^{t}\boldsymbol{C}\mathrm{e}^{\boldsymbol{A}(t-\tau)}\boldsymbol{B}\boldsymbol{u}(\tau)\mathrm{d}\tau+\int_{t_0}^{t}\boldsymbol{D}\boldsymbol{u}(\tau)\delta(t-\tau)\mathrm{d}\tau\\&=\boldsymbol{C}\mathrm{e}^{\boldsymbol{A}(t-t_0)}\boldsymbol{x}(t_0)+\int_{t_0}^{t}[\boldsymbol{C}\mathrm{e}^{\boldsymbol{A}(t-\tau)}B+\boldsymbol{D}\delta(t-\tau)]\boldsymbol{u}(\tau)\mathrm{d}\tau\\&=\boldsymbol{C}\mathrm{e}^{\boldsymbol{A}(t-t_0)}\boldsymbol{x}(t_0)+\int_{t_0}^{t}\boldsymbol{H}(t-\tau)\boldsymbol{u}(\tau)\mathrm{d}\tau\end{aligned} \tag{2-59}$$

可见，当系统初始状态 $\boldsymbol{x}(t_0)$ 和脉冲响应矩阵 $\boldsymbol{H}(t-\tau)$ 已知时，就可以求得任意输入向量作用下的系统输出。当系统初始状态 $\boldsymbol{x}(t_0)=0$，则有

$$\boldsymbol{y}(t)=\int_{t_0}^{t}\boldsymbol{H}(t-\tau)\boldsymbol{u}(\tau)\mathrm{d}\tau \tag{2-60}$$

2.6 线性连续系统方程的离散化

用数字计算机求解连续系统方程或对连续的被控对象进行计算机控制时，由于数字计算机运算和处理均用数字量，这样就必须将连续系统方程离散化，得到离散化的系统方程。

在推导离散化系统方程时，假定：

(1) 在连续的被控对象上串接一个开关，该开关以 T 为周期进行开和关。这个开关称为采样开关，这个周期称为采样周期。由于采样的脉冲宽度比采样周期小得多，因此不考虑脉冲宽度的影响。

采样值和该采样时刻的连续量之间的关系是

$$\boldsymbol{x}^*(t)=\begin{cases}\boldsymbol{x}(t) & t=t_k=kT\\ 0 & t\neq t_k\end{cases}$$

(2) 采样周期 T 的选择满足香农(Shannon)采样定理，以使采样信号将包含连续信号的全部信息，离散序列可以完全复现原连续信号。

(3) 离散信号经保持器后，得到阶梯信号，即具有零阶保持器特性。

在上述假定下，将连续系统方程进行离散化。

2.6.1 线性时变系统

$$\left.\begin{aligned}\dot{\boldsymbol{x}}&=\boldsymbol{A}(t)\boldsymbol{x}+\boldsymbol{B}(t)\boldsymbol{u}\\\boldsymbol{y}&=\boldsymbol{C}(t)\boldsymbol{x}+\boldsymbol{D}(t)\boldsymbol{u}\end{aligned}\right\}\tag{2-61}$$

初始状态为 $\boldsymbol{x}(t_0)$

状态方程的解为

$$\boldsymbol{x}(t)=\boldsymbol{\phi}(t,t_0)\boldsymbol{x}(t_0)+\int_{t_0}^{t}\boldsymbol{\phi}(t,\tau)\boldsymbol{B}(\tau)\boldsymbol{u}(\tau)\mathrm{d}\tau\tag{2-62}$$

令 $t=(k+1)T,t_0=k_0T$，则

$$\boldsymbol{x}[(k+1)T]=\boldsymbol{\phi}[(k+1)T,k_0T]\boldsymbol{x}(k_0T)+\int_{k_0T}^{(k+1)T}\boldsymbol{\phi}[(k+1)T,\tau]\boldsymbol{B}(\tau)\boldsymbol{u}(\tau)\mathrm{d}\tau\tag{2-63}$$

再令 $t=kT$，$t_0=k_0T$，得到

$$\boldsymbol{x}(kT)=\boldsymbol{\phi}(kT,k_0T)\boldsymbol{x}(k_0T)+\int_{k_0T}^{kT}\boldsymbol{\phi}(kT,\tau)\boldsymbol{B}(\tau)\boldsymbol{u}(\tau)\mathrm{d}\tau$$

上式两边左乘 $\boldsymbol{\phi}[(k+1)T,kT]$，得到

$$\begin{aligned}\boldsymbol{\phi}[(k+1)T,kT]\boldsymbol{x}(kT)&=\boldsymbol{\phi}[(k+1)T,kT]\cdot\boldsymbol{\phi}[kT,k_0T]\boldsymbol{x}(k_0T)+\\&\quad\boldsymbol{\phi}[(k+1)T,kT]\int_{k_0T}^{kT}\boldsymbol{\phi}(kT,\tau)\boldsymbol{B}(\tau)\boldsymbol{u}(\tau)\mathrm{d}\tau\\&=\boldsymbol{\phi}[(k+1)T,k_0T]\boldsymbol{x}(k_0T)+\\&\quad\int_{k_0T}^{kT}\boldsymbol{\phi}[(k+1)T,\tau]\boldsymbol{B}(\tau)\boldsymbol{u}(\tau)\mathrm{d}\tau\end{aligned}\tag{2-64}$$

式(2-63)减式(2-64)得

$$\boldsymbol{x}[(k+1)T]=\boldsymbol{\phi}[(k+1)T,kT]\boldsymbol{x}(kT)+\int_{kT}^{(k+1)T}\boldsymbol{\phi}[(k+1)T,\tau]\boldsymbol{B}(\tau)\boldsymbol{u}(\tau)\mathrm{d}\tau$$

令

$$\boldsymbol{G}(kT)=\boldsymbol{\phi}[(k+1)T,kT]$$

$$\boldsymbol{H}(kT)=\int_{kT}^{(k+1)T}\boldsymbol{\phi}[(k+1)T,\tau]\boldsymbol{B}(\tau)\mathrm{d}\tau$$

考虑

$$\boldsymbol{u}(\tau)=\boldsymbol{u}(kT)\quad\tau\in[kT,(k+1)T]$$

于是有

$$\boldsymbol{x}[(k+1)T]=\boldsymbol{G}(kT)\boldsymbol{x}(kT)+\boldsymbol{H}(kT)\boldsymbol{u}(kT)$$

若省略 T，得到

$$\boldsymbol{x}(k+1)=\boldsymbol{G}(k)\boldsymbol{x}(k)+\boldsymbol{H}(k)\boldsymbol{u}(k)\tag{2-65}$$

将输出方程离散化，令 $t=kT$，即可得到

$$\boldsymbol{y}(kT)=\boldsymbol{C}(kT)\boldsymbol{x}(kT)+\boldsymbol{D}(kT)\boldsymbol{u}(kT)$$

或

$$\boldsymbol{y}(k)=\boldsymbol{C}(k)\boldsymbol{x}(k)+\boldsymbol{D}(k)\boldsymbol{u}(k)\tag{2-66}$$

式(2-65)和式(2-66)就是线性时变系统方程(2-61)的离散化系统方程。

2.6.2 线性定常系统

$$\left.\begin{aligned}\dot{\boldsymbol{x}}&=\boldsymbol{A}\boldsymbol{x}+\boldsymbol{B}\boldsymbol{u}\\ \boldsymbol{y}&=\boldsymbol{C}\boldsymbol{x}+\boldsymbol{D}\boldsymbol{u}\end{aligned}\right\}\tag{2-67}$$

与线性时变系统方程离散化的方法类似，可以得到

$$\left.\begin{aligned}\boldsymbol{x}(k+1)&=\boldsymbol{G}\boldsymbol{x}(k)+\boldsymbol{H}\boldsymbol{u}(k)\\ \boldsymbol{y}(k)&=\boldsymbol{C}\boldsymbol{x}(k)+\boldsymbol{D}\boldsymbol{u}(k)\end{aligned}\right\}\tag{2-68}$$

式中

$$\left.\begin{aligned}\boldsymbol{G}&=\mathrm{e}^{\boldsymbol{A}T}\\ \boldsymbol{H}&=\left[\int_0^T\mathrm{e}^{\boldsymbol{A}\tau}\mathrm{d}\tau\right]\boldsymbol{B}\\ \boldsymbol{C}&=\boldsymbol{C}\\ \boldsymbol{D}&=\boldsymbol{D}\end{aligned}\right\}\tag{2-69}$$

例 2-12 线性定常系统方程为

$$\dot{\boldsymbol{x}}=\begin{bmatrix}0&1&0\\0&0&1\\0&0&0\end{bmatrix}\boldsymbol{x}+\begin{bmatrix}0\\0\\1\end{bmatrix}u$$

$$y=\begin{bmatrix}1&0&0\end{bmatrix}\boldsymbol{x}$$

将其离散化。

解 $\mathrm{e}^{\boldsymbol{A}t}=\mathscr{L}^{-1}[s\boldsymbol{I}-\boldsymbol{A}]^{-1}=\mathscr{L}^{-1}\begin{bmatrix}\frac{1}{s}&\frac{1}{s^2}&\frac{1}{s^3}\\0&\frac{1}{s}&\frac{1}{s^2}\\0&0&\frac{1}{s}\end{bmatrix}=\begin{bmatrix}1&t&\frac{1}{2}t^2\\0&1&t\\0&0&1\end{bmatrix}$

由式(2-69)得

$$\boldsymbol{G}=\mathrm{e}^{\boldsymbol{A}T}=\begin{bmatrix}1&T&\frac{1}{2}T^2\\0&1&T\\0&0&1\end{bmatrix}$$

$$\boldsymbol{H}=\left[\int_0^T\mathrm{e}^{\boldsymbol{A}\tau}\mathrm{d}\tau\right]\boldsymbol{B}=\begin{bmatrix}T&\frac{1}{2}T^2&\frac{1}{6}T^3\\0&T&\frac{1}{2}T^2\\0&0&T\end{bmatrix}\begin{bmatrix}0\\0\\1\end{bmatrix}=\begin{bmatrix}\frac{1}{6}T^3\\\frac{1}{2}T^2\\T\end{bmatrix}$$

于是离散化后的系统方程为

$$\boldsymbol{x}(k+1)=\begin{bmatrix}1 & T & \frac{1}{2}T^2\\ 0 & 1 & T\\ 0 & 0 & 1\end{bmatrix}\boldsymbol{x}(k)+\begin{bmatrix}\frac{1}{6}T^3\\ \frac{1}{2}T^2\\ T\end{bmatrix}u(k)$$

$$y(k)=[1\quad 0\quad 0]\boldsymbol{x}(k)$$

如果采样周期 T 很小，一般来说，当其值为系统最小时间常数的 1/10 左右时，离散化系统方程可近似为

$$\boldsymbol{x}(k+1)=(T\boldsymbol{A}+\boldsymbol{I})\boldsymbol{x}(k)+T\boldsymbol{B}\boldsymbol{u}(k)$$

$$\boldsymbol{y}(k)=\boldsymbol{C}\boldsymbol{x}(k)+\boldsymbol{D}\boldsymbol{u}(k)$$

即

$$\boldsymbol{G}\approx T\boldsymbol{A}+\boldsymbol{I}$$

$$\boldsymbol{H}\approx T\boldsymbol{B}$$

应当指出，离散系统的 $\boldsymbol{G}(k)$ 或 $\boldsymbol{G}$ 可能是非奇异的，也可能是奇异的，但是连续系统方程经离散化后得到的离散化方程，由于 $\boldsymbol{\phi}(k+1,k)$ 是非奇异的，因此 $\boldsymbol{G}(k)$ 或 $\boldsymbol{G}$ 总是非奇异的。

2.7 线性离散系统的运动分析

2.7.1 线性定常离散系统齐次状态方程的解

系统的齐次状态方程为

$$\boldsymbol{x}(k+1)=\boldsymbol{G}\boldsymbol{x}(k) \tag{2-70}$$

式中，$\boldsymbol{x}(k)$ 为 n 维状态向量；$\boldsymbol{G}$ 为 $n\times n$ 维系数矩阵。

若初始时刻 $k_0=0$，初始状态为 $\boldsymbol{x}(0)$。采用迭代法可以求出系统齐次状态方程的解。

当

$$k=0,\quad \boldsymbol{x}(1)=\boldsymbol{G}\boldsymbol{x}(0)$$

$$k=1,\quad \boldsymbol{x}(2)=\boldsymbol{G}\boldsymbol{x}(1)=\boldsymbol{G}^2\boldsymbol{x}(0)$$

$$k=2,\quad \boldsymbol{x}(3)=\boldsymbol{G}\boldsymbol{x}(2)=\boldsymbol{G}^3\boldsymbol{x}(0)$$

$$\vdots$$

$$k=k-1,\quad \boldsymbol{x}(k)=\boldsymbol{G}\boldsymbol{x}(k-1)=\boldsymbol{G}^k\boldsymbol{x}(0)=\boldsymbol{\phi}(k)\boldsymbol{x}(0) \tag{2-71}$$

式中

$$\boldsymbol{\phi}(k)=\boldsymbol{G}^k \tag{2-72}$$

式(2-71)就是齐次状态方程的解。它是一条离散轨线。由于系统没有输入向量，因此，系统的运动是由初始状态激励的，称为自由运动。自由运动的形态取决于 $\boldsymbol{\phi}(k)$，而 $\boldsymbol{\phi}(k)$ 又惟一地由系数矩阵 $\boldsymbol{G}$ 决定的。

系统的输出 $\boldsymbol{y}(k)$ 为

$$y(k)=CG^k x(0) \tag{2-73}$$

2.7.2 状态转移矩阵

由式(2-71)可知，系统初始状态 $\boldsymbol{x}(0)$ 和 $k>0$ 的状态 $\boldsymbol{x}(k)$ 之间是一种向量变换关系。换句话说，若系统初始状态为 $\boldsymbol{x}(0)$，通过 $\boldsymbol{\phi}(k)=\boldsymbol{G}^k$，将其转移到 $k>0$ 的状态 $x(k)$，故 $\boldsymbol{\phi}(k)$ 称为状态转移矩阵。

1. $\boldsymbol{\phi}(k)$ 的基本性质

（1）满足自身的矩阵差分方程及初始条件，即

$$\begin{aligned}\boldsymbol{\phi}(k+1)&=\boldsymbol{G}\boldsymbol{\phi}(k)\\ \boldsymbol{\phi}(0)&=\boldsymbol{I}\end{aligned} \tag{2-74}$$

（2）传递性

$$\boldsymbol{\phi}(k_2)=\boldsymbol{\phi}(k_2-k_1)\boldsymbol{\phi}(k_1) \tag{2-75}$$

（3）可逆性

$$\boldsymbol{\phi}^{-1}(k)=\boldsymbol{\phi}(-k) \tag{2-76}$$

2. 状态转移矩阵的计算

计算线性定常离散系统状态转移矩阵的方法与线性定常连续系统的状态转移矩阵计算方法类似，即①按定义计算；②用 z 反变换计算；③应用凯莱-哈密顿定理计算；④通过线性变换计算。限于篇幅，下面仅介绍用 z 反变换方法计算状态转移矩阵 $\boldsymbol{\phi}(k)$。对于应用凯莱-哈密顿定理计算 $\boldsymbol{\phi}(k)$，只给出一个计算例子。

线性定常离散系统齐次状态方程重写如下

$$\boldsymbol{x}(k+1)=\boldsymbol{G}\boldsymbol{x}(k)$$

若初始时刻 $k_0=0$，初始状态为 $x(0)$。

对方程(2-70)进行 z 变换

$$\begin{aligned}z\boldsymbol{x}(z)-z\boldsymbol{x}(0)&=\boldsymbol{G}\boldsymbol{x}(z)\\ [z\boldsymbol{I}-\boldsymbol{G}]\boldsymbol{x}(z)&=z\boldsymbol{x}(0)\\ \boldsymbol{x}(z)&=[z\boldsymbol{I}-\boldsymbol{G}]^{-1}z\boldsymbol{x}(0)\end{aligned}$$

$$\boldsymbol{x}(k)=\mathscr{Z}^{-1}\{[z\boldsymbol{I}-\boldsymbol{G}]^{-1}z\}\boldsymbol{x}(0)=\boldsymbol{\phi}(k)\boldsymbol{x}(0)=G^k\boldsymbol{x}(0)$$

可见

$$\boldsymbol{\phi}(k)=\boldsymbol{G}^k=\mathscr{Z}^{-1}\{[z\boldsymbol{I}-\boldsymbol{G}]^{-1}z\} \tag{2-77}$$

利用式(2-77)，可以计算状态转移矩阵 $\boldsymbol{\phi}(k)$。

例 2-13 离散系统齐次状态方程为

$$\boldsymbol{x}(k+1)=\begin{bmatrix}0 & -1\\ -0.4 & 0.3\end{bmatrix}\boldsymbol{x}(k)$$

求状态转移矩阵。

解 $[z\boldsymbol{I}-\boldsymbol{A}]^{-1}=\begin{bmatrix} z & 1 \\ 0.4 & z-0.3 \end{bmatrix}^{-1}=\begin{bmatrix} \dfrac{z-0.3}{(z-0.8)(z+0.5)} & \dfrac{-1}{(z-0.8)(z+0.5)} \\ \dfrac{-0.4}{(z-0.8)(z+0.5)} & \dfrac{z}{(z-0.8)(z+0.5)} \end{bmatrix}$

$$=\begin{bmatrix} \dfrac{5/13}{z-0.8}+\dfrac{8/13}{z+0.5} & \dfrac{10/13}{z-0.8}+\dfrac{10/13}{z+0.5} \\ \dfrac{-4/13}{z-0.8}+\dfrac{4/13}{z+0.5} & \dfrac{8/13}{z-0.8}+\dfrac{5/13}{z+0.5} \end{bmatrix}$$

$$\boldsymbol{\phi}(k)=\boldsymbol{G}^k=\mathscr{Z}^{-1}\{[z\boldsymbol{I}-\boldsymbol{G}]^{-1}z\}$$

$$=\begin{bmatrix} \dfrac{5}{13}(0.8)^k+\dfrac{8}{13}(-0.5)^k & -\dfrac{10}{13}(0.8)^k+\dfrac{10}{13}(-0.5)^k \\ -\dfrac{4}{13}(0.8)^k+\dfrac{4}{13}(-0.5)^k & \dfrac{8}{13}(0.8)^k+\dfrac{5}{13}(-0.5)^k \end{bmatrix}$$

例 2-14 系统齐次状态方程同例 2-13。应用凯莱-哈密顿定理计算状态转移矩阵 $\boldsymbol{\phi}(k)$。

解 系统的特征方程为

$$\Delta(z)=\det[z\boldsymbol{I}-\boldsymbol{G}]=\det\begin{bmatrix} z & 1 \\ 0.4 & z-0.3 \end{bmatrix}=z^2-0.3z-0.4=0$$

特征值为 $z_1=0.8, z_2=-0.5$。

类似式(2-23)，计算待定系数为 $\alpha_0(k)$，$\alpha_1(k)$。由于是离散系统，故式(2-23)中的 $e^{\lambda_i t}$ 在此就变成 z_i^k。于是有

$$\begin{bmatrix} \alpha_0(k) \\ \alpha_1(k) \end{bmatrix}=\begin{bmatrix} 1 & 0.8 \\ 1 & -0.5 \end{bmatrix}^{-1}\begin{bmatrix} (0.8)^k \\ (-0.5)^k \end{bmatrix}=-\frac{1}{1.3}\begin{bmatrix} -0.5 & -0.8 \\ -1 & 1 \end{bmatrix}\begin{bmatrix} (0.8)^k \\ (-0.5)^k \end{bmatrix}$$

$$=\begin{bmatrix} \dfrac{5}{13}(0.8)^k+\dfrac{8}{13}(-0.5)^k \\ \dfrac{10}{13}(0.8)^k-\dfrac{10}{13}(-0.5)^k \end{bmatrix}$$

$$\boldsymbol{\phi}(k)=\boldsymbol{G}^k=\alpha_0(k)\boldsymbol{I}+\alpha_1(k)\boldsymbol{G}$$

$$=\begin{bmatrix} \dfrac{5}{13}(0.8)^k+\dfrac{8}{13}(-0.5)^k & -\dfrac{10}{13}(0.8)^k+\dfrac{10}{13}(-0.5)^k \\ -\dfrac{4}{13}(0.8)^k+\dfrac{4}{13}(-0.5)^k & \dfrac{8}{13}(0.8)^k+\dfrac{5}{13}(-0.5)^k \end{bmatrix}$$

可见与用 z 反变换法计算的 $\boldsymbol{\phi}(k)$ 相同。

2.7.3 线性定常离散系统方程的解

系统方程为

$$\boldsymbol{x}(k+1)=\boldsymbol{G}\boldsymbol{x}(k)+\boldsymbol{H}\boldsymbol{u}(k) \tag{2-78}$$
$$\boldsymbol{y}(k)=\boldsymbol{C}\boldsymbol{x}(k)+\boldsymbol{D}\boldsymbol{u}(k)$$

式中，$\boldsymbol{x}(k)$为n维状态向量；$\boldsymbol{u}(k)$为r维输入向量；$\boldsymbol{y}(k)$为m维输出向量。$\boldsymbol{G}$、$\boldsymbol{H}$、$\boldsymbol{C}$、$\boldsymbol{D}$为满足矩阵运算的矩阵。

如果系统方程的解存在且惟一，可以通过迭代方法求出系统状态方程的解。若初始时刻$k_0=0$，初始状态为$\boldsymbol{x}(0)$。

当 $k=0$ 时 $\boldsymbol{x}(1)=\boldsymbol{G}\boldsymbol{x}(0)+\boldsymbol{H}\boldsymbol{u}(0)$

$k=1$ 时 $\boldsymbol{x}(2)=\boldsymbol{G}\boldsymbol{x}(1)+\boldsymbol{H}\boldsymbol{u}(1)=\boldsymbol{G}^2\boldsymbol{x}(0)+\boldsymbol{G}\boldsymbol{H}\boldsymbol{u}(0)+\boldsymbol{H}\boldsymbol{u}(1)$

$k=2$ 时 $\boldsymbol{x}(3)=\boldsymbol{G}\boldsymbol{x}(2)+\boldsymbol{H}\boldsymbol{u}(2)=\boldsymbol{G}^3\boldsymbol{x}(0)+\boldsymbol{G}^2\boldsymbol{H}\boldsymbol{u}(0)+\boldsymbol{G}\boldsymbol{H}\boldsymbol{u}(1)+\boldsymbol{H}\boldsymbol{u}(2)$

⋮ ⋮

$k=k-1$ 时
$$\begin{aligned}\boldsymbol{x}(k)&=\boldsymbol{G}\boldsymbol{x}(k-1)+\boldsymbol{H}\boldsymbol{u}(k-1)\\&=\boldsymbol{G}^k\boldsymbol{x}(0)+\boldsymbol{G}^{k-1}\boldsymbol{H}\boldsymbol{u}(0)+\boldsymbol{G}^{k-2}\boldsymbol{H}\boldsymbol{u}(1)+\cdots+\boldsymbol{G}\boldsymbol{H}\boldsymbol{u}(k-2)+\\&\quad\boldsymbol{H}\boldsymbol{u}(k-1)\\&=\boldsymbol{G}^k\boldsymbol{x}(0)+\sum_{i=0}^{k-1}\boldsymbol{G}^{k-i-1}\boldsymbol{H}\boldsymbol{u}(i)\end{aligned}$$

故状态方程的解为

$$x(k)=\boldsymbol{G}^k\boldsymbol{x}(0)+\sum_{i=0}^{k-1}\boldsymbol{G}^{k-i-1}\boldsymbol{H}\boldsymbol{u}(i) \tag{2-79}$$

由式(2-79)可知，离散系统状态方程的解是一条离散轨线。它由两部分组成，一部分是输入向量为零，由初始状态引起的，相当于状态方程的零输入响应。由于输入向量为零，因此，这部分描述了系统的自由运动。第二部分是由输入向量引起的，相当于状态方程的零状态响应。这一部分是由输入向量激励的，因此称为强迫运动或受控运动。值得强调的是系统第k个采样周期的状态$\boldsymbol{x}(k)$只取决于k以前(除k本身)采样的输入向量$u(0)$, $u(1)$, …, $u(k-1)$，而与$u(k)$无关。这是具有惯性的系统的一个基本特性。

例 2-15 线性定常离散系统状态方程为

$$\boldsymbol{x}(k+1)=\begin{bmatrix}0 & 1\\-0.16 & -1\end{bmatrix}\boldsymbol{x}(k)+\begin{bmatrix}1\\1\end{bmatrix}u(k)$$

$$\boldsymbol{x}(0)=\begin{bmatrix}1\\-1\end{bmatrix},\ u(k)=1$$

求$\boldsymbol{x}(k)$。

解 (1) 求状态转移矩阵$\boldsymbol{\phi}(k)$。

$$[z\boldsymbol{I}-\boldsymbol{G}]^{-1}=\begin{bmatrix} z & -1 \\ 0.16 & z+1 \end{bmatrix}^{-1}=\begin{bmatrix} \dfrac{z+1}{(z+0.2)(z+0.8)} & \dfrac{1}{(z+0.2)(z+0.8)} \\ \dfrac{-0.16}{(z+0.2)(z+0.8)} & \dfrac{z}{(z+0.2)(z+0.8)} \end{bmatrix}$$

$$=\begin{bmatrix} \dfrac{4/3}{z+0.2}-\dfrac{1/3}{z+0.8} & \dfrac{5/3}{z+0.2}-\dfrac{5/3}{z+0.8} \\ \dfrac{-0.8/3}{z+0.2}+\dfrac{0.8/3}{z+0.8} & \dfrac{-1/3}{z+0.2}+\dfrac{4/3}{z+0.8} \end{bmatrix}$$

$$\boldsymbol{\phi}(k)=\boldsymbol{G}^k=\mathscr{Z}^{-1}[(z\boldsymbol{I}-\boldsymbol{G})^{-1}z]$$

$$=\begin{bmatrix} \dfrac{4}{3}(-0.2)^k-\dfrac{1}{3}(-0.8)^k & \dfrac{5}{3}(-0.2)^k-\dfrac{5}{3}(-0.8)^k \\ \dfrac{-0.8}{3}(-0.2)^k+\dfrac{0.8}{3}(-0.8)^k & -\dfrac{1}{3}(-0.2)^k+\dfrac{4}{3}(-0.8)^k \end{bmatrix}$$

(2) 状态轨线 $x(k)$。对状态方程进行 z 变换

$$z\boldsymbol{x}(z)-z\boldsymbol{x}(0)=\boldsymbol{G}\boldsymbol{x}(z)+\boldsymbol{H}\boldsymbol{u}(z)$$

$$[z\boldsymbol{I}-\boldsymbol{G}]\boldsymbol{x}(z)=z\boldsymbol{x}(0)+\boldsymbol{H}\boldsymbol{u}(z)$$

$$\boldsymbol{x}(z)=[z\boldsymbol{I}-\boldsymbol{G}]^{-1}[z\boldsymbol{x}(0)+\boldsymbol{H}\boldsymbol{u}(z)]$$

当

$$u(z)=\frac{z}{z-1}$$

$$z\boldsymbol{x}(0)+\boldsymbol{H}\boldsymbol{u}(z)=\begin{bmatrix} z \\ -z \end{bmatrix}+\begin{bmatrix} \dfrac{z}{z-1} \\ \dfrac{z}{z-1} \end{bmatrix}=\begin{bmatrix} \dfrac{z^2}{z-1} \\ \dfrac{-z^2+2z}{z-1} \end{bmatrix}$$

$$\boldsymbol{x}(z)=[z\boldsymbol{I}-\boldsymbol{G}]^{-1}[z\boldsymbol{x}(0)+\boldsymbol{H}\boldsymbol{u}(z)]=\begin{bmatrix} \dfrac{(z^2+2)z}{(z+0.2)(z+0.8)(z-1)} \\ \dfrac{(-z^2+1.84z)z}{(z+0.2)(z+0.8)(z-1)} \end{bmatrix}$$

$$=\begin{bmatrix} -\dfrac{17z/6}{z+0.2}+\dfrac{22z/9}{z+0.8}+\dfrac{25z/18}{z-1} \\ \dfrac{3.4z/6}{z+0.2}-\dfrac{17.6z/9}{z+0.8}+\dfrac{7z/18}{z-1} \end{bmatrix}$$

$$\boldsymbol{x}(k)=\mathscr{Z}^{-1}[\boldsymbol{x}(z)]=\begin{bmatrix} -\dfrac{17}{6}(-0.2)^k+\dfrac{22}{9}(-0.8)^k+\dfrac{25}{18} \\ \dfrac{3.4}{6}(-0.2)^k-\dfrac{17.6}{9}(-0.8)^k+\dfrac{7}{18} \end{bmatrix}$$

有了 $\boldsymbol{x}(k)$ 的表达式，将其代入系统输出方程，求出系统的输出 $\boldsymbol{y}(k)$ 为

$$\boldsymbol{y}(k) = \boldsymbol{C}\boldsymbol{G}^k\boldsymbol{x}(0) + \boldsymbol{C}\sum_{i=0}^{k-1}\boldsymbol{G}^{k-i-1}\boldsymbol{H}\boldsymbol{u}(i) + \boldsymbol{D}\boldsymbol{u}(k) \tag{2-80}$$

可见 $\boldsymbol{y}(k)$ 包含三项。等式右边第一项是系统零输入响应；第二项为零状态响应；第三项是直接传输项。有了式(2-79)和式(2-80)，就可以分析系统的运动形态，了解系统的性能，同时也可以利用 $\boldsymbol{u}(k)$ 对系统实现控制，以达到期望的控制要求。

2.7.4 线性时变离散系统方程的解

系统方程为

$$\begin{aligned}\boldsymbol{x}(k+1) &= \boldsymbol{G}(k)\boldsymbol{x}(k) + \boldsymbol{H}(k)\boldsymbol{u}(k)\\ \boldsymbol{y}(k) &= \boldsymbol{C}(k)\boldsymbol{x}(k) + \boldsymbol{D}(k)\boldsymbol{u}(k)\end{aligned} \tag{2-81}$$

初始时刻为 k_0，初始状态为 $\boldsymbol{x}(k_0)$。假定系统的解存在且唯一，则解为

$$\boldsymbol{x}(k) = \boldsymbol{\phi}(k,k_0)\boldsymbol{x}(k_0) + \sum_{i=k_0}^{k-1}\boldsymbol{\phi}(k,i+1)\boldsymbol{H}(i)\boldsymbol{u}(i) \tag{2-82}$$

证明 可以用迭代法来证明。

$k=k_0 \qquad \boldsymbol{x}(k_0+1) = \boldsymbol{G}(k_0)\boldsymbol{x}(k_0) + \boldsymbol{H}(k_0)\boldsymbol{u}(k_0)$

$$\begin{aligned}k=k_0+1 \qquad \boldsymbol{x}(k_0+2) &= \boldsymbol{G}(k_0+1)\boldsymbol{x}(k_0+1) + \boldsymbol{H}(k_0+1)\boldsymbol{u}(k_0+1)\\ &= \boldsymbol{G}(k_0+1)\boldsymbol{G}(k_0)\boldsymbol{x}(k_0) + \boldsymbol{G}(k_0+1)\boldsymbol{H}(k_0)\boldsymbol{u}(k_0) +\\ &\quad \boldsymbol{H}(k_0+1)\boldsymbol{u}(k_0+1)\end{aligned}$$

$$\begin{aligned}k=k_0+2 \qquad \boldsymbol{x}(k_0+3) &= \boldsymbol{G}(k_0+2)\boldsymbol{x}(k_0+2) + \boldsymbol{H}(k_0+2)\boldsymbol{u}(k_0+2)\\ &= \boldsymbol{G}(k_0+2)\boldsymbol{G}(k_0+1)\boldsymbol{G}(k_0)\boldsymbol{x}(k_0) + \boldsymbol{G}(k_0+2)\boldsymbol{G}(k_0+1)\times\\ &\quad \boldsymbol{H}(k_0)\boldsymbol{u}(k_0) + \boldsymbol{G}(k_0+2)\boldsymbol{H}(k_0+1)\boldsymbol{u}(k_0+1) + \boldsymbol{H}(k_0+2)\times\\ &\quad \boldsymbol{u}(k_0+2)\end{aligned}$$

$\vdots$

$$\begin{aligned}k=k_0+(k-k_0-1) \qquad \boldsymbol{x}(k) &= \boldsymbol{G}(k-1)\boldsymbol{x}(k-1) + \boldsymbol{H}(k-1)\boldsymbol{u}(k-1)\\ =k-1 \qquad\qquad &= \boldsymbol{G}(k-1)\boldsymbol{G}(k-2)\cdots\boldsymbol{G}(k_0+1)\boldsymbol{G}(k_0)\boldsymbol{x}(k_0) +\\ &\quad \sum_{i=k_0}^{k-1}\boldsymbol{G}(k-1)\boldsymbol{G}(k-2)\cdots\boldsymbol{G}(i+1)\boldsymbol{H}(i)\boldsymbol{u}(i)\end{aligned}$$

如果令 $\qquad \boldsymbol{\phi}(k,k_0) = \boldsymbol{G}(k-1)\boldsymbol{G}(k-2)\cdots\boldsymbol{G}(k_0+1)\boldsymbol{G}(k_0) \quad k>k_0 \qquad (2\text{-}83)$

则

$$\boldsymbol{x}(k) = \boldsymbol{\phi}(k,k_0)\boldsymbol{x}(k_0) + \sum_{i=k_0}^{k-1}\boldsymbol{\phi}(k,i+1)\boldsymbol{H}(i)\boldsymbol{u}(i)$$

式中，$\boldsymbol{\phi}(k,k_0)$ 称为状态转移矩阵。它满足如下矩阵差分方程及初始条件

$$\boldsymbol{\phi}(k+1,k_0) = \boldsymbol{G}(k)\boldsymbol{\phi}(k,k_0)$$

$$\boldsymbol{\phi}(k_0,k_0)=\boldsymbol{I} \tag{2-84}$$

由式(2-82)可知，线性时变离散系统的状态方程的解也包括两项。一项是由初始状态激励的，相当于状态方程的零输入响应，这一项描述了输入向量为零时系统的自由运动，它的运动形态取决于$\boldsymbol{\phi}(k,k_0)$，而$\boldsymbol{\phi}(k,k_0)$又是由$\boldsymbol{G}(k)$惟一决定的。第二项对应初始状态为零，是由输入向量激励的，称为强迫运动或受控运动。

将式(2-82)代入输出方程，得到系统的输出$\boldsymbol{y}(k)$

$$\boldsymbol{y}(k)=\boldsymbol{C}(k)\boldsymbol{\phi}(k,k_0)\boldsymbol{x}(k_0)+\boldsymbol{C}(k)\sum_{i=k_0}^{k-1}\boldsymbol{\phi}(k,i+1)\boldsymbol{H}(i)\boldsymbol{u}(i)+\boldsymbol{D}(k)\boldsymbol{u}(k) \tag{2-85}$$

可见，系统的响应也是由零输入响应、零状态响应和直接传输部分三项组成的。

2.8 用 MATLAB 求解系统方程

2.8.1 线性齐次状态方程的解

使用 MATLAB 可以方便地求出状态方程的解。

例 2-16 已知线性系统齐次状态方程为

$$\dot{\boldsymbol{x}}=\begin{bmatrix}0 & 1\\ -2 & -3\end{bmatrix}\boldsymbol{x},\qquad \boldsymbol{x}(0)=\begin{bmatrix}1\\0\end{bmatrix}$$

求系统状态方程的解。

解 用以下 MATLAB 程序计算齐次状态方程的解，其中 collect( )函数的作用是合并同类项，而 ilaplace( )函数的作用是求取拉普拉斯反变换，函数 det( )的作用是求方阵的行列式。

```
syms s t x0 x tao phi phi0;%声明符号变量
A=[0  1; -2  -3]; I=[1  0; 0  1];
E=s*I-A;C=det(E);D=collect(inv(E));
phi0=ilaplace(D)
x0=[1; 0]; x=phi0*x0
```

程序执行后

```
phi0 =                                                                   x =
[    -exp(-2*t)+2*exp(-t),    exp(-t)-exp(-2*t)]   [    -exp(-2*t)+2*exp(-t)]
[-2*exp(-t)+2*exp(-2*t),2*exp(-2*t)-exp(-t)]   [-2*exp(-t)+2*exp(-2*t)]
```

即

$$\boldsymbol{\phi}(t)=\begin{bmatrix}2\mathrm{e}^{-t}-\mathrm{e}^{-2t} & \mathrm{e}^{-t}-\mathrm{e}^{-2t}\\ -2\mathrm{e}^{-t}+2\mathrm{e}^{-2t} & -\mathrm{e}^{-t}+2\mathrm{e}^{-2t}\end{bmatrix},\ x(t)=\begin{bmatrix}2\mathrm{e}^{-t}-\mathrm{e}^{-2t}\\ -2\mathrm{e}^{-t}+2\mathrm{e}^{-2t}\end{bmatrix}$$

2.8.2 线性非齐次状态方程的解

例 2-17 已知系统状态方程为

$$\dot{\boldsymbol{x}}=\begin{bmatrix}0 & 1\\ -2 & -3\end{bmatrix}\boldsymbol{x}+\begin{bmatrix}0\\ 1\end{bmatrix}\boldsymbol{u},\ \boldsymbol{x}(0)=\begin{bmatrix}1\\ 0\end{bmatrix},\boldsymbol{u}(t)=1(t)$$

求系统状态方程的解。

解 用以下 MATLAB 程序求系统方程的解。其中，语句 phi = subs(phi0,'t',(t - tao))表示将符号变量 phi0 中的自变量 t 用(t - tao)代换就构成了符号变量 phi，而语句 x2 = int(F,tao,0,t)表示符号变量 F 对 tao 在 0 到 t 的积分区间上求积分，运算结果返回到 x2。

```
syms s t x0 x tao phi phi0;%声明符号变量
A=[0  1; -2  -3]; I=[1  0; 0  1]; B=[0; 1];
E=s*I-A;C=det(E);D=collect(inv(E));
phi0=ilaplace(D); x0=[1; 0]; x1=phi0*x0;
phi=subs(phi0,'t',(t-tao));
F=phi*B*1;x2=int(F,tao,0,t);
x=collect(x1+x2)
```

程序执行结果为

```
x =
[ -1/2*exp(-2*t)+exp(-t)+1/2]
[            -exp(-t)+exp(-2*t)]
```

即

$$\boldsymbol{x}(t)=\begin{bmatrix}0.5+e^{-t}-0.5e^{-2t}\\ -e^{-t}+e^{-2t}\end{bmatrix}$$

2.8.3 连续系统状态方程的离散化

在 MATLAB 中，c2d()函数的功能就是将连续时间的系统模型转换成离散时间的系统模型，其调用格式为 sysd = c2d(sysc,T,method)。其中，输入参量 sysc 为连续时间的系统模型；T 为采样周期(s)；method 用来指定离散化采用的方法：

'zoh'——采用零阶保持器；

'foh'——采用一阶保持器；

'tustin'——采用双线性逼近方法；

'prewarm'——采用改进的 tustin 方法；

'matched'——采用 SISO 系统的零极点匹配方法；

当 method 缺省时(即调用格式为 sysd = c2d(sysc,T)时)，默认的方法是采用零阶保持器。

例 2-18 某线性连续系统的状态方程为

$$\dot{\boldsymbol{x}}=\boldsymbol{A}\boldsymbol{x}+\boldsymbol{B}\boldsymbol{u},\boldsymbol{y}=\boldsymbol{C}\boldsymbol{x}+\boldsymbol{D}\boldsymbol{u}$$

其中，$\boldsymbol{A}=\begin{bmatrix}0&1&0\\0&0&1\\-6&-11&-6\end{bmatrix}$，$\boldsymbol{B}=\begin{bmatrix}1&0\\2&-1\\0&2\end{bmatrix}$，$\boldsymbol{C}=\begin{bmatrix}1&-1&0\\2&1&-1\end{bmatrix}$，$\boldsymbol{D}=\begin{bmatrix}0&0\\0&0\end{bmatrix}$

采用零阶保持器将其离散化，设采样周期为 0.1s。求离散化的系统方程。

解 输入以下语句，其中 D = zeros(2) 表示将 D 赋值为 2×2 维的全零矩阵。

```
A=[0 1 0; 0 0 1; -6 -11 -6]; B=[1 0; 2 -1; 0 2]; C=[1 -1 0; 2 1 -1];
D=zeros(2);T=0.1;
G=ss(A,B,C,D);Gd=c2d(G,T)
```

语句执行的结果为

```
a =
          x1          x2          x3
   x1     0.9991      0.0984      0.004097
   x2    -0.02458     0.9541      0.07382
   x3    -0.4429     -0.8366      0.5112

b =
          u1          u2
   x1     0.1099     -0.004672
   x2     0.1959     -0.0902
   x3    -0.1164      0.1936

c =
          x1     x2     x3
   y1     1     -1      0
   y2     2      1     -1

d =
          u1     u2
   y1     0      0
   y2     0      0

Sampling time:0.1
Discrete-time model.
```

计算结果表示离散化后的系统方程为

$$\boldsymbol{x}(k+1)=\begin{bmatrix}0.9991&0.0984&0.0041\\-0.0246&0.9541&0.0738\\-0.4429&-0.8366&0.5112\end{bmatrix}\boldsymbol{x}(k)+\begin{bmatrix}0.1099&-0.0047\\0.1959&-0.0902\\-0.1164&0.1936\end{bmatrix}\boldsymbol{u}(k)$$

$$\boldsymbol{y}(k)=\begin{bmatrix}1&-1&0\\2&1&-1\end{bmatrix}\boldsymbol{x}(k)+\begin{bmatrix}0&0\\0&0\end{bmatrix}\boldsymbol{u}(k)$$

小　　结

本章对系统运动的分析是通过求系统方程的解来进行的。状态方程是矩阵微分（差分）方程，输出方程是矩阵代数方程。因此，求系统方程的解的关键在于求状态方程的解。

线性系统方程的解是借助状态转移矩阵来表示的。本章介绍了状态转移矩阵的定义、基本性质和求解方法。线性时变系统状态转移矩阵 $\boldsymbol{\phi}(t,\tau)$ 较难计算，重点介绍了线性定常系统状态转移矩阵 $\boldsymbol{\phi}(t-\tau)$ 的四种计算方法。有了 $\boldsymbol{\phi}(t,\tau)$ 或 $\boldsymbol{\phi}(t-\tau)$，就可以求出系统在初始状态激励下的自由运动（齐次状态方程的解）以及在输入向量作用下的强迫运动（非齐次状态方程的解）。应当指出，系统自由运动轨线的形态是由状态转移矩阵决定的，也就是由 $\boldsymbol{A}$ 惟一决定的。然而对一个系统来说，$\boldsymbol{A}$ 是一定的，因此只有靠人为地采取措施（如第 5 章的状态反馈和输出反馈）来改造自由运动的形态。

状态 $\boldsymbol{x}(t)$ 求出后，即可求出系统的输出 $\boldsymbol{y}(t)$。不同的输入向量，响应 $\boldsymbol{y}(t)$ 不同。但是只要有了 $\boldsymbol{y}(t)$ 就可以按经典控制理论中介绍的时域分析法来定量地分析系统的性能。由于这个响应 $\boldsymbol{y}(t)$ 是针对某个控制 $\boldsymbol{u}(t)$ 而言的，这就为用 $\boldsymbol{u}(t)$ 来达到希望的 $\boldsymbol{y}(t)$ 形态提供了可能（见第 5 章 5.6 节）。

特别值得一提的是，当 $\boldsymbol{u}(t)$ 为脉冲函数时，得到系统的脉冲响应矩阵 $\boldsymbol{H}(t,\tau)$ 或 $\boldsymbol{H}(t-\tau)$。它可以作为系统的一种数学模型。

对于离散系统来说，有类似于连续系统的结论。

习　题

2-1　线性定常系统齐次状态方程为

$$\dot{\boldsymbol{x}}=\boldsymbol{A}\boldsymbol{x}$$

若矩阵 $\boldsymbol{A}$ 为　(1) $\boldsymbol{A}=\begin{bmatrix}0&1\\-1&-1\end{bmatrix}$　　(2) $\boldsymbol{A}=\begin{bmatrix}2&2&1\\1&3&1\\1&2&2\end{bmatrix}$

用拉普拉斯变换法求状态转移矩阵 $\boldsymbol{\phi}(t)$。

2-2　线性定常系统齐次状态方程为

$$\dot{\boldsymbol{x}}=\boldsymbol{A}\boldsymbol{x}$$

若矩阵 $\boldsymbol{A}$ 为　(1) $\boldsymbol{A}=\begin{bmatrix}0&1\\-5&-6\end{bmatrix}$　　(2) $\boldsymbol{A}=\begin{bmatrix}0&-5\\2&-2\end{bmatrix}$　　(3) $\boldsymbol{A}=\begin{bmatrix}1&-1&0\\-1&1&0\\0&0&1\end{bmatrix}$

用化矩阵 $\boldsymbol{A}$ 为对角形法求状态转移矩阵。

2-3　线性定常系统齐次状态方程为

$$\dot{\boldsymbol{x}}=\begin{bmatrix}0&1&0\\0&0&1\\-25&-35&11\end{bmatrix}\boldsymbol{x}$$

求状态转移矩阵。

2-4　利用凯莱-哈密顿定理，计算线性定常系统齐次状态方程

$$(1)\ \dot{\boldsymbol{x}}=\begin{bmatrix}1&1\\0&-3\end{bmatrix}\boldsymbol{x}\qquad(2)\ \dot{\boldsymbol{x}}=\begin{bmatrix}0&1&0\\0&0&1\\-6&-11&-6\end{bmatrix}\boldsymbol{x}$$

的状态转移矩阵。

2-5　系统齐次状态方程为 $\dot{\boldsymbol{x}}=\begin{bmatrix}0 & 1\\ 2 & -1\end{bmatrix}\boldsymbol{x}, \boldsymbol{x}(t_1)=\begin{bmatrix}2\\ 5\end{bmatrix}$，求初始状态 $\boldsymbol{x}(0)$。

2-6　线性定常系统状态方程为

$$\dot{\boldsymbol{x}}=\begin{bmatrix}0 & 1\\ -6 & -5\end{bmatrix}\boldsymbol{x}+\begin{bmatrix}1\\ 1\end{bmatrix}\boldsymbol{u}$$

$$\boldsymbol{x}(0)=0$$

当 $u(t)=1(t)$ 时，求 $\boldsymbol{x}(t)$。

2-7　线性定常系统的状态方程为

$$\dot{\boldsymbol{x}}=\boldsymbol{A}\boldsymbol{x}+\boldsymbol{x}\boldsymbol{B}$$

$$\boldsymbol{x}(0)=\boldsymbol{C}$$

请证明 $\boldsymbol{x}(t)=\mathrm{e}^{\boldsymbol{A}t}\boldsymbol{C}\mathrm{e}^{\boldsymbol{B}t}$ 是状态方程的解。

2-8　线性定常系统齐次状态方程为

$$\dot{\boldsymbol{x}}=\boldsymbol{A}\boldsymbol{x}$$

$$\text{当 } \boldsymbol{x}(0)=\begin{bmatrix}1\\ -2\end{bmatrix}\text{时，} \boldsymbol{x}(t)=\begin{bmatrix}\mathrm{e}^{t}\\ (t-2)\mathrm{e}^{t}\end{bmatrix}$$

$$\text{当 } x(0)=\begin{bmatrix}1\\ -1\end{bmatrix}\text{时，} x(t)=\begin{bmatrix}\mathrm{e}^{t}\\ (t-1)\mathrm{e}^{t}\end{bmatrix}$$

请求出矩阵 $\boldsymbol{A}$ 和状态转移矩阵。

2-9　系统方程为

$$\dot{\boldsymbol{x}}=\boldsymbol{A}\boldsymbol{x}+\boldsymbol{B}\boldsymbol{u}$$

矩阵 $\boldsymbol{A}$ 为非奇异矩阵，已知　　　$\boldsymbol{x}(0), \boldsymbol{u}(t)=\boldsymbol{U}t\cdot 1(t)$

请证明 $\boldsymbol{x}(t)=\mathrm{e}^{\boldsymbol{A}t}\boldsymbol{x}(0)+[\boldsymbol{A}^{-2}(\mathrm{e}^{\boldsymbol{A}t}-\boldsymbol{I})-\boldsymbol{A}^{-1}t]\boldsymbol{B}\boldsymbol{U}$ 为系统状态方程的解。

2-10　系统方程为

$$\dot{\boldsymbol{x}}=\begin{bmatrix}0 & 1 & 0\\ 0 & 0 & 1\\ -2 & -4 & -3\end{bmatrix}\boldsymbol{x}+\begin{bmatrix}1 & 0\\ 0 & 1\\ -1 & 1\end{bmatrix}\boldsymbol{u}$$

$$\boldsymbol{y}=\begin{bmatrix}0 & 1 & -1\\ 1 & 2 & 1\end{bmatrix}\boldsymbol{u}$$

$$\boldsymbol{x}^{\mathrm{T}}(0)=[1\quad 0\quad 0]$$

试求 $\boldsymbol{x}(t)$，并证明对于本题有 $\mathrm{e}^{\boldsymbol{A}(t-\tau)}=\mathrm{e}^{\boldsymbol{A}t}\boldsymbol{A}^{-\boldsymbol{A}\tau}=\mathrm{e}^{-\boldsymbol{A}\tau}\mathrm{e}^{\boldsymbol{A}t}$。

2-11　系统方程为

$$\dot{\boldsymbol{x}}=\begin{bmatrix}0 & 1\\ -3 & 4\end{bmatrix}\boldsymbol{x}+\begin{bmatrix}1\\ 1\end{bmatrix}u$$

$$y=[1\quad 1]\boldsymbol{x}$$

试求脉冲响应。

2-12　系统脉冲响应如图 2-2 所示。若系统输入端加入

$$u(t)=\sin\omega t\qquad t\geqslant 0$$

$$\omega=2\pi$$

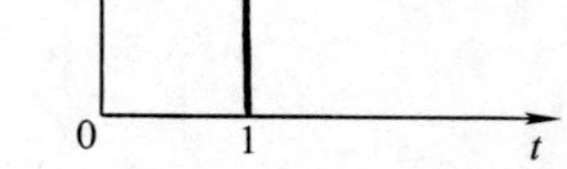

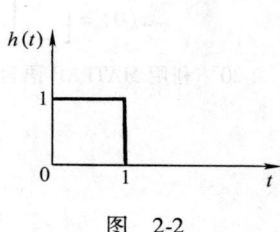

图　2-2

试问系统输出 $y(t)$ 是什么样子？经过多长时间，输出 $y(t)$ 达到稳态。

2-13　线性时变系统齐次状态方程为

$$\dot{\boldsymbol{x}}=\begin{bmatrix}0 & t\\ 0 & e^{-2t}\end{bmatrix}\boldsymbol{x}$$

试求状态转移矩阵 $\boldsymbol{\phi}(t,0)$。

2-14　线性时变系统齐次状态方程为

$$\dot{\boldsymbol{x}}=\begin{bmatrix}0 & 1\\ t & 0\end{bmatrix}\boldsymbol{x}$$

初始时刻 $t_0=0$，求状态转移矩阵。

2-15　验证线性时变系统齐次状态方程

$$\dot{\boldsymbol{x}}=\begin{bmatrix}2 & e^{-t}\\ e^{-t} & 1\end{bmatrix}\boldsymbol{x}$$

的状态转移矩阵 $\boldsymbol{\phi}(t,0)=\begin{bmatrix}e^{2t}\cos t & -e^{2t}\sin t\\ e^{t}\sin t & e^{t}\cos t\end{bmatrix}$，并求 $\boldsymbol{\phi}(t,1)=?$

2-16　线性定常系统状态方程为

$$\dot{\boldsymbol{x}}=\begin{bmatrix}0 & 1\\ 0 & 0\end{bmatrix}\boldsymbol{x}+\begin{bmatrix}0\\ 1\end{bmatrix}u$$

若采样周期 $T=0.1\text{s}$，建立离散化状态方程。

2-17　线性定常离散系统状态方程为

$$\boldsymbol{x}(k+1)=\begin{bmatrix}1 & 0 & 0\\ 0 & 2 & -2\\ -1 & 1 & 0\end{bmatrix}\boldsymbol{x}(k)+\begin{bmatrix}1\\ 0\\ -1\end{bmatrix}u(k)$$

若初始状态为 $\boldsymbol{x}(0)=[1\quad 2\quad 3]^{\mathrm{T}}$，控制序列为 $u(0)=3$，$u(1)=-6$，$u(2)=2$。求 $k=3$ 时，$\boldsymbol{x}(3)=[x_1(3)\quad x_2(3)\quad x_3(3)]^{\mathrm{T}}$。

2-18　线性定常系统状态方程为

$$\dot{\boldsymbol{x}}=\begin{bmatrix}0 & 1\\ -4 & 0\end{bmatrix}\boldsymbol{x}+\begin{bmatrix}0\\ 2\end{bmatrix}u$$

采样周期 $T=1\text{s}$，建立离散化状态方程。

2-19　线性定常离散系统状态方程为

$$\boldsymbol{x}(k+1)=\begin{bmatrix}1 & 1\\ 0 & 0\end{bmatrix}\boldsymbol{x}(k)+\begin{bmatrix}1\\ 1\end{bmatrix}u(k)$$

$$y(k)=[1\quad -1]\boldsymbol{x}(k)$$

若　$\boldsymbol{x}(0)=\begin{bmatrix}1\\ -1\end{bmatrix}$，$u(k)=1$，求 $\boldsymbol{x}(k)=[x_1(k)\quad x_2(k)]^{\mathrm{T}}$ 和 $y_1(k)$，$y_2(k)$。

2-20　利用 MATLAB 语言作习题 2-4、2-16 及 2-17。

第 3 章　控制系统的能控性和能观测性

3.1 引言

在经典控制理论中，着眼点在于研究对系统输出的控制。对于一个单输入-单输出系统来说，系统的输出量既是被控量，又是观测量。因此，输出量明显地受输入信号控制，同时，也能观测，即系统不存在能控、不能控和能观测、不能观测的问题。

现代控制理论着眼点在于研究系统状态的控制和观测。这时就遇到系统的能控性和能观测性问题了。

例 3-1　电路如图3-1所示。若选取电容两端的电压 u_C 为状态变量，记成 $x=u_C$。当初始状态 $x(t_0)$ 为某一个值时，不管输入电压 $u(t)$ 如何改变，$x(t)=x_0$ 不随 $u(t)$ 改变而改变，即状态变量不受输入电压 $u(t)$ 控制，或者说图 3-1 所示电路的状态是不能控的。

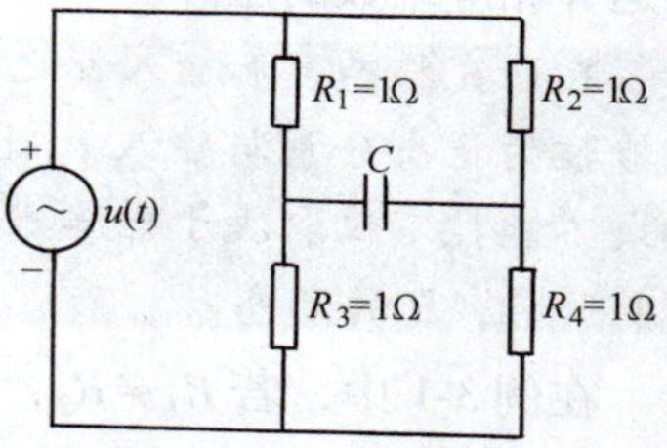

图　3-1

例 3-2　电路如图3-2a所示。如果选择电容 C_1 和 C_2 两端的电压为状态变量，即 $x_1=u_{C1}$，$x_2=u_{C2}$，电路的输出 y 为 C_2 上的电压，即 $y=x_2$，则电路的系统方程为

$$\dot{\boldsymbol{x}}=\begin{bmatrix}-2 & 1\\ 1 & -2\end{bmatrix}\boldsymbol{x}+\begin{bmatrix}1\\ 1\end{bmatrix}u=\boldsymbol{A}\boldsymbol{x}+\boldsymbol{b}u$$

$$y=\begin{bmatrix}0 & 1\end{bmatrix}\boldsymbol{x}=\boldsymbol{c}\boldsymbol{x}$$

系统的状态转移矩阵为

$$\mathrm{e}^{\boldsymbol{A}t}=\frac{1}{2}\begin{bmatrix}\mathrm{e}^{-t}+\mathrm{e}^{-3t} & \mathrm{e}^{-t}-\mathrm{e}^{-3t}\\ \mathrm{e}^{-t}-\mathrm{e}^{-3t} & \mathrm{e}^{-t}+\mathrm{e}^{-3t}\end{bmatrix}$$

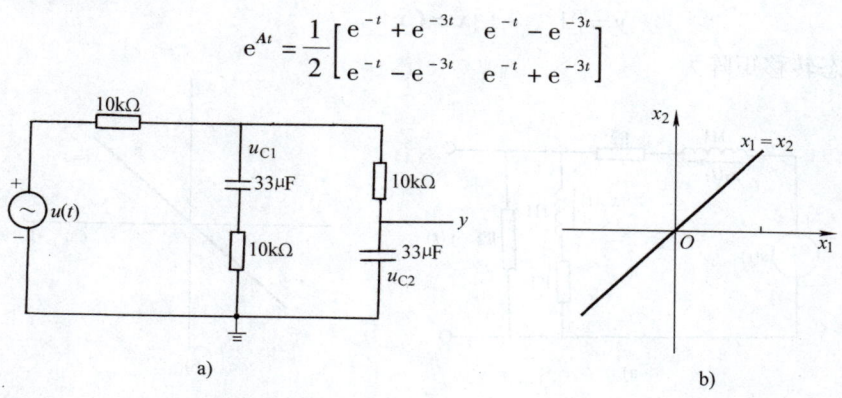

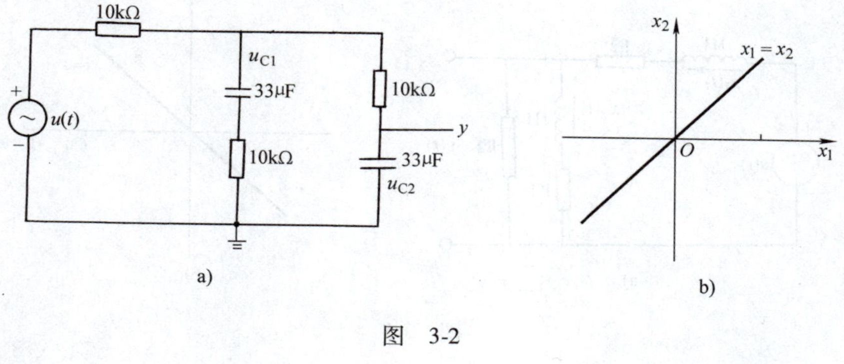

图　3-2

如果初始状态 $x(0)=0$，则

$$\boldsymbol{x}(t)=\int_0^t e^{A(t-\tau)}\boldsymbol{b}u(\tau)d\tau=\begin{bmatrix}1\\1\end{bmatrix}\int_0^t e^{-(t-\tau)}u(\tau)d\tau$$

由上可见，不论加什么样的输入信号 $u(t)$，系统状态 $\boldsymbol{x}(t)$ 总是正比于向量 $[1\quad 1]^T$，即 $x_1=x_2$。如图 3-2b 所示。因为输入信号 $u(t)$ 不能使状态变成 $x_1(t)\neq x_2(t)$，所以图 3-2a 所示之电路是不能控的。

通过例 3-1 和例 3-2 可知，研究系统状态变量与输入信号之间的关系时，存在能控与不能控的问题。

一般情况下，系统方程为

$$\left.\begin{aligned}\dot{\boldsymbol{x}}&=\boldsymbol{A}\boldsymbol{x}+\boldsymbol{B}\boldsymbol{u}\\ \boldsymbol{y}&=\boldsymbol{C}\boldsymbol{x}\end{aligned}\right\}\tag{3-1}$$

式中，$\boldsymbol{x}$ 为 n 维状态向量；$\boldsymbol{u}$ 为 r 维输入向量；$\boldsymbol{y}$ 为 m 维输出向量；$\boldsymbol{A}$，$\boldsymbol{B}$，$\boldsymbol{C}$ 为满足矩阵运算相应维数的矩阵。

在研究状态 $\boldsymbol{x}$ 和输入 $\boldsymbol{u}$ 之间存在能控和不能控的问题时，对于不能控的系统，其中不能控的状态分量与输入 $\boldsymbol{u}$ 既无直接关系，又无间接关系。由系统方程可知，状态能控或不能控不仅取决于矩阵 $\boldsymbol{B}$（直接关系），而且与矩阵 $\boldsymbol{A}$ 有关（间接关系），即取决于矩阵 $\boldsymbol{A}$，$\boldsymbol{B}$ 的形态。

在例 3-1 中，若 $R_1\neq R_2$，状态变量可控，例 3-2 中，适当地改变矩阵 $\boldsymbol{A}$ 或 $\boldsymbol{b}$ 的元素，例如 $\boldsymbol{b}=[1\quad 2]^T$，则状态 $\boldsymbol{x}$ 在 u 的控制下可实现 $x_1\neq x_2$。

系统能观测问题是研究测量输出变量 $\boldsymbol{y}$ 去确定系统状态变量的问题。

例 3-3 电路如图3-3a所示。选取 $u(t)$ 为输入量，$y(t)$ 为输出量，电感中的电流作为系统的状态变量，则系统方程为

$$\dot{\boldsymbol{x}}=\begin{bmatrix}-2&1\\1&-2\end{bmatrix}\boldsymbol{x}+\begin{bmatrix}1\\0\end{bmatrix}u=\boldsymbol{A}\boldsymbol{x}+\boldsymbol{b}u$$

$$\boldsymbol{y}=[1\quad -1]\boldsymbol{x}=\boldsymbol{C}\boldsymbol{x}$$

系统的状态转移矩阵为

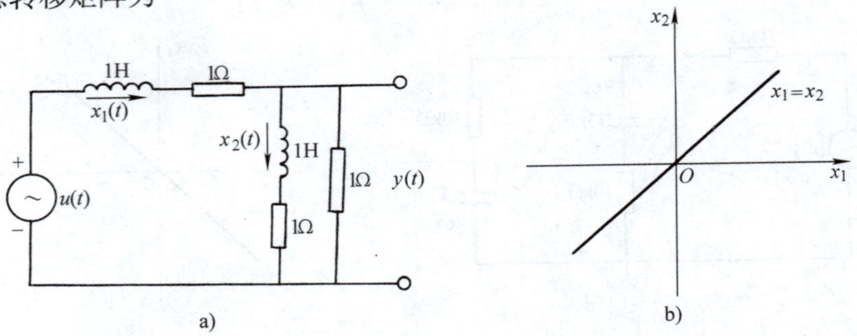

图 3-3

$$e^{At}=\frac{1}{2}\begin{bmatrix} e^{-t}+e^{-3t} & e^{-t}-e^{-3t} \\ e^{-t}-e^{-3t} & e^{-t}+e^{-3t} \end{bmatrix}$$

状态方程的解为

$$\boldsymbol{x}(t)=e^{At}\boldsymbol{x}(0)+\int_0^t e^{A(t-\tau)}\boldsymbol{b}u(\tau)d\tau$$

式中，$\boldsymbol{x}(0)$ 是初始状态。由于 $u(t)$ 是已知的，通过上式即可求得 $\boldsymbol{x}(t)$。由于 $\boldsymbol{x}(t)$ 和$\boldsymbol{x}(0)$之间有上式的确定关系，因此通过对 $y(t)$ 的观测，确定系统状态变量 $\boldsymbol{x}(t)$ 的问题就可以转化为确定系统的初始状态 $\boldsymbol{x}(0)$ 了。

为简便起见，令输入 $\boldsymbol{u}(t)\equiv 0$，则

$$\boldsymbol{x}(t)=e^{At}\boldsymbol{x}(0)$$

$$y(t)=\boldsymbol{C}e^{At}\boldsymbol{x}(0)=[x_1(0)-x_2(0)]e^{-3t}$$

从上式可知，不论初始状态 $[x_1(0)\quad x_2(0)]^T$ 等于什么数值，输出 $y(t)$ 仅仅取决于差值$[x_1(0)-x_2(0)]$。当 $x_1(0)=x_2(0)$，如图 3-3b 所示，则输出恒等于零。即初始状态 $x_1(0)=x_2(0)$时，系统的初始状态在输出不产生任何响应，当然也就无法通过对输出的观测去确定初始状态了，称这样的系统是不能观测的。通过例 3-3 可知，状态 $\boldsymbol{x}$ 存在能观测和不能观测的问题。

一般情况下，对于方程（3-1）所描述的系统，状态 $\boldsymbol{x}$ 同样存在能观测和不能观测的问题。对于不能观测的系统，其不能观测的状态分量与 $\boldsymbol{y}$ 既无直接关系，又无间接关系。由系统方程可知，状态能观测和不能观测不仅取决于矩阵 $\boldsymbol{C}$（直接关系），还与矩阵 $\boldsymbol{A}$ 有关（间接关系），即取决于矩阵 $\boldsymbol{A}$、$\boldsymbol{C}$ 的形态。

对于例 3-3，如果适当改变矩阵 $\boldsymbol{A}$ 或矩阵 $\boldsymbol{C}$，可以使系统能观测。

如上所述，在基于状态空间描述的现代控制理论中，存在状态能控性和能观测性问题。这是两个反映系统构造特性的基本概念。

3.2 能控性及其判据

3.2.1 线性定常系统的能控性及其判据

1. 能控性定义

线性定常系统状态方程为

$$\dot{\boldsymbol{x}}=\boldsymbol{A}\boldsymbol{x}+\boldsymbol{B}\boldsymbol{u} \tag{3-2}$$

式中，$\boldsymbol{x}$、$\boldsymbol{u}$ 分别为 n、r 维向量；$\boldsymbol{A}$、$\boldsymbol{B}$ 为满足矩阵运算相应维数的常值矩阵。若给定系统的一个初始状态 $\boldsymbol{x}(t_0)$（t_0 可为0），如果在 $t_1>t_0$ 的有限时间区间 $[t_0, t_1]$ 内，存在容许控制 $\boldsymbol{u}(t)$ 使 $\boldsymbol{x}(t_1)=0$，则称系统状态在 t_0 时刻是能控的；如果系统对任意一个初始状态都能控，则称系统是状态完全能控的，简称系统是状态能控的或系统是能控的。

由这个定义可知：

1）系统能控性定义中的初始状态 $\boldsymbol{x}(t_0)$ 是状态空间中任意的非零有限点，控制的目标是状态空间坐标原点（有的文献称为达原点的能控性）。

2）如果在时间区间 $[t_0, t_1]$ 内存在容许控制 $\boldsymbol{u}(t)$，使系统从状态空间坐标原点推向预先指定的状态 $\boldsymbol{x}(t_1)$，则称为状态能达性。由于连续系统状态转移矩阵是非奇异的，因此可以证明系统能控性与能达性是等价的。

3）在能控性研究中，考察的并不是 $\boldsymbol{x}(t_0)$ 推向 $\boldsymbol{x}(t_1)=0$ 的时变形式，而是考察能控状态在状态空间中的分布。很显然，只有整个状态空间中所有的有限点都是能控的，系统才是能控的。

4）若 $t_0=0$，$x(t_0)=x(0)$，系统状态方程的解为

$$\boldsymbol{x}(t) = \mathrm{e}^{At}\boldsymbol{x}(0) + \int_0^t \mathrm{e}^{A(t-\tau)}\boldsymbol{Bu}(\tau)\mathrm{d}\tau$$

若系统是能控的，则存在容许控制 $\boldsymbol{u}(t)$，使得

$$\boldsymbol{x}(t_1) = \mathrm{e}^{At_1}\boldsymbol{x}(0) + \int_0^{t_1} \mathrm{e}^{A(t_1-\tau)}\boldsymbol{Bu}(\tau)\mathrm{d}\tau = 0$$

$$\mathrm{e}^{At_1}\boldsymbol{x}(0) = -\int_0^{t_1} \mathrm{e}^{A(t_1-\tau)}\boldsymbol{Bu}(\tau)\mathrm{d}\tau$$

$$\boldsymbol{x}(0) = -\int_0^{t_1} \mathrm{e}^{-A\tau}\boldsymbol{Bu}(\tau)\mathrm{d}\tau \tag{3-3}$$

满足上式的初始状态 $\boldsymbol{x}(0)$，必是能控状态。

5）当系统存在不依赖于 $\boldsymbol{u}(t)$ 的确定性干扰 $\boldsymbol{f}(t)$ 时，系统状态方程为

$$\begin{aligned}\dot{\boldsymbol{x}} &= \boldsymbol{Ax}+\boldsymbol{Bu}+\boldsymbol{f}(t)\\ \boldsymbol{x}(t_0) &= \boldsymbol{x}(0)\end{aligned} \tag{3-4}$$

由于 $\boldsymbol{f}(t)$ 是确定性干扰，它不会改变系统的能控性。

证明 状态方程的解为

$$\begin{aligned}\boldsymbol{x}(t) &= \mathrm{e}^{At}\boldsymbol{x}(0) + \int_0^t \mathrm{e}^{A(t-\tau)}[\boldsymbol{Bu}(\tau)+\boldsymbol{f}(\tau)]\mathrm{d}\tau\\ &= \mathrm{e}^{At}\boldsymbol{x}(0) + \int_0^t \mathrm{e}^{A(t-\tau)}\boldsymbol{Bu}(\tau)\mathrm{d}\tau + \int_0^t \mathrm{e}^{A(t-\tau)}\boldsymbol{f}(\tau)\mathrm{d}\tau\\ &= \mathrm{e}^{At}\boldsymbol{x}(0) + \mathrm{e}^{At}\int_0^t \mathrm{e}^{-A\tau}\boldsymbol{f}(\tau)\mathrm{d}\tau + \int_0^t \mathrm{e}^{A(t-\tau)}\boldsymbol{Bu}(\tau)\mathrm{d}\tau\\ &= \mathrm{e}^{At}\left[\boldsymbol{x}(0) + \int_0^t \mathrm{e}^{-A\tau}\boldsymbol{f}(\tau)\mathrm{d}\tau\right] + \int_0^t \mathrm{e}^{A(t-\tau)}\boldsymbol{Bu}(\tau)\mathrm{d}\tau\end{aligned}$$

当 $t=t_1$ 时，有

$$\boldsymbol{x}(t_1) = \mathrm{e}^{At_1}\left[\boldsymbol{x}(0) + \int_0^{t_1} \mathrm{e}^{-A\tau}\boldsymbol{f}(\tau)\mathrm{d}\tau\right] + \int_0^{t_1} \mathrm{e}^{A(t_1-\tau)}\boldsymbol{Bu}(\tau)\mathrm{d}\tau$$

由于 t_1 是固定值，$\boldsymbol{f}(t)$ 为确定性干扰，故上式中 $\int_0^{t_1} \mathrm{e}^{-A\tau}\boldsymbol{f}(\tau)\mathrm{d}\tau$ 是一个确定的 n 维常值向量。$\boldsymbol{f}(t)$ 的影响就相当于把系统原来的初始状态 $\boldsymbol{x}(0)$ 改变了一个确定的常

值，使其成为 $\boldsymbol{x}(0)+\int_0^{t_1}\mathrm{e}^{-A\tau}\boldsymbol{f}(\tau)\mathrm{d}\tau$。此时，式（3-3）成为

$$\boldsymbol{x}(0)+\int_0^{t_1}\mathrm{e}^{-A\tau}\boldsymbol{f}(\tau)\mathrm{d}\tau=-\int_0^{t_1}\mathrm{e}^{-A\tau}\boldsymbol{Bu}(\tau)\mathrm{d}\tau$$

如果系统在 $t\in[0,\ t_1]$ 上能控，则在确定性扰动 $\boldsymbol{f}(t)$ 作用下，仍然可以找到容许控制 $\boldsymbol{u}(t)$，使得 $\boldsymbol{x}(t_1)=0$，即系统仍然是能控的。这就是说，确定性干扰不会影响系统的能控性。因此，在讨论系统能控性时，不考虑系统中存在的确定性干扰。

2. 能控性判据

定理 3-1 式(3-2)的系统状态能控的充分必要条件是矩阵 $\boldsymbol{W}_c[0,\ t_1]$ 的秩为 n

其中

$$\boldsymbol{W}_c(0,t_1)=\int_0^{t_1}\mathrm{e}^{-A\tau}\boldsymbol{BB}^{\mathrm{T}}\mathrm{e}^{-A^{\mathrm{T}}\tau}\mathrm{d}\tau \tag{3-5}$$

称为 $n\times n$ 格拉姆（Gramian）矩阵。

证明 证充分条件，因为 $\boldsymbol{W}_c(0,\ t_1)$ 满秩，所以 $\boldsymbol{W}_c^{-1}(0,\ t_1)$ 存在。对任意的初始状态 $\boldsymbol{x}(0)$ 采用下面的控制

$$\boldsymbol{u}(t)=-\boldsymbol{B}^{\mathrm{T}}\mathrm{e}^{-A^{\mathrm{T}}\tau}\boldsymbol{W}_c^{-1}[0,t_1]\boldsymbol{x}(0) \tag{3-6}$$

将式（3-6）代入状态方程的解的表达式，得

$$\begin{aligned}\boldsymbol{x}(t_1)&=\mathrm{e}^{At_1}\boldsymbol{x}(0)-\int_0^{t_1}\mathrm{e}^{A(t_1-\tau)}\boldsymbol{BB}^{\mathrm{T}}\mathrm{e}^{-A^{\mathrm{T}}\tau}\boldsymbol{W}_c^{-1}[0,t_1]\boldsymbol{x}(0)\mathrm{d}\tau\\&=\mathrm{e}^{At_1}\boldsymbol{x}(0)-\mathrm{e}^{At_1}\int_0^{t_1}\mathrm{e}^{-A\tau}\boldsymbol{BB}^{\mathrm{T}}\mathrm{e}^{-A^{\mathrm{T}}\tau}\boldsymbol{W}_c^{-1}[0,t_1]\boldsymbol{x}(0)\mathrm{d}\tau=0\end{aligned}$$

根据状态能控性定义知，式（3-2）系统能控。

必要条件是指系统状态能控，则 $\boldsymbol{W}_c(0,\ t_1)$ 的秩为 n。可以采用反证法来证明（从略）。

这个定理为能控性的一般判据，但由于计算状态转移矩阵比较繁琐，实际上常采用如下判据。

定理 3-2 若式(3-2)系统能控，则 $n\times nr$ 能控性矩阵

$$\boldsymbol{Q}_c=[B\quad AB\quad A^2B\quad \cdots A^{n-1}B] \tag{3-7}$$

满秩。即

$$\mathrm{rank}\boldsymbol{Q}_c=n \tag{3-8}$$

证明 应用凯莱-哈密顿定理，将 e^{-At} 展开为 $\boldsymbol{A}$ 的最高幂次为 $n-1$ 次的多项式

$$\mathrm{e}^{-A\tau}=a_0(\tau)\boldsymbol{I}+a_1(\tau)\boldsymbol{A}+\cdots+a_{n-1}(\tau)\boldsymbol{A}^{n-1}=\sum_{i=0}^{n-1}a_i(\tau)\boldsymbol{A}^i$$

将上式代入式（3-3），得到

$$\boldsymbol{x}(0)=-\int_0^{t_1}\sum_{i=0}^{n-1}a_i(\tau)\boldsymbol{A}^i\boldsymbol{Bu}(\tau)\mathrm{d}\tau=-\sum_{i=0}^{n-1}\boldsymbol{A}^i\boldsymbol{B}\int_0^{t_1}a_i(\tau)\boldsymbol{u}(\tau)\mathrm{d}\tau \tag{3-9}$$

因为式（3-9）中的积分上限是已知的，所以每一个定积分都是一个确定的数值。

令

$$\int_0^{t_1} a_i(\tau)\boldsymbol{u}(\tau)\mathrm{d}\tau = \begin{bmatrix} \beta_{i1} \\ \beta_{i2} \\ \vdots \\ \beta_{ir} \end{bmatrix} = \boldsymbol{\beta}_i \qquad (i = 0,1,\cdots,n-1)$$

由于 $\boldsymbol{u}(t)$ 是 r 维向量，$\boldsymbol{\beta}_i$ 也必然为 r 维向量。于是，式（3-9）可写成

$$\boldsymbol{x}(0) = -\sum_{i=0}^{n-1}\boldsymbol{A}^i\boldsymbol{B}\boldsymbol{\beta}_i = -[\boldsymbol{B} \quad \boldsymbol{AB} \quad \cdots \quad \boldsymbol{A}^{n-1}\boldsymbol{B}]\begin{bmatrix} \boldsymbol{\beta}_0 \\ \boldsymbol{\beta}_1 \\ \vdots \\ \boldsymbol{\beta}_{n-1} \end{bmatrix} \tag{3-10}$$

若系统能控，必能从式（3-10）解得 $\boldsymbol{\beta}_0$，$\boldsymbol{\beta}_1$，…，$\boldsymbol{\beta}_{n-1}$。这就要求系统能控性矩阵 $\boldsymbol{Q}_c = [\boldsymbol{B} \quad \boldsymbol{AB} \quad \cdots \quad \boldsymbol{A}^{n-1}\boldsymbol{B}]$ 的秩必须为 n，即 $\mathrm{rank}\boldsymbol{Q}_c = n$。

应用定理 3-2 来判别系统能控性，其判据本身很简单，常用这种方法。由于矩阵 $\boldsymbol{Q}_c$ 与矩阵 $\boldsymbol{Q}_c\boldsymbol{Q}_c^{\mathrm{T}}$ 有相同的秩，所以有时可用计算矩阵 $\boldsymbol{Q}_c\boldsymbol{Q}_c^{\mathrm{T}}$ 的秩来确定 $\boldsymbol{Q}_c$ 的秩。矩阵 $\boldsymbol{Q}_c\boldsymbol{Q}_c^{\mathrm{T}}$ 是个方阵，它是否满秩，只要看它的行列式是否不等于零就行了，而矩阵 $\boldsymbol{Q}_c$ 是 $n \times nr$ 矩阵，确定它的秩，可能需要计算几个 n 阶行列式。

定理 3-3 式(3-2)系统能控的充分必要条件是 $n\times(n+r)$ 矩阵 $[\lambda\boldsymbol{I}-\boldsymbol{A} \mid \boldsymbol{B}]$ 对 $\boldsymbol{A}$ 的所有特征值 λ_i 之秩都是 n。即

$$\mathrm{rank}\,[\lambda_i\boldsymbol{I}-\boldsymbol{A} \mid \boldsymbol{B}] = n \qquad (i=1,\ 2,\ \cdots,\ n) \tag{3-11}$$

这个定理是波波夫（PoPov）、别尔维奇（Belevitch）、豪塔斯（Hautus）等学者分别提出的。有的书将这个判别系统能控性的定理称为 PBH 判别法。定理的证明从略，下面结合例子介绍其应用方法。

例 3-4 系统状态方程为

$$\dot{\boldsymbol{x}} = \begin{bmatrix} 1 & 0 \\ -2 & -3 \end{bmatrix}\boldsymbol{x} + \begin{bmatrix} 1 \\ 1 \end{bmatrix}\boldsymbol{u}$$

试判别系统的能控性。

解 用定理 3-3 的方法，有

$$\det[\lambda\boldsymbol{I}-\boldsymbol{A}] = \det\begin{bmatrix} \lambda-1 & 0 \\ 2 & \lambda+3 \end{bmatrix} = (\lambda-1)(\lambda+3) = 0$$

$$\lambda_1 = 1 \qquad \lambda_2 = -3$$

$$\mathrm{rank}[\lambda_1\boldsymbol{I}-\boldsymbol{A} \mid \boldsymbol{b}] = \mathrm{rank}\begin{bmatrix} 0 & 0 & 1 \\ 2 & 4 & 1 \end{bmatrix} = 2$$

$$\mathrm{rank}[\lambda_2\boldsymbol{I}-\boldsymbol{A} \mid \boldsymbol{b}] = \mathrm{rank}\begin{bmatrix} -4 & 0 & 1 \\ 2 & 0 & 1 \end{bmatrix} = 2$$

故系统能控。

如果应用定理 3-2 求解，有

$$\text{rank}\ [\boldsymbol{b}\quad \boldsymbol{Ab}] = \text{rank}\begin{bmatrix} 1 & 1 \\ 1 & -5 \end{bmatrix} = 2$$

故系统能控

例 3-5 在例1-3的单级倒立摆系统中，设系统中的参数 $M = 1\text{kg}$，$m = 0.1\text{kg}$，$l = 1\text{m}$，重力加速度 $g = 9.81\text{m/s}^2$，试判别系统的能控性。

解 将给出的参数代入状态空间表达式。由于

$$\frac{mg}{M} = 0.981 \approx 1, \quad \frac{(M+m)g}{Ml} = 10.79 \approx 11, \quad \frac{1}{M} = 1, \quad \frac{1}{ML} = 1$$

故

$$\dot{\boldsymbol{x}} = \begin{bmatrix} 0 & 1 & 0 & 0 \\ 0 & 0 & -1 & 0 \\ 0 & 0 & 0 & 1 \\ 0 & 0 & 11 & 0 \end{bmatrix} \boldsymbol{x} + \begin{bmatrix} 0 \\ 1 \\ 0 \\ -1 \end{bmatrix} u$$

$$\boldsymbol{y} = [1 \quad 0 \quad 0 \quad 0]\boldsymbol{x}$$

应用定理 3-2,能控性矩阵

$$\boldsymbol{Q}_c = [\boldsymbol{b} \quad \boldsymbol{Ab} \quad \boldsymbol{A}^2\boldsymbol{b} \quad \boldsymbol{A}^3\boldsymbol{b}] = \begin{bmatrix} 0 & 1 & 0 & 1 \\ 1 & 0 & 1 & 0 \\ 0 & -1 & 0 & -11 \\ -1 & 0 & -11 & 0 \end{bmatrix}$$

$$\text{rank}\boldsymbol{Q}_c = 4$$

故系统能控。如果角度 θ 从平衡位置偏离一个小的角度，总会存在一个能将该偏离角 θ 推回到零的控制 $u(t)$。

定理 3-4 式(3-2)系统的矩阵 $\boldsymbol{A}$ 的特征值 λ_i（$i = 1, 2, \cdots, n$）互异，将系统经过非奇异线性变换变成对角阵

$$\dot{\bar{x}} = \begin{bmatrix} \lambda_1 & & & \boldsymbol{0} \\ & \lambda_2 & & \\ & & \cdots & \\ \boldsymbol{0} & & & \lambda_n \end{bmatrix} \bar{\boldsymbol{x}} + \bar{\boldsymbol{B}}\boldsymbol{u} \tag{3-12}$$

则系统能控的充分必要条件是矩阵 $\bar{\boldsymbol{B}}$ 中不包含元素全为零的行。

证明 （1）系统经过非奇异线性变换，能控性不变。

设 $n \times n$ 非奇异变换矩阵为 $\boldsymbol{P}$，对式（3-2）进行线性变换得

$$\bar{\boldsymbol{A}} = \boldsymbol{PAP}^{-1}, \quad \bar{\boldsymbol{B}} = \boldsymbol{PB}$$

或

$$\boldsymbol{A} = \boldsymbol{P}^{-1}\bar{\boldsymbol{A}}\boldsymbol{P}, \quad \boldsymbol{B} = \boldsymbol{P}^{-1}\bar{\boldsymbol{B}}$$

由定理 3-2 得

$$[\boldsymbol{B}\quad \boldsymbol{AB}\quad \cdots\quad \boldsymbol{A}^{n-1}\boldsymbol{B}] = [\boldsymbol{P}^{-1}\overline{\boldsymbol{B}}\boldsymbol{P}^{-1}\overline{\boldsymbol{A}}\boldsymbol{P}\boldsymbol{P}^{-1}\overline{\boldsymbol{B}}\cdots\boldsymbol{P}^{-1}\overline{\boldsymbol{A}}^{n-1}\boldsymbol{P}\boldsymbol{P}^{-1}\overline{\boldsymbol{B}}]$$
$$= \boldsymbol{P}^{-1}[\overline{\boldsymbol{B}}\quad \overline{\boldsymbol{A}}\,\overline{\boldsymbol{B}}\quad \cdots\quad \overline{\boldsymbol{A}}^{n-1}\overline{\boldsymbol{B}}]$$

由于 $\boldsymbol{P}$ 为非奇异矩阵，非奇异线性变换不改变矩阵的秩，所以有

$$\mathrm{rank}[\boldsymbol{B}\quad \boldsymbol{AB}\quad \cdots\quad \boldsymbol{A}^{n-1}\boldsymbol{B}] = \mathrm{rank}[\overline{\boldsymbol{B}}\quad \overline{\boldsymbol{A}}\,\overline{\boldsymbol{B}}\quad \cdots\quad \overline{\boldsymbol{A}}^{n-1}\overline{\boldsymbol{B}}]$$

即非奇异线性变换不改变系统的能控性。

（2）设 $\overline{\boldsymbol{B}} = \begin{bmatrix} \bar{b}_{11} & \bar{b}_{12} & \cdots & \bar{b}_{1r} \\ \bar{b}_{21} & \bar{b}_{22} & \cdots & \bar{b}_{2r} \\ \vdots & \vdots & & \vdots \\ \bar{b}_{n1} & \bar{b}_{n2} & \cdots & \bar{b}_{nr} \end{bmatrix}$，将式（3-12）展开得

$$\begin{aligned} \dot{\bar{x}}_1 &= \lambda_1 \bar{x}_1 + \bar{b}_{11}u_1 + \bar{b}_{12}u_2 + \cdots + \bar{b}_{1r}u_r \\ \dot{\bar{x}}_2 &= \lambda_2 \bar{x}_2 + \bar{b}_{21}u_1 + \bar{b}_{22}u_2 + \cdots + \bar{b}_{2r}u_r \\ &\ \ \vdots \\ \dot{\bar{x}}_n &= \lambda_n \bar{x}_n + \bar{b}_{n1}u_1 + \bar{b}_{n2}u_2 + \cdots + \bar{b}_{nr}u_r \end{aligned}$$

显然，上述方程组中，状态变量间无耦合，因此，系统能控的充分必要条件是 $\bar{b}_{i1}$，$\bar{b}_{i2}$，…，$\bar{b}_{ir}$ 不全为零（$i=1$，2，…，n）。定理证毕。

例 3-6 有如下两个线性定常系统

$$(1)\quad \dot{\boldsymbol{x}} = \begin{bmatrix} -7 & & \boldsymbol{0} \\ & -5 & \\ \boldsymbol{0} & & -1 \end{bmatrix}\boldsymbol{x} + \begin{bmatrix} 2 \\ 0 \\ 9 \end{bmatrix}u$$

$$(2)\quad \dot{\boldsymbol{x}} = \begin{bmatrix} -7 & & \boldsymbol{0} \\ & -5 & \\ \boldsymbol{0} & & -1 \end{bmatrix}\boldsymbol{x} + \begin{bmatrix} 0 & 1 \\ 4 & 0 \\ 7 & 5 \end{bmatrix}u$$

试判断（1）和（2）的能控性。

解 由于系统（1）中 $b_2=0$，所以（1）不能控，且不能控的状态分量为 x_2，系统状态图如图 3-4 所示；而系统（2）中，b_{i1}，b_{i2}（$i=1$，2，3）不全为零，所以系统（2）能控。

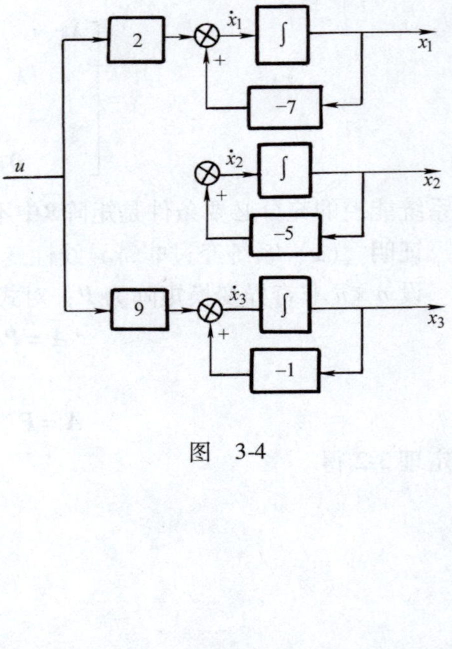

图 3-4

定理 3-5 式(3-2)的矩阵 $\boldsymbol{A}$ 具有重特征值，λ_1（l_1 重），λ_2（l_2 重），…，λ_k（l_k 重），且 $\sum_{i=1}^{k} l_i = n$，$\lambda_i \neq \lambda_j$（$i\neq j$）经过非奇异线性变换，得到约当矩阵

$$\dot{\bar{x}} = \begin{bmatrix} \boldsymbol{J}_1 & & & \\ & \boldsymbol{J}_2 & & \boldsymbol{0} \\ & & \ddots & \\ & \boldsymbol{0} & & \ddots \\ & & & \boldsymbol{J}_k \end{bmatrix} \bar{\boldsymbol{x}} + \bar{\boldsymbol{B}}\boldsymbol{u},\ \boldsymbol{J}_i = \begin{bmatrix} \lambda_i & 1 & & \boldsymbol{0} \\ & \lambda_i & 1 & \\ & & \ddots & \ddots \\ & \boldsymbol{0} & & 1 \\ & & & \lambda_i \end{bmatrix} \tag{3-13}$$

则系统能控的充分必要条件为$\bar{\boldsymbol{B}}$中与每一个约当子块最下面一行对应的行的元不全为零。

该定理的证明与定理3-4证明类同，故不证。

例3-7 有如下两个线性定常系统

（1）
$$\dot{\boldsymbol{x}} = \left[\begin{array}{cc:c} -4 & 1 & 0 \\ 0 & -4 & 0 \\ \hdashline 0 & 0 & -2 \end{array}\right]\boldsymbol{x} + \begin{bmatrix} 0 \\ 4 \\ 3 \end{bmatrix} u$$

（2）
$$\dot{\boldsymbol{x}} = \left[\begin{array}{cc:c} -4 & 1 & 0 \\ 0 & -4 & 0 \\ \hdashline 0 & 1 & -2 \end{array}\right]\boldsymbol{x} + \begin{bmatrix} 4 & 2 \\ 0 & 0 \\ 3 & 0 \end{bmatrix} u$$

试判断系统（1）和（2）的能控性。

解 系统（1）中，与x_2对应的$b_2 = 4 \neq 0$，与x_3对应的$b_3 = 3 \neq 0$，故系统（1）能控。

系统（2）中与x_2对应的$b_{21} = 0$，$b_{22} = 0$，故系统（2）不能控。

上面介绍的几个定理都是用来判别式（3-2）系统的能控性的。虽然这几个定理所表述的形式、方法不同，但它们在判别线性定常系统的能控性时是等价的，只要用一种方法判别即可。至于采用哪种方法视给出的问题性质和求解的方便等因素予以选择。另外，在线性连续系统中，由于能达性与能控性是等价的，因此判别系统能控性的判据同样可用来判别系统的能达性。

3.2.2 线性时变系统的能控性判据

线性时变系统状态方程为

$$\begin{gathered} \dot{\boldsymbol{x}} = \boldsymbol{A}(t)\boldsymbol{x} + \boldsymbol{B}(t)\boldsymbol{u} \\ \boldsymbol{x}(t_0) \end{gathered} \tag{3-14}$$

式中，$\boldsymbol{x}$，$\boldsymbol{u}$分别为n，r维向量；$\boldsymbol{A}(t)$，$\boldsymbol{B}(t)$为满足矩阵运算相应维数的矩阵，$\boldsymbol{A}(t)$，$\boldsymbol{B}(t)$的元在$(-\infty, +\infty)$上为连续函数。

定理3-6 状态在时刻t_0能控的充分必要条件是存在一个有限时间$t_1 > t_0$，使得$n \times r$函数矩阵$\boldsymbol{\phi}(t_0, t_1)B(t)$的$n$个行在$[t_0, t_1]$上线性无关。其中$\boldsymbol{\phi}(t_0, t_1)$是系统的状态转移矩阵。

这个判据的证明从略。不过在这个判据的证明过程中，可以得到与之等价的另一个能控性判据，即下面的定理。

定理 3-7 状态在时刻 t_0 能控的充分必要条件是存在一个有限时间 $t_1 > t_0$，使得矩阵

$$\boldsymbol{W}_c[t_0,t_1] = \int_{t_0}^{t_1} \boldsymbol{\phi}(t_0,t)\boldsymbol{B}(t)\boldsymbol{B}^{\mathrm{T}}(t)\boldsymbol{\phi}^{\mathrm{T}}(t_0,t)\,\mathrm{d}t \tag{3-15}$$

非奇异。$\boldsymbol{W}_c[t_0,\ t_1]$ 为格拉姆（Gramian）矩阵。

应该指出，在应用上述两个定理时，必须计算状态转移矩阵，在线性时变系统中，计算状态转移矩阵是不容易的。因此这两个定理主要是进行理论分析用。

如果 $\boldsymbol{A}(t)$ 和 $\boldsymbol{B}(t)$ 的元在 $[t_0,\ t_1]$ 上是 $(n-1)$ 阶连续可微的，这时可以得到不必求系统状态转移矩阵的能控性判据。

定义
$$\boldsymbol{M}_{k+1}(t) = -\boldsymbol{A}(t)\boldsymbol{M}_k + \frac{\mathrm{d}}{\mathrm{d}t}\boldsymbol{M}_k(t) \quad (k=0,1,\cdots,n-1) \tag{3-16}$$

及
$$\boldsymbol{M}_0(t) = \boldsymbol{B}(t) \tag{3-17}$$

当 $k=0$，
$$\boldsymbol{M}_1(t) = -\boldsymbol{A}(t)\boldsymbol{M}_0(t) + \frac{\mathrm{d}}{\mathrm{d}t}\boldsymbol{M}_0(t)$$

$k=1$，
$$\boldsymbol{M}_2(t) = -\boldsymbol{A}(t)\boldsymbol{M}_1(t) + \frac{\mathrm{d}}{\mathrm{d}t}\boldsymbol{M}_1(t)$$

$k=2$，
$$\boldsymbol{M}_3(t) = -\boldsymbol{A}(t)\boldsymbol{M}_2(t) + \frac{\mathrm{d}}{\mathrm{d}t}\boldsymbol{M}_2(t)$$

$$\cdots$$

设系统的状态转移矩阵为 $\boldsymbol{\phi}(t_0,\ t)$，注意到

$$\boldsymbol{\phi}(t_0,\ t)\boldsymbol{B}(t) = \boldsymbol{\phi}(t_0,\ t)\boldsymbol{M}_0(t)$$

$$\frac{\partial}{\partial t}[\boldsymbol{\phi}(t_0,\ t)\boldsymbol{B}(t)] = \frac{\partial}{\partial t}\boldsymbol{\phi}(t_0,\ t)\boldsymbol{B}(t) + \boldsymbol{\phi}(t_0,\ t)\frac{\partial}{\partial t}\boldsymbol{B}(t)$$

等式右边第一项是 $\boldsymbol{\phi}(t_0,\ t)$ 对第二变元 t 求导，由式（2-43）得到

$$\begin{aligned}\frac{\partial}{\partial t}[\boldsymbol{\phi}(t_0,\ t)\boldsymbol{B}(t)] &= -\boldsymbol{\phi}(t_0,\ t)\boldsymbol{A}(t)\boldsymbol{B}(t) + \boldsymbol{\phi}(t_0,\ t)\frac{\partial}{\partial t}\boldsymbol{B}(t)\\ &= \boldsymbol{\phi}(t_0,\ t)\left[-\boldsymbol{A}(t)\boldsymbol{B}(t) + \frac{\partial}{\partial t}\boldsymbol{B}(t)\right]\\ &= \boldsymbol{\phi}(t_0,\ t)\boldsymbol{M}_1(t)\end{aligned}$$

一般情况下，有

$$\frac{\partial^k}{\partial t^k}[\boldsymbol{\phi}(t_0,\ t)\boldsymbol{B}(t)] = \boldsymbol{\phi}(t_0,\ t)\boldsymbol{M}_k(t)$$

定理 3-8 如果线性时变系统的 $\boldsymbol{A}(t)$ 和 $\boldsymbol{B}(t)$ 的元是 $(n-1)$ 阶连续可微的。若存在一个有限的 $t_1 > t_0$，使得

$$\mathrm{rank}[\boldsymbol{M}_0(t_1)\quad \boldsymbol{M}_1(t_1)\quad \cdots\quad \boldsymbol{M}_{n-1}(t_1)] = n \tag{3-18}$$

则系统在 t_0 是能控的。

证明 $$\frac{\partial}{\partial t}\boldsymbol{\phi}(t_0,\ t)\boldsymbol{B}(t)\bigg|_{t=t_1}=\frac{\partial}{\partial t_1}\boldsymbol{\phi}(t_0,\ t_1)\boldsymbol{B}(t_1)$$

考虑式（3-16）和式（3-17），得到

$$\begin{aligned}&\left[\boldsymbol{\phi}(t_0,\ t_1)\boldsymbol{B}(t_1)\quad \frac{\partial}{\partial t_1}\boldsymbol{\phi}(t_0,\ t_1)\boldsymbol{B}(t_1)\quad\cdots\quad\frac{\partial^{n-1}}{\partial t_1^{n-1}}\boldsymbol{\phi}(t_0,\ t_1)\boldsymbol{B}(t_1)\right]\\&=\boldsymbol{\phi}(t_0,\ t_1)[\boldsymbol{M}_0(t_1)\quad \boldsymbol{M}_1(t_1)\quad\cdots\quad\boldsymbol{M}_{n-1}(t_1)]\end{aligned}$$

因为 $\boldsymbol{\phi}(t_0,\ t_1)$ 是非奇异的，由定理可知

$$\operatorname{rank}[\boldsymbol{M}_0(t_1)\quad \boldsymbol{M}_1(t_1)\quad\cdots\quad\boldsymbol{M}_{n-1}(t_1)]=n$$

故 $$\operatorname{rank}\left[\boldsymbol{\phi}(t_0,\ t_1)\boldsymbol{B}(t_1)\quad \frac{\partial}{\partial t_1}\boldsymbol{\phi}(t_0,\ t_1)\boldsymbol{B}(t_1)\quad\cdots\quad\frac{\partial^{n-1}}{\partial t_1^{n-1}}\boldsymbol{\phi}(t_0,\ t_1)\boldsymbol{B}(t_1)\right]=n$$

于是可以断定，对于某个 $t_1>t_0$，$\boldsymbol{\phi}(t_0,t_1)\boldsymbol{B}(t)$ 的诸行在 $[t_0,t_1]$ 上线性无关。根据定理3-6可知状态在时刻 t_0 能控。这个定理是系统能控的充分条件，非必要条件。

例 3-8 线性时变系统方程为

$$\dot{\boldsymbol{x}}=\begin{bmatrix}0 & t\\0 & 0\end{bmatrix}\boldsymbol{x}+\begin{bmatrix}0\\1\end{bmatrix}u$$

$$y=[0\quad 5]\boldsymbol{x}$$

初始时刻 $t_0=0$，试判别系统的能控性。

解 先用定理 3-8 来检验其能控性。

$$\boldsymbol{M}_0(t)=\boldsymbol{B}(t)=\begin{bmatrix}0\\1\end{bmatrix}$$

$$\boldsymbol{M}_1(t)=-\boldsymbol{A}(t)\boldsymbol{M}_0(t)+\frac{\mathrm{d}}{\mathrm{d}t}\boldsymbol{M}_0(t)=-\begin{bmatrix}0 & t\\0 & 0\end{bmatrix}\begin{bmatrix}0\\1\end{bmatrix}=-\begin{bmatrix}t\\0\end{bmatrix}$$

而 $$\operatorname{rank}[\boldsymbol{M}_0(t)\boldsymbol{M}_1(t)]=\operatorname{rank}\left[\begin{array}{c:c}0 & -t\\1 & 0\end{array}\right]=2$$

对于 $t_1>0$，$[\boldsymbol{M}_0(t)\quad \boldsymbol{M}_1(t)]$ 的秩为 2，系统在 $t_0=0$ 是能控的。

该题也可以用定理 3-7 来检验其能控性。系统的状态转移矩阵 $\boldsymbol{\phi}(t,0)$ 可按第 2 章 2.4 节的方法求出，为

$$\boldsymbol{\phi}(t,0)=\begin{bmatrix}1 & -\frac{1}{2}t^2\\0 & 1\end{bmatrix}$$

格拉姆矩阵

$$\begin{aligned}\boldsymbol{W}_c(0,t_1)&=\int_0^{t_1}\boldsymbol{\phi}(t_0,t)\boldsymbol{B}(t)\boldsymbol{B}^{\mathrm{T}}(t)\boldsymbol{\phi}^{\mathrm{T}}(t_0,t)\,\mathrm{d}t\\&=\int_0^{t_1}\begin{bmatrix}1 & -\frac{1}{2}t^2\\0 & 1\end{bmatrix}\begin{bmatrix}0\\1\end{bmatrix}[0\quad 1]\begin{bmatrix}1 & 0\\-\frac{1}{2}t^2 & 1\end{bmatrix}\mathrm{d}t\end{aligned}$$

$$
=\begin{bmatrix} \frac{1}{20}t_1^5 & -\frac{1}{6}t_1^3 \\ -\frac{1}{6}t_1^3 & t_1 \end{bmatrix}
$$

因为 $\det \boldsymbol{W}_c(0,t_1)=\frac{1}{20}t_1^6-\frac{1}{36}t_1^6=\frac{1}{45}t_1^6$，对于 $t_1>0$，$\det \boldsymbol{W}_c(0,t_1)>0$，即 $\boldsymbol{W}_c(0,t_1)$ 非奇异。所以系统在 $t_0=0$ 是能控的。可见与用定理 3-8 判别的结果相同。

3.3 能观测性及其判据

3.3.1 线性定常系统能观测性及其判据

1. 能观测性定义

线性定常系统方程为

$$
\left.\begin{aligned} \dot{\boldsymbol{x}} &= \boldsymbol{A}\boldsymbol{x}+\boldsymbol{B}\boldsymbol{u} \\ \boldsymbol{y} &= \boldsymbol{C}\boldsymbol{x} \end{aligned}\right\} \tag{3-19}
$$

式中，$\boldsymbol{x}$、$\boldsymbol{u}$、$\boldsymbol{y}$ 分别为 n、r、m 维向量；$\boldsymbol{A}$、$\boldsymbol{B}$、$\boldsymbol{C}$ 为满足矩阵运算相应维数的常值矩阵。如果在有限时间区间 $[t_0,\ t_1]$（t_0 可为 0，$t_1>t_0$）内，通过观测 $\boldsymbol{y}(t)$，能够唯一地确定系统的初始状态 $x(t_0)$，称系统状态在 t_0 是能观测的。如果对任意的初始状态都能观测，则称系统是状态完全能观测的，简称系统状态能观测或系统是能观测的。

由定义可知：

1）已知系统在有限时间区间 $[t_0,\ t_1]$（$t_0<t_1<\infty$）内的输出 $\boldsymbol{y}(t)$，观测的目标是为了确定初始状态 $\boldsymbol{x}(t_0)$。

2）系统对于初始时刻 t_0（t_0 可为 0）有 t_1，且 $t_0<t_1<\infty$，根据 $[t_0,\ t_1]$ 内的输出 $\boldsymbol{y}(t)$ 能够唯一地确定任意指定的状态 $\boldsymbol{x}(t_1)$，则称系统是状态能检测的。由于连续系统状态转移矩阵是非奇异的，因此，系统能观测性和能检测性是等价的。

3）在能观测性的研究中，关心的是能观测状态在状态空间的分布。显然，状态空间中的所有有限点都是能观测的，则系统才是能观测的。

4）若系统存在确定性干扰信号 $f(t)$，即

$$
\begin{aligned} \dot{\boldsymbol{x}} &= \boldsymbol{A}\boldsymbol{x}+\boldsymbol{B}\boldsymbol{u}+\boldsymbol{f}(t) \\ \boldsymbol{y} &= \boldsymbol{C}\boldsymbol{x} \\ \boldsymbol{x}(t_0)\Big|_{t_0=0} &= \boldsymbol{x}(0) \end{aligned} \tag{3-20}
$$

由于 $f(t)$ 是确定性干扰，它不会改变系统的能观测性。

证明 状态方程的解为

$$
\boldsymbol{x}(t)=\mathrm{e}^{\boldsymbol{A}t}\boldsymbol{x}(0)+\int_0^t \mathrm{e}^{\boldsymbol{A}(t-\tau)}[\boldsymbol{B}\boldsymbol{u}(\tau)+\boldsymbol{f}(\tau)]\mathrm{d}\tau
$$

$$y(t) = Cx(t) = Ce^{At}x(0) + \int_0^t Ce^{A(t-\tau)}[Bu(\tau) + f(\tau)]d\tau$$

上式两边左乘 $e^{A^T t}C^T$ 并从 0 到 t_1 进行积分，即得

$$\int_0^{t_1} e^{A^T t}C^T Ce^{At}dt x(0) = \int_0^{t_1} e^{A^T t}C^T y(t)dt - \int_0^{t_1}\int_0^t e^{A^T t}C^T Ce^{A(t-\tau)}[Bu(\tau) + f(\tau)]d\tau dt \tag{3-21}$$

上式右边是与 $y(t)$、$u(t)$、$f(t)$ 有关的确定的向量。

令
$$\tilde{x} = \int_0^{t_1} e^{A^T t}C^T y(t)dt - \int_0^{t_1}\int_0^t e^{A^T t}C^T Ce^{A(t-\tau)}[Bu(\tau) + f(\tau)]d\tau dt$$

又令
$$W_0[0,t_1] = \int_0^{t_1} e^{A^T t}C^T Ce^{At}dt$$

称为 $n \times n$ 格拉姆矩阵。于是式（3-21）可以写成

$$W_0[0,t_1]x(0) = \tilde{x} \tag{3-22}$$

可见 $x(0)$ 是否有唯一解取决于 $W_0[0, t_1]$ 的秩，而与 $u(t)$、$f(t)$ 无关，即 $f(t)$、$u(t)$ 均不改变系统的能观测性质。因此，在研究系统的能观测性时就不考虑 $f(t)$ 的影响了。

2. 能观测性判据

定理 3-9 式(3-19)所描述的系统能观测的充分必要条件是 $W_0[0, t_1]$ 满秩，即

$$\text{rank}W_0[0, t_1] = n \tag{3-23}$$

证明 由式（3-22）可知，向量 $\tilde{x}$ 是由输出 $y(t)$、$u(t)$ 构成。因此，根据有限时间区间 $[0, t_1]$ 内的 $y(t)$，可以惟一地确定 $x(0)$ 的充分必要条件是 $W_0[0, t_1]$ 满秩，即

$$\text{rank}W_0[0, t_1] = \text{rank}\int_0^{t_1} e^{A^T t}C^T Ce^{At}dt = n$$

这个定理为系统能观测性的一般判据，但由于计算状态转移矩阵 e^{At} 比较繁琐，实际上常采用如下判据。

定理 3-10 式(3-19)的系统能观测的充分必要条件是 $nm \times n$ 能观测性矩阵

$$Q_0 = \begin{bmatrix} C \\ CA \\ \vdots \\ CA^{n-1} \end{bmatrix} \tag{3-24}$$

满秩，即
$$\text{rank}Q_0 = n \tag{3-25}$$

证明 设 $u(t) \equiv 0$，系统的齐次状态方程的解为

$$\left.\begin{aligned} x(t) &= e^{At}x(0) \\ y(t) &= Cx(t) = Ce^{At}x(0) \end{aligned}\right\} \tag{3-26}$$

应用凯莱-哈密顿定理，将 e^{At} 展开成 A 的最高幂次为 $n-1$ 次的多项式

$$e^{At} = \sum_{i=0}^{n-1} a_i(t)\boldsymbol{A}^i$$

将上式代入式（3-26）

$$\boldsymbol{y}(t) = \boldsymbol{C}\sum_{i=0}^{n-1} a_i(t)\boldsymbol{A}^i\boldsymbol{x}(0)$$

或

$$\boldsymbol{y}(t) = [a_0(t) \quad a_1(t) \quad \cdots \quad a_{n-1}(t)]\begin{bmatrix} \boldsymbol{C} \\ \boldsymbol{CA} \\ \vdots \\ \boldsymbol{CA}^{n-1} \end{bmatrix}\boldsymbol{x}(0)$$

由于 $a_i(t)$ 是已知函数，因此，根据有限时间区间 $[0, t_1]$ 内的 $\boldsymbol{y}(t)$ 能唯一地确定初始状态 $\boldsymbol{x}(0)$ 的充分必要条件为 $\boldsymbol{Q}_0$ 满秩，即

$$\mathrm{rank}\boldsymbol{Q}_0 = \mathrm{rank}\begin{bmatrix} \boldsymbol{C} \\ \boldsymbol{CA} \\ \vdots \\ \boldsymbol{CA}^{n-1} \end{bmatrix} = n$$

由矩阵理论可知，矩阵的转置不改变矩阵的秩，即 $\mathrm{rank}\boldsymbol{Q}_0^{\mathrm{T}} = \mathrm{rank}\boldsymbol{Q}_0$，故式（3-25）有时可表示成

$$\mathrm{rank}\boldsymbol{Q}_0^{\mathrm{T}} = \mathrm{rank}[\boldsymbol{C}^{\mathrm{T}} \quad \boldsymbol{A}^{\mathrm{T}}\boldsymbol{C}^{\mathrm{T}} \quad \cdots \quad (\boldsymbol{A}^{\mathrm{T}})^{n-1}\boldsymbol{C}^{\mathrm{T}}] = n$$

应用定理 3-10 来判别系统能观测性，其判据本身很简单，常用这种方法。由于能观测性矩阵 $\boldsymbol{Q}_0$ 是 $nm \times n$ 矩阵，因此在求 $\boldsymbol{Q}_0$ 的秩时，有时采用计算 $\boldsymbol{Q}_0^{\mathrm{T}}\boldsymbol{Q}_0$ 的秩。

定理 3-11　系统(3-19)能观测的充分必要条件是 $(n+m)\times n$ 矩阵

$$\begin{bmatrix} C \\ \cdots \\ \lambda_i\boldsymbol{I} - \boldsymbol{A} \end{bmatrix} \tag{3-27}$$

对 $\boldsymbol{A}$ 的每一个特征值 λ_i 之秩为 n。这也称 PBH 判别法，是用来判别线性定常系统能观测性的判据。

例 3-9　系统方程为

$$\dot{\boldsymbol{x}} = \begin{bmatrix} -2 & 0 \\ 0 & -5 \end{bmatrix}\boldsymbol{x} + \begin{bmatrix} 1 \\ 2 \end{bmatrix}u$$

$$y = [0 \quad 1]\boldsymbol{x}$$

试判别系统能观测性。

解　应用定理 3-11，$\boldsymbol{A}$ 的特征值为 -2，-5。

$$\mathrm{rank}\begin{bmatrix} \boldsymbol{C} \\ \lambda_1\boldsymbol{I} - \boldsymbol{A} \end{bmatrix} = \mathrm{rank}\begin{bmatrix} 0 & 1 \\ 0 & 0 \\ 0 & 3 \end{bmatrix} = 1$$

$$\mathrm{rank}\begin{bmatrix} \boldsymbol{C} \\ \lambda_2\boldsymbol{I} - \boldsymbol{A} \end{bmatrix} = \mathrm{rank}\begin{bmatrix} 0 & 1 \\ -3 & 0 \\ 0 & 0 \end{bmatrix} = 2$$

故系统不能观测。

如果应用定理3-10来解

$$\operatorname{rank}\begin{bmatrix}\boldsymbol{C}\\\boldsymbol{CA}\end{bmatrix}=\operatorname{rank}\begin{bmatrix}0&1\\0&-5\end{bmatrix}=1$$

故系统不能观测。可见与用定理3-11判别结果相同。系统的状态图如图3-5所示。

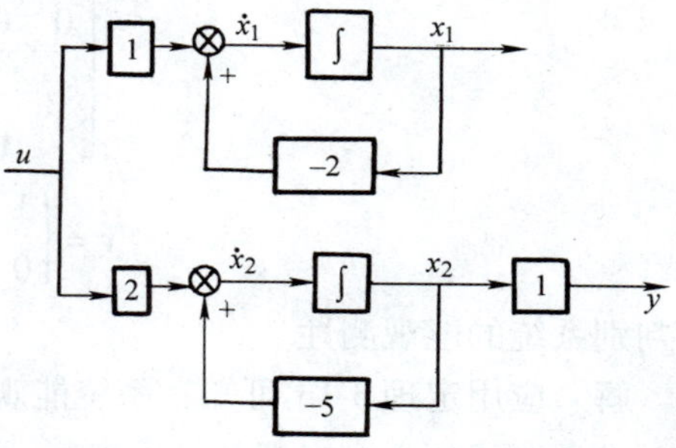

图 3-5

定理 3-12 若系统(3-19)的 $\boldsymbol{A}$ 矩阵的特征值 λ_i ($i=1, 2, \cdots, n$) 互异，经过非奇异线性变换变成对角阵

$$\dot{\bar{x}}=\begin{bmatrix}\lambda_1 & & & \boldsymbol{0}\\ & \lambda_2 & & \\ & & \ddots & \\ \boldsymbol{0} & & & \lambda_n\end{bmatrix}\bar{\boldsymbol{x}}+\bar{\boldsymbol{B}}\boldsymbol{u}$$

$$\boldsymbol{y}=\bar{\boldsymbol{C}}\bar{\boldsymbol{x}}$$

则系统能观测的充分必要条件是 $\bar{\boldsymbol{C}}$ 矩阵中不包含元全为零的列。

定理的证明方法与定理3-4类同，即首先证明系统经过非奇异线性变换，能观测性不改变，尔后证明能观测性条件。

例 3-10 有如下两个线性定常系统。

(1) $$\dot{\boldsymbol{x}}=\begin{bmatrix}-7 & & \boldsymbol{0}\\ & -5 & \\ \boldsymbol{0} & & -1\end{bmatrix}\boldsymbol{x}\qquad y=[0\quad 4\quad 5]\boldsymbol{x}$$

(2) $$\dot{\boldsymbol{x}}=\begin{bmatrix}-7 & & \boldsymbol{0}\\ & -5 & \\ \boldsymbol{0} & & -1\end{bmatrix}\boldsymbol{x}\qquad y=\begin{bmatrix}3&2&0\\0&3&1\end{bmatrix}\boldsymbol{x}$$

试判别系统（1）、（2）的能观测性。

解 根据定理3-12可知，系统(1)是不能观测的。系统(2)是能观测的。

定理 3-13 系统(3-19)的 $\boldsymbol{A}$ 矩阵具有重特征值，λ_1（l_1 重），λ_2（l_2 重），…，λ_k（l_k 重），且 $\sum_{i=1}^{k} l_i=n$，$\lambda_i\neq\lambda_j$（$i=j$），经过非奇异线性变换变成约当阵

$$\dot{\bar{x}}=\begin{bmatrix}\boldsymbol{J}_1 & & & \boldsymbol{0}\\ & \boldsymbol{J}_2 & & \\ & & \ddots & \\ \boldsymbol{0} & & & \boldsymbol{J}_k\end{bmatrix}\bar{\boldsymbol{x}}+\bar{\boldsymbol{B}}\boldsymbol{u}\qquad \boldsymbol{J}_i=\begin{bmatrix}\lambda_i & 1 & & \boldsymbol{0}\\ & \lambda_i & 1 & \\ & & \ddots & \ddots \\ & \boldsymbol{0} & & \ddots & 1\\ & & & & \lambda_i\end{bmatrix}$$

$$\boldsymbol{y}=\bar{\boldsymbol{C}}\bar{\boldsymbol{x}}$$

则系统能观测的充分必要条件为$\bar{C}$与每一个约当块第一列对应的列，其元不全为零。

例 3-11 有如下线性定常系统

$$\dot{x}=\left[\begin{array}{ccc|cc}3&1&0&&\\0&3&1&&\mathbf{0}\\0&0&3&&\\\hline&&&-2&1\\&\mathbf{0}&&0&-2\end{array}\right]x$$

$$y=\begin{bmatrix}1&1&1&1&0\\0&1&1&0&0\end{bmatrix}x$$

试判别系统的能观测性。

解 应用定理 3-13 可知，系统能观测。

上面介绍的几个定理都是用来判别系统（3-19）的能观测性的。虽然这些定理所表述的形式、方法不同，但它们在判别线性定常系统的能观测性时是等价的，只要用一种方法判别即可。至于采用何种方法，视给出的问题的性质和求解方便等因素加以选择。另外对于线性连续系统来说由于能检测性与能观测性是等价的，因此，判别系统能观测性的判据同样可用来判别系统的能检测性。

3.3.2 线性时变系统的能观测性判据

线性时变系统方程为

$$\left.\begin{array}{l}\dot{x}=A(t)x+B(t)u\\y=C(t)x\\x(t_0)\end{array}\right\}\tag{3-28}$$

式中，x、u、y 分别为 n、r、m 维向量；$A(t)$、$B(t)$、$C(t)$ 为满足矩阵运算相应维数的矩阵；$A(t)$,$B(t)$ 和 $C(t)$ 的元是在（$-\infty$，$+\infty$）上的 t 的连续函数。

定理 3-14 系统在 t_0 时刻能观测的充分必要条件是，存在一个有限时刻 $t_1>t_0$，使得$m\times n$函数矩阵 $C(t)\phi(t, t_0)$的 n 个列在［t_0，t_1］上线性无关。

定理 3-14 的证明从略。不过在定理 3-14 的证明过程中，可以得到一个与之等价的能观测性判据，即定理 3-15。

定理 3-15 系统方程在时刻 t_0 能观测的充分必要条件是存在一个有限时间 $t_1>t_0$，使得矩阵

$$W_0(t_0,t_1)=\int_{t_0}^{t_1}\phi^{\mathrm{T}}(t,t_0)C^{\mathrm{T}}(t)C(t)\phi(t,t_0)\mathrm{d}t\tag{3-29}$$

非奇异。$W_0(t_0, t_1)$ 称为格拉姆能观测性矩阵。

与能控性的判别相似，求系统状态转移矩阵 $\phi(t, t_0)$ 是困难的。如果 $A(t)$ 和 $C(t)$的元是（$n-1$）阶连续可微的，这时可以得到一个不必求系统状态转移矩阵的能观测性判据。

定义
$$N_{k+1}(t)=N_k(t)A(t)+\frac{\mathrm{d}}{\mathrm{d}t}N_k(t)\qquad(k=0,1,\cdots,n-1)\tag{3-30}$$
$$N_0(t)=C(t)\tag{3-31}$$

定理 3-16 如果线性时变系统的 $A(t)$ 和 $C(t)$ 的元是（$n-1$）阶连续可微的，若存在一个有限的 $t_1>t_0$，使得

$$\operatorname{rank}\begin{bmatrix}N_0(t_1)\\N_1(t_1)\\\vdots\\N_{n-1}(t_1)\end{bmatrix}=n\tag{3-32}$$

则系统在时刻 t_0 是能观测的。

这个定理是能观测的充分条件，非必要条件。

3.4 离散系统的能控性和能观测性

关于离散系统的能控性和能观测性问题，几乎与连续系统完全类似地有一套相应的理论和方法。因此本节只作扼要介绍。

线性定常离散系统方程为

$$\left.\begin{aligned}x(k+1)&=Gx(k)+Hu(k)\\y(k)&=Cx(k)\end{aligned}\right\}\tag{3-33}$$

式中，$x(k)$，$u(k)$，$y(k)$ 分别为 n，r，m 维向量；G，H，C 为满足矩阵运算相应维数的矩阵。

3.4.1 能控性定义

对系统（3-33）的任一个初始状态 $x(0)$，存在 $k>0$，在有限时间区间 $[0,\ k]$ 内，存在容许控制序列 $u(k)$，使得 $x(k)=0$，则称系统是状态完全能控的，简称系统是能控的。由于在 k 时刻，有 $x(k)=0$，有的书称为第 k 步能控。如果在有限时间区间 $[0,\ k]$ 内，存在容许控制序列 $u(k)$，将系统从状态空间坐标原点 $x(0)=0$ 推向预先指定的状态 $x(k)$，则称为能达性。在连续系统中，系统的能达性与能控性是等价的，而离散系统的能达性与能控性之间关系如何呢？离散系统与连续系统略有差别。在离散系统中，如果系数矩阵 G 是非奇异的，则能达性与能控性等价。也就是说，离散系统中的能达性和能控性等价是有条件的。

3.4.2 能控性判据

定理 3-17 系统(3-33)能控的充分必要条件是 $n\times nr$ 能控性矩阵 Q_c 的秩为 n，即
$$\operatorname{rank}Q_c=\operatorname{rank}[H\quad GH\quad G^2H\quad\cdots\quad G^{n-1}H]=n\tag{3-34}$$

证明 设系统初始状态为 $x(0)$，系统（3-33）中状态方程的解为

$$\boldsymbol{x}(k)=\boldsymbol{G}^k\boldsymbol{x}(0)+\sum_{i=0}^{k-1}\boldsymbol{G}^{k-i-1}\boldsymbol{H}\boldsymbol{u}(i)$$

如果系统能控，则在 $k>0$ 时有 $\boldsymbol{x}(k)=0$，即

$$\boldsymbol{x}(k)=\boldsymbol{G}^k\boldsymbol{x}(0)+\sum_{i=0}^{k-1}\boldsymbol{G}^{k-i-1}\boldsymbol{H}\boldsymbol{u}(i)=0$$

或

$$-\boldsymbol{G}^k\boldsymbol{x}(0)=[\boldsymbol{G}^{k-1}\boldsymbol{H}\quad \boldsymbol{G}^{k-2}\boldsymbol{H}\quad \cdots\quad \boldsymbol{G}\boldsymbol{H}\quad \boldsymbol{H}]\begin{bmatrix}u(0)\\u(1)\\ \vdots\\u(k-1)\end{bmatrix}_{kr\times 1}\tag{3-35}$$

这是一个有 n 个方程的代数方程组，而待求的控制序列有 kr 个。关于这样的代数方程组有解的充分必要条件以及解法，在矩阵理论中有介绍，这里从略。不过当 $kr\geqslant n$ 时，要求出 $u(0)$，$u(1)$，…，$u(n-1)$，其充分必要条件是 $\boldsymbol{Q}_c=[\boldsymbol{H}\quad \boldsymbol{GH}\quad \cdots\quad \boldsymbol{G}^{k-1}\boldsymbol{H}]$ 满秩，即 $\mathrm{rank}\boldsymbol{Q}_c=n$。

应该指出的是，在离散系统中，只有当

$$k\geqslant\frac{n}{r}\tag{3-36}$$

时，才可能使系统能控。当 $u(k)$ 是标量时，$k\geqslant n$。注意，这里的 k 是指 k 个采样周期。这就是说 $k\geqslant n$ 的条件，表明能控时间为大于、等于 n 个采样周期，而最小能控时间为 n 个采样周期。

例 3-12 线性定常离散系统状态方程为

$$\boldsymbol{x}(k+1)=\begin{bmatrix}1&0&0\\0&2&-2\\-1&1&0\end{bmatrix}\boldsymbol{x}(k)+\begin{bmatrix}1\\0\\-1\end{bmatrix}u(k)$$

试判别系统的能控性。

解 $\mathrm{rank}\boldsymbol{Q}_c=\mathrm{rank}[\boldsymbol{H},\ \boldsymbol{GH},\ \boldsymbol{G}^2\boldsymbol{H}]=\mathrm{rank}\begin{bmatrix}1&1&1\\0&2&6\\-1&-1&1\end{bmatrix}=3=n$

故系统能控。

3.4.3 能观测性定义

对于系统（3-33），根据有限个采样周期的 $\boldsymbol{y}(k)$，可以惟一地确定系统的任一初始状态 $\boldsymbol{x}(0)$，则称系统是状态完全能观测的，简称系统是能观测的，有的书称为第 k 步能观测。同样也可以讨论系统的能检测性，而且离散系统的能检测性、能观测性之间的关系与连续系统略有差别。在离散系统中，只有系数矩阵 $\boldsymbol{G}$ 是非奇异时，能检测性与

能观测性才是等价的，也就是说，离散系统的能检测性和能观测性是有条件的等价。

3.4.4 能观测性判据

定理 3-18 系统（3-33）能观测的充分必要条件是 $nm\times n$ 能观测性矩阵 Q_0 的秩为 n。即

$$\text{rank}Q_0=\text{rank}\begin{bmatrix}C\\CG\\\cdots\\CG^{k-1}\end{bmatrix}=n \tag{3-37}$$

证明 由于能观测性与 $u(k)$ 无关，为简单起见，令 $u(k)\equiv 0$，则系统方程成为

$$\begin{aligned}x(k+1)&=Gx(k)\\y(k)&=Cx(k)\end{aligned} \tag{3-38}$$

当 $k=0$，1，…，$k-1$，有

$$\begin{aligned}&y(0)=Cx(0)\\&y(1)=Cx(1)=CGx(0)\\&y(2)=Cx(2)=CG^2x(0)\\&\cdots\\&y(k-1)=Cx(k-1)=CG^{k-1}x(0)\end{aligned}$$

记成矩阵、向量形式

$$\begin{bmatrix}C\\CG\\\vdots\\CG^{k-1}\end{bmatrix}x(0)=\begin{bmatrix}y(0)\\y(1)\\\vdots\\y(k-1)\end{bmatrix} \tag{3-39}$$

当 $m\cdot k\geqslant n$ 时，通过 $y(0)$，$y(1)$，…，$y(k-1)$惟一地求出 $x(0)$，其充分必要条件是

$$Q_0=\begin{bmatrix}C\\CG\\\vdots\\CG^{k-1}\end{bmatrix}\text{满秩，即 rank}Q_0=n \tag{3-40}$$

这里应该指出的是，在离散系统中，只有当 $k\geqslant n/m$ 时，系统才是能观测的。当 $y(k)$ 为标量时，$k\geqslant n$。

注意，这里的 k 同样是指 k 个采样周期。这就是说，$k\geqslant n$ 的条件表明，能观测时间大于、等于 n 个采样周期，而最小能观测时间为 n 个采样周期。

例 3-13 线性定常离散系统方程为

$$x(k+1)=\begin{bmatrix}1&0&0\\0&2&-2\\-1&1&0\end{bmatrix}x(k)+\begin{bmatrix}1\\0\\-1\end{bmatrix}u(k)$$

$$y(k)=[1 \quad 1 \quad 1]x(k)$$

试判别系统的能观测性。

解
$$\text{rank}\boldsymbol{Q}_0=\text{rank}\begin{bmatrix}\boldsymbol{C}\\ \boldsymbol{CG}\\ \boldsymbol{CG}^2\end{bmatrix}=\text{rank}\begin{bmatrix}1 & 1 & 1\\ 0 & 3 & -2\\ 2 & 4 & -6\end{bmatrix}=3=n$$

故系统能观测。

应当指出，离散系统经过非奇异线性变换，能控性与能观测性不改变，故离散系统还有其他与连续系统相类似的判别方法。

3.4.5 连续系统离散化后的能控性与能观测性

线性定常系统方程为

$$\left.\begin{aligned}\dot{\boldsymbol{x}}&=\boldsymbol{Ax}+\boldsymbol{Bu}\\ \boldsymbol{y}&=\boldsymbol{Cx}\end{aligned}\right\} \tag{3-41}$$

式中，$\boldsymbol{x}$，$\boldsymbol{u}$，$\boldsymbol{y}$ 分别为 n，r，m 维向量；$\boldsymbol{A}$，$\boldsymbol{B}$，$\boldsymbol{C}$ 为满足矩阵运算相应维数的矩阵。

由第 2 章 2.6 节可知，离散化后的系统方程为

$$\left.\begin{aligned}\boldsymbol{x}(k+1)&=\boldsymbol{Gx}(k)+\boldsymbol{Hu}(k)\\ \boldsymbol{y}(k)&=\boldsymbol{Cx}(k)\end{aligned}\right\} \tag{3-42}$$

式中
$$\boldsymbol{G}=\mathrm{e}^{\boldsymbol{A}T} \qquad \boldsymbol{H}=\left[\int_0^T \mathrm{e}^{\boldsymbol{A}t}\mathrm{d}t\right]\boldsymbol{B}$$

这里的 T 是采样周期。

连续系统（3-41）和离散化后得到的离散系统（3-42），关于能控性和能观测性问题有如下几个定理。

定理 3-19 如果系统（3-41）不能控（不能观测），则离散化的系统（3-42）必是不能控（不能观测）。其逆定理一般不成立。

定理 3-20 如果离散化后的系统（3-42）能控（能观测），则离散化前的连续系统（3-41）必是能控（能观测）。其逆定理一般不成立。

如果系统（3-41）能控（能观测），不能保证离散化后的离散系统（3-42）是能控（能观测）的。离散化系统（3-42）能否保持能控（能观测），惟一地取决于采样周期的选择，有定理 3-21。

定理 3-21 若系统（3-41）能控（能观测），$\boldsymbol{A}$ 的全部特征值互异，$\lambda_i \neq \lambda_j$，并且对 $\text{Re}[\lambda_i-\lambda_j]=0$ 的特征值，如果其 $\text{Im}[\lambda_i-\lambda_j]$ 与采样周期的关系满足条件

$$T\neq\frac{2k\pi}{\text{Im}[\lambda_i-\lambda_j]} \qquad (k=\pm1,\ \pm2,\ \cdots) \tag{3-43}$$

则离散化的系统（3-42）仍是能控（能观测）的。定理证明从略，以例子说明。

注意，该定理中的式（3-43）只是充分条件，不是必要条件。

例 3-14 线性定常系统方程为

$$\dot{\boldsymbol{x}}=\begin{bmatrix}0 & 1\\ -1 & 0\end{bmatrix}\boldsymbol{x}+\begin{bmatrix}1\\ 0\end{bmatrix}\boldsymbol{u}$$

$$\boldsymbol{y}=[0 \quad 1]\boldsymbol{x}$$

试判别该系统以及经离散化后的离散系统的能控性和能观测性。

解 （1）判别系统的能控性和能观测性

因为
$$[\boldsymbol{B} \quad \boldsymbol{AB}]=\begin{bmatrix}1 & 0\\ 0 & -1\end{bmatrix},\ \text{rank}[\boldsymbol{B} \quad \boldsymbol{AB}]=2=n$$

$$\begin{bmatrix}\boldsymbol{C}\\ \boldsymbol{CA}\end{bmatrix}=\begin{bmatrix}0 & 1\\ -1 & 0\end{bmatrix},\ \text{rank}\begin{bmatrix}\boldsymbol{C}\\ \boldsymbol{CA}\end{bmatrix}=2=n$$

所以系统能控、能观测。

（2）离散化系统

因为系统的状态转移矩阵为

$$\mathrm{e}^{At}=\begin{bmatrix}\cos t & \sin t\\ -\sin t & \cos t\end{bmatrix}$$

所以离散化系统的系数矩阵为

$$\boldsymbol{G}=\mathrm{e}^{AT}=\begin{bmatrix}\cos T & \sin T\\ -\sin T & \cos T\end{bmatrix}$$

$$\boldsymbol{H}=\left[\int_0^T \mathrm{e}^{At}\mathrm{d}t\right]\boldsymbol{B}=\left[\int_0^T\begin{bmatrix}\cos t & \sin t\\ -\sin t & \cos t\end{bmatrix}\mathrm{d}t\right]\begin{bmatrix}1\\ 0\end{bmatrix}=\begin{bmatrix}\sin T\\ \cos T-1\end{bmatrix}$$

$$\boldsymbol{C}=[0 \quad 1]$$

于是离散化后的系统方程为

$$\boldsymbol{x}(k+1)=\boldsymbol{Gx}(k)+\boldsymbol{Hu}(k)$$
$$\boldsymbol{y}(k)=\boldsymbol{Cx}(k)$$

（3）离散化系统的能控性和能观测性

$$[\boldsymbol{H} \quad \boldsymbol{GH}]=\begin{bmatrix}\sin T & -\sin T+2\cos T\sin T\\ \cos T-1 & \cos^2 T-\sin^2 T-\cos T\end{bmatrix}$$

$$\begin{bmatrix}\boldsymbol{C}\\ \boldsymbol{CG}\end{bmatrix}=\begin{bmatrix}0 & 1\\ -\sin T & \cos T\end{bmatrix}$$

显然上面两个矩阵是否满秩，唯一地取决于 T 的数值。

如果 $T=k\pi$（$k=1, 2, \cdots$），则

$$[\boldsymbol{H} \quad \boldsymbol{GH}]=\begin{bmatrix}\sin k\pi & -\sin k\pi+2\cos k\pi\sin k\pi\\ \cos k\pi-1 & \cos^2 k\pi-\sin^2 k\pi-\cos k\pi\end{bmatrix}=\begin{bmatrix}0 & 0\\ \times & \times\end{bmatrix}$$

其中，×为不等于零的数，$\text{rank}[\boldsymbol{H} \quad \boldsymbol{GH}]=1<n=2$

$$\begin{bmatrix}\boldsymbol{C}\\ \boldsymbol{CG}\end{bmatrix}=\begin{bmatrix}0 & 1\\ -\sin k\pi & \cos k\pi\end{bmatrix}=\begin{bmatrix}0 & 1\\ 0 & \times\end{bmatrix}$$

$$\text{rank}\begin{bmatrix}\boldsymbol{C}\\ \boldsymbol{CG}\end{bmatrix}=1<n=2$$

故离散化系统不能控、不能观测。

如果 $T \neq k\pi$（$k=1, 2, \cdots$），则 $\cos T \neq \pm 1$，$\sin T \neq 0$。计算

$$\det[\boldsymbol{H} \quad \boldsymbol{GH}] = \det\begin{bmatrix} \sin T & -\sin T + 2\cos T\sin T \\ \cos T - 1 & \cos^2 T - \sin^2 T - \cos T \end{bmatrix}$$

$$= \sin T(-\sin^2 T - \cos^2 T - 1 + 2\cos T)$$

$$= 2\sin T(\cos T - 1) \neq 0$$

$$\det\begin{bmatrix} \boldsymbol{C} \\ \boldsymbol{CG} \end{bmatrix} = \det\begin{bmatrix} 0 & 1 \\ -\sin T & \cos T \end{bmatrix} = \sin T \neq 0$$

因为

$$\mathrm{rank}[\boldsymbol{H} \quad \boldsymbol{GH}] = 2 = n$$

和

$$\mathrm{rank}\begin{bmatrix} \boldsymbol{C} \\ \boldsymbol{CG} \end{bmatrix} = 2 = n$$

所以离散化系统能控、能观测。

可见，当采样周期 $T \neq k\pi$ 时，连续系统能控、能观测，则离散化系统仍然能控、能观测。这个结果对不对呢？可以应用定理 3-21 来验证。

矩阵 $\boldsymbol{A}$ 的两个特征值互异，$\lambda_{1,2} = \pm \mathrm{j}$，并且

$$\mathrm{Re}[\lambda_1 - \lambda_2] = 0$$

$$\mathrm{Im}[\lambda_1 - \lambda_2] = 1 - (-1) = 2$$

现在连续系统是能控且能观测的。如果要求离散化的系统仍是能控且能观测，则采样周期的选择

$$T \neq \frac{2k\pi}{\mathrm{Im}[\lambda_1 - \lambda_2]} = \frac{2k\pi}{2} = k\pi \qquad (k = 1, 2, \cdots)$$

可见，这个结果与例 3-14 的（3）中的结果一致。

上面说过，定理 3-21 是充分条件，非必要条件。那么，必要条件是什么呢？结论是系统（3-41）能控（能观测），离散化后的系统（3-42）也能控（能观测）的必要条件是，$2k\pi\mathrm{j}/T$ 不是 $\boldsymbol{A}$ 的特征值，$k = \pm 1, \pm 2, \cdots$。

3.5 对偶原理

线性定常系统方程为

$$\left.\begin{aligned} \dot{\boldsymbol{x}} &= \boldsymbol{Ax} + \boldsymbol{Bu} \\ \boldsymbol{y} &= \boldsymbol{Cx} \end{aligned}\right\} \tag{3-44}$$

式中，$\boldsymbol{x}$、$\boldsymbol{u}$、$\boldsymbol{y}$ 分别为 n、r、m 维向量；$\boldsymbol{A}$、$\boldsymbol{B}$、$\boldsymbol{C}$ 分别为 $n \times n$，$n \times r$ 和 $m \times n$ 矩阵。其状态图如图 3-6 所示。

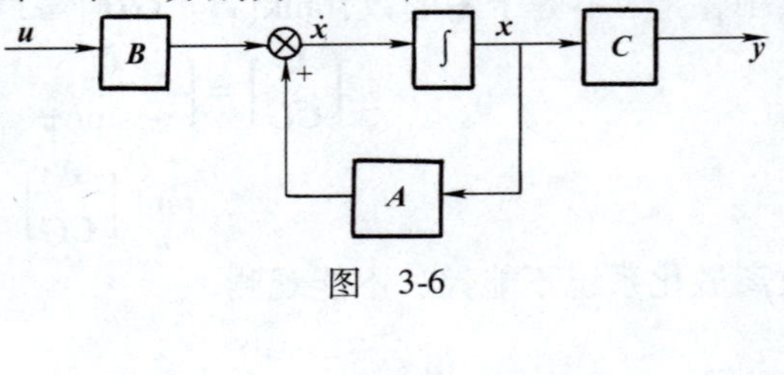

图 3-6

系统能控性是研究输入 $\boldsymbol{u}(t)$ 与状态 $\boldsymbol{x}(t)$ 之间的关系，而能观测性是研究输出 $\boldsymbol{y}(t)$ 与状态 $\boldsymbol{x}(t)$ 之间的关系。通过上面的讨论可以看到，能控性与能观测

性，无论在概念上还是判据的形式上，都很相似。它给人们一个启示，即能控性与能观测性之间存在某种内在的联系。这个联系就是卡尔曼提出的对偶性。

现在，构造一个系统

$$\left.\begin{aligned}\dot{\boldsymbol{\psi}} &= \boldsymbol{A}^T\boldsymbol{\psi} + \boldsymbol{C}^T\boldsymbol{\eta} \\ \boldsymbol{\varphi} &= \boldsymbol{B}^T\boldsymbol{\psi}\end{aligned}\right\} \tag{3-45}$$ ㊀

式中，$\boldsymbol{\psi}$、$\boldsymbol{\eta}$、$\boldsymbol{\varphi}$ 分别为 n、m、r 维向量；$\boldsymbol{A}^T$、$\boldsymbol{B}^T$、$\boldsymbol{C}^T$ 分别为 $n\times n$，$r\times n$，$n\times m$ 矩阵。其状态图如图 3-7 所示。

比较图 3-7 与图 3-6 可见，系统（3-45）的系数矩阵是 $\boldsymbol{A}^{\mathrm{T}}$，输入矩阵为 $\boldsymbol{C}^{\mathrm{T}}$，输出矩阵为 $\boldsymbol{B}^{\mathrm{T}}$；输入和输出端互换；信号传输方向相反；分支点和相加点互换。对于具有上述特点的系统，称为系统（3-44）的对偶系统。对偶系统有两个基本特征：

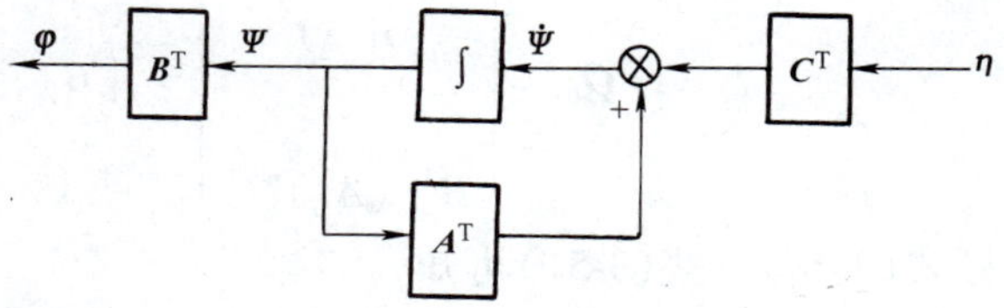

图 3-7

1. 对偶的两个系统传递函数阵互为转置

设由式（3-44）求得的传递函数矩阵记为 $\boldsymbol{G}_1(s)$，式（3-45）的传递函数矩阵为 $\boldsymbol{G}_2(s)$，则

$$\left.\begin{aligned}\boldsymbol{G}_1(s) &= \boldsymbol{C}[s\boldsymbol{I}-\boldsymbol{A}]^{-1}\boldsymbol{B} \\ \boldsymbol{G}_2(s) &= \boldsymbol{B}^{\mathrm{T}}[s\boldsymbol{I}-\boldsymbol{A}^{\mathrm{T}}]^{-1}\boldsymbol{C}^{\mathrm{T}} = [\boldsymbol{C}(s\boldsymbol{I}-\boldsymbol{A})^{-1}\boldsymbol{B}]^{\mathrm{T}} = \boldsymbol{G}_1^{\mathrm{T}}(s)\end{aligned}\right\} \tag{3-46}$$

对于单输入单输出系统，它们的传递函数相等。

2. 对偶的两个系统特征值相同

$$\det[\lambda\boldsymbol{I}-\boldsymbol{A}] = \det[\lambda\boldsymbol{I}-\boldsymbol{A}^{\mathrm{T}}] \tag{3-47}$$

研究对偶系统有什么意义呢？考察对偶的两个系统的能控性与能观测性矩阵。

对于系统（3-44）来说，能控性矩阵记为 $\boldsymbol{Q}_{c1}$。

$$\boldsymbol{Q}_{c1} = [\boldsymbol{B} \quad \boldsymbol{AB} \quad \cdots \quad \boldsymbol{A}^{n-1}\boldsymbol{B}] \tag{3-48}$$

能观测性矩阵记为 $\boldsymbol{Q}_{01}$

$$\boldsymbol{Q}_{01} = \begin{bmatrix}\boldsymbol{C} \\ \boldsymbol{CA} \\ \vdots \\ \boldsymbol{CA}^{n-1}\end{bmatrix} \tag{3-49}$$

㊀ 有的书上为 $\dot{\boldsymbol{\psi}} = -\boldsymbol{A}^{\mathrm{T}}\boldsymbol{\psi} - \boldsymbol{C}^{\mathrm{T}}\boldsymbol{\eta}$，由于研究系统能控（能观测）性是研究能控（能观测）性矩阵的秩，而负号对计算秩无影响，故如此表示。

对于系统（3-45）来说，能控性矩阵记为 Q_{c2}

$$Q_{c2}=[C^{\mathrm{T}}\quad A^{\mathrm{T}}C^{\mathrm{T}}\quad\cdots\quad(A^{\mathrm{T}})^{n-1}C^{\mathrm{T}}]=\begin{bmatrix}C\\CA\\\vdots\\CA^{n-1}\end{bmatrix}^{\mathrm{T}}\tag{3-50}$$

能观测性矩阵记为 Q_{02}

$$Q_{02}=\begin{bmatrix}B^{\mathrm{T}}\\B^{\mathrm{T}}A^{\mathrm{T}}\\\cdots\\B^{\mathrm{T}}(A^{\mathrm{T}})^{n-1}\end{bmatrix}=[B\quad AB\quad\cdots\quad A^{n-1}B]^{\mathrm{T}}\tag{3-51}$$

比较式(3-48)～式(3-51)可知

$$Q_{c2}=Q_{01}^{\mathrm{T}}\tag{3-52}$$

$$Q_{02}=Q_{c1}^{\mathrm{T}}\tag{3-53}$$

由于判别系统的能控性与能观测性是根据计算矩阵 Q_c 和 Q_0 的秩来决定的，而矩阵与其转置矩阵的秩是一样的。因此式（3-52）和式（3-53）表明：线性定常系统（3-44）和系统（3-45）为对偶系统，系统（3-44）的能控性等价于系统（3-45）的能观测性；而系统(3-44)的能观测性与系统(3-45)的能控性等价。这就是对偶原理。

例 3-15 线性定常系统方程为

$$\dot{x}=Ax+Bu=\begin{bmatrix}0&0&1\\1&0&0\\0&1&0\end{bmatrix}x+\begin{bmatrix}1\\0\\0\end{bmatrix}u$$

$$y=Cx=[0\quad 0\quad 1]x$$

试判别系统能观测性。

解 该题可以直接检查能观测性矩阵的秩来判别系统能观测性。但是为了熟悉对偶原理的应用，下面用检查其对偶系统能控性来判别系统能观测性。该题的对偶系统为

$$\dot{\psi}=A^{\mathrm{T}}\psi+C^{\mathrm{T}}\eta=\begin{bmatrix}0&1&0\\0&0&1\\1&0&0\end{bmatrix}\psi+\begin{bmatrix}0\\0\\1\end{bmatrix}\eta$$

$$\varphi=B^{\mathrm{T}}\psi=[1\quad 0\quad 0]\,\psi$$

能控性矩阵为

$$Q_c=\begin{bmatrix}0&1&0\\0&0&1\\1&0&0\end{bmatrix}\qquad \mathrm{rank}Q_c=3=n$$

对偶系统能控。根据对偶原理知，原系统能观测。

实际上

$$Q_0 = \begin{bmatrix} C \\ CA \\ CA^2 \end{bmatrix} = \begin{bmatrix} 0 & 0 & 1 \\ 0 & 1 & 0 \\ 1 & 0 & 0 \end{bmatrix}$$

可见 $\mathrm{rank}\boldsymbol{Q}_0 = 3 = n$，系统能观测，与按对偶原理判别结果一致。

有了对偶原理，一个系统的能控性问题可以通过它的对偶系统的能观测性问题的解决而解决；而系统的能观测性问题可以通过它的对偶系统的能控性问题的解决而解决。这在控制理论的研究上有重要意义。它找到了系统控制问题与观测问题的内在联系，使得系统状态的观测、估计等问题和系统的控制问题可以互相转化。

不仅如此，在用计算机来研究能控性和能观测性时，两者的仿真程序可以通用。

上面讨论的是线性定常系统，对于时变系统以及离散系统都有对偶性原理。

3.6 能控标准形和能观测标准形

一个系统方程通过线性变换变成简单而典型的形式，对于揭示系统的本质特征是很有意义的。能控标准形和能观测标准形就是这样一种简单而典型的形式。

线性定常系统方程为

$$\left.\begin{aligned} \dot{\boldsymbol{x}} &= \boldsymbol{A}\boldsymbol{x} + \boldsymbol{B}\boldsymbol{u} \\ \boldsymbol{y} &= \boldsymbol{C}\boldsymbol{x} \end{aligned}\right\} \tag{3-54}$$

式中各向量和矩阵的维数同前。

如果系统能控，必有

$$\mathrm{rank}\boldsymbol{Q}_c = \mathrm{rank}[\boldsymbol{B} \quad \boldsymbol{AB} \quad \cdots \quad \boldsymbol{A}^{n-1}\boldsymbol{B}] = n$$

这表明，上述 $n \times nr$ 能控性矩阵中，有 n 个 n 维的列向量线性无关。如果把这些线性无关的列向量以某种线性组合，仍可导出一组线性无关的列向量，记之为 $\boldsymbol{p}_1$，$\boldsymbol{p}_2$，…，$\boldsymbol{p}_n$。显然 $\boldsymbol{p}_1$，$\boldsymbol{p}_2$，…，$\boldsymbol{p}_n$，可以构成状态空间的一组基底。所谓能控标准形，就是指能控的系统在上述基底 $\boldsymbol{p}_1$，$\boldsymbol{p}_2$，…，$\boldsymbol{p}_n$ 下所具有的标准形式。同样的，若系统能观测，必有

$$\mathrm{rank}\boldsymbol{Q}_0 = \mathrm{rank}\begin{bmatrix} \boldsymbol{C} \\ \boldsymbol{CA} \\ \vdots \\ \boldsymbol{CA}^{n-1} \end{bmatrix} = \mathrm{rank}[\boldsymbol{C}^{\mathrm{T}}\boldsymbol{A}^{\mathrm{T}}\boldsymbol{C}^{\mathrm{T}} \cdots (\boldsymbol{A}^{\mathrm{T}})^{n-1}\boldsymbol{C}^{\mathrm{T}}] = n$$

上式表明，系统 $nm \times n$ 能观测性矩阵中，有 n 个 n 维行向量是线性无关的，从而可以导出一组基底 $\boldsymbol{p}_1^*$，$\boldsymbol{p}_2^*$，…，$\boldsymbol{p}_n^*$。而能观测标准形，就是在这组基底下所具有的标准形式。

3.6.1 能控标准形

线性定常系统方程为

$$\left.\begin{aligned}\dot{\boldsymbol{x}} &= \boldsymbol{Ax}+\boldsymbol{b}u\\ y &= \boldsymbol{Cx}+\boldsymbol{d}u\end{aligned}\right\} \tag{3-55}$$

式中，$\boldsymbol{x}$ 为 n 维向量；u 和 y 为标量；$\boldsymbol{A}$，$\boldsymbol{b}$，$\boldsymbol{C}$，$\boldsymbol{d}$ 为满足矩阵运算相应维数的矩阵。

设 $\boldsymbol{A}$ 的特征多项式为

$$\det[\lambda\boldsymbol{I}-\boldsymbol{A}]=\lambda^n+a_{n-1}\lambda^{n-1}+\cdots+a_1\lambda+a_0 \tag{3-56}$$

系统（3-55）的能控性矩阵

$$\boldsymbol{Q}_c=[\boldsymbol{b}\quad \boldsymbol{Ab}\quad \cdots\quad \boldsymbol{A}^{n-1}\boldsymbol{b}]$$

如果系统能控，则 $\text{rank}\boldsymbol{Q}_c=n$。

定理 3-22 系统(3-55)能控，则通过线性变换将其变成如下形式的能控标准形。

$$\dot{\overline{\boldsymbol{x}}}=\begin{bmatrix}0 & 1 & 0 & & \\ 0 & 0 & 1 & & \boldsymbol{0}\\ & & 0 & \ddots & \\ \boldsymbol{0} & & & & 1\\ -a_0 & -a_1 & \cdots & & -a_{n-1}\end{bmatrix}\overline{\boldsymbol{x}}+\begin{bmatrix}0\\0\\ \vdots\\0\\1\end{bmatrix}u$$

$$y=[\beta_0\quad \beta_1\quad \cdots\quad \beta_{n-1}]\overline{\boldsymbol{x}}+du \tag{3-57}$$

式中

$$\begin{aligned}\beta_0 &= \boldsymbol{C}[\boldsymbol{A}^{n-1}\boldsymbol{b}+a_{n-1}\boldsymbol{A}^{n-2}\boldsymbol{b}+\cdots+a_1\boldsymbol{b}]\\ &\ \ \vdots\\ \beta_{n-2} &= \boldsymbol{C}(\boldsymbol{Ab}+a_{n-1}\boldsymbol{b})\\ \beta_{n-1} &= \boldsymbol{Cb}\end{aligned}$$

证明 引入非奇异变换矩阵 $\boldsymbol{P}$ 作变换

$$\overline{\boldsymbol{x}}=\boldsymbol{Px}$$

或

$$\boldsymbol{x}=\boldsymbol{P}^{-1}\overline{\boldsymbol{x}}$$

$$\overline{\boldsymbol{A}}=\boldsymbol{PAP}^{-1},\overline{\boldsymbol{b}}=\boldsymbol{Pb},\overline{\boldsymbol{C}}=\boldsymbol{CP}^{-1},\overline{d}=d \tag{3-58}$$

式中

$$\boldsymbol{P}=[\boldsymbol{p}_1\quad \boldsymbol{p}_2\quad \cdots\quad \boldsymbol{p}_n]^{-1} \tag{3-59}$$

由于系统能控，所以 $\text{rank}[\boldsymbol{b}\quad \boldsymbol{Ab}\quad \cdots\quad \boldsymbol{A}^{n-1}\boldsymbol{b}]=n$。这表明列向量 $\boldsymbol{b},\boldsymbol{Ab},\cdots,\boldsymbol{A}^{n-1}\boldsymbol{b}$ 为 n 个线性无关的列向量。由此，取

$$[\boldsymbol{p}_1\quad \boldsymbol{p}_2\quad \cdots\quad \boldsymbol{p}_n]=[\boldsymbol{b}\quad \boldsymbol{Ab}\quad \cdots\quad \boldsymbol{A}^{n-1}\boldsymbol{b}]\begin{bmatrix}a_1 & a_2 & \cdots & a_{n-1} & 1\\ a_2 & & & & \\ \vdots & & \iddots & & \\ a_{n-1} & & \iddots & \boldsymbol{0} & \\ 1 & & & & \end{bmatrix} \tag{3-60}$$

因为上式中，矩阵$\begin{bmatrix} a_1 & a_2 & \cdots & a_{n-1} & 1 \\ a_2 & & & & \\ \vdots & & \iddots & & \\ a_{n-1} & & \iddots & \mathbf{0} & \\ 1 & & & & \end{bmatrix}$是非奇异的。所以 $\boldsymbol{p}_1, \boldsymbol{p}_2, \cdots, \boldsymbol{p}_n$ 必定是线性无关的。

这样就可以求得 $\boldsymbol{p}_1, \boldsymbol{p}_2, \cdots, \boldsymbol{p}_n$，进而得到非奇异变换矩阵 $\boldsymbol{P}$。将 $\boldsymbol{P}$ 代入式(3-58)，即得式(3-57)的结果。

例 3-16 已知能控的线性定常系统为

$$\dot{\boldsymbol{x}} = \begin{bmatrix} 1 & 0 & 1 \\ 0 & 1 & 0 \\ 1 & 0 & 0 \end{bmatrix}\boldsymbol{x} + \begin{bmatrix} 0 \\ 1 \\ 1 \end{bmatrix}u$$

$$y = [1 \quad 1 \quad 0]\boldsymbol{x}$$

要求变换成能控标准形。

解

(1) 能控性矩阵 $\boldsymbol{Q}_c = [\boldsymbol{b} \quad \boldsymbol{Ab} \quad \boldsymbol{A}^2\boldsymbol{b}] = \begin{bmatrix} 0 & 1 & 1 \\ 1 & 1 & 1 \\ 1 & 0 & 1 \end{bmatrix}$，$\mathrm{rank}\boldsymbol{Q}_c = 3$，系统能控。

(2) A 的特征多项式

$$\det[\lambda \boldsymbol{I} - \boldsymbol{A}] = \det\begin{bmatrix} \lambda-1 & 0 & -1 \\ 0 & \lambda-1 & 0 \\ -1 & 0 & \lambda \end{bmatrix} = \lambda^3 - 2\lambda^2 + 1$$

(3) 计算变换矩阵 $\boldsymbol{P}$

$$[\boldsymbol{p}_1 \quad \boldsymbol{p}_2 \quad \boldsymbol{p}_3] = [\boldsymbol{b} \quad \boldsymbol{Ab} \quad \boldsymbol{A}^2\boldsymbol{b}]\begin{bmatrix} a_1 & a_2 & 1 \\ a_2 & 1 & 0 \\ 1 & 0 & 0 \end{bmatrix} = \begin{bmatrix} 0 & 1 & 1 \\ 1 & 1 & 1 \\ 1 & 0 & 1 \end{bmatrix}\begin{bmatrix} 0 & -2 & 1 \\ -2 & 1 & 0 \\ 1 & 0 & 0 \end{bmatrix}$$

$$= \begin{bmatrix} -1 & 1 & 0 \\ -1 & -1 & 1 \\ 1 & -2 & 1 \end{bmatrix}$$

$$\boldsymbol{P} = [\boldsymbol{p}_1 \quad \boldsymbol{p}_2 \quad \boldsymbol{p}_3]^{-1} = \begin{bmatrix} -1 & 1 & 0 \\ -1 & -1 & 1 \\ 1 & -2 & 1 \end{bmatrix}^{-1} = \begin{bmatrix} 1 & -1 & 1 \\ 2 & -1 & 1 \\ 3 & -1 & 2 \end{bmatrix}$$

(4) 计算$\overline{\boldsymbol{C}}$

$$\overline{\boldsymbol{C}} = \boldsymbol{CP}^{-1} = [1 \quad 1 \quad 0]\begin{bmatrix} -1 & 1 & 0 \\ -1 & -1 & 1 \\ 1 & -2 & 1 \end{bmatrix} = [-2 \quad 0 \quad 1]$$

（5）能控标准形为

$$\dot{\bar{x}}=\begin{bmatrix}0&1&0\\0&0&1\\-1&0&2\end{bmatrix}\bar{x}+\begin{bmatrix}0\\0\\1\end{bmatrix}u$$

$$y=[-2\quad 0\quad 1]\bar{x}$$

由于线性变换不改变系统的传递函数，故由标准形的系统方程求得的传递函数就是该系统的传递函数。若传递函数为 $\boldsymbol{g}(s)$，则

$$\boldsymbol{g}(s)=\bar{\boldsymbol{C}}[s\boldsymbol{I}-\bar{\boldsymbol{A}}]^{-1}\bar{\boldsymbol{b}}+\bar{d}=\frac{\beta_{n-1}s^{n-1}+\beta_{n-2}s^{n-2}+\cdots+\beta_1 s+\beta_0}{s^n+a_{n-1}s^{n-1}+\cdots+a_1 s+a_0}+d \tag{3-61}$$

由式（3-61）和式（3-57）可知，一个系统方程变换成能控标准形时，就可以直接写出它的传递函数。由于能控标准形的系数矩阵 $\boldsymbol{A}$ 的最下面一行元素就是它的特征多项式的 s 各次幂的系数，因此有的书称之为能控相伴标准形。

3.6.2 能观测标准形

系统（3-55）的能观测性矩阵为

$$\boldsymbol{Q}_0=\begin{bmatrix}\boldsymbol{C}\\\boldsymbol{CA}\\\vdots\\\boldsymbol{CA}^{n-1}\end{bmatrix}$$

如果系统能观测，则 $\text{rank}\boldsymbol{Q}_0=n$。

定理 3-23 系统(3-55)能观测，则通过线性变换可以将其变成如下形式的能观测标准形。

$$\dot{\boldsymbol{x}}=\begin{bmatrix}0&&&&-a_0\\1&0&&\boldsymbol{0}&-a_1\\0&1&\ddots&&\vdots\\&\ddots&\ddots&0&\\\boldsymbol{0}&&0&1&-a_{n-1}\end{bmatrix}\boldsymbol{x}+\begin{bmatrix}\beta_0\\\beta_1\\\vdots\\\beta_{n-1}\end{bmatrix}u$$

$$\boldsymbol{y}=[0\quad 0\quad\cdots\quad 1]\boldsymbol{x}+du \tag{3-62}$$

其中

$$\beta_0=(\boldsymbol{CA}^{n-1}+a_{n-1}\boldsymbol{CA}^{n-2}+\cdots+a_1\boldsymbol{C})\boldsymbol{b}$$

$$\vdots$$

$$\beta_{n-2}=(\boldsymbol{CA}+a_{n-1}\boldsymbol{C})\boldsymbol{b}$$

$$\beta_{n-1}=\boldsymbol{Cb}$$

这个定理的证明类似定理 3-22 的证明。

这里的变换矩阵可取为

$$
P=\begin{bmatrix} a_1 & \cdots & a_{n-1} & 1 \\ a_2 & & \iddots & \\ \vdots & \iddots & & \\ a_{n-1} & \iddots & & \mathbf{0} \\ 1 & & & \end{bmatrix}\begin{bmatrix} C \\ CA \\ \vdots \\ CA^{n-1} \end{bmatrix} \tag{3-63}
$$

实际上，由对偶原理可知，式（3-62）的形式是在预料之中的。由于能观测标准形的系数矩阵 A 的最右边一列元素就是它的特征多项式的 λ 各次幂的系数，因此，有的书称之为能观测相伴标准形。

上面讨论了能控标准形和能观测标准形。那么，引入标准形有什么好处呢？归纳起来有如下几点：

（1）可以根据标准形直接写出系统的传递函数。

（2）可以直接看出系统能控性，能观测性的性质，对于能表示成能控标准形的系统必是能控的系统；对于能表示成能观测标准形的系统必是能观测的系统。

（3）在第 5 章中将看到当系统表示成能控或能观测标准形时，对于采用状态反馈设计系统以及实现状态重构都是很方便的。

3.7 能控性、能观测性与传递函数的关系

一个线性定常系统，可以用传递函数（矩阵）进行外部描述，也可以用状态空间表达式描述。后者描述既能反映外部特性，又能揭示系统内部特性，如能控性、能观测性。这两种描述都是对一个系统而言的，那么这两种描述之间有什么关系呢？这就是本节研究的问题。

考察单输入-单输出线性定常系统

$$
\left.\begin{aligned} \dot{x} &= Ax + bu \\ y &= Cx \end{aligned}\right\} \tag{3-64}
$$

式中，x 为 n 维向量；u、y 为标量；A 为 $n\times n$ 矩阵；b、C 为 $n\times 1$、$1\times n$ 矩阵。

这里假定 $d=0$，系统（3-64）的传递函数记为 $g(s)$，即

$$
g(s)=C[sI-A]^{-1}b=\frac{C\cdot \mathrm{adj}[sI-A]\cdot b}{\det[sI-A]}=\frac{N(s)}{D(s)} \tag{3-65}
$$

其中

$$
N(s)=C\cdot \mathrm{adj}[sI-A]b
$$
$$
D(s)=\det[sI-A]
$$

定理 3-24 系统（3-64）能控、能观测的充分必要条件是 $g(s)$ 不存在零、极点相消。

证明从略。现举例子加以说明。

例 3-17 线性定常系统方程为

$$\dot{\boldsymbol{x}} = \begin{bmatrix} -1 & -3 \\ 0 & 2 \end{bmatrix} \boldsymbol{x} + \begin{bmatrix} 0 \\ 1 \end{bmatrix} u$$

$$y = \begin{bmatrix} 1 & 1 \end{bmatrix} \boldsymbol{x}$$

求系统传递函数，并判断系统的能控性与能观测性。

解　能控性矩阵为

$$\boldsymbol{Q}_c = [\boldsymbol{b} \quad \boldsymbol{Ab}] = \begin{bmatrix} 0 & -3 \\ 1 & 2 \end{bmatrix}$$

$$\text{rank}\boldsymbol{Q}_c = 2 = n$$

而能观测性矩阵为

$$\boldsymbol{Q}_0 = \begin{bmatrix} \boldsymbol{C} \\ \boldsymbol{CA} \end{bmatrix} = \begin{bmatrix} 1 & 1 \\ -1 & -1 \end{bmatrix}$$

$$\text{rank}\boldsymbol{Q}_0 = 1 < n = 2$$

该系统能控，但不能观测，即系统不是能控、能观测的。这个结果也可由定理 3-24 得到。

$\boldsymbol{A}$ 的特征值为

$$\det[\lambda \boldsymbol{I} - \boldsymbol{A}] = \det\begin{bmatrix} \lambda+1 & 3 \\ 0 & \lambda-2 \end{bmatrix} = (\lambda+1)(\lambda-2) = 0$$

$$\lambda_1 = -1, \lambda_2 = 2$$

系统的传递函数为

$$g(s) = \boldsymbol{C}[s\boldsymbol{I} - \boldsymbol{A}]^{-1}\boldsymbol{b} = \frac{[1 \quad 1]\,\text{adj}\begin{bmatrix} s+1 & 3 \\ 0 & s-2 \end{bmatrix} \cdot \begin{bmatrix} 0 \\ 1 \end{bmatrix}}{\det[s\boldsymbol{I} - \boldsymbol{A}]} = \frac{s-2}{(s+1)(s-2)} = \frac{1}{s+1}$$

可见传递函数 $g(s)$ 存在零、极点相消。被消去的因子是 $(s-2)$。根据定理 3-24 可知系统不满足能控、能观测的条件。

例 3-18　线性定常系统方程为

$$\dot{\boldsymbol{x}} = \begin{bmatrix} 2 & 1 \\ 0 & -1 \end{bmatrix} \boldsymbol{x} + \begin{bmatrix} 1 \\ -3 \end{bmatrix} u$$

$$y = \begin{bmatrix} 1 & 0 \end{bmatrix} x$$

求传递函数并判断系统的能控性与能观测性。

解　$\boldsymbol{A}$ 的特征值为

$$\det[\lambda \boldsymbol{I} - \boldsymbol{A}] = \det\begin{bmatrix} \lambda-2 & -1 \\ 0 & \lambda+1 \end{bmatrix} = (\lambda-2)(\lambda+1) = 0$$

$$\lambda_1 = -1, \lambda_2 = 2$$

可见该系统的特征值与例 3-17 同。

传递函数为

$$g(s)=C[sI-A]^{-1}b=\frac{[1\quad 0]\operatorname{adj}\begin{bmatrix}s-2 & -1\\ 0 & s+1\end{bmatrix}\begin{bmatrix}1\\ -3\end{bmatrix}}{\det[sI-A]}=\frac{1}{s+1}$$

从求得的传递函数 $g(s)$ 可知，系统存在零、极点相消。被消去的是 $s=2$ 的极点。根据定理3-24可知，系统不满足能控、能观测的充要条件。

实际上，能控性矩阵为

$$Q_c=[b\quad Ab]=\begin{bmatrix}1 & -1\\ -3 & 3\end{bmatrix}$$

$$\operatorname{rank}Q_c=1<n=2$$

能观性矩阵为

$$Q_0=\begin{bmatrix}C\\ CA\end{bmatrix}=\begin{bmatrix}1 & 0\\ 2 & 1\end{bmatrix}$$

$$\operatorname{rank}Q_0=2=n$$

可见系统能观测但不能控。

通过例3-17和例3-18可知，若单输入-单输出线性定常系统的传递函数存在零、极点相消，则系统不可能是能控又能观测的。随着状态变量的不同选择，系统可以是能控的，但不能观测；也可以是能观测但不能控。只有当传递函数不存在零、极点相消，系统才是既能控、又能观测的。也就是说，用传递函数描述系统时，只能描述系统中既能控，又能观测的子系统，而系统中不能控、不能观测的子系统是不能描述的。这是传递函数描述的又一个不足之处。

应当指出，定理3-24对多输入-多输出系统不适用。现举例说明。

例3-19 多输入-多输出线性定常系统方程为

$$\dot{x}=\begin{bmatrix}1 & 3 & 2\\ 0 & 4 & 2\\ 0 & 0 & 1\end{bmatrix}x+\begin{bmatrix}0 & 1\\ 0 & 0\\ 1 & 0\end{bmatrix}u$$

$$y=\begin{bmatrix}1 & 0 & 0\\ 0 & 0 & 1\end{bmatrix}x$$

传递函数矩阵为

$$\begin{aligned}G(s)&=C[sI-A]^{-1}B\\ &=\begin{bmatrix}1 & 0 & 0\\ 0 & 0 & 1\end{bmatrix}\begin{bmatrix}s-1 & -3 & -2\\ 0 & s-4 & -2\\ 0 & 0 & s-1\end{bmatrix}^{-1}\begin{bmatrix}0 & 1\\ 0 & 0\\ 1 & 0\end{bmatrix}\\ &=\frac{s-1}{(s-1)^2(s-4)}\begin{bmatrix}2 & s-4\\ s-4 & 0\end{bmatrix}\end{aligned}$$

可见传递函数矩阵存在零、极点相消。相消的因子为 $(s-1)$。但是系统能控性矩阵的秩为

$$\mathrm{rank}\boldsymbol{Q}_c=\mathrm{rank}\begin{bmatrix}\boldsymbol{B} & \boldsymbol{AB} & \boldsymbol{A}^2\boldsymbol{B}\end{bmatrix}=\mathrm{rank}\begin{bmatrix}0 & 1 & 2 & 1 & 10 & 1\\0 & 0 & 2 & 0 & 10 & 0\\1 & 0 & 1 & 0 & 1 & 0\end{bmatrix}=3=n$$

系统能观测性矩阵的秩为

$$\mathrm{rank}\boldsymbol{Q}_0=\mathrm{rank}\begin{bmatrix}\boldsymbol{C}\\\boldsymbol{CA}\\\boldsymbol{CA}^2\end{bmatrix}=\mathrm{rank}\begin{bmatrix}1 & 0 & 0\\0 & 0 & 1\\1 & 3 & 2\\0 & 0 & 1\\1 & 15 & 10\\0 & 0 & 1\end{bmatrix}=3=n$$

可见，传递函数矩阵存在相消因子（$s-1$）。但系统是既能控又能观测。不过，应当注意，因子（$s-1$）是传递函数矩阵的重极点。零、极点相消后，极点（$s-1$）还剩一个，并未消失，只是降低系统重极点的重数。

那么多输入-多输出系统能控性、能观测性与传递函数矩阵之间的关系是什么呢？有如下定理。

定理 3-25 若系统（3-54）的状态向量与输入向量之间的传递函数矩阵 $\boldsymbol{G}_{xu}(s)=[s\boldsymbol{I}-\boldsymbol{A}]^{-1}\boldsymbol{B}$ 的各行线性无关，则系统能控。

定理 3-26 若系统（3-54）的输出向量与状态向量之间的传递函数矩阵 $\boldsymbol{G}_{yx}(s)=\boldsymbol{C}[s\boldsymbol{I}-\boldsymbol{A}]^{-1}$ 各列线性无关，则系统能观测。

这两个定理的证明从略，但可以用例 3-19 来验证这两个定理的正确性。

3.8 系统的结构分解

本节讨论的问题是系统在能控性和能观测性意义下的结构分解问题。如果系统是不能控、不能观测的，那么，从结构上来说，系统必定包括能控、不能控和能观测、不能观测的子系统。由于非奇异线性变换不改变系统的能控性和能观测性，因此可以采用线性变换的方法对一般形式的系统方程进行变换，实现按能控和能观测性分解。这里必须解决三个问题，即如何分解？分解后的系统方程有什么样的形式？变换矩阵如何确定？结构分解问题，在系统分析和设计中都是一个十分重要的问题。

线性定常系统方程为

$$\left.\begin{aligned}\dot{\boldsymbol{x}}&=\boldsymbol{Ax}+\boldsymbol{Bu}\\\boldsymbol{y}&=\boldsymbol{Cx}\end{aligned}\right\}\tag{3-66}$$

式中，$\boldsymbol{x}$、$\boldsymbol{u}$、$\boldsymbol{y}$ 分别为 n、r、m 维向量；$\boldsymbol{A}$，$\boldsymbol{B}$，$\boldsymbol{C}$ 为满足矩阵运算相应维数的矩阵。

3.8.1 按能控性分解

定理 3-27 若系统（3-66）不能控，且状态 $\boldsymbol{x}$ 有 n_1 个状态分量能控，则存在线性

变换 $\bar{x}=P_c x$，使其变成下面形式

$$\begin{bmatrix} \dot{\bar{x}}_C \\ \dot{\bar{x}}_{\bar{C}} \end{bmatrix} = \begin{bmatrix} \bar{A}_C & \bar{A}_{12} \\ 0 & \bar{A}_{\bar{C}} \end{bmatrix} \begin{bmatrix} \bar{x}_C \\ \bar{x}_{\bar{C}} \end{bmatrix} + \begin{bmatrix} \bar{B}_C \\ 0 \end{bmatrix} u$$

$$y = [\bar{C}_C \quad \bar{C}_{\bar{C}}] \begin{bmatrix} \bar{x}_C \\ \bar{x}_{\bar{C}} \end{bmatrix} \tag{3-67}$$

并且 n_1 维子系统为

$$\dot{\bar{x}}_C = \bar{A}_C \bar{x}_C + \bar{A}_{12} \bar{x}_{\bar{C}} + \bar{B}_C u$$
$$y_1 = \bar{C}_C \bar{x}_C$$

是能控的。其状态图如图 3-8 所示。

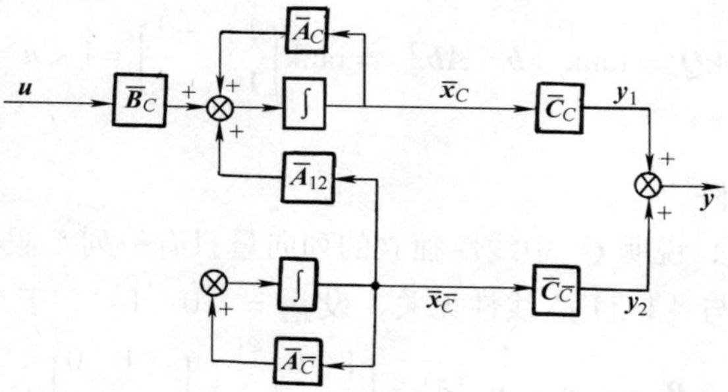

图　3-8

不难求出系统的传递函数矩阵为

$$\begin{aligned} G(s) &= C[sI-A]^{-1}B = \bar{C}[sI-\bar{A}]^{-1}\bar{B} \\ &= [\bar{C}_C \quad \bar{C}_{\bar{C}}] \begin{bmatrix} sI-\bar{A}_C & -\bar{A}_{12} \\ 0 & sI-\bar{A}_{\bar{C}} \end{bmatrix}^{-1} \begin{bmatrix} \bar{B}_C \\ 0 \end{bmatrix} \\ &= \bar{C}_C[sI-\bar{A}_C]^{-1}\bar{B}_C \end{aligned} \tag{3-68}$$

由式（3-68）可见，传递函数矩阵描述的只是不能控系统中的能控子系统的特性。将系统从式（3-66）变换成式（3-67）的形式，变换矩阵 P_c 可按下面方法确定。

由于系统（3-66）不能控，故

$$\text{rank} Q_c = \text{rank}\ [B \quad AB \cdots A^{n-1}B] = n_1 < n$$

即矩阵 Q_c 中有 n_1 个线性无关的列向量，假如记成 p_1，p_2，…，p_{n1}，而其他的列向量均可以由 p_1，p_2，…，p_{n1} 线性表示。为了构成非奇异线性变换矩阵 P_c，可以在 p_1，p_2，…，p_{n1} 基础上，再补充（$n-n_1$）个列向量 p_{n_1+1}，p_{n_1+2}，…，p_{n-1}，p_n，它们与 p_1，p_2，…，p_{n1} 线性无关，则按能控性分解的变换矩阵为

$$\boldsymbol{P}_c = [\boldsymbol{p}_1 \quad \boldsymbol{p}_2 \cdots \boldsymbol{p}_{n_1} \quad \boldsymbol{p}_{n_1+1} \cdots \boldsymbol{p}_{n-1} \quad \boldsymbol{p}_n]^{-1} \tag{3-69}$$

尽管补充（$n-n_1$）个列向量有一定的任意性，但是，只要 $\boldsymbol{p}_{n_1+1}$，…，$\boldsymbol{p}_n$ 与 $\boldsymbol{p}_1$，$\boldsymbol{p}_2$，…，$\boldsymbol{p}_{n_1}$ 线性无关，即构成的变换矩阵 $\boldsymbol{P}_c$ 是非奇异的即可。因而便产生这样的问题，即 $\boldsymbol{p}_{n_1+1}$，…，$\boldsymbol{p}_n$ 的不同选择，会不会把能控部分和不能控部分改变呢？换句话说，这种能控性分解是否具有惟一性呢？回答是肯定的，即无论通过什么样的非奇异线性变换矩阵对系统进行能控性分解，其能控部分和不能控的部分是不会改变的。

例 3-20 系统方程为

$$\dot{\boldsymbol{x}} = \begin{bmatrix} -2 & 1 \\ 1 & -2 \end{bmatrix}\boldsymbol{x} + \begin{bmatrix} 1 \\ 1 \end{bmatrix}u$$

$$y = [0 \quad 1]\boldsymbol{x}$$

要求按能控性进行结构分解。

解 （1）判别系统的能控性

$$\mathrm{rank}\boldsymbol{Q}_c = \mathrm{rank}\ [\boldsymbol{b} \quad \boldsymbol{Ab}] = \mathrm{rank}\begin{bmatrix} 1 & -1 \\ 1 & -1 \end{bmatrix} = 1 < n = 2$$

故系统不能控。

（2）确定变换矩阵

由于 $\boldsymbol{Q}_c$ 的秩为 1，说明 $\boldsymbol{Q}_c$ 中线性独立的列向量只有一列。假如选择 $[1 \quad 1]^{\mathrm{T}}$，再补充一个列向量，且与 $[1 \quad 1]^{\mathrm{T}}$ 线性无关，设 $\boldsymbol{p}_2 = [0 \quad 1]^{\mathrm{T}}$，于是

$$\boldsymbol{P}_c = [\boldsymbol{p}_1 \quad \boldsymbol{p}_2]^{-1} = \begin{bmatrix} 1 & 0 \\ 1 & 1 \end{bmatrix}^{-1} = \begin{bmatrix} 1 & 0 \\ -1 & 1 \end{bmatrix}$$

$$\overline{\boldsymbol{A}} = \boldsymbol{P}_c\boldsymbol{A}\boldsymbol{P}_c^{-1},\ \overline{\boldsymbol{B}} = \boldsymbol{P}_c\boldsymbol{B},\ \overline{\boldsymbol{C}} = \boldsymbol{C}\boldsymbol{P}_c^{-1}$$

线性变换后的系统方程为

$$\begin{bmatrix} \dot{\overline{\boldsymbol{x}}}_C \\ \dot{\overline{\boldsymbol{x}}}_{\overline{C}} \end{bmatrix} = \begin{bmatrix} -1 & -1 \\ 0 & -3 \end{bmatrix}\begin{bmatrix} \overline{\boldsymbol{x}}_C \\ \overline{\boldsymbol{x}}_{\overline{C}} \end{bmatrix} + \begin{bmatrix} 1 \\ 0 \end{bmatrix}u$$

$$\boldsymbol{y} = [1 \quad 1]\begin{bmatrix} \overline{\boldsymbol{x}}_C \\ \overline{\boldsymbol{x}}_{\overline{C}} \end{bmatrix}$$

3.8.2 按能观测性分解

定理 3-28 若系统（3-66）不能观测，且状态 $\boldsymbol{x}$ 中有 n_2 个状态分量能观测，则存在线性变换 $\overline{\boldsymbol{x}} = \boldsymbol{P}_0\boldsymbol{x}$，使其变成下面形式

$$\begin{bmatrix} \dot{\overline{\boldsymbol{x}}}_0 \\ \dot{\overline{\boldsymbol{x}}}_{\overline{0}} \end{bmatrix} = \begin{bmatrix} \overline{\boldsymbol{A}}_0 & 0 \\ \overline{\boldsymbol{A}}_{21} & \overline{\boldsymbol{A}}_{\overline{0}} \end{bmatrix}\begin{bmatrix} \overline{\boldsymbol{x}}_0 \\ \overline{\boldsymbol{x}}_{\overline{0}} \end{bmatrix} + \begin{bmatrix} \overline{\boldsymbol{B}}_0 \\ \overline{\boldsymbol{B}}_{\overline{0}} \end{bmatrix}\boldsymbol{u}$$

$$y=\begin{bmatrix}\bar{C}_0 & 0\end{bmatrix}\begin{bmatrix}\bar{x}_0\\ \bar{x}_{\bar{0}}\end{bmatrix} \tag{3-70}$$

并且 n_2 维子系统为

$$\begin{aligned}\dot{\bar{x}}_0&=\bar{A}_0\bar{x}_0+\bar{B}_0u\\ y&=\bar{C}_0\bar{x}_0\end{aligned} \tag{3-71}$$

是能观测的。其状态图如图 3-9 所示。

不难求出，系统的传递函数矩阵为

$$G(s)=C(sI-A)^{-1}B=\bar{C}_0(sI-\bar{A}_0)^{-1}\bar{B}_0 \tag{3-72}$$

由式（3-72）可知，传递函数矩阵只能描述不能观测系统中的能观测的子系统特性。

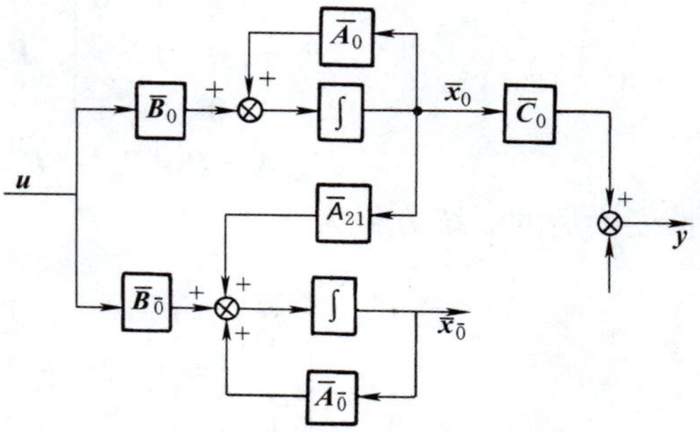

图 3-9

为了实现从式（3-66）到式（3-70）的变换，必须确定非奇异的线性变换矩阵 P_0，方法如下：

由于系统（3-66）不能观测，故

$$\operatorname{rank}Q_0=\operatorname{rank}\begin{bmatrix}C\\ CA\\ \vdots\\ CA^{n-1}\end{bmatrix}=n_2<n$$

即能观测性矩阵中有 n_2 个线性无关的行向量。假如记成 p_1，p_2，…，p_{n_2}，而其他的行向量均可由 p_1，p_2，…，p_{n_2} 线性表示。为了构成非奇异线性变换矩阵 P_0，可以在 p_1，p_2，…，p_{n_2} 基础上，再补充（$n-n_2$）个行向量 p_{n_2+1}，…，p_n，它们与 p_1，p_2，…，p_{n_2} 线性无关。于是按能观测性分解的变换矩阵为

$$P_0=\begin{bmatrix}p_1^{\mathrm T} & p_2^{\mathrm T} & p_{n_2}^{\mathrm T} & p_{n_2+1}^{\mathrm T} & \cdots & p_n^{\mathrm T}\end{bmatrix}^{\mathrm T} \tag{3-73}$$

与能控性分解时，确定变换矩阵 P_c 一样，这里补充的（$n-n_2$）个行向量，有一定的任意性，但是只要 p_{n_2+1}，…，p_n 与 p_1，p_2，…，p_{n_2} 线性无关，即构成的变换矩阵 P_0 是非奇异即可。

例 3-21 系统方程为

$$\dot{x}=\begin{bmatrix}0 & 1 & 0\\ 0 & 0 & 1\\ -2 & -4 & -3\end{bmatrix}x+\begin{bmatrix}0\\ 0\\ 1\end{bmatrix}u$$

$$y=\begin{bmatrix}1 & 1 & 0\end{bmatrix}x$$

要求按能观测性进行结构分解。

解 （1）判别系统能观测性

$$\operatorname{rank}\boldsymbol{Q}_0=\operatorname{rank}\begin{bmatrix}\boldsymbol{C}\\\boldsymbol{CA}\\\boldsymbol{CA}^2\end{bmatrix}=\operatorname{rank}\begin{bmatrix}1&1&0\\0&1&1\\-2&-4&-2\end{bmatrix}=2<3=n$$

故系统不能观测。

（2）确定变换矩阵 $\boldsymbol{P}_0$

从矩阵 $\boldsymbol{Q}_0$ 中任选两个行向量，例如 $\begin{bmatrix}1&1&0\\0&1&1\end{bmatrix}$，再补充一个行向量，且与 $\begin{bmatrix}1&1&0\\0&1&1\end{bmatrix}$ 线性无关。设 $\boldsymbol{P}_3^{\mathrm{T}}=[0\quad 0\quad 1]$，于是变换矩阵为

$$\boldsymbol{P}_0=\begin{bmatrix}1&1&0\\0&1&1\\0&0&1\end{bmatrix},\ \boldsymbol{P}_0^{-1}=\begin{bmatrix}1&-1&1\\0&1&-1\\0&0&1\end{bmatrix}$$

$$\overline{\boldsymbol{A}}=\boldsymbol{P}_0\boldsymbol{A}\boldsymbol{P}_0^{-1},\ \overline{\boldsymbol{B}}=\boldsymbol{P}_0\boldsymbol{B},\ \overline{\boldsymbol{C}}=\boldsymbol{C}\boldsymbol{P}_0^{-1}$$

线性变换后的系统方程为

$$\begin{bmatrix}\dot{\boldsymbol{x}}_0\\\dot{\boldsymbol{x}}_{\bar{0}}\end{bmatrix}=\begin{bmatrix}0&1&0\\-2&-2&0\\-2&-2&-1\end{bmatrix}\begin{bmatrix}\overline{\boldsymbol{x}}_0\\\overline{\boldsymbol{x}}_{\bar{0}}\end{bmatrix}+\begin{bmatrix}0\\1\\1\end{bmatrix}u$$

$$\boldsymbol{y}=[1\quad 0\quad 0]\begin{bmatrix}\overline{\boldsymbol{x}}_0\\\overline{\boldsymbol{x}}_{\bar{0}}\end{bmatrix}$$

3.8.3 同时按能控性和能观测性进行结构分解

定理 3-29 若系统（3-66）不能控，不能观测，则存在线性变换 $\overline{\boldsymbol{x}}=\boldsymbol{P}\boldsymbol{x}$，使其变成下面形式

$$\begin{bmatrix}\dot{\boldsymbol{x}}_{c0}\\\dot{\boldsymbol{x}}_{c\bar{0}}\\\dot{\boldsymbol{x}}_{\bar{c}0}\\\dot{\boldsymbol{x}}_{\bar{c}\bar{0}}\end{bmatrix}=\begin{bmatrix}\overline{\boldsymbol{A}}_{c0}&0&\overline{\boldsymbol{A}}_{13}&0\\\overline{\boldsymbol{A}}_{21}&\overline{\boldsymbol{A}}_{c\bar{0}}&\overline{\boldsymbol{A}}_{23}&\overline{\boldsymbol{A}}_{24}\\0&0&\overline{\boldsymbol{A}}_{\bar{c}0}&0\\0&0&\overline{\boldsymbol{A}}_{43}&\overline{\boldsymbol{A}}_{\bar{c}\bar{0}}\end{bmatrix}\begin{bmatrix}\overline{\boldsymbol{x}}_{c0}\\\overline{\boldsymbol{x}}_{c\bar{0}}\\\overline{\boldsymbol{x}}_{\bar{c}0}\\\overline{\boldsymbol{x}}_{\bar{c}\bar{0}}\end{bmatrix}+\begin{bmatrix}\overline{\boldsymbol{B}}_{c0}\\\overline{\boldsymbol{B}}_{c\bar{0}}\\0\\0\end{bmatrix}\boldsymbol{u}$$

$$\boldsymbol{y}=[\overline{\boldsymbol{C}}_{c0}\quad 0\quad \overline{\boldsymbol{C}}_{\bar{c}0}\quad 0]\begin{bmatrix}\overline{\boldsymbol{x}}_{c0}\\\overline{\boldsymbol{x}}_{c\bar{0}}\\\overline{\boldsymbol{x}}_{\bar{c}0}\\\overline{\boldsymbol{x}}_{\bar{c}\bar{0}}\end{bmatrix}\tag{3-74}$$

从式（3-74）可见，对于一个不能控、不能观测的系统进行结构分解时，将系统（3-66）分成四个子系统。其中 $\bar{x}_{C0}$ 为 n_1 维的能控、能观的状态向量；$\bar{x}_{C\bar{0}}$ 为 n_2 维的能控、不能观测的状态向量；$\bar{x}_{\bar{C}0}$ 为 n_3 维不能控、能观测的状态向量；而 $\bar{x}_{\bar{C}\bar{0}}$ 为 n_4 维的不能控、不能观测的状态向量，并且 $n_1+n_2+n_3+n_4=n$。系统的传递函数矩阵为

$$G(s)=C(sI-A)^{-1}B=\bar{C}_{C0}[sI-\bar{A}_{C0}]^{-1}\bar{B}_{C0}$$

可见系统传递函数矩阵描述的是不能控、不能观测系统中的既能控又能观测的子系统特性。系统的状态图如图 3-10 所示。

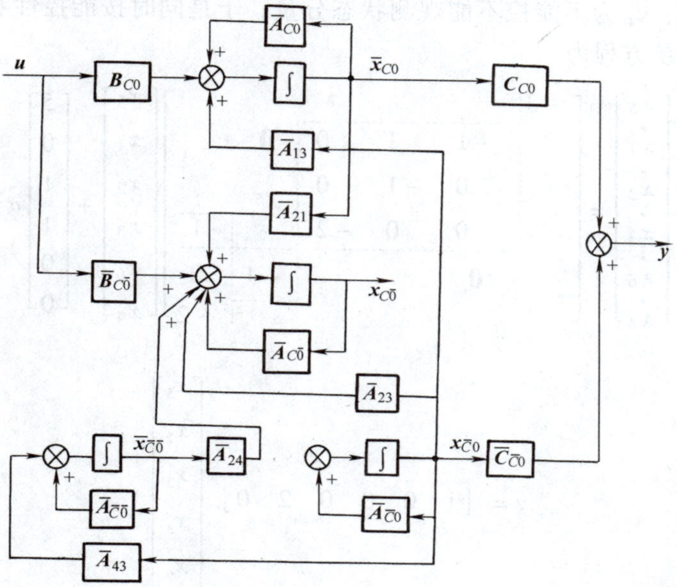

图 3-10

关于同时按能控性、能观测性进行结构分解的变换矩阵 P 的确定方法较多。例如先按能控性分解，将其分成能控和不能控的两个子系统；其次对能控、不能控两个子系统按能观测性分解；最后按能控、能观测，能控、不能观测，不能控、能观测和不能控、不能观测四部分，将状态分量重新排列即可。

例 3-22 系统方程为

$$\begin{bmatrix}\dot{x}_1\\ \dot{x}_2\\ \dot{x}_3\\ \dot{x}_4\\ \dot{x}_5\\ \dot{x}_6\end{bmatrix}=\begin{bmatrix}-1 & 1 & & & & \\ 0 & 1 & & & \mathbf{0} & \\ & & -2 & 1 & & \\ & & 0 & -2 & & \\ & \mathbf{0} & & & -3 & \\ & & & & & -4\end{bmatrix}\begin{bmatrix}x_1\\ x_2\\ x_3\\ x_4\\ x_5\\ x_6\end{bmatrix}+\begin{bmatrix}0\\ 1\\ 1\\ 0\\ 5\\ 0\end{bmatrix}u$$

$$y=[0\quad 0\ \vdots\ 0\quad 0\ \vdots\ 1\quad 2]x$$

要求同时按能控性、能观测性进行结构分解。

解 根据能控性判据和能观测性判据可知，该系统不能控、不能观测。按能控性进行分解可知，状态能控子空间由 x_1、x_2、x_3 和 x_5 分量构成，不能控的子空间由 x_4、x_6 分量构成。

将能控的子空间按能观测性分解，可知，x_5 为能观测分量，x_1、x_2、x_3 为不能观测分量；将不能控的子空间按能观测性分解，可知，x_6 是能观测分量。通过这种分解后可知，x_5 为能控、能观测状态分量；x_1、x_2 和 x_3 为能控、不能观测分量；x_6 为不能控能观测状态分量；x_4 为不能控不能观测状态分量。于是同时按能控性和能观测性进行结构分解后的系统方程为

$$\begin{bmatrix} \dot{x}_5 \\ \dot{x}_1 \\ \dot{x}_2 \\ \dot{x}_3 \\ \dot{x}_6 \\ \dot{x}_4 \end{bmatrix} = \begin{bmatrix} -3 & & & & & \\ & -1 & 1 & 0 & \mathbf{0} & \\ & 0 & -1 & 0 & & \\ & 0 & 0 & -2 & & 1 \\ & \mathbf{0} & & & -4 & 0 \\ & & & & & -2 \end{bmatrix} \begin{bmatrix} x_5 \\ x_1 \\ x_2 \\ x_3 \\ x_6 \\ x_4 \end{bmatrix} + \begin{bmatrix} 5 \\ 0 \\ 1 \\ 1 \\ 0 \\ 0 \end{bmatrix} u$$

$$y = \begin{bmatrix} 1 & 0 & 0 & 0 & 2 & 0 \end{bmatrix} \begin{bmatrix} x_5 \\ x_1 \\ x_2 \\ x_3 \\ x_6 \\ x_4 \end{bmatrix}$$

3.9 实现问题

在现代控制理论中，基于状态空间分析法来分析、综合控制系统时都必须有状态空间表达式。在系统机理、结构与参数已知的情况下，可以按第 1 章的方法建立系统方程。但是当系统的结构、参数或机理比较复杂，不能确切知道时，就不能根据系统的机理用分析方法建立系统方程。而一个可能的办法是用实验的方法确定系统输入-输出描述，例如频率特性、传递函数和脉冲响应，然后推导出相应的状态方程和输出方程。这种由给定的传递函数（或脉冲响应）建立与输入-输出特性等价的系统方程的问题，称为实现问题。本书只讨论单输入-单输出系统的实现。

如果给定一个传递函数 $g(s)$，求得一个系统方程

$$\begin{aligned} \dot{\boldsymbol{x}} &= \boldsymbol{A}\boldsymbol{x} + \boldsymbol{b}u \\ y &= \boldsymbol{C}\boldsymbol{x} \end{aligned} \tag{3-75}$$

或
$$\dot{\boldsymbol{x}} = \boldsymbol{Ax} + \boldsymbol{b}u$$
$$y = \boldsymbol{Cx} + du \tag{3-76}$$
使之有
$$\boldsymbol{C}[s\boldsymbol{I} - \boldsymbol{A}]^{-1}\boldsymbol{b} = g(s) \tag{3-77}$$
或
$$\boldsymbol{C}[s\boldsymbol{I} - \boldsymbol{A}]^{-1}\boldsymbol{b} + d = g(s) \tag{3-78}$$
则称式（3-75）或式（3-76）为具有传递函数 g（s）的系统的一个实现。如果一个可物理实现的传递函数 g（s）是正则传递函数，即分子 s 多项式次数等于分母 s 多项式次数时，其实现具有式（3-76）的形式。因为对式（3-78）来说
$$\lim_{s\to\infty} g(s) = \lim_{s\to\infty}\{C[s\boldsymbol{I} - \boldsymbol{A}]^{-1}b + d\} = \lim_{s\to\infty}\left\{C\frac{\mathrm{adj}[s\boldsymbol{I} - \boldsymbol{A}]}{\det[s\boldsymbol{I} - \boldsymbol{A}]}\cdot b + d\right\}$$
式中，$\mathrm{adj}[s\boldsymbol{I} - \boldsymbol{A}]$的 s 多项式次数至多为$(n-1)$次，而 $\det[s\boldsymbol{I} - \boldsymbol{A}]$的 s 多项式次数为 n，故
$$\lim_{s\to\infty} C\frac{\mathrm{adj}[s\boldsymbol{I} - \boldsymbol{A}]}{\det[s\boldsymbol{I} - \boldsymbol{A}]}\cdot b = 0$$
于是
$$\lim_{s\to\infty} g(s) = \boldsymbol{d}$$
实现的方法较多，本书讨论能控标准形实现、能观测标准形实现、并联形实现、串联形实现和最小实现。

3.9.1 能控标准形实现

系统传递函数为
$$g(s) = \frac{y(s)}{u(s)} = \frac{\beta_{n-1}s^{n-1} + \beta_{n-2}s^{n-2} + \cdots + \beta_1 s + \beta_0}{s^n + a_{n-1}s^{n-1} + \cdots + a_1 s + a_0}$$

1. $g(s)$不含零点

$$g(s) = \frac{y(s)}{u(s)} = \frac{\beta_0}{s^n + a_{n-1}s^{n-1} + \cdots + a_1 s + a_0} \tag{3-79}$$
$$s^n y(s) + a_{n-1}s^{n-1}y(s) + \cdots + a_1 sy(s) + a_0 y(s) = \beta_0 u(s)$$
对上式进行拉普拉斯反变换，得
$$y^{(n)} + a_{n-1}y^{(n-1)} + a_{n-2}y^{(n-2)} + \cdots + a_1\dot{y} + a_0 y = \beta_0 u$$
或
$$\frac{1}{\beta_0}(y^{(n)} + a_{n-1}y^{(n-1)} + a_{n-2}y^{(n-2)} + \cdots + a_1\dot{y} + a_0 y) = u$$
如果选择 $y/\beta_0, \dot{y}/\beta_0, \cdots, y^{(n)}/\beta_0$ 为系统的状态变量，并且
$$x_1 = y/\beta_0$$
$$x_2 = \dot{y}/\beta_0$$
$$\vdots$$
$$x_n = y^{(n-1)}/\beta_0$$
于是有
$$\dot{x}_1 = x_2$$
$$\dot{x}_2 = x_3$$

$$\vdots$$

$$\dot{x}_{n-1} = x_n$$

$$\dot{x}_n = -(a_0x_1 + a_1x_2 + \cdots + a_{n-1}x_n) + u$$

$$y = \beta_0 x_1$$

记成向量、矩阵形式为

$$\begin{aligned}\dot{\boldsymbol{x}} &= \boldsymbol{A}\boldsymbol{x} + \boldsymbol{b}u \\ y &= \boldsymbol{C}\boldsymbol{x}\end{aligned} \tag{3-80}$$

其中

$$\boldsymbol{A} = \begin{bmatrix} 0 & 1 & & \boldsymbol{0} \\ 0 & 0 & 1 & \\ & & \ddots & \\ & \boldsymbol{0} & & 1 \\ -a_0 & -a_1 & \cdots & -a_{n-1} \end{bmatrix}, \boldsymbol{b} = \begin{bmatrix} 0 \\ 0 \\ \vdots \\ 0 \\ 1 \end{bmatrix}, \boldsymbol{C} = [\beta_0 \quad 0 \quad \cdots \quad 0]$$

这个系统的传递函数为

$$g(s) = \boldsymbol{C}[s\boldsymbol{I} - \boldsymbol{A}]^{-1}\boldsymbol{b}$$

$$= [\beta_0 \quad 0 \quad \cdots \quad 0]\left[s\boldsymbol{I} - \begin{bmatrix} 0 & 1 & & \boldsymbol{0} \\ 0 & 0 & 1 & \\ & & \ddots & \\ & \boldsymbol{0} & & 1 \\ -a_0 & -a_1 & \cdots & -a_{n-1} \end{bmatrix}\right]^{-1}\begin{bmatrix} 0 \\ 0 \\ \vdots \\ 0 \\ 1 \end{bmatrix}$$

$$= \frac{\beta_0}{s^n + a_{n-1}s^{n-1} + \cdots + a_1 s + a_0}$$

因此，上述系统方程确实是 $g(s)$ 的一个实现。其状态图如图 3-11 所示。

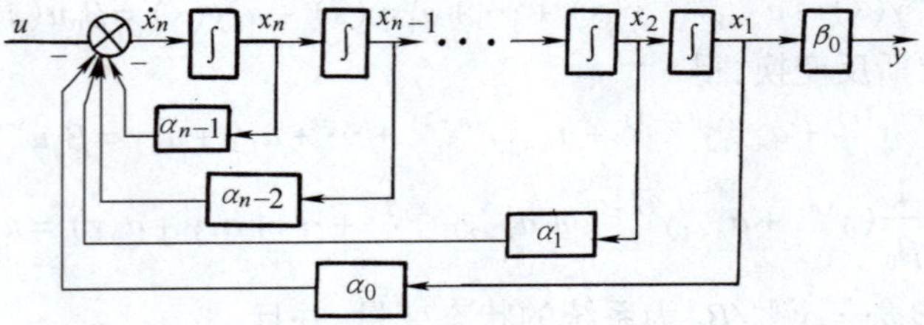

图 3-11

2. $g(s)$含有零点

这是一般情况，即

$$g(s) = \frac{y(s)}{u(s)} = \frac{\beta_{n-1}s^{n-1} + \beta_{n-2}s^{n-2} + \cdots + \beta_1 s + \beta_0}{s^n + a_{n-1}s^{n-1} + \cdots + a_1 s + a_0} = \frac{N(s)}{D(s)} \tag{3-81}$$

上式可改写成

$$g(s)=\beta_0\frac{1}{D(s)}+\beta_1 s\frac{1}{D(s)}+\cdots+\beta_{n-1}s^{n-1}\frac{1}{D(s)}$$

$$y(s)=\beta_0 x_1(s)+\beta_1 s x_1(s)+\cdots+\beta_{n-1}s^{n-1}x_1(s)$$

参考图 3-11 可画出如图 3-12 所示的状态图。并且

$$\begin{aligned}\dot{x}_1&=x_2\\ \dot{x}_2&=x_3\\ &\vdots\\ \dot{x}_{n-1}&=x_n\\ \dot{x}_n&=-(a_0x_1+a_1x_2+\cdots+a_{n-1}x_n)+u\\ y&=\beta_0x_1+\beta_1x_2+\cdots+\beta_{n-1}x_n\end{aligned}$$

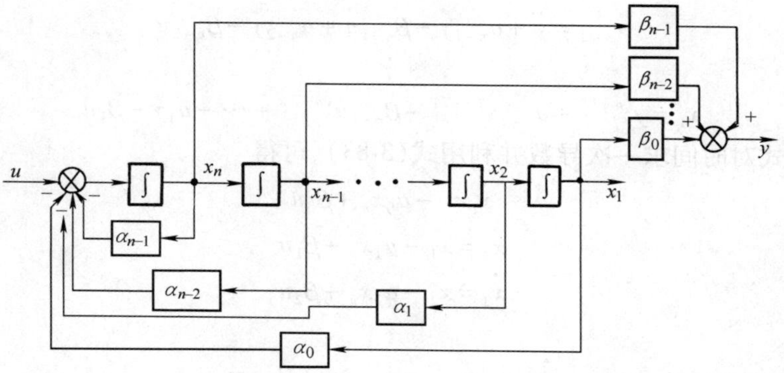

图 3-12

记成向量、矩阵方程的形式即得

$$\begin{aligned}\dot{\boldsymbol{x}}&=\boldsymbol{A}\boldsymbol{x}+\boldsymbol{b}u\\ y&=\boldsymbol{C}\boldsymbol{x}\end{aligned} \tag{3-82}$$

其中，$\boldsymbol{A}=\begin{bmatrix}0&1&&\boldsymbol{0}\\0&0&1&\\&&\ddots&\\&\boldsymbol{0}&&1\\-a_0&-a_1&\cdots&-a_{n-1}\end{bmatrix}$，$\boldsymbol{b}=\begin{bmatrix}0\\0\\\vdots\\0\\1\end{bmatrix}$，$\boldsymbol{C}=[\beta_0\quad\beta_1\quad\cdots\quad\beta_{n-1}]$。

这个系统的传递函数为

$$g(s)=C[s\boldsymbol{I}-\boldsymbol{A}]^{-1}b=\frac{\beta_{n-1}s^{n-1}+\cdots+\beta_1 s+\beta_0}{s^n+a_{n-1}s^{n-1}+\cdots+a_0}$$

因此，上述系统方程确是 $g(s)$ 的一个实现。

实际上，对于给定的 $g(s)$，根据本章 3.6 节的结果，可以直接写出 $g(s)$ 的能控性实现。

3.9.2 能观测标准性实现

传递函数为

$$g(s)=\frac{y(s)}{u(s)}=\frac{\beta_{n-1}s^{n-1}+\beta_{n-2}s^{n-2}+\cdots+\beta_1 s+\beta_0}{s^n+a_{n-1}s^{n-1}+\cdots+a_1 s+a_0}$$

$$s^n y(s)+a_{n-1}s^{n-1}y(s)+\cdots+a_1 sy(s)+a_0 y(s)=$$
$$\beta_{n-1}s^{n-1}u(s)+\beta_{n-2}s^{n-2}u(s)+\cdots+\beta_1 su(s)+\beta_0 u(s) \tag{3-83}$$

如果令

$$\begin{aligned}
x_n&=y\\
x_{n-1}&=\dot{y}+a_{n-1}y-\beta_{n-1}u\\
x_{n-2}&=\ddot{y}+a_{n-1}\dot{y}-\beta_{n-1}\dot{u}+a_{n-2}y-\beta_{n-2}u\\
&\vdots\\
x_1&=y^{(n-1)}+a_{n-1}y^{(n-2)}-\beta_{n-1}u^{(n-2)}+\cdots+a_1 y-\beta_1 u
\end{aligned}$$

将 x_1 的表达式对时间求一次导数并利用式(3-83)，可得

$$\begin{aligned}
\dot{x}_1&=-a_0 x_n+\beta_0 u\\
\dot{x}_2&=x_1-a_1 x_n+\beta_1 u\\
\dot{x}_3&=x_2-a_2 x_n+\beta_2 u\\
&\vdots\\
\dot{x}_{n-1}&=x_{n-2}-a_{n-2}x_n+\beta_{n-2}u\\
\dot{x}_n&=x_{n-1}-a_{n-1}x_n+\beta_{n-1}u
\end{aligned}$$

记成向量、矩阵的形式为

$$\begin{aligned}\dot{\boldsymbol{x}}&=\boldsymbol{A}\boldsymbol{x}+\boldsymbol{b}u\\ y&=\boldsymbol{C}\boldsymbol{x}\end{aligned} \tag{3-84}$$

其中，$\boldsymbol{A}=\begin{bmatrix}0&0&&-a_0\\1&0&\boldsymbol{0}&-a_1\\&1&\ddots&-a_2\\\boldsymbol{0}&\ddots&0&\vdots\\&&1&-a_{n-1}\end{bmatrix}$，$\boldsymbol{b}=\begin{bmatrix}\beta_0\\\beta_1\\\vdots\\\vdots\\\beta_{n-1}\end{bmatrix}$，$\boldsymbol{C}=[0\ \ \cdots\ \ 0\ \ 1]$。

状态图如图 3-13 所示。

这个系统的传递函数为

$$g(s)=C[s\boldsymbol{I}-\boldsymbol{A}]^{-1}b=\frac{\beta_{n-1}s^{n-1}+\beta_{n-2}s^{n-2}+\cdots+\beta_1 s+\beta_0}{s^n+a_{n-1}s^{n-1}+\cdots+a_1 s+a_0}$$

因此上述实现确实是 $g(s)$ 的一个实现。由于这个系统是能观测的，故称这个实现为能

观测性实现。若将这个实现与能控性实现比较一下，可发现，能观测性实现就是能控性实现的对偶形式。

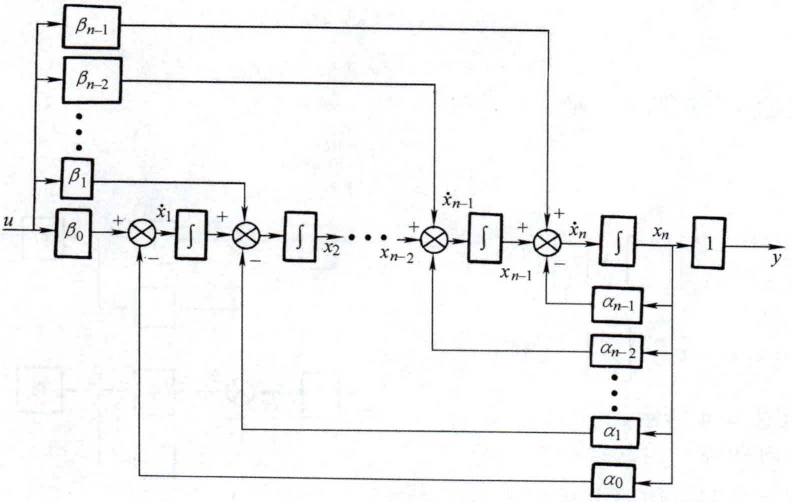

图 3-13

3.9.3 并联形实现

如果传递函数的分母 s 多项式能够比较容易地进行因式分解，化成由实数极点表示的形式，可得到并联形实现，为了简单起见，以两阶系统传递函数为例进行介绍。

$$g(s)=\frac{y(s)}{u(s)}=\frac{N(s)}{(s-s_1)(s-s_2)} \tag{3-85}$$

式中，s_1，s_2 为传递函数的极点。

1）若传递函数的极点互异，即 $s_1 \neq s_2$，则

$$g(s)=\frac{y(s)}{u(s)}=\frac{N(s)}{(s-s_1)(s-s_2)}=\frac{c_1}{s-s_1}+\frac{c_2}{s-s_2}$$

其中

$$c_1=\lim_{s\to s_1}\left[\frac{N(s)}{(s-s_1)(s-s_2)}(s-s_1)\right]$$

$$c_2=\lim_{s\to s_2}\left[\frac{N(s)}{(s-s_1)(s-s_2)}(s-s_2)\right]$$

$$y(s)=\left[\sum_{i=1}^{2}\frac{c_i}{s-s_i}\right]u(s)=\frac{c_1}{s-s_1}u(s)+\frac{c_2}{s-s_2}u(s)$$

如果选取

$$x_1(s)=\frac{1}{s-s_1}u(s)$$

$$x_2(s)=\frac{1}{s-s_2}u(s)$$

作为状态变量的拉普拉斯变换，则有

$$sx_1(s)=s_1x_1(s)+u(s)$$
$$sx_2(s)=s_2x_2(s)+u(s)$$
$$y(s)=c_1x_1(s)+c_2x_2(s)$$

求上面三式的拉普拉斯反变换，得

$$\dot{x}_1=s_1x_1+u$$
$$\dot{x}_2=s_2x_2+u$$

或
$$\begin{bmatrix}\dot{x}_1\\ \dot{x}_2\end{bmatrix}=\begin{bmatrix}s_1 & 0\\ 0 & s_2\end{bmatrix}\begin{bmatrix}x_1\\ x_2\end{bmatrix}+\begin{bmatrix}1\\ 1\end{bmatrix}u$$

$$y=\begin{bmatrix}c_1 & c_2\end{bmatrix}\begin{bmatrix}x_1\\ x_2\end{bmatrix} \tag{3-86}$$

其状态图如图 3-14 所示。

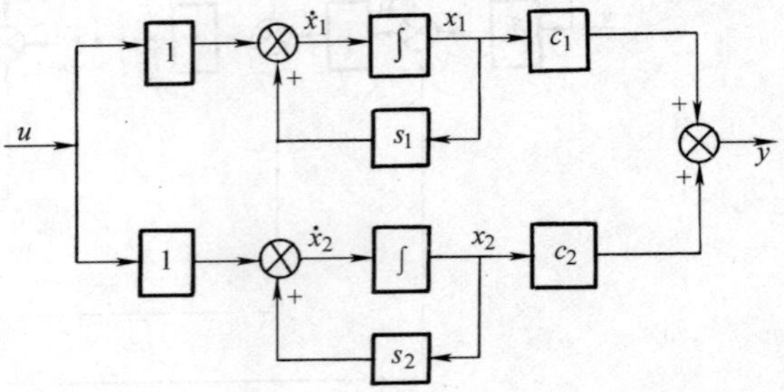

图 3-14

对于一般情况，当系统传递函数的 n 个极点互异时，仿照上述方法不难得到并联形实现。

2）若系统传递函数有重极点时，也可以得到并联形实现。设系统传递函数为

$$g(s)=\frac{y(s)}{u(s)}=\frac{N(s)}{(s-s_1)^2(s-s_3)}=\frac{c_{11}}{(s-s_1)^2}+\frac{c_{12}}{(s-s_1)}+\frac{c_{13}}{(s-s_3)} \tag{3-87}$$

其中
$$c_{11}=\lim_{s\to s_1}\left[\frac{N(s)}{(s-s_1)^2(s-s_3)}(s-s_1)^2\right]$$
$$c_{12}=\lim_{s\to s_1}\left\{\frac{\mathrm{d}}{\mathrm{d}s}\left[\frac{N(s)}{(s-s_1)^2(s-s_3)}(s-s_1)^2\right]\right\}$$
$$c_{13}=\lim_{s\to s_3}\left[\frac{N(s)}{(s-s_1)^2(s-s_3)}(s-s_3)\right]$$

于是
$$y(s)=\frac{c_{11}}{(s-s_1)^2}u(s)+\frac{c_{12}}{s-s_1}u(s)+\frac{c_{13}}{s-s_{13}}u(s)$$

类似上面的方法，即可得到如下并联形实现

$$\begin{bmatrix}\dot{x}_1\\ \dot{x}_2\\ \dot{x}_3\end{bmatrix}=\begin{bmatrix}s_1 & 1 & 0\\ 0 & s_1 & 0\\ 0 & 0 & s_3\end{bmatrix}\begin{bmatrix}x_1\\ x_2\\ x_3\end{bmatrix}+\begin{bmatrix}0\\ 1\\ 1\end{bmatrix}u$$

$$y=\begin{bmatrix}c_{11} & c_{12} & c_{13}\end{bmatrix}\begin{bmatrix}x_1\\ x_2\\ x_3\end{bmatrix} \tag{3-88}$$

系统的状态图如图 3-15 所示。

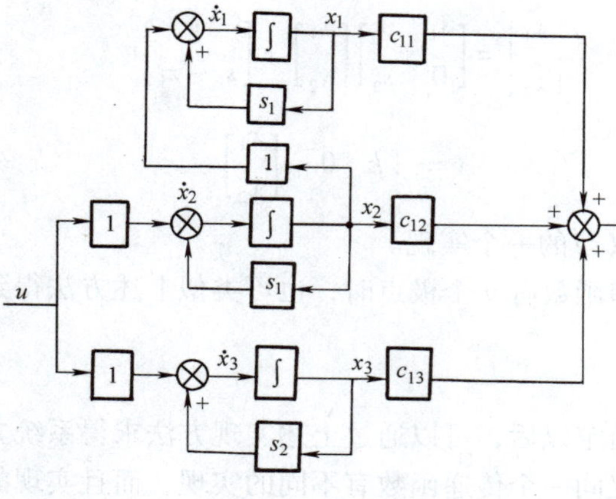

图 3-15

不难验证，式（3-88）的传递函数$g(s)$就是式（3-87）。因此，式（3-88）是传递函数式（3-87）的一个实现。

应当指出，传递函数的 s 多项式的因式分解，当阶数较高时，这一工作是很困难的。其次，当传递函数有复数极点时，实现的方程中 $\boldsymbol{A}$、$\boldsymbol{b}$ 和 $\boldsymbol{c}$ 矩阵含有复数元素。这样的系统方程不能直接在计算机上仿真，但可以引入某些变换的方法来解决。

3.9.4 串联形实现

如果传递函数的分子、分母 s 多项式都能进行因式分解，这时采用串联形实现比较合适。

设

$$g(s)=\frac{y(s)}{u(s)}=\frac{k(s-z_1)}{(s-s_1)(s-s_2)} \tag{3-89}$$

式中，s_1，s_2 为传递函数的极点；z_1 为传递函数零点。

$$g(s)=\frac{y(s)}{u(s)}=\frac{k(s-z_1)}{(s-s_1)(s-s_2)}=k\frac{1}{s-s_1}\frac{s-z_1}{s-s_2}=k\frac{1}{s-s_1}\left(1+\frac{s_2-z_1}{s-s_2}\right)$$

系统的状态图如图 3-16 所示。

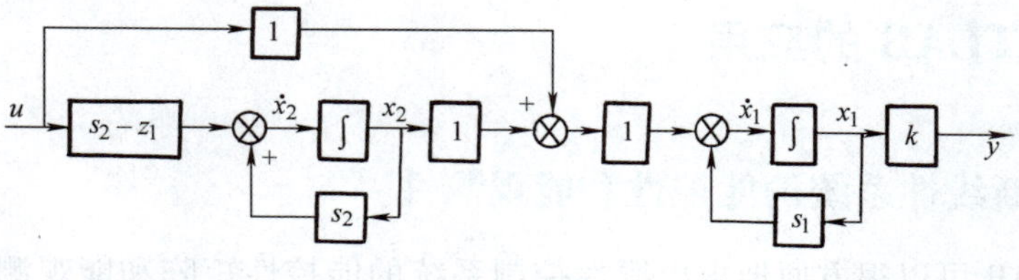

图 3-16

其系统方程为

$$\begin{bmatrix} \dot{x}_1 \\ \dot{x}_2 \end{bmatrix} = \begin{bmatrix} s_1 & 1 \\ 0 & s_2 \end{bmatrix} \begin{bmatrix} x_1 \\ x_2 \end{bmatrix} + \begin{bmatrix} 1 \\ s_2 - z_1 \end{bmatrix} u$$

$$y = \begin{bmatrix} k & 0 \end{bmatrix} \begin{bmatrix} x_1 \\ x_2 \end{bmatrix} \tag{3-90}$$

可以验证，式(3-90)是 $g(s)$ 的一个实现。

对于一般情况，传递函数有 n 个极点时，也可类似上述方法得到串联形实现。

3.9.5 最小实现

当系统的传递函数给定以后，可以通过上述实现方法求得系统方程。一般地说这样的实现不是惟一的。不仅同一个传递函数有不同的实现，而且实现的维数也有差别。

在所有可能的实现中，维数最小的实现称为最小实现，也称为不可简约实现。最小实现也不是唯一的。对于最小实现的系统方程，如用放大器、积分器来构造系统时，所需的放大器、积分器的数目最少，结构简单，花钱也少。因此，希望寻求 $g(s)$ 的最小实现。

对于单输入-单输出线性定常系统，其最小实现的条件是什么呢？

定理 3-30 系统方程

$$\dot{\boldsymbol{x}} = \boldsymbol{A}\boldsymbol{x} + \boldsymbol{b}u$$

$$y = \boldsymbol{C}\boldsymbol{x} \tag{3-91}$$

为传递函数 $g(s)$ 的一个最小实现的充分必要条件是系统（3-91）能控、能观测。

证明从略。对于上面讨论的能控性实现，如果它是能观测的；对于能观测性实现，如果它是能控的，则由传递函数 $g(s)$ 所得到的实现均为最小实现。利用这个结果，可以很容易得到具有严格正则的传递函数 $g(s)$ 的最小实现。其步骤为：

1）按能控性实现，得到系统方程。

2）检验能控性实现是否能观测，若为能观测，则该实现即为最小实现；若不能观测，则按能观测性进行结构分解，将能控性实现又分成能观测和不能观测两个子系统。而能控、能观测的子系统就是最小实现。

3.10 MATLAB 的应用

3.10.1 判断线性系统的能控性和能观测性

用 MATLAB 可以很方便地求出线性控制系统的能控性矩阵和能观测性矩阵，并且求出它们的秩，从而判断系统的能控性和能观测性。函数 ctrb（ ）和 obsv（ ）分别计算系统的能控性矩阵 $\boldsymbol{Q}_c$ 和能观测性矩阵 $\boldsymbol{Q}_0$。格式为 Qc = ctrb（A，B），Q0 = obsv（A，C）。

例 3-23 判断下面的线性系统是否能控？是否能观测？

$$\dot{x} = Ax + Bu, \quad y = Cx$$

式中，$A = \begin{bmatrix} 1 & 0 & -1 \\ -1 & -2 & 0 \\ 3 & 0 & 1 \end{bmatrix}$，$B = \begin{bmatrix} 1 & 0 \\ 2 & 1 \\ 0 & 2 \end{bmatrix}$，$C = \begin{bmatrix} 1 & 0 & 0 \\ 0 & -1 & 0 \end{bmatrix}$。

解 先分别计算系统的能控性矩阵 Q_c 和能观测性矩阵 Q_0。然后，再用 rank（ ）函数计算这两个矩阵的秩。

输入以下语句

```
A = [1  0  -1; -1  -2  0; 3  0  1]; B = [1  0; 2  1; 0  2]; C = [1  0
0; 0  -1  0];
Qc = ctrb (A, B)
Q0 = obsv (A, C)
Rc = rank (Qc)
R0 = rank (Q0)
```

这些语句的执行结果为

```
Qc =
     1  0    1  -2  -2  -4
     2  1   -5  -2   9   6
     0  2    3   2   6  -4
Q0 =
      1   0   0
      0  -1   0
      1   0  -1
      1   2   0
     -2   0  -2
     -1  -4  -1
Rc =
     3
R0 =
     3
```

从计算结果可以看出，系统能控性矩阵和能观测性矩阵的秩都是 3，为满秩，因此该系统是能控的，也是能观测的。

注：当系统的模型用 sys = ss（A，B，C，D）输入以后，也就是当系统模型用状态空间的形式表示时，也可以用 Qc = ctrb（sys），Q0 = obsv（sys）的形式求出该系统的能控性矩阵和能观测性矩阵。

3.10.2 线性系统按能控性或能观测性分解

首先应着重说明的是，在用 MATLAB 进行结构分解时，不能控（不能观测）的系统，其结构分解的系统方程形式与本章 3.8 节不同。

当系统能控性矩阵的秩 $\mathrm{rank}\boldsymbol{Q}_c < n$ 时，可以使用函数命令 ctrbf（ ）可以对线性系统进行能控性分解。其调用格式为 $[\overline{\boldsymbol{A}},\overline{\boldsymbol{B}},\overline{\boldsymbol{C}},\boldsymbol{T},\boldsymbol{K}] = \mathrm{ctrbf}(\boldsymbol{A},\boldsymbol{B},\boldsymbol{C})$。其中，$\boldsymbol{T}$ 为相似变换矩阵。

$$\overline{\boldsymbol{A}} = \begin{bmatrix} \overline{A}_{\overline{c}} & 0 \\ \overline{A}_{21} & \overline{A}_{c} \end{bmatrix}, \overline{\boldsymbol{B}} = \begin{bmatrix} 0 \\ \overline{B}_{c} \end{bmatrix}, \overline{\boldsymbol{C}} = [\overline{C}_{\overline{c}} \quad \overline{C}_{c}]。$$

输出 $\boldsymbol{K}$ 为一个向量，$\mathrm{sum}(\boldsymbol{K})$ 可以求出能控的状态分量的个数。

类似地，当系统能观测性矩阵的秩 $\mathrm{rank}\boldsymbol{Q}_0 < n$ 时，可以使用函数命令 obsvf( ) 可以对线性系统进行能观测性分解。其调用格式为 $[\overline{\boldsymbol{A}},\overline{\boldsymbol{B}},\overline{\boldsymbol{C}},\boldsymbol{T},\boldsymbol{K}] = \mathrm{obsvf}(\boldsymbol{A},\boldsymbol{B},\boldsymbol{C})$。其中，$\boldsymbol{T}$ 为相似变换矩阵。

$$\overline{\boldsymbol{A}} = \begin{bmatrix} \overline{A}_{0} & A_{12} \\ 0 & \overline{A}_{0} \end{bmatrix}, \overline{\boldsymbol{B}} = \begin{bmatrix} \overline{B}_{\overline{0}} \\ \overline{B}_{0} \end{bmatrix}, \overline{\boldsymbol{C}} = [0 \quad \overline{C}_{0}]。$$

输出 $\boldsymbol{K}$ 为一个向量，$\mathrm{sum}(\boldsymbol{K})$ 可以求出能观测的状态分量的个数。

例 3-24 系统方程为

$$\dot{\boldsymbol{x}} = \boldsymbol{A}\boldsymbol{x} + \boldsymbol{B}u, y = \boldsymbol{C}\boldsymbol{x}$$

式中，$\boldsymbol{A} = \begin{bmatrix} 0 & 0 & -6 \\ 1 & 0 & -11 \\ 0 & 1 & -6 \end{bmatrix}$；$\boldsymbol{B} = \begin{bmatrix} 3 \\ 1 \\ 0 \end{bmatrix}$；$\boldsymbol{C} = [0 \quad 0 \quad 1]$，试按能控性进行结构分解。

解 输入下列语句

```
A=[0  0  -6;1  0  -11;0  1  -6];B=[3;1;0];C=[0  0  1]
[Abar,Bbar,Cbar,T,K]=ctrbf(A,B,C)
```

语句执行结果为

```
Abar =
    -3.0000   -0.0000   0.0000
    -9.4868   -3.3000   0.9539
    -8.6189   -3.1344   0.3000
Bbar =
    -0.0000
     0.0000
    -3.1623
Cbar =
    -0.9435   -0.3315   0
```

```
T =
    -0.1048     0.3145    -0.9435
     0.2983    -0.8950    -0.3315
    -0.9487    -0.3162     0
K =
    1   1   0
```

从输出的向量 $\boldsymbol{K}$ 可以看出有两个状态分量是能控的。可以验证 $\overline{\boldsymbol{A}}=\boldsymbol{TAT}^{\mathrm{T}}$，输入语句

```
A1 = T * A * T'
```

得到的结果为

```
A1 =
    -3.0000    -0.0000    0.0000
    -9.4868    -3.3000    0.9539
    -8.6189    -3.1344    0.3000
```

可见，A1 = Abar，所得到的结果是正确的。

3.10.3 线性系统转换成能控标准形和能观标准形

下面通过两个例子来说明将系统变换成能控标准形和能观标准形的方法。

例 3-25 系统方程为

$$\dot{x}=\boldsymbol{A}x+\boldsymbol{B}u,y=\boldsymbol{C}x$$

式中，$\boldsymbol{A}=\begin{bmatrix}1 & 2 & -1\\0 & 2 & 1\\1 & -3 & 2\end{bmatrix}$；$\boldsymbol{B}=\begin{bmatrix}0\\1\\1\end{bmatrix}$；$\boldsymbol{C}=[1\quad 0\quad 1]$。求线性变换矩阵，将其变换成能控标准形。

解 （1）判断系统是否能控，并且求出 $\boldsymbol{A}$ 矩阵的特征多项式

输入下面语句

```
A = [1  2  -1; 0  2  1; 1  -3  2]; B = [0; 1; 1]; C = [1  0  1];
Qc = ctrb(A,B)
syms s;det(s * eye(3) - A)
if rank(Qc) ==3
    disp('The system is controllable')
else
    disp('The system is uncontrollable')
end
```

运行结果为

```
Qc =                        ans =
```

0	1	8	s^3 - 5 * s^2 + 12 * s - 11
1	3	5	
1	-1	-10	The system is controllable

表明系统为能控，因此可以变换成能控标准形。而且求出 $\boldsymbol{A}$ 的特征多项式为

$$\det[\lambda I - A] = \lambda^3 - 5\lambda^2 + 12\lambda - 11, (\text{即 } a_0 = -11, a_1 = 12, a_2 = -5)$$

（2）计算变换矩阵

$$\boldsymbol{Q} = \boldsymbol{Q}_c \begin{bmatrix} a_1 & a_2 & 1 \\ a_2 & 1 & 0 \\ 1 & 0 & 0 \end{bmatrix} = \boldsymbol{Q}_c \begin{bmatrix} 12 & -5 & 1 \\ -5 & 1 & 0 \\ 1 & 0 & 0 \end{bmatrix}, \ \boldsymbol{P} = \boldsymbol{Q}^{-1}$$

输入以下语句

Q = Qc * [12 -5 1; -5 1 0; 1 0 0], P = inv (Q)

计算结果为

Q =

3	1	0
2	-2	1
7	-6	1

P =

0.2353	-0.0588	0.0588
0.2941	0.1765	-0.1765
0.1176	1.4706	-0.4706

（3）计算出能控标准形

输入以下语句

Ab = P * A * Q, Bb = P * B, Cb = C * Q

计算结果为

Ab =

0	1.0000	0
0	0	1.0000
11.0000	-12.0000	5.0000

Bb =

0
0.0000
1.0000

Cb =

10	-5	1

表明经过变换以后的系统方程为

$$\dot{\bar{\boldsymbol{x}}} = \begin{bmatrix} 0 & 1 & 0 \\ 0 & 0 & 1 \\ 11 & -12 & 5 \end{bmatrix} \bar{\boldsymbol{x}} + \begin{bmatrix} 0 \\ 0 \\ 1 \end{bmatrix} \boldsymbol{u}, \ \boldsymbol{y} = [10 \ \ -5 \ \ 1] \ \bar{\boldsymbol{x}}$$

例 3-26 系统方程为

$$\dot{\boldsymbol{x}} = \boldsymbol{A}\boldsymbol{x} + \boldsymbol{B}\boldsymbol{u}, \ \boldsymbol{y} = \boldsymbol{C}\boldsymbol{x}$$

式中，$\boldsymbol{A} = \begin{bmatrix} 3 & 0 & 1 \\ 5 & 2 & 3 \\ 1 & 0 & 1 \end{bmatrix}$；$\boldsymbol{B} = \begin{bmatrix} 1 \\ 0 \\ 2 \end{bmatrix}$；$\boldsymbol{C} = [2 \ \ 1 \ \ 1]$。用线性变换将其变换成能观测标准形。

解 （1）判断系统是否为能观测，并且求出 $\boldsymbol{A}$ 矩阵的特征多项式

输入下面语句

A = [3 0 1;5 2 3;1 0 1];B = [1;0;2];C = [2 1 1];

```
Q0 = obsv(A,C)
syms s;det(s * eye(3) - A)
if rank(Q0) ==3
    disp ('The system is observable')
else
    disp ('The system is not observable')
end
```

运行结果为

```
Q0 =                    ans =

   2   1   1            s^3 -6 * s^2 +10 * s -4
  12   2   6
  52   4  24            The system is observable
```

表明系统为能观测，因此可以变换成能观标准形。而且求出 $\boldsymbol{A}$ 的特征多项式为

$$\det[\lambda I - A] = \lambda^3 - 6\lambda^2 + 10\lambda - 4,(\text{即 } a_0 = -4, a_1 = 10。a_2 = -6)$$

（2）计算变换矩阵

$$\boldsymbol{P} = \begin{bmatrix} a_1 & a_2 & 1 \\ a_2 & 1 & 0 \\ 1 & 0 & 0 \end{bmatrix} \boldsymbol{Q}_0 = \begin{bmatrix} 10 & -6 & 1 \\ -6 & 1 & 0 \\ 1 & 0 & 0 \end{bmatrix} \boldsymbol{Q}_0$$

输入以下语句

```
P = [10  -6  1; -6  1  0;1  0  0] * Q0, Q = inv(P)
```

计算结果为

```
P =                         Q =

   0    2   -2                 0.2500    0.2500   0.5000
   0   -4    0                   0      -0.2500     0
   2    1    1                -0.5000   -0.2500     0
```

（3）计算出能观测标准形

输入以下语句

```
Ab = P * A * Q,  Bb = P * B,  Cb = C * Q
```

计算结果为

```
Ab =                 Bb =

  0  0    4            -4
  1  0  -10             0          Cb =
  0  1    6             4             0  0  1
```

表明经过变换以后的系统方程为

$$\dot{\bar{x}}=\begin{bmatrix}0&0&4\\1&0&-10\\0&1&6\end{bmatrix}\bar{x}+\begin{bmatrix}-4\\0\\4\end{bmatrix}u,y=\begin{bmatrix}0&0&1\end{bmatrix}\bar{x}$$

小　　结

能控性和能观测性是系统定性分析的重要内容之一。本章介绍能控性和能观测性的定义，导出了线性系统能控性、能观测性的定理。其中定理 3-6 和定理 3-14 是本章两个基本结果。因为导出它们所用的假定最少（只需假定连续性），因此可以最广泛地应用。若引入附加假定（连续可微性），则得到定理 3-8 和定理 3-15，它们虽仅给出充分条件，但易于应用。对于线性定常系统，可以得到系统能控和能观测的充分必要条件。如果将能控性、能观测性的定理一一对应列出，将会发现其间的对偶性。对偶原理搭起了控制问题和估计问题的桥梁，在理论和实际两方面都具有很大意义。

本章还给出传递函数矩阵与能控性、能观测性之间的关系。运用结构分解的办法，将系统方程分解为四个部分：①能控、能观测；②能控、不能观测；③不能控、能观测；④不能控、不能观测。而传递函数矩阵只能描述系统方程中能控又能观测部分的特性，这是传递函数矩阵描述又一个不足之处。对于能控（能观测）的系统可以通过线性变换化成能控（能观测）标准形。

每一个正则有理传递函数均可以由有限维线性定常系统方程来实现。本章介绍了 SISO 系统能控性（能观测性）实现、并联形和串联形实现以及最小实现。关于 MIMO 系统的实现参考文献［22］。

能控性和能观测性概念是现代控制理论中最重要的基本概念，对学习本书后面的内容是至关重要的。

习　　题

3-1　试判断下面系统是否能控。

$$(1)\ \dot{x}=\begin{bmatrix}-1&1\\0&-2\end{bmatrix}x+\begin{bmatrix}1\\0\end{bmatrix}u$$

$$(2)\ \dot{x}=\begin{bmatrix}0&2&-1\\3&0&1\\0&0&2\end{bmatrix}x+\begin{bmatrix}1&0\\2&1\\0&2\end{bmatrix}u$$

3-2　试判断下面系统是否能观测。

$$(1)\ \dot{x}=\begin{bmatrix}2&-1\\2&-1\end{bmatrix}x$$

$$y=\begin{bmatrix}1&1\end{bmatrix}x$$

$$(2)\ \dot{x}=\begin{bmatrix}1&0&-1\\-1&-2&0\\3&0&1\end{bmatrix}x$$

$$y=\begin{bmatrix}1 & 0 & 0\\0 & -1 & 0\end{bmatrix}x$$

3-3 系统方程为

$$\dot{x}=\begin{bmatrix}a & 1\\0 & b\end{bmatrix}x+\begin{bmatrix}1\\1\end{bmatrix}u$$

$$y=\begin{bmatrix}1 & -1\end{bmatrix}x$$

为了使系统能控、能观测，确定 a、b 应满足的关系式。

3-4 试证明系统

$$\dot{x}=\begin{bmatrix}20 & -1 & 0\\4 & 16 & 0\\12 & -6 & 18\end{bmatrix}x+\begin{bmatrix}a\\b\\c\end{bmatrix}u$$

中，不论 a、b、c 为何值，系统不能控。

3-5 系统状态方程为

$$\dot{x}=\begin{bmatrix}-3 & 1 & 0\\0 & -3 & 0\\0 & 0 & -1\end{bmatrix}x+\begin{bmatrix}1 & -1\\0 & 0\\2 & 0\end{bmatrix}u$$

试判断系统的能控性。

3-6 系统方程为

$$\dot{x}=\begin{bmatrix}2 & 1 & 0\\0 & 2 & 0\\0 & 0 & -3\end{bmatrix}x$$

$$y=\begin{bmatrix}0 & 1 & 1\end{bmatrix}x$$

试判断系统的能观测性。

3-7 系统状态方程为

$$\dot{x}=\begin{bmatrix}-0.5 & 0\\0 & -1\end{bmatrix}x+\begin{bmatrix}0.5\\1\end{bmatrix}u$$

已知系统能控。若系统初始状态 $x(0)=[1 \quad -0.1]$，$x(t_1)=x(2)=0$，求所需的控制 $u(t)$。

3-8 系统方程为

$$\dot{x}=\begin{bmatrix}0 & 1 & 1\\0 & 0 & 1\\-10 & -17 & -8\end{bmatrix}x+\begin{bmatrix}0\\0\\1\end{bmatrix}u$$

$$y=\begin{bmatrix}5 & 6 & 1\end{bmatrix}x$$

判断系统的能控性与能观测性，并求出传递函数。

3-9 单级倒立摆系统的状态空间表达式如例 3-5 所示。试判断其能观测性。

3-10 线性连续系统方程为

$$\dot{x}=\begin{bmatrix}0 & 1\\-1 & 0\end{bmatrix}x+\begin{bmatrix}0\\1\end{bmatrix}u$$

如果系统能控，试求出它的离散化方程并判断其是否能控。

3-11 系统状态方程为

$$\boldsymbol{x}(k+1)=\begin{bmatrix}1 & 2 & -1\\ 0 & 1 & 0\\ 1 & 0 & 3\end{bmatrix}\boldsymbol{x}(k)+\begin{bmatrix}1 & 0\\ 0 & 1\\ 0 & 0\end{bmatrix}\boldsymbol{u}(k)$$

试判断系统的能控性。

3-12　系统方程为

$$\dot{\boldsymbol{x}}=\begin{bmatrix}0 & 0 & 0\\ 0 & -1 & 0\\ 0 & 0 & -2\end{bmatrix}\boldsymbol{x}+\begin{bmatrix}3\\ 2\\ 1\end{bmatrix}u$$

$$y=\begin{bmatrix}1 & 1 & 0\end{bmatrix}\boldsymbol{x}$$

试写出它的对偶系统方程。

3-13　有如下两个系统，如果已知系统能控，试将其变换成能控标准形。

(1) $\dot{\boldsymbol{x}}=\begin{bmatrix}-1 & 0\\ 0 & -2\end{bmatrix}\boldsymbol{x}+\begin{bmatrix}2\\ 5\end{bmatrix}u$

(2) $\dot{\boldsymbol{x}}=\begin{bmatrix}-1 & 1 & 0\\ 0 & -1 & 0\\ 0 & 0 & -2\end{bmatrix}\boldsymbol{x}+\begin{bmatrix}0\\ 4\\ 3\end{bmatrix}u$

3-14　系统方程为

$$\dot{\boldsymbol{x}}=\begin{bmatrix}3 & 2\\ 1 & -1\end{bmatrix}\boldsymbol{x}+\begin{bmatrix}1\\ 2\end{bmatrix}u$$

$$y=\begin{bmatrix}1 & 1\end{bmatrix}\boldsymbol{x}$$

能观测。试将其变换成能观测标准形。

3-15　系统方程为

$$\dot{\boldsymbol{x}}=\begin{bmatrix}0 & 0 & -6\\ 1 & 0 & -11\\ 0 & 1 & -6\end{bmatrix}\boldsymbol{x}+\begin{bmatrix}3\\ 1\\ 0\end{bmatrix}u$$

$$y=\begin{bmatrix}0 & 0 & 1\end{bmatrix}\boldsymbol{x}$$

试按能控性进行结构分解，指出能控的状态分量和不能控的状态分量。

3-16　系统方程如下

$$\dot{\boldsymbol{x}}=\begin{bmatrix}0 & 1 & 0\\ 0 & 0 & 1\\ -2 & -5 & -4\end{bmatrix}\boldsymbol{x}+\begin{bmatrix}0\\ 0\\ 1\end{bmatrix}u$$

$$y=\begin{bmatrix}2 & 1 & 0\end{bmatrix}\boldsymbol{x}$$

试按能观测性进行结构分解，并指出能观测状态分量和不能观测状态分量。

3-17　控制系统结构如图 3-17 所示，已知 $G_1(s)=\dfrac{5}{s+1}$，$G_2(s)=\dfrac{1}{s+5}$，$G_3(s)=\dfrac{1}{s+10}$，试求系统的能控标准形实现、能观测标准形实现、并联形实现和串联形实现。

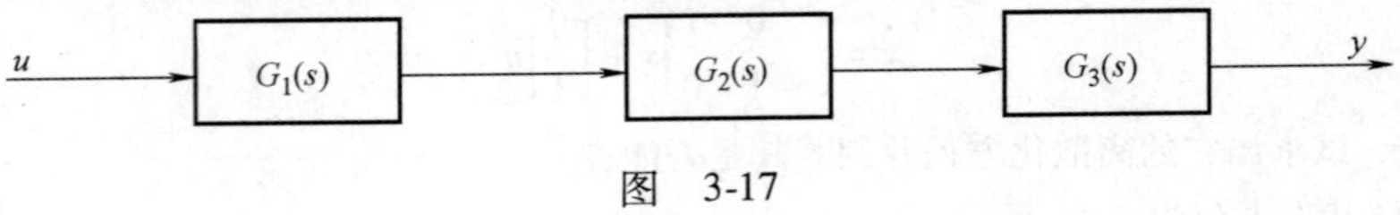

图　3-17

第 4 章　控制系统的稳定性

稳定性是系统定性分析的又一个重要内容。实际工程中，可以应用的系统必须是稳定的。不稳定的系统是不能付诸使用的。在系统分析和设计中，不可避免地会遇到稳定性问题。

4.1　引言

随着科学技术的发展以及航空、航天工业发展的需要，控制问题由线性、定常、单输入-单输出系统问题向非线性、时变、多输入-多输出系统问题延伸，使得稳定性问题分析的复杂程度急剧地增加。那些在经典控制理论中行之有效的稳定性分析方法在此无能为力，必须寻求其他方法。

李亚甫诺夫（A. M. ляпунов）在 1892 年发表了《运动稳定性一般问题》论文，建立了运动稳定性的一般理论和方法。他把分析常微分方程组稳定性的所有方法归纳为两种。第一种方法是求出常微分方程的解，分析系统的稳定性，这是一种间接方法；第二种方法是不需要求解常微分方程的解而能提供稳定性的信息，这是一种直接方法。由于求解非线性时变微分方程组的解是很困难的，甚至是不可能的，因此，李亚甫诺夫第二法就显得特别的重要。该方法研究系统稳定性是建立在这样一个事实之上的，即系统的一个平衡状态若为渐近稳定时，在外界作用下，系统能量要发生变化。而且，系统储存的能量必将随着时间的增长而衰减，直至趋于平稳状态而使能量趋于最小值。现以一个机械平移系统为例来说明这个问题。

例 4-1　一个弹簧-质量-阻尼器系统，如图 4-1 所示，系统的运动由如下微分方程描述

$$m\ddot{x}+f\dot{x}+kx=0$$

式中，m 为质量；k 为弹簧刚度；f 为阻尼器的粘性摩擦系数；x 为位移。

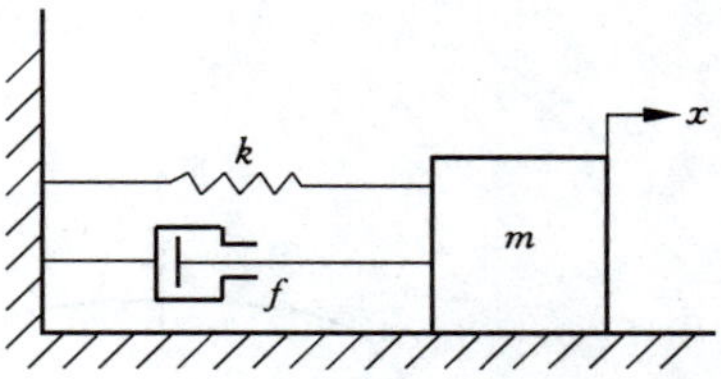

图　4-1

为了简单起见并不失一般性，令 $m=1$，则系统的微分方程为

$$\ddot{x}+f\dot{x}+kx=0 \tag{4-1}$$

选取状态变量 $x_1=x$，$\dot{x}_1=x_2$，则系统的状态方程为

$$\left.\begin{aligned}\dot{x}_1&=x_2\\ \dot{x}_2&=-kx_1-fx_2\end{aligned}\right\} \tag{4-2}$$

在任意时刻，系统的总能量 $E(x_1,x_2)$ 包括质量移动的动能和储存在弹簧中的位能，

即

$$E(x_1,x_2)=\frac{1}{2}x_2^2+\frac{1}{2}kx_1^2 \tag{4-3}$$

显然

$$E(x)>0 \qquad (x\neq 0)$$
$$E(0)=0 \qquad (x=0)$$

这意味着，系统除了在 $x=0$，即 $x_1=0$，$x_2=0$ 时，总能量等于零外，在 $x\neq 0$ 时，系统总能量大于零，而总能量随时间的变化率为

$$\begin{aligned}\frac{\mathrm{d}}{\mathrm{d}t}E(x_1,x_2)&=\frac{\partial E}{\partial x_1}\frac{\mathrm{d}x_1}{\mathrm{d}t}+\frac{\partial E}{\partial x_2}\frac{\mathrm{d}x_2}{\mathrm{d}t}=kx_1\dot{x}_1+x_2\dot{x}_2\\&=kx_1x_2+x_2(-kx_1-fx_2)\\&=-fx_2^2\end{aligned} \tag{4-4}$$

可见，除 $x_2=0$ 时，$\mathrm{d}E(x_1,x_2)/\mathrm{d}t=0$ 外，在正阻尼（$f>0$）情况下，$\mathrm{d}E(x_1,x_2)/\mathrm{d}t$ 在所有其他点处都是负的，即系统总能量是衰减的，故系统是稳定的。为了进一步理解上述概念，用图形来说明该系统的运动过程。

考查总能量 $E(x_1,x_2)=\frac{1}{2}x_2^2+\frac{1}{2}kx_1^2$ 的几何表示。$E(x_1,x_2)$ 是一个如图 4-2a 所示的杯形曲面。在杯的表面上，对于一个 $E(x_1,x_2)$ 为常值的轨迹是一个椭圆。设初始状态 x_0 为杯形曲面上一点，则随着时间的变化，该点将穿越常值 E 曲线而向杯的最低点运动。图 4-2b 给出了一条状态轨线在 x_1、x_2 平面的投影。由于 $\dot{E}(x_1,x_2)<0$，所以 $E(x_1,x_2)$ 随时间 t 的增加而连续减小，直至 $E(x_1,x_2)=0$ 为止。然而，对于一般的控制系统而言，并无这样的直观性。但是通过系统总能量确定系统稳定性的方法具有普遍性。基于上述思想，李亚甫诺夫构造了所谓广义能量函数，称之为李亚甫诺夫函数，记成 $V(x,t)$。当李亚甫诺夫函数不显含时间 t，就记成 $V(x)$。通过研究 $V(x,t)$ 或 $V(x)$ 及其沿系统状态轨线运动随时间的变化率 $\dot{V}(x,t)$ 或 $\dot{V}(x)$ 的定号性就可以给出系统稳定性的信息。

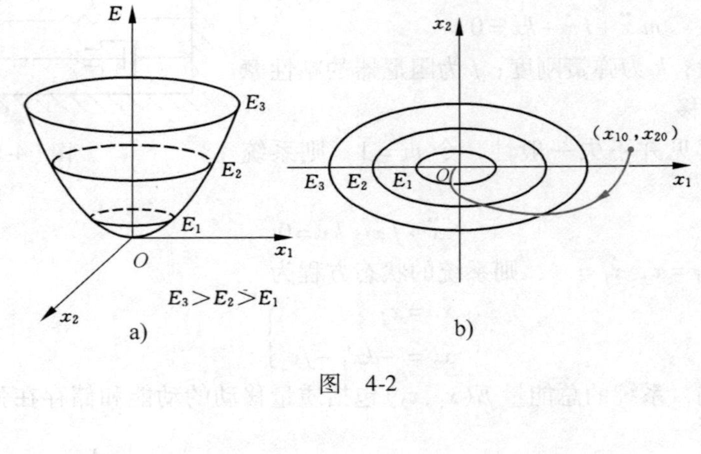

图 4-2

李亚甫诺夫第二法是研究系统平衡状态稳定性的。什么是系统平衡状态呢?

在例 4-1 中，$x_1=0$，$x_2=0$ 称为平衡状态。一般地说，系统的状态方程为

$$\dot{x}=f(x,t) \tag{4-5}$$

其初始状态为 $x(t_0)$。系统的状态轨线 $x(t)$ 是随着时间而变化的。当且仅当 $t \geqslant t_0$，有 $x(t)=x(t_0)=x_e$，则称 x_e 为系统的平衡状态。由此可见，当状态轨线 $x(t)$ 达到平衡状态时，如果系统不加输入，则状态就永远停留在平衡状态。因此，系统在平衡状态时，对于所有 $t \geqslant t_0$，有

$$\dot{x}_e=f(x_e,t)=0 \tag{4-6}$$

即平衡状态 x_e 是向量代数方程（4-6）的解。然而，满足上面方程的解，可能不是一个，如果这些平衡状态，彼此是孤立的，则可以通过线性变换，将非零的平衡状态移到状态空间坐标原点，即 $x_e=0$。因此，对于所有的 $t \geqslant t_0$，有

$$f(x_e,t)=f(0,t)=0 \tag{4-7}$$

这样，系统平衡状态的稳定性问题可转化为原点稳定性问题来研究。

对于系统的一个给定的运动 $x(t)$，当受到干扰后，由 $x(t)$ 变成 $\bar{x}(t)$。这个 $\bar{x}(t)$ 称为受扰运动。当干扰消失后，$\bar{x}(t)$ 能不能渐近地趋于 $x(t)$ 呢? 如果 $\bar{x}(t)$ 能渐近地趋于 $x(t)$，表示受扰运动 $\bar{x}(t)$ 稳定，反之，$\bar{x}(t)$ 不稳定。为了研究给定运动 $x(t)$ 的稳定性，引入扰动状态 $\xi(t)$，即

$$\xi(t)=\bar{x}(t)-x(t) \tag{4-8}$$

$$\begin{aligned}\dot{\xi}(t)&=\dot{\bar{x}}(t)-\dot{x}(t)\\&=f(x+\xi,t)-f(x,t)\end{aligned}$$

令

$$\dot{\xi}(t)=f(x+\xi,t)-f(x,t)=F(\xi(t),t)$$

且

$$F(0,t)=0 \tag{4-9}$$

于是，系统的给定运动 $x(t)$ 的稳定性问题等价于扰动方程(4-9)的原点稳定性问题。

综上所述，不论是系统平衡状态 x_e 的稳定性问题，还是受扰运动的稳定性问题，都可以转化为原点稳定性问题来研究。因此在本书中，采用李亚甫诺夫第二法研究方程（4-5）和式（4-7）描述的系统原点（$x_e=0$）的稳定性问题。

以上所说的系统运动稳定性是指系统状态稳定性。有的书称为内部稳定性。实际上系统存在输入信号 $\boldsymbol{u}(t)$，即系统方程为

$$\dot{\boldsymbol{x}}=f(\boldsymbol{x},\boldsymbol{u},t) \tag{4-10}$$

$$\boldsymbol{y}=g(\boldsymbol{x},\boldsymbol{u},t) \tag{4-11}$$

式中，$\boldsymbol{x}$，$\boldsymbol{u}$，$\boldsymbol{y}$ 分别为 n，r，m 维向量；f，g 分别为 n，m 维向量函数。这时就要研究系统在输入信号作用下的稳定性问题。即根据系统输入和输出关系来研究初始松弛情况下，有界输入、有界输出（BIBO）的稳定问题，有的书称为外部稳定性问题。

本章还将研究线性系统的有界输入、有界输出稳定的判别方法以及与系统平衡状态 $\boldsymbol{x}_e=0$ 稳定性之间的关系。

4.2 李亚甫诺夫意义下稳定性的定义

4.2.1 稳定

非线性时变系统状态方程为

$$\left.\begin{aligned}\dot{\boldsymbol{x}}&=f(\boldsymbol{x},t)\\ \boldsymbol{x}_e&=0\end{aligned}\right\}\tag{4-12}$$

如果对于任意给定的实数 $\varepsilon>0$，都对应地存在实数 $\delta(\varepsilon,t_0)>0$，使得由满足不等式

$$\|\boldsymbol{x}(t_0)-\boldsymbol{x}_e\|\leqslant\delta(\varepsilon,t_0)\tag{4-13}$$

的任意初始状态 $\boldsymbol{x}(t_0)=\boldsymbol{x}_0$ 出发的状态轨线 $\boldsymbol{x}(t)$ 有

$$\|\boldsymbol{x}(t)-\boldsymbol{x}_e\|\leqslant\varepsilon\qquad(\text{对所有的 } t\geqslant t_0)\tag{4-14}$$

成立，则称 $\boldsymbol{x}_e=0$ 为李亚甫诺夫意义下的稳定。如果 $\delta(\varepsilon,t_0)$ 是与初始时刻 t_0 无关，即 $\delta(\varepsilon,t_0)=\delta(\varepsilon)$，则称 $\boldsymbol{x}_e=0$ 为一致稳定。即对于定常系统而言，如果系统平衡状态 $\boldsymbol{x}_e$ 为李亚甫诺夫意义下稳定，则 $\boldsymbol{x}_e$ 必为李亚甫诺夫意义下一致稳定。

式(4-13)和式(4-14)中的范数均为欧氏范数。

稳定的几何意义是这样的：若将 $\boldsymbol{x}_e=0$ 为圆心，$\delta(\varepsilon)$ 为半径的一个球域记成 $S(\delta)$，将 ε 为半径的一个球域记成 $S(\varepsilon)$。对于二维情况，$S(\delta)$、$S(\varepsilon)$ 就是一个圆，如图 4-3 所示。而李亚甫诺夫意义下稳定的几何意义是对于每一个 $S(\varepsilon)$，都存在一个 $S(\delta)$，使得从 $S(\delta)$ 中任意一点 x_0 出发的状态轨线 $x(t)$，对所有的 $t\geqslant t_0$，都不离开 $S(\varepsilon)$。

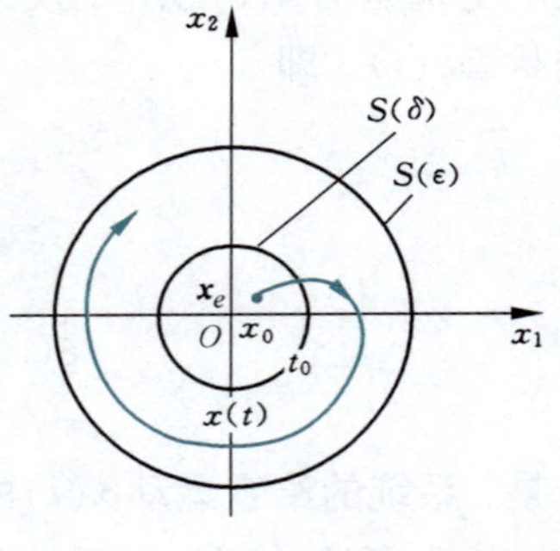

图 4-3

显然，李亚甫诺夫意义下的稳定和经典控制理论中所说的稳定是不相同的。李亚甫诺夫意义下的稳定在工程中是不能应用的。

4.2.2 渐近稳定

如果系统平衡状态 $\boldsymbol{x}_e=0$ 是稳定的，同时对于从充分接近 $\boldsymbol{x}_e=0$ 的任意的一个初始状态 $\boldsymbol{x}_0$ 出发的状态轨线 $\boldsymbol{x}(t)$，当 $t\to\infty$ 时，收敛于 $\boldsymbol{x}_e=0$，则称 $\boldsymbol{x}_e=0$ 为李亚甫诺夫意义下的渐近稳定。换句话说，对于给定的两个实数 $\delta>0$ 和 $\mu>0$，都对应地存在实数 $T(\mu,\delta,t_0)>0$，使得从满足不等式

$$\|\boldsymbol{x}_0-\boldsymbol{x}_e\|\leqslant\delta$$

的任意初始状态 $\boldsymbol{x}_0$ 出发的状态轨线 $\boldsymbol{x}(t)$，有

$$\|\boldsymbol{x}(t)-\boldsymbol{x}_e\|\leqslant\mu\qquad(\text{对所有 } t\geqslant t_0+T(\mu,\delta,t_0))$$

成立，则称 $x_e=0$ 为李亚甫诺夫意义下的渐近稳定。以二维情况为例，如图 4-4a、b 所

示。其中图 4-4a 反映了 $\boldsymbol{x}(t)$ 的有界性，而图 4-4b 反映 $\boldsymbol{x}(t)$ 随时间变化的渐近性。而且，随着 $\mu\to0$，有 $T\to\infty$，因此，当 x_e 为渐近稳定时，必有 $\lim\limits_{t\to\infty}\boldsymbol{x}(t)=\boldsymbol{x}_e$。如果 $\varepsilon(\delta, t_0)$ 和 $T(\mu, \delta, t_0)$ 与 t_0 无关，即 $\varepsilon(\delta, t_0)=\varepsilon(\delta)$ 和 $T(\mu, \delta, t_0)=T(\mu, \delta)$，则系统为一致渐近稳定。

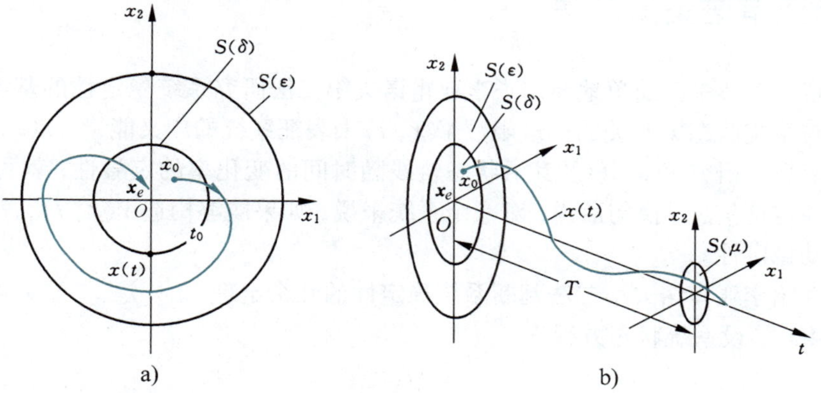

图 4-4

李亚甫诺夫意义下的渐近稳定就是经典控制理论中所说的稳定。工程中的系统都要求是李亚甫诺夫意义下的渐近稳定。

4.2.3 大范围渐近稳定

渐近稳定性是系统的一个局部稳定性概念。如果对于状态空间中，初始状态 $\boldsymbol{x}_0$ 是整个状态空间中的任何点，而从 $\boldsymbol{x}(t_0)$ 出发的状态轨线 $\boldsymbol{x}(t)$，有

$$\lim_{t\to\infty}\boldsymbol{x}(t)=\boldsymbol{x}_e \tag{4-15}$$

则称 $\boldsymbol{x}_e=0$ 为李亚甫诺夫意义下的大范围渐近稳定或李亚甫诺夫意义下的全局渐近稳定。当大范围渐近稳定与初始时刻 t_0 选择无关时，则称一致大范围渐近稳定。

很显然，对于大范围渐近稳定的系统，其必要条件是整个状态空间中只存在一个平衡状态。对于线性系统，只要系统 $\boldsymbol{x}_e=0$ 是渐近稳定的，则一定是大范围渐近稳定的。

4.2.4 不稳定

对于任意的实数 $\varepsilon>0$，存在一个实数 $\delta>0$，不论 δ 取的多么小，在满足不等式

$$\|\boldsymbol{x}_0-\boldsymbol{x}_e\|<\delta$$

的所有初始状态中，至少存在一个初始状态 x_0，由此出发的状态轨线 $\boldsymbol{x}(t)$，不满足下面不等式

$$\|\boldsymbol{x}-\boldsymbol{x}_e\|\leqslant\varepsilon$$

则称 $\boldsymbol{x}_e=0$ 为李亚甫诺夫意义下的不稳定。对于二维情况它的几何意义如图 4-5 所示。由图可见，当 $\boldsymbol{x}_e=0$ 是李亚甫

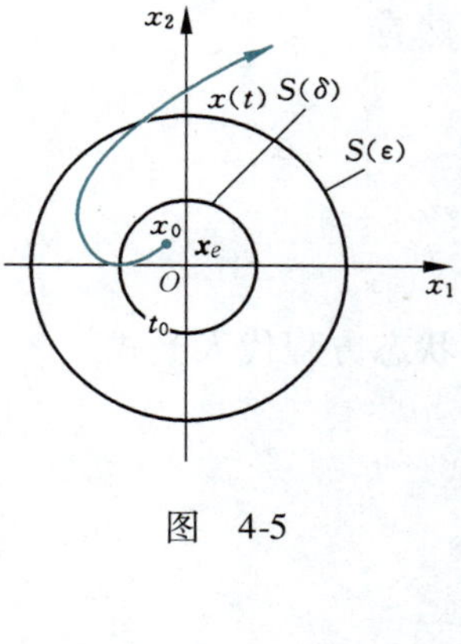

图 4-5

诺夫意义下的不稳定时，不管 $S(\delta)$ 取得多么小，也不管 $S(\varepsilon)$ 取得多么大，总存在一个初始状态 x_0，由此出发的状态轨线 $x(t)$ 将永远回不到 $S(\varepsilon)$ 内部来。

4.3 李亚甫诺夫第二法

在本章 4.1 节中已简单地介绍了李亚甫诺夫第二法研究系统稳定性的基本方法，即构造一个与系统状态 $\boldsymbol{x}$ 有关的标量函数 $V(\boldsymbol{x}, t)$ 来表征系统的广义能量。$V(\boldsymbol{x}, t)$ 称为李亚甫诺夫函数。研究 $V(\boldsymbol{x}, t)$ 及其沿状态轨线随时间的变化率的定号性，就可以得到有关系统的稳定性信息。换句话说，对一个系统来说，如果能够构造 $V(\boldsymbol{x}, t)$，就能判断该系统的运动稳定性。

本节介绍李亚甫诺夫第二法判断系统稳定性的几个定理。

定理 4-1 设系统状态方程为

$$\dot{\boldsymbol{x}} = f(\boldsymbol{x}) \tag{4-16}$$

在平衡状态 $\boldsymbol{x}_e = 0$ 的某邻域内，标量函数 $V(\boldsymbol{x})$ 具有连续一阶偏导数，且满足

(1) $V(\boldsymbol{x})$ 为正定的标量函数，即 $V(\boldsymbol{x}) > 0 \quad (\boldsymbol{x} \neq 0)$

$$V(\boldsymbol{x}) = 0 \quad (\boldsymbol{x} = 0)$$

(2) $\dot{V}(\boldsymbol{x})$ 为负定的标量函数，即 $\dot{V}(\boldsymbol{x}) < 0 \quad (\boldsymbol{x} \neq 0)$

$$\dot{V}(\boldsymbol{x}) = 0 \quad (\boldsymbol{x} = 0)$$

则 $\boldsymbol{x}_e = 0$ 是一致渐近稳定的。

如果 $\|\boldsymbol{x}\| \to \infty$，$V(\boldsymbol{x}) \to \infty$，则 $\boldsymbol{x}_e = 0$ 是一致大范围渐近稳定。

例 4-2 系统的状态方程为

$$\dot{x}_1 = x_2$$
$$\dot{x}_2 = -(x_1 + x_2)$$

判别系统的稳定性。

解 令 $\dot{x} = 0$，求得系统平衡状态 $\boldsymbol{x}_e = 0$。

选取
$$V(\boldsymbol{x}) = \frac{1}{2}(x_1 + x_2)^2 + x_1^2 + \frac{1}{2}x_2^2$$

显然有
$$V(\boldsymbol{x}) > 0 \quad (x \neq 0)$$
$$V(\boldsymbol{x}) = 0 \quad (x = 0)$$

而
$$\begin{aligned}\dot{V}(\boldsymbol{x}) &= \sum_{i=1}^{2} \frac{\partial V}{\partial x_i}\dot{x}_i \\ &= (x_1 + x_2)(\dot{x}_1 + \dot{x}_2) + 2x_1\dot{x}_1 + x_2\dot{x}_2\end{aligned}$$

将状态方程代入上式

$$\dot{V}(\boldsymbol{x}) = -(x_1^2 + x_2^2)$$

即
$$\dot{V}(\boldsymbol{x}) < 0 \quad (x \neq 0)$$
$$\dot{V}(\boldsymbol{x}) = 0 \quad (x = 0)$$

故　$\boldsymbol{x}_e=0$ 是一致渐近稳定的。

进而，当 $\|\boldsymbol{x}\|\to\infty$，有 $V(\boldsymbol{x})\to\infty$，故系统 $\boldsymbol{x}_e=0$ 是一致大范围渐近稳定的。

定理 4-1 是判别系统 $\boldsymbol{x}_e=0$ 渐近稳定的主要定理。然而它的条件较严，在工程中的应用受到限制，希望将此条件放宽，故有如下定理。

定理 4-2　设系统的状态方程为

$$\dot{\boldsymbol{x}}=f(\boldsymbol{x})$$

在 $\boldsymbol{x}_e=0$ 的某个领域内，标量函数 $V(\boldsymbol{x})$ 具有连续一阶偏导数，且满足

（1）$V(\boldsymbol{x})$ 为正定标量函数，即 $V(\boldsymbol{x})>0 \quad (\boldsymbol{x}\neq 0)$

$$V(\boldsymbol{x})=0 \quad (\boldsymbol{x}=0)$$

（2）$\dot{V}(\boldsymbol{x})$ 为负半定标量函数，即 $\dot{V}(\boldsymbol{x})\leqslant 0 \quad (\boldsymbol{x}\neq 0)$

$$\dot{V}(\boldsymbol{x})=0 \quad (\boldsymbol{x}=0)$$

（3）除 $\boldsymbol{x}=\boldsymbol{x}_e=0$ 平衡状态外，还有 $\dot{V}(\boldsymbol{x})=0$ 的点，但不会在整条状态轨线上有 $\dot{V}(\boldsymbol{x})=0$，则系统 $\boldsymbol{x}_e=0$ 是一致渐近稳定的。

如果 $\|\boldsymbol{x}\|\to\infty$，有 $V(\boldsymbol{x})\to\infty$，则系统 $\boldsymbol{x}_e=0$ 为一致大范围渐近稳定。

这个定理的第三个条件可等价为，对于从任意的初始状态 $\boldsymbol{x}_0$ 出发的状态轨线，$\dot{V}(\boldsymbol{x})\neq 0$。这在直观上也是容易理解的。因为 $\dot{V}(\boldsymbol{x})$ 不是负定的，而是负半定的，这就意味着系统的状态轨线可能在某个（某些）非零的点上与一个特定的 $V(\boldsymbol{x})$ 等于常值的面相切，在切点上，$\dot{V}(\boldsymbol{x})=0$。但由于对整个状态轨线来说，$\dot{V}(\boldsymbol{x})\neq 0$，所以，随着时间的增加，状态不会停止在切点处，而是连续地向原点运动，直到 $\boldsymbol{x}(t)=0$ 时，$V(0)=0$ 为止，故系统 $\boldsymbol{x}_e=0$ 是一致渐近稳定的。

例 4-3　系统的状态方程为

$$\dot{x}_1=x_2$$
$$\dot{x}_2=-a(1+x_2)^2x_2-x_1$$

式中，a 为非零正实数。判别系统稳定性。

解　令 $\dot{\boldsymbol{x}}=0$，求得系统平衡状态为 $\boldsymbol{x}_e=0$。

选取

$$V(\boldsymbol{x})=x_1^2+x_2^2$$

显然

$$V(\boldsymbol{x})>0 \quad (\boldsymbol{x}\neq 0)$$
$$V(\boldsymbol{x})=0 \quad (\boldsymbol{x}=0)$$

而

$$\dot{V}(\boldsymbol{x})=2x_1\dot{x}_1+2x_2\dot{x}_2$$

将状态方程代入上式得

$$\begin{aligned}\dot{V}(\boldsymbol{x})&=2x_1x_2+2x_2[-a(1+x_2)^2x_2-x_1]\\&=-2a(1+x_2)^2x_2^2\end{aligned}$$

可见，当 $x_2=0$ 和任意的 x_1，有 $\dot{V}(\boldsymbol{x})=0$，而 $x_2\neq 0$ 和任意的 x_1，$\dot{V}(\boldsymbol{x})<0$，即 $\dot{V}(\boldsymbol{x})\leqslant 0$，但在整条状态轨线上不会有 $\dot{V}(\boldsymbol{x})\equiv 0$。

根据定理 4-2 可知，$\boldsymbol{x}_e=0$ 是一致渐近稳定的。并且 $\|\boldsymbol{x}\|\to\infty$，$V(\boldsymbol{x})\to\infty$，故 $\boldsymbol{x}_e=0$

为一致大范围渐近稳定。

应当指当，定理 4-1 和定理 4-2 给出的 $x_e=0$ 的渐近稳定条件均是充分条件。

定理 4-3 设系统的状态方程为

$$\dot{\boldsymbol{x}}=f(\boldsymbol{x})$$

在 $\boldsymbol{x}_e=0$ 的某个邻域内，标量函数 $V(\boldsymbol{x})$ 具有连续一阶偏导数，且满足

(1) $V(\boldsymbol{x})$ 为正定的标量函数，即 $V(\boldsymbol{x})>0 \quad (\boldsymbol{x}\neq 0)$

$V(\boldsymbol{x})=0 \quad (\boldsymbol{x}=0)$

(2) $\dot{V}(\boldsymbol{x})$ 为负半定标量函数，即 $\dot{V}(\boldsymbol{x})\leqslant 0 \quad (\boldsymbol{x}\neq 0)$

$\dot{V}(\boldsymbol{x})=0 \quad (\boldsymbol{x}=0)$

则 $\boldsymbol{x}_e=0$ 为一致稳定的。

这个定理与定理 4-2 的区别是没有定理 4-2 中条件(3)。这一点可以这样来理解，因为沿状态轨线 $\dot{V}(\boldsymbol{x})\leqslant 0$，即系统可能存在这样的闭合轨线，满足 $\dot{V}(\boldsymbol{x})=0$。系统不是一定收敛到 $\boldsymbol{x}_e=0$，而是收敛于这个闭合轨线。在非线性系统中这个闭合轨线称为极限环。对于二维情况，如图 4-6 所示。在这种情况下，系统的运动状态为等幅振荡。所以，$\boldsymbol{x}_e=0$ 是一致稳定的。

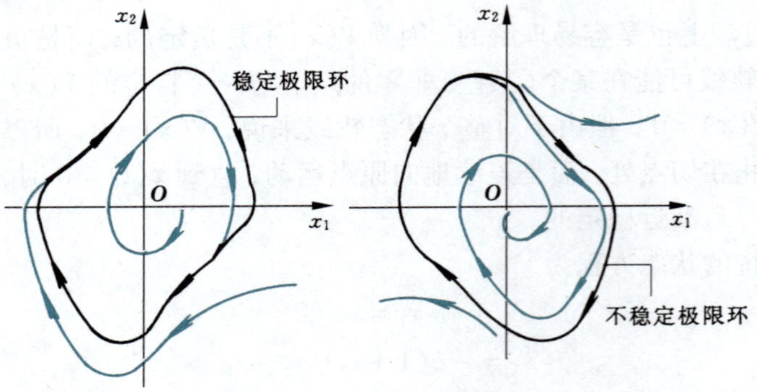

图 4-6

如果 $\|\boldsymbol{x}\|\to\infty$，$V(\boldsymbol{x})\to\infty$，则 $\boldsymbol{x}_e=0$ 为一致大范围稳定的。

例 4-4 系统的状态方程为

$$\dot{x}_1=kx_2$$
$$\dot{x}_2=-x_1$$

式中，k 为大于零的常数。分析系统平衡状态的稳定性。

解 令 $\dot{\boldsymbol{x}}=0$，求得平衡状态 $\boldsymbol{x}_e=0$。

选取李亚甫诺夫函数为

$$V(\boldsymbol{x})=x_1^2+kx_2^2$$

显然有 $\quad V(\boldsymbol{x})>0 \quad (\boldsymbol{x}\neq 0)$

$V(\boldsymbol{x})=0 \quad (\boldsymbol{x}=0)$

而　$$\dot V(x)=2x_1\dot x_1+2kx_2\dot x_2=2x_1kx_2-2kx_2x_1=0$$
由定理 4-3 可知，$x_e=0$ 为李亚甫诺夫意义下的稳定。

定理 4-4　设系统的状态方程

$$\dot{\boldsymbol x}=f(\boldsymbol x)$$

在 $\boldsymbol x_e=0$ 的某个领域内，标量函数 $V(\boldsymbol x)$ 具有连续一阶偏导数，且满足

（1）$V(\boldsymbol x)$ 为正定的标量函数，即 $V(\boldsymbol x)>0 \quad (\boldsymbol x\neq 0)$
$V(\boldsymbol x)=0 \quad (\boldsymbol x=0)$

（2）$\dot V(\boldsymbol x)$ 为正定的标量函数，即 $\dot V(\boldsymbol x)>0 \quad (\boldsymbol x\neq 0)$
$\dot V(\boldsymbol x)=0 \quad (\boldsymbol x=0)$

则 $x_e=0$ 是不稳定的。

例 4-5　系统的状态方程为

$$\dot x_1=x_2$$
$$\dot x_2=-x_1+x_2$$

分析系统平衡状态的稳定性。

解　由 $\dot x_1=0$ 和 $\dot x_2=0$ 得到 $x_1=0$、$x_2=0$ 为系统的平衡状态。

选取李亚甫诺夫函数为

$$V(\boldsymbol x)=x_1^2+x_2^2$$

显然有　$V(\boldsymbol x)>0 \quad (\boldsymbol x\neq 0)$
$V(\boldsymbol x)=0 \quad (\boldsymbol x=0)$

而
$$\begin{aligned}\dot V(\boldsymbol x)&=2x_1\dot x_1+2x_2\dot x_2\\&=2x_1x_2+2x_2(-x_1+x_2)\\&=2x_1x_2-2x_1x_2+2x_2^2=2x_2^2\end{aligned}$$

可见 $\dot V(\boldsymbol x)>0 \quad (\boldsymbol x\neq 0)$；$\dot V(\boldsymbol x)=0 \quad (\boldsymbol x=0)$。

由定理 4-4 可知，$\boldsymbol x_e=0$ 是不稳定的。

4.4　线性连续系统的稳定性

研究线性连续系统稳定性的方法很多。对于线性时变系统，齐次状态方程为 $\dot{\boldsymbol x}=\boldsymbol A(t)\boldsymbol x$。如果用第 2 章介绍的方法求出系统的状态转移矩阵 $\boldsymbol\phi(t,t_0)$ 后，齐次状态方程的解 $\boldsymbol x(t)=\boldsymbol\phi(t,t_0)\boldsymbol x(t_0)$。根据 $\boldsymbol x(t)$ 的形态即可判别系统稳定性。由于 $\boldsymbol x(t)$ 的形态是由 $\boldsymbol\phi(t,t_0)$ 决定的，因此，可以用 $\boldsymbol\phi(t,t_0)$ 来研究系统稳定性。对于线性定常系统 $\dot{\boldsymbol x}=\boldsymbol A\boldsymbol x$，除了根据 $\boldsymbol x(t)$ 或 $\boldsymbol\phi(t-t_0)$ 研究系统稳定性外，还可以根据矩阵 $\boldsymbol A$ 的特征值来研究系统稳定性。并且当 $\boldsymbol A$ 的所有特征值具有负实部时，系统平衡状态渐近稳定。也可以用李亚甫诺夫第二法研究系统稳定性。

设系统的状态方程为　$$\dot{\boldsymbol x}=\boldsymbol A\boldsymbol x \tag{4-17}$$
假定 $\boldsymbol A$ 是非奇异矩阵，这时系统存在唯一的平衡状态 $\boldsymbol x_e=0$。李亚甫诺夫函数 $V(\boldsymbol x)$ 为状

态变量 $\boldsymbol{x}$ 的二次型形式，即

$$V(\boldsymbol{x})=\boldsymbol{x}^{\mathrm{T}}\boldsymbol{P}\boldsymbol{x} \tag{4-18}$$

式中，$\boldsymbol{P}$ 为 $n\times n$ 正定的对称常值矩阵。

显然有　$V(\boldsymbol{x})>0(\boldsymbol{x}\neq 0)$；$V(\boldsymbol{x})=0(\boldsymbol{x}=0)$。$V(\boldsymbol{x})$沿状态轨线随时间的变化率为

$$\begin{aligned}\dot{V}(\boldsymbol{x})&=\frac{\mathrm{d}}{\mathrm{d}t}(\boldsymbol{x}^{\mathrm{T}}\boldsymbol{P}\boldsymbol{x})=\dot{\boldsymbol{x}}^{\mathrm{T}}\boldsymbol{P}\boldsymbol{x}+\boldsymbol{x}^{\mathrm{T}}\boldsymbol{P}\dot{\boldsymbol{x}}\\&=\boldsymbol{x}^{\mathrm{T}}\boldsymbol{A}^{\mathrm{T}}\boldsymbol{P}\boldsymbol{x}+\boldsymbol{x}^{\mathrm{T}}\boldsymbol{P}\boldsymbol{A}\boldsymbol{x}\\&=\boldsymbol{x}^{\mathrm{T}}(\boldsymbol{A}^{\mathrm{T}}\boldsymbol{P}+\boldsymbol{P}\boldsymbol{A})\boldsymbol{x}\end{aligned} \tag{4-19}$$

当要求 $\boldsymbol{x}_e=0$ 为渐近稳定时，$\dot{V}(\boldsymbol{x})$应为负定的。

令

$$\dot{V}(\boldsymbol{x})=-\boldsymbol{x}^{\mathrm{T}}\boldsymbol{Q}\boldsymbol{x}$$

式中的矩阵 $\boldsymbol{Q}$ 为正定对称矩阵且满足

$$\boldsymbol{A}^{\mathrm{T}}\boldsymbol{P}+\boldsymbol{P}\boldsymbol{A}=-\boldsymbol{Q}$$

式(4-19)称为李亚甫诺夫方程。因为 $\boldsymbol{Q}$ 是正定矩阵，则 $\dot{V}(\boldsymbol{x})<0$，这就意味着沿 $\dot{\boldsymbol{x}}=\boldsymbol{A}\boldsymbol{x}$ 的任意轨线 $x(t)$，$V(x)$随时间单调减小，当 $t\to\infty$ 时，$V(\boldsymbol{x})$最终将趋于零。根据李亚甫诺夫稳定性定理4-1 可知，$\boldsymbol{x}_e=0$ 是一致渐近稳定的。因为是线性系统，故 $\boldsymbol{x}_e=0$ 是一致大范围渐近稳定的。

李亚甫诺夫方程提供了一个判断任何一个特定函数是否为李亚甫诺夫函数的直接检验方法。即任意选定一个 $\boldsymbol{P}>0$，用式(4-19)计算 $\boldsymbol{Q}$ 矩阵并检验 $\boldsymbol{Q}$ 矩阵的正定性。如果 $\boldsymbol{Q}>0$，则 $V(\boldsymbol{x})=\boldsymbol{x}^{\mathrm{T}}\boldsymbol{P}\boldsymbol{x}$ 是系统(4-17)的一个李亚甫诺夫函数，说明系统是渐近稳定的；如果 $\boldsymbol{Q}$ 矩阵不是正定的，再另选一个 $\boldsymbol{P}$，计算 $\boldsymbol{Q}$ 矩阵并检验一次 $\boldsymbol{Q}$ 矩阵的正定性。显然这种方法比较麻烦。另外，仅仅根据一个特定的 $V(\boldsymbol{x})$不是李亚甫诺夫函数这一点，并不能说系统不是渐近稳定的。例如系统齐次状态方程为 $\dot{\boldsymbol{x}}=\begin{bmatrix}-1 & 1\\-4 & -1\end{bmatrix}\boldsymbol{x}$，如果选择 $\boldsymbol{P}=\boldsymbol{I}$ 时，利用李亚甫诺夫方程(4-19)求出 $\boldsymbol{Q}=\begin{bmatrix}2 & 3\\3 & 2\end{bmatrix}$，用赛尔维斯特判据：$2>0$；$\det\begin{bmatrix}2 & 3\\3 & 2\end{bmatrix}=-5<0$，$\boldsymbol{Q}$ 矩阵负定。能不能说该状态方程描述的系统不稳定呢？回答这个问题，可以通过求系统的特征值来检验，$\det[s\boldsymbol{I}-\boldsymbol{A}]=\det\begin{bmatrix}s+1 & -1\\4 & s+1\end{bmatrix}=s^2+2s+5=0$，$s_{1,2}=-1\pm \mathrm{j}2$，可见该系统是渐近稳定的。这个例子说明上述的稳定性检验方法存在一个潜在的、实用上的缺陷，需要进行多次尝试。一个好的办法是运用李亚甫诺夫方程(4-19)判别 $\boldsymbol{x}_e=0$ 的稳定性时，先指定 $\boldsymbol{Q}>0$，再按式(4-19)求出 $\boldsymbol{P}$ 矩阵，然后检验 $\boldsymbol{P}$ 矩阵的正定性。如果求出的 $\boldsymbol{P}>0$，系统稳定；不满足 $\boldsymbol{P}>0$，系统不稳定。此方法只需要进行一次检验。由于 $\boldsymbol{Q}$ 矩阵的形式可以任意给定，并且最终的判断结果与正定矩阵 $\boldsymbol{Q}$ 的不同选择无关。因此，最方便也是最简单的选择是选取 $\boldsymbol{Q}=\boldsymbol{I}$(单位矩阵)。这时，李亚甫诺夫方程就成为

$$\boldsymbol{A}^{\mathrm{T}}\boldsymbol{P}+\boldsymbol{P}\boldsymbol{A}=-\boldsymbol{I} \tag{4-20}$$

根据式(4-20)求出 $\boldsymbol{P}$ 矩阵，用赛尔维斯特判据来检验其正定性，当 $\boldsymbol{P}$ 矩阵是正定矩阵时，

$x_e=0$ 为一致渐近稳定的并且是一致大范围渐近稳定。对于上面的例子，令 $Q=I$，利用式(4-20)，求得 $P=\begin{bmatrix}\frac{22}{20} & -\frac{3}{20}\\ -\frac{3}{20} & \frac{7}{20}\end{bmatrix}>0$，李亚甫诺夫函数 $V(x)=x^{\mathrm{T}}\begin{bmatrix}\frac{22}{20} & -\frac{3}{20}\\ -\frac{3}{20} & \frac{7}{20}\end{bmatrix}x$。

例 4-6　线性定常系统的状态方程为

$$\dot{x}=\begin{bmatrix}0 & 1\\ -1 & -1\end{bmatrix}x$$

判别系统的稳定性。

解　系统的平衡状态为 $x_e=0$

由李亚甫诺夫方程

$$A^{\mathrm{T}}P+PA=-I$$

即

$$\begin{bmatrix}0 & -1\\ 1 & -1\end{bmatrix}\begin{bmatrix}P_{11} & P_{12}\\ P_{12} & P_{22}\end{bmatrix}+\begin{bmatrix}P_{11} & P_{12}\\ P_{12} & P_{22}\end{bmatrix}\begin{bmatrix}0 & 1\\ -1 & -1\end{bmatrix}=\begin{bmatrix}-1 & 0\\ 0 & -1\end{bmatrix}$$

将矩阵代数方程展开，得到

$$-2P_{12}=-1$$
$$P_{11}-P_{12}-P_{22}=0$$
$$2P_{12}-2P_{22}=-1$$

解联立方程组，求出 P_{11}，P_{12}，P_{22}。

$$\begin{bmatrix}P_{11} & P_{12}\\ P_{12} & P_{22}\end{bmatrix}=\begin{bmatrix}\frac{3}{2} & \frac{1}{2}\\ \frac{1}{2} & 1\end{bmatrix}$$

为了检验 P 矩阵的正定性，用赛尔维斯特判据。求 P 矩阵的各阶主子式行列式

$$P_{11}=\frac{3}{2}>0,\ \det\begin{bmatrix}P_{11} & P_{12}\\ P_{12} & P_{22}\end{bmatrix}=\det\begin{bmatrix}\frac{3}{2} & \frac{1}{2}\\ \frac{1}{2} & 1\end{bmatrix}>0$$

可是 P 矩阵各主子式行列式均为正值，即 P 是正定矩阵，故 $x_e=0$ 是一致大范围渐近稳定的。

4.5　线性定常离散系统的稳定性

线性定常离散系统的状态方程为

$$x(k+1)=Gx(k) \tag{4-21}$$

$\boldsymbol{x}_e=0$ 是系统的平衡状态。下面用李亚甫诺夫第二法来研究系统 $\boldsymbol{x}_e=0$ 的渐近稳定性问题。

对于式(4-21)描述的线性定常离散系统。假设 $\boldsymbol{G}$ 为 $n\times n$ 非奇异常阵，$\boldsymbol{x}_e=0$ 是唯一的平衡状态。选取李亚甫诺夫函数为

$$V[\boldsymbol{x}(k)]=\boldsymbol{x}^{\mathrm{T}}(k)\boldsymbol{P}\boldsymbol{x}(k) \tag{4-22}$$

式中，$\boldsymbol{P}$ 为 $n\times n$ 正定的对称常值矩阵。

显然有

$$V[\boldsymbol{x}(k)]>0 \qquad (\boldsymbol{x}(k)\neq 0)$$

$$V[\boldsymbol{x}(k)]=0 \qquad (\boldsymbol{x}(k)=0)$$

而 $V[\boldsymbol{x}(k)]$ 的差分为

$$\begin{aligned}\Delta V[\boldsymbol{x}(k)]&=V[\boldsymbol{x}(k+1)]-V[\boldsymbol{x}(k)]\\&=\boldsymbol{x}^{\mathrm{T}}(k+1)\boldsymbol{P}\boldsymbol{x}(k+1)-\boldsymbol{x}^{\mathrm{T}}(k)\boldsymbol{P}\boldsymbol{x}(k)\\&=\boldsymbol{x}^{\mathrm{T}}(k)\boldsymbol{G}^{\mathrm{T}}\boldsymbol{P}\boldsymbol{G}\boldsymbol{x}(k)-\boldsymbol{x}^{\mathrm{T}}(k)\boldsymbol{P}\boldsymbol{x}(k)\\&=\boldsymbol{x}^{\mathrm{T}}(k)[\boldsymbol{G}^{\mathrm{T}}\boldsymbol{P}\boldsymbol{G}-\boldsymbol{P}]\boldsymbol{x}(k)\end{aligned}$$

因为 $\boldsymbol{x}_e=0$ 为渐近稳定的条件是要求 $\Delta V[\boldsymbol{x}(k)]$ 为负定的。所以，令

$$\Delta V[\boldsymbol{x}(k)]=-\boldsymbol{x}^{\mathrm{T}}(k)\boldsymbol{Q}\boldsymbol{x}(k)$$

式中，$\boldsymbol{Q}$ 为正定对称常阵，而

$$\boldsymbol{G}^{\mathrm{T}}\boldsymbol{P}\boldsymbol{G}-\boldsymbol{P}=-\boldsymbol{Q} \tag{4-23}$$

称为李亚甫诺夫方程。与线性定常连续系统类似，判别系统的 $\boldsymbol{x}_e=0$ 的渐近稳定性时，通常是给出一个正定对称常阵 $\boldsymbol{Q}$，然后用式(4-23)求出 $\boldsymbol{P}$ 矩阵，并验证其正定性。如果 $\boldsymbol{P}$ 矩阵是正定的，则 $\boldsymbol{x}_e=0$ 为一致渐近稳定的，且是一致大范围渐近稳定的。

例 4-7 线性定常离散系统齐次状态方程为

$$\boldsymbol{x}(k+1)=\begin{bmatrix}0 & 1\\ \frac{1}{2} & 0\end{bmatrix}\boldsymbol{x}(k)$$

试判别系统的稳定性。

解 系统的平衡状态为 $\boldsymbol{x}_e=0$，根据李亚甫诺夫方程(4-23)，选择 $\boldsymbol{Q}=\boldsymbol{I}$。

$$\boldsymbol{G}^{\mathrm{T}}\boldsymbol{P}\boldsymbol{G}-\boldsymbol{P}=-\boldsymbol{I}$$

即

$$\begin{bmatrix}0 & \frac{1}{2}\\ 1 & 0\end{bmatrix}\begin{bmatrix}P_{11} & P_{12}\\ P_{12} & P_{22}\end{bmatrix}\begin{bmatrix}0 & 1\\ \frac{1}{2} & 0\end{bmatrix}-\begin{bmatrix}P_{11} & P_{12}\\ P_{12} & P_{22}\end{bmatrix}=\begin{bmatrix}-1 & 0\\ 0 & -1\end{bmatrix}$$

将上式展开，得到

$$\frac{1}{4}P_{22}-P_{11}=-1$$

$$P_{11}-P_{22}=-1$$

$$\frac{1}{2}P_{12}-P_{12}=0$$

上面方程组联立求解，得到 $P_{11}=\frac{5}{3}$，$P_{12}=0$，$P_{22}=\frac{8}{3}$　即 $\boldsymbol{P}=\begin{bmatrix}\frac{5}{3} & 0\\ 0 & \frac{8}{3}\end{bmatrix}$。

为了检验 $\boldsymbol{P}$ 矩阵的正定性，用赛尔维斯特判据。由于 $P_{11}=\frac{5}{3}>0$

$$\frac{5}{3}\times\frac{8}{3}=\frac{40}{9}>0$$

即 $\boldsymbol{P}$ 为正定矩阵，故 $\boldsymbol{x}_e=0$ 是一致大范围渐近稳定的。

4.6　有界输入-有界输出稳定

4.6.1　有界输入-有界输出稳定

线性定常连续系统方程为

$$\dot{\boldsymbol{x}}=\boldsymbol{A}\boldsymbol{x}+\boldsymbol{B}\boldsymbol{u} \tag{4-24}$$

$$\boldsymbol{y}=\boldsymbol{C}\boldsymbol{x} \tag{4-25}$$

式中，$\boldsymbol{x}$、$\boldsymbol{u}$、$\boldsymbol{y}$ 分别为 n、r、m 维向量；$\boldsymbol{A}$、$\boldsymbol{B}$、$\boldsymbol{C}$ 为满足矩阵运算相应维数的矩阵。

若系统初始松弛，系统的零状态响应由第 2 章可知

$$\boldsymbol{x}=\int_{t_0}^{t}\mathrm{e}^{\boldsymbol{A}(t-\tau)}\boldsymbol{B}\boldsymbol{u}(\tau)\,\mathrm{d}\tau$$

$$\boldsymbol{y}=\boldsymbol{C}\boldsymbol{x}=\int_{t_0}^{t}\boldsymbol{C}\,\mathrm{e}^{\boldsymbol{A}(t-\tau)}\boldsymbol{B}\boldsymbol{u}(\tau)\,\mathrm{d}\tau=\int_{t_0}^{t}\boldsymbol{H}(t-\tau)\boldsymbol{u}(\tau)\,\mathrm{d}\tau \tag{4-26}$$

式中

$$\boldsymbol{H}(t-\tau)=\boldsymbol{C}\mathrm{e}^{\boldsymbol{A}(t-\tau)}\boldsymbol{B}$$

为系统脉冲响应矩阵。对于单输入-单输出系统，$h(t-\tau)$为脉冲响应函数。

什么叫有界输入-有界输出（BIBO）稳定呢？对于初始松弛的系统，任何有界输入，其输出是有界的，称为 BIBO 稳定。应该指出，初始松弛的情况下系统是 BIBO 稳定的，而在非初始松弛的情况下，系统可能不是 BIBO 稳定的。

若输入 $\boldsymbol{u}$ 有界，即 $\|\boldsymbol{u}\|\leqslant K_1<\infty$；输出 $\boldsymbol{y}$ 有界，即 $\|\boldsymbol{y}\|\leqslant K_2<\infty$，由于积分的范数小于或等于被积函数的范数的积分，故有

$$\|\boldsymbol{y}\|=\left\|\int_{t_0}^{t}\boldsymbol{H}(t-\tau)\boldsymbol{u}(\tau)\,\mathrm{d}\tau\right\|\leqslant\int_{t_0}^{t}\|\boldsymbol{H}(t-\tau)\|\cdot\|\boldsymbol{u}(\tau)\|\,\mathrm{d}\tau\leqslant K_1\int_{t_0}^{t}\|\boldsymbol{H}(t-\tau)\|\,\mathrm{d}\tau$$

显然，如果 $\int_{t_0}^{t}\|\boldsymbol{H}(t-\tau)\|\,\mathrm{d}\tau$ 是有界的即存在一个正数 K_3，对所有的 t，使得

$$\int_{t_0}^{t} \| \boldsymbol{H}(t-\tau) \| \mathrm{d}\tau \leqslant K_3$$

成立。于是

$$\| \boldsymbol{y} \| \leqslant K_1 K_3$$

因此，输出的上界为

$$K_2 = K_1 K_3$$

可见，积分 $\int_{t_0}^{t} \| \boldsymbol{H}(t-\tau) \| \mathrm{d}\tau$ 的上界 K_3 的存在，是保证 BIBO 稳定的充分条件。同时，它也是 BIBO 稳定的必要条件。这样可以得到线性定常系统在初始松弛的情况下 BIBO 稳定的定理。

定理 4-5 对于一个由

$$\boldsymbol{y}(t) = \int_{t_0}^{t} \boldsymbol{H}(t-\tau)\boldsymbol{u}(\tau)\mathrm{d}\tau$$

描述的初始松弛的线性定常系统。BIBO 稳定的充要条件是存在一个常数 K_3，有

$$\int_{0}^{\infty} \| \boldsymbol{H}(t-\tau) \| \mathrm{d}\tau \leqslant K_3 < \infty \tag{4-27}$$

或者存在一个常数 K_3，使对于 $\boldsymbol{H}(t-\tau)$ 的每一个元素，有

$$\int_{0}^{\infty} | h_{ij}(\tau) | \mathrm{d}\tau \leqslant K_3 < \infty \tag{4-28}$$

成立 $(i=1, 2, \cdots, m; j=1, 2, \cdots, r)$。

显然，对于一个由

$$y(t) = \int_{0}^{t} h(t-\tau)u(\tau)\mathrm{d}\tau$$

描述的初始松弛的 SISO 线性定常系统，其 BIBO 稳定的充要条件是存在常数 K_3，有

$$\int_{0}^{\infty} | h(t-\tau) | \mathrm{d}\tau \leqslant K_3 < \infty \tag{4-29}$$

例 4-8 线性定常系统方程为

$$\dot{x} = -ax + u$$
$$y = cx$$

式中，a 为一个非负的实数，而系统的脉冲响应函数为

$$h(t) = c\mathrm{e}^{-at}$$

分析系统是否 BIBO 稳定。

解 因为 $h(t)$ 是非负的，有 $|h(t)| = h(t)$，所以

$$\int_{0}^{\infty} | h(\tau) | \mathrm{d}\tau = c\int_{0}^{\infty} \mathrm{e}^{-a\tau}\mathrm{d}\tau = \begin{cases} c\dfrac{1}{a} & (a > 0) \\ \infty & (a = 0) \end{cases}$$

可见，只有当 $a>0$ 时，才有有限值 K_3 存在。由定理 4-5 可知，当且仅当 $a>0$ 时，系统才是 BIBO 稳定的。

实际上，这个系统的传递函数 $g(s)=c/(s+a)$，其极点为 $-a$，故 BIBO 稳定的条件 $a>0$，与传递函数的极点位于 s 左半开平面（不包括虚轴的 s 左半平面）等价。

线性定常系统的输入-输出关系，也可以用传递函数（矩阵）描述。对于式(4-24)和式(4-25)描述的系统，其有理传递函数矩阵为

$$\boldsymbol{G}(s)=\boldsymbol{C}[s\boldsymbol{I}-\boldsymbol{A}]^{-1}\boldsymbol{B}$$

用传递函数（矩阵）来研究 BIBO 稳定也是很有用的。对于一个由 $\boldsymbol{y}(s)=\boldsymbol{G}(s)\boldsymbol{u}(s)$ 描述的线性定常系统，其 BIBO 稳定的充要条件是 $\boldsymbol{G}(s)$ 的每一个元的所有极点具有负实部。如果是单输入-单输出线性定常系统，其 BIBO 稳定的充要条件是传递函数的所有极点具有负实部。

4.6.2 BIBO 稳定与平衡状态稳定性间的关系

对于方程

$$\dot{\boldsymbol{x}}=\boldsymbol{A}\boldsymbol{x}+\boldsymbol{B}\boldsymbol{u}$$
$$\boldsymbol{y}=\boldsymbol{C}\boldsymbol{x}$$

描述的线性定常系统，平衡状态 $\boldsymbol{x}_e=0$ 的渐近稳定性由 $\boldsymbol{A}$ 的特征值决定，而 BIBO 稳定是由传递函数的极点决定的。由于 $\boldsymbol{G}(s)$ 的所有极点是 $\boldsymbol{A}$ 的特征值，故平衡状态 $\boldsymbol{x}_e=0$ 的渐近稳定性就包含了系统的 BIBO 稳定。但是一个系统 BIBO 稳定，可能不是平衡状态 $\boldsymbol{x}_e=0$ 的渐近稳定。

例 4-9 系统方程为

$$\dot{\boldsymbol{x}}=\begin{bmatrix}0 & 6\\ 1 & -1\end{bmatrix}\boldsymbol{x}+\begin{bmatrix}-2\\ 1\end{bmatrix}u$$
$$y=[0 \quad 1]x$$

分析系统平衡状态 $\boldsymbol{x}_e=0$ 的渐近稳定性与系统的 BIBO 稳定性。

解 $\boldsymbol{A}$ 的特征方程式为

$$\det[\lambda\boldsymbol{I}-\boldsymbol{A}]=\lambda(\lambda+1)-6=(\lambda-2)(\lambda+3)=0$$

于是 $\boldsymbol{A}$ 的特征值 $\lambda_1=2$，$\lambda_2=-3$，故系统 $\boldsymbol{x}_e=0$ 不是渐近稳定的。

系统的传递函数为

$$\boldsymbol{g}(s)=\boldsymbol{c}[s\boldsymbol{I}-\boldsymbol{A}]^{-1}\boldsymbol{b}=[0 \quad 1]\begin{bmatrix}s & -6\\ -1 & s+1\end{bmatrix}^{-1}\begin{bmatrix}-2\\ 1\end{bmatrix}$$

$$=[0 \quad 1]\begin{bmatrix}\dfrac{s+1}{(s-2)(s+3)} & \dfrac{6}{(s-2)(s+3)}\\ \dfrac{1}{(s-2)(s+3)} & \dfrac{s}{(s-2)(s+3)}\end{bmatrix}\begin{bmatrix}-2\\ 1\end{bmatrix}$$

$$=[0 \quad 1]\begin{bmatrix}\dfrac{-2}{(s+3)}\\ \dfrac{1}{s+3}\end{bmatrix}=\frac{1}{s+3}$$

由于传递函数 $\boldsymbol{g}(s)$ 的极点位于 s 左半开平面，故系统是 BIBO 稳定的。因为在该例子中，传递函数出现零极点相消，而消去的恰恰是位于 s 右半平面的极点，所以系统 BIBO 稳定，但不是平衡状态 $\boldsymbol{x}_e=0$ 的渐近稳定。

传递函数存在零、极点相消，表示系统是不能控的或不能观测的。那么在什么条件下，BIBO 稳定才有平衡状态 $\boldsymbol{x}_e=0$ 渐近稳定呢？其结论是，对于式(4-24)和式(4-25)描述的线性定常系统是 BIBO 稳定，且系统是既能控，又能观测，则系统 $\boldsymbol{x}_e=0$ 也是渐近稳定的。

4.7 非线性系统的稳定性分析

4.7.1 用李亚甫诺夫第二法分析非线性系统稳定性

用李亚甫诺夫第二法分析非线性系统稳定性，关键在于构造一个合适的李亚甫诺夫函数。由于非线性系统的复杂性，目前尚无构造李亚甫诺夫函数的一般方法。这里仅介绍两种比较有效的构造李亚甫诺夫函数方法。

1. 克拉索夫斯基(Красовский)法

非线性定常系统的状态方程为

$$\left.\begin{aligned}\dot{\boldsymbol{x}}&=\boldsymbol{f}(\boldsymbol{x})\\ \boldsymbol{f}(0)&=0\end{aligned}\right\}\tag{4-30}$$

式中，$\boldsymbol{x}$ 为 n 维状态向量；$\boldsymbol{f}(\boldsymbol{x})$ 为 n 维向量函数，其元是 x_i 的非线性函数，且对 $x_i(i=1,2,\cdots,n)$ 是连续可微的。系统的平衡状态 $\boldsymbol{x}_e=0$。克拉索夫斯基建议构造李亚甫诺夫函数 $V(\boldsymbol{x})$ 时，不用状态 $\boldsymbol{x}$ 而用 $\dot{\boldsymbol{x}}$，即

$$V(\boldsymbol{x})=\dot{\boldsymbol{x}}^{\mathrm{T}}\boldsymbol{W}\dot{\boldsymbol{x}}=\boldsymbol{f}^{\mathrm{T}}(\boldsymbol{x})\boldsymbol{W}\boldsymbol{f}(\boldsymbol{x})\tag{4-31}$$

式中，$\boldsymbol{W}$ 为 $n\times n$ 正定对称常阵。

$$\dot{V}(\boldsymbol{x})=\dot{\boldsymbol{f}}^{\mathrm{T}}(\boldsymbol{x})\boldsymbol{W}\boldsymbol{f}(\boldsymbol{x})+\boldsymbol{f}^{\mathrm{T}}(\boldsymbol{x})\boldsymbol{W}\dot{\boldsymbol{f}}(\boldsymbol{x})\tag{4-32}$$

而

$$\dot{\boldsymbol{f}}(\boldsymbol{x})=\frac{\mathrm{d}\boldsymbol{f}(\boldsymbol{x})}{\mathrm{d}t}=\frac{\partial\boldsymbol{f}(\boldsymbol{x})}{\partial\boldsymbol{x}}\frac{\mathrm{d}\boldsymbol{x}}{\mathrm{d}t}=\frac{\partial\boldsymbol{f}(\boldsymbol{x})}{\partial\boldsymbol{x}}\dot{\boldsymbol{x}}=\boldsymbol{J}(\boldsymbol{x})\boldsymbol{f}(\boldsymbol{x})\tag{4-33}$$

式中

$$\boldsymbol{J}(\boldsymbol{x})=\frac{\partial\boldsymbol{f}(\boldsymbol{x})}{\partial\boldsymbol{x}}=\begin{bmatrix}\dfrac{\partial f_1}{\partial x_1}&\dfrac{\partial f_1}{\partial x_2}&\cdots&\dfrac{\partial f_1}{\partial x_n}\\ \dfrac{\partial f_2}{\partial x_1}&\dfrac{\partial f_2}{\partial x_2}&\cdots&\dfrac{\partial f_2}{\partial x_n}\\ \vdots&\vdots&&\vdots\\ \dfrac{\partial f_n}{\partial x_1}&\dfrac{\partial f_n}{\partial x_2}&\cdots&\dfrac{\partial f_n}{\partial x_n}\end{bmatrix}_{n\times n}$$

称为雅可比(Jacobian)矩阵。

将式(4-33)代入式(4-32)可得

$$\begin{aligned}\dot{V}(\boldsymbol{x}) &= [\boldsymbol{J}(\boldsymbol{x})\boldsymbol{f}(\boldsymbol{x})]^{\mathrm{T}}\boldsymbol{W}\boldsymbol{f}(\boldsymbol{x}) + \boldsymbol{f}^{\mathrm{T}}(\boldsymbol{x})\boldsymbol{W}\boldsymbol{J}(\boldsymbol{x})\boldsymbol{f}(\boldsymbol{x}) \\ &= \boldsymbol{f}^{\mathrm{T}}(\boldsymbol{x})\boldsymbol{J}^{\mathrm{T}}(\boldsymbol{x})\boldsymbol{W}\boldsymbol{f}(\boldsymbol{x}) + \boldsymbol{f}^{\mathrm{T}}(\boldsymbol{x})\boldsymbol{W}\boldsymbol{J}(\boldsymbol{x})\boldsymbol{f}(\boldsymbol{x}) \\ &= \boldsymbol{f}^{\mathrm{T}}(\boldsymbol{x})[\boldsymbol{J}^{\mathrm{T}}(\boldsymbol{x})\boldsymbol{W} + \boldsymbol{W}\boldsymbol{J}(\boldsymbol{x})]\boldsymbol{f}(\boldsymbol{x}) \\ &= \boldsymbol{f}^{\mathrm{T}}(\boldsymbol{x})\boldsymbol{S}(\boldsymbol{x})\boldsymbol{f}(\boldsymbol{x}) \end{aligned} \tag{4-34}$$

式中

$$\boldsymbol{S}(\boldsymbol{x}) = \boldsymbol{J}^{\mathrm{T}}(\boldsymbol{x})\boldsymbol{W} + \boldsymbol{W}\boldsymbol{J}(\boldsymbol{x})$$

很显然，如果 $\boldsymbol{S}(\boldsymbol{x})$ 是负定的，则 $\dot{V}(\boldsymbol{x})$ 是负定的，而 $V(\boldsymbol{x})$ 是正定的，故 $\boldsymbol{x}_e=0$ 是一致渐近稳定的。

如果 $\|\boldsymbol{x}\|\to\infty$，$V(\boldsymbol{x})\to\infty$，则 $\boldsymbol{x}_e=0$ 是一致大范围渐近稳定的。在实际应用中，可选取 $\boldsymbol{W}=\boldsymbol{I}$(单位矩阵)，这时

$$\boldsymbol{S}(\boldsymbol{x}) = \boldsymbol{J}^{\mathrm{T}}(\boldsymbol{x}) + \boldsymbol{J}(\boldsymbol{x}) \tag{4-35}$$

例 4-10 非线性定常系统状态方程为

$$\begin{aligned}\dot{x}_1 &= -x_1 \\ \dot{x}_2 &= x_1 - x_2 - x_2^3\end{aligned}$$

分析 $\boldsymbol{x}_e=0$ 的稳定性。

解 $\boldsymbol{f}(\boldsymbol{x}) = \begin{bmatrix} -x_1 \\ x_1 - x_2 - x_2^3 \end{bmatrix}$

雅可比矩阵为

$$\boldsymbol{J}(\boldsymbol{x}) = \frac{\partial \boldsymbol{f}(\boldsymbol{x})}{\partial \boldsymbol{x}} = \begin{bmatrix} \dfrac{\partial f_1}{\partial x_1} & \dfrac{\partial f_1}{\partial x_2} \\ \dfrac{\partial f_2}{\partial x_1} & \dfrac{\partial f_2}{\partial x_2} \end{bmatrix} = \begin{bmatrix} -1 & 0 \\ 1 & -1-3x_2^2 \end{bmatrix}$$

选取 $\boldsymbol{W}=\boldsymbol{I}$，则

$$\begin{aligned}\boldsymbol{S}(\boldsymbol{x}) = \boldsymbol{J}^{\mathrm{T}}(\boldsymbol{x}) + \boldsymbol{J}(\boldsymbol{x}) &= \begin{bmatrix} -1 & 1 \\ 0 & -1-3x_2^2 \end{bmatrix} + \begin{bmatrix} -1 & 0 \\ 1 & -1-3x_2^2 \end{bmatrix} \\ &= \begin{bmatrix} -2 & 1 \\ 1 & -2-6x_2^2 \end{bmatrix}\end{aligned}$$

检验 $\boldsymbol{S}(\boldsymbol{x})$ 的各阶主子式

$$-2<0$$

$$\det\begin{bmatrix} -2 & 1 \\ 1 & -2-6x_2^2 \end{bmatrix} = 2(2+6x_2^2) - 1 = 3 + 12x_2^2 > 0$$

可见 $\boldsymbol{S}(\boldsymbol{x})$ 的各阶主子式中，奇数阶子式小于 0，偶数阶子式大于 0，由赛尔维斯特判据知，$\boldsymbol{S}(\boldsymbol{x})$ 是负定的，故 $\boldsymbol{x}_e=0$ 是一致渐近稳定的。同时

$$\|\boldsymbol{x}\|\to\infty,\ V(\boldsymbol{x}) = \boldsymbol{f}^{\mathrm{T}}(\boldsymbol{x})\boldsymbol{f}(\boldsymbol{x}) = x_1^2 + (x_1 - x_2 - x_2^3)^2 \to \infty$$

故 $\boldsymbol{x}_e=0$ 为一致大范围渐近稳定的。

这个方法计算过程较简单，它不仅可用于非线性定常系统，也可用于线性定常系统。应该注意的是，该方法给出的是 $\boldsymbol{x}_e=0$ 一致渐近稳定的充分条件，即这个条件不满足，并不意味着 $\boldsymbol{x}_e=0$ 不稳定，只能说该方法无法提供有关 $\boldsymbol{x}_e=0$ 的稳定性信息。

2. 变量梯度法

这是由舒茨-基布逊（Schultz-Gibson）于1962年提出的一种比较有效的构造李亚甫诺夫函数的方法。这个方法是基于如下事实，即如果存在一个特定的李亚甫诺夫函数 $V(\boldsymbol{x})$，它能确定非线性系统平衡状态的稳定性，$V(\boldsymbol{x})$ 就一定具有唯一的梯度。当选定 $V(\boldsymbol{x})$ 的梯度后，$V(\boldsymbol{x})$ 可由其线积分求得，进而可以根据 $V(\boldsymbol{x})$、$\dot{V}(\boldsymbol{x})$ 的定号性且 $V(\boldsymbol{x})$、$\dot{V}(\boldsymbol{x})$ 的符号相反的要求来选择 $V(\boldsymbol{x})$ 梯度表示式中的系数。下面就来介绍这个方法。

非线性定常系统的状态方程为

$$\left.\begin{array}{l}\dot{\boldsymbol{x}}=\boldsymbol{f}(\boldsymbol{x})\\ \boldsymbol{f}(0)=0\end{array}\right\} \tag{4-36}$$

假设一个特定的李亚甫诺夫函数 $V(\boldsymbol{x})$ 存在。由于 $V(\boldsymbol{x})$ 是 $\boldsymbol{x}$ 的数量函数，状态空间中每一点都对应一个确定的值，于是形成一个数量场，则 $V(\boldsymbol{x})$ 就一定具有唯一的梯度

$$\mathrm{grad}V(\boldsymbol{x}) = \nabla V(\boldsymbol{x}) = \begin{bmatrix}\dfrac{\partial V}{\partial x_1}\\ \dfrac{\partial V}{\partial x_2}\\ \vdots\\ \dfrac{\partial V}{\partial x_n}\end{bmatrix} = \begin{bmatrix}\nabla V_1\\ \nabla V_2\\ \vdots\\ \nabla V_n\end{bmatrix} \tag{4-37}$$

式中，∇为哈密顿(Hamilton)算子；$\mathrm{grad}V(\boldsymbol{x}) = \nabla V(\boldsymbol{x})$，为 $V(\boldsymbol{x})$ 的梯度。

$$\begin{aligned}\dot{V}(\boldsymbol{x}) &= \frac{\mathrm{d}}{\mathrm{d}t}V(\boldsymbol{x}) = \frac{\partial V}{\partial x_1}\frac{\mathrm{d}x_1}{\mathrm{d}t}+\frac{\partial V}{\partial x_2}\frac{\mathrm{d}x_2}{\mathrm{d}t}+\cdots+\frac{\partial V}{\partial x_n}\frac{\mathrm{d}x_n}{\mathrm{d}t}\\ &= \begin{bmatrix}\dfrac{\partial V}{\partial x_1} & \dfrac{\partial V}{\partial x_2} & \cdots & \dfrac{\partial V}{\partial x_n}\end{bmatrix}\begin{bmatrix}\dfrac{\mathrm{d}x_1}{\mathrm{d}t}\\ \dfrac{\mathrm{d}x_2}{\mathrm{d}t}\\ \vdots\\ \dfrac{\mathrm{d}x_n}{\mathrm{d}t}\end{bmatrix} = [\nabla V(\boldsymbol{x})]^{\mathrm{T}}\dot{\boldsymbol{x}}\end{aligned} \tag{4-38}$$

由于 $V(\boldsymbol{x})$ 的梯度 $\nabla V(\boldsymbol{x})$ 是唯一的，故 $V(\boldsymbol{x})$ 可通过 ∇V 的线积分求出，即

$$V(\boldsymbol{x}) = \int_0^x \mathrm{d}V(\boldsymbol{x}) = \int_0^t \dot{V}(\boldsymbol{x})\,\mathrm{d}t = \int_0^x [\nabla V]^{\mathrm{T}}\mathrm{d}\boldsymbol{x} \tag{4-39}$$

将式(4-38)代入上式，得

$$V(\boldsymbol{x}) = \int_0^x \left(\frac{\partial V}{\partial x_1}\mathrm{d}x_1 + \frac{\partial V}{\partial x_2}\mathrm{d}x_2 + \cdots + \frac{\partial V}{\partial x_n}\mathrm{d}x_n\right)$$

$$= \int_0^x (\nabla V_1 \mathrm{d}x_1 + \nabla V_2 \mathrm{d}x_2 + \cdots + \nabla V_n \mathrm{d}x_n) \tag{4-40}$$

可见，欲求出李亚甫诺夫函数 $V(\boldsymbol{x})$，关键在于确定 $\nabla V(\boldsymbol{x})$。确定 $\nabla V(\boldsymbol{x})$时，应该让

$$\dot{V}(\boldsymbol{x}) < 0 \qquad (x \neq 0)$$

$$\dot{V}(\boldsymbol{x}) = 0 \qquad (x = 0)$$

通常选取 $\nabla V(\boldsymbol{x})$为一个含有待定系数的 n 维向量，即

$$\nabla V(\boldsymbol{x}) = \begin{bmatrix} a_{11}x_1 + a_{12}x_2 + \cdots + a_{1n}x_n \\ a_{21}x_1 + a_{22}x_2 + \cdots + a_{2n}x_n \\ \vdots \\ a_{n1}x_1 + a_{n2}x_2 + \cdots + a_{nn}x_n \end{bmatrix} \tag{4-41}$$

式中，$a_{ij}(i, j=1, 2, \cdots, n)$可以是常数，也可以是 t 的函数或状态变量的函数。为方便起见，a_{nn}选择为常数或 t 的函数，这样，求 $V(\boldsymbol{x})$就要解决两个问题。其一是确定 $\nabla V(\boldsymbol{x})$中的各系数 $a_{ij}(i, j=1, 2, \cdots, n)$。这要根据 $\dot{V}(\boldsymbol{x}) < 0$ 来确定，但未知数为 n^2 个，而 $\dot{V}(\boldsymbol{x}) < 0$ 只有 n 个方程，不可能确定 n^2 个未知系数；其二是求 $\nabla V(\boldsymbol{x})$的积分，这也是困难的。为了解决这两个问题，考虑到这里的数量场是位势场(保守场)，$\nabla V(\boldsymbol{x})$的旋度等于零，即

$$\mathrm{rot}\,\nabla V(\boldsymbol{x}) = 0$$

其中，rot $\nabla V(\boldsymbol{x})$为 $\nabla V(\boldsymbol{x})$的旋度。它是一个 n 维向量函数，称为广义旋度。根据工程数学中的“场论”可知，rot $\nabla V(\boldsymbol{x}) = 0$ 意味着 ∇V 的雅可比矩阵 $\boldsymbol{J}$

$$\boldsymbol{J} = \begin{bmatrix} \frac{\partial \nabla V_1}{\partial x_1} & \frac{\partial \nabla V_1}{\partial x_2} & \cdots & \frac{\partial \nabla V_1}{\partial x_n} \\ \frac{\partial \nabla V_2}{\partial x_1} & \frac{\partial \nabla V_2}{\partial x_2} & \cdots & \frac{\partial \nabla V_2}{\partial x_n} \\ \vdots & \vdots & & \vdots \\ \frac{\partial \nabla V_n}{\partial x_1} & \frac{\partial \nabla V_n}{\partial x_2} & \cdots & \frac{\partial \nabla V_n}{\partial x_n} \end{bmatrix}$$

必须是对称阵。由此可得到$\frac{1}{2}n(n-1)$个旋度方程，即

$$\frac{\partial \nabla V_i}{\partial x_j} = \frac{\partial \nabla V_j}{\partial x_i} \quad (i, j=1, 2, \cdots, n) \tag{4-42}$$

由于梯度的旋度等于零，与梯度线积分的积分路线无关，于是可以这样选择积分路线，现以三维空间为例，如图 4-7 所示。令

$$e_1=\begin{bmatrix}1\\0\\0\end{bmatrix},\ e_2=\begin{bmatrix}0\\1\\0\end{bmatrix},\ e_3=\begin{bmatrix}0\\0\\1\end{bmatrix}$$

积分路线从原点开始，沿着 e_1 方向积分到 x_1，再由 x_1 沿着 e_2 积分到 x_2，然后沿着 e_3 积分到 x_3，即

$$\int_0^x [\nabla V(x)]^{\mathrm T}\mathrm dx=\int_0^{x_1(x_2=0,x_3=0)}\nabla V_1(x)\,\mathrm dx_1+\int_0^{x_2(x_1=x_1,x_3=0)}\nabla V_2(x)\,\mathrm dx_2+\int_0^{x_3(x_1=x_1,x_2=x_2)}\nabla V_3(x)\,\mathrm dx_3$$

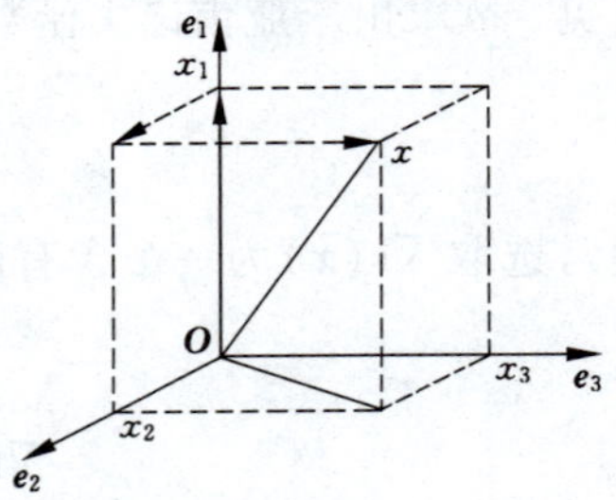

图 4-7

这样，积分运算就简单了，对于式(4-40)的积分运算，可以按下式进行

$$V(x)=\int_0^x[\nabla V(x)]^{\mathrm T}\mathrm dx=\int_0^{x_1(x_2=x_3=\cdots=x_n=0)}\nabla V_1(x)\,\mathrm dx_1+\int_0^{x_2(x_1=x_1,x_3=x_4=\cdots=x_n=0)}\nabla V_2(x)\,\mathrm dx_2+\cdots+\int_0^{x_n(x_1=x_1,x_2=x_2,\cdots,x_{n-1}=x_{n-1})}\nabla V_n(x)\,\mathrm dx_n \tag{4-43}$$

为了使 $x_e=0$ 为渐近稳定的，求得的 $V(x)$ 应该是正定的。若不满足这个条件，可以修改 a_{nn} 值。

综上所述，用变量梯度法来构造李亚甫诺夫函数 $V(x)$ 的步骤为：①假设 $V(x)$ 的梯度为式(4-41)的形式；②按式(4-38)，求出 $\dot V(x)$ 的表达式；③使 $\dot V(x)$ 负定，确定 $\nabla V(x)$；④根据 $\nabla V(x)$ 的雅可比矩阵 J 的对称性，得到 $n(n-1)/2$ 个旋度方程，确定 $\nabla V(x)$ 中的 $n(n-1)/2$ 个待定系数，这时，可能改变 $\dot V(x)$，故需要重新检验 $\dot V(x)$ 的负定性；⑤计算 $\nabla V(x)$ 的 n 维旋度，若均等于零，则按式(4-43)进行积分，求得 $V(x)$；⑥确定 $x_e=0$ 的稳定性。

例 4-11　非线性定常系统状态方程为

$$\dot x_1=x_2$$
$$\dot x_2=-x_2-x_1^3$$

分析平衡状态 $x_e=0$ 的稳定性。

解　(1)选取 $\mathrm{grad}V(x)=\nabla V(x)=\begin{bmatrix}a_{11}x_1+a_{12}x_2\\a_{21}x_1+a_{22}x_2\end{bmatrix}$

通常把 a_{nn} 选择为常数或者只是 t 的函数。这里取 $a_{nn}=2$，以保证 $V(x)$ 中具有 x_2^2 项，即

$$\nabla V(x)=\begin{bmatrix}a_{11}x_1+a_{12}x_2\\a_{21}x_1+2x_2\end{bmatrix}=\begin{bmatrix}\nabla V_1(x)\\\nabla V_2(x)\end{bmatrix}$$

(2) $\dot{V}(\boldsymbol{x}) = [\ \nabla V(\boldsymbol{x})\ ]^{\mathrm{T}} \cdot \dot{\boldsymbol{x}} = [a_{11}x_1 + a_{12}x_2 \quad a_{21}x_1 + 2x_2]\begin{bmatrix} x_2 \\ -x_2 - x_1^3 \end{bmatrix}$

$= x_1x_2(a_{11} - a_{21} - 2x_1^2) + x_2^2(a_{12} - 2) - a_{21}x_1^4$

(3) 根据 $\dot{V}(\boldsymbol{x})$ 为负定的要求，使 x_1x_2 项的系数为零，即

$$a_{11} - a_{21} - 2x_1^2 = 0$$

$$a_{11} = a_{21} + 2x_1^2$$

$$a_{21} > 0$$

$$0 < a_{12} < 2$$

这时 $\dot{V}(\boldsymbol{x}) = -(2 - a_{12})x_2^2 - a_{21}x_1^4$

$$\nabla V(\boldsymbol{x}) = \begin{bmatrix} (a_{21} + 2x_1^2)x_1 + a_{12}x_2) \\ a_{21}x_1 + 2x_2 \end{bmatrix}$$

$$= \begin{bmatrix} a_{21}x_1 + 2x_1^3 + a_{12}x_2 \\ a_{21}x_1 + 2x_2 \end{bmatrix} = \begin{bmatrix} \nabla V_1(x) \\ \nabla V_2(x) \end{bmatrix}$$

(4)
$$\frac{\partial\ \nabla V_1}{\partial x_2} = \frac{\partial}{\partial x_2}[a_{21}x_1 + 2x_1^3 + a_{12}x_2] = a_{12}$$

$$\frac{\partial\ \nabla V_2}{\partial x_1} = \frac{\partial}{\partial x_1}[a_{21}x_1 + 2x_2] = a_{21}$$

由方程
$$\frac{\partial\ \nabla V_1}{\partial x_2} = \frac{\partial\ \nabla V_2}{\partial x_1}$$

得到
$$a_{21} = a_{12}$$

(5) $V(\boldsymbol{x}) = \int_0^{x} [\ \nabla V(\boldsymbol{x})\ ]^{\mathrm{T}} \mathrm{d}\boldsymbol{x} = \int_0^{x_1(x_2=0)} \nabla V_1(\boldsymbol{x})\mathrm{d}x_1 + \int_0^{x_2(x_1=x_1)} \nabla V_2(x)\mathrm{d}x_2$

$= \int_0^{x_1(x_2=0)} (a_{21}x_1 + 2x_1^3 + a_{12}x_2)\mathrm{d}x_1 + \int_0^{x_2(x_1=x_1)} (a_{12}x_1 + 2x_2)\mathrm{d}x_2$

$= \frac{a_{21}}{2}x_1^2 + \frac{1}{2}x_1^4 + a_{12}x_1x_2 + x_2^2$

$$0 < a_{12} = a_{21} < 2$$

(6) $V(\boldsymbol{x}) = \frac{1}{2}x_1^4 + \frac{a_{12}}{2}x_1^2 + a_{12}x_1x_2 + x_2^2$

$$= \frac{1}{2}x_1^4 + [x_1 \quad x_2]\begin{bmatrix} \frac{1}{2}a_{12} & \frac{1}{2}a_{12} \\ \frac{1}{2}a_{12} & 1 \end{bmatrix}\begin{bmatrix} x_1 \\ x_2 \end{bmatrix}$$

可见，$V(\boldsymbol{x})$ 表达式中的第一项 $\frac{1}{2}x_1^4 > 0$；$V(\boldsymbol{x})$ 表达式中的第二项的矩阵，在 $0 < a_{12} < 2$ 情

况下是正定的。所以

$$V(\boldsymbol{x})>0 \quad (x \neq 0)$$

而

$$\dot{V}(\boldsymbol{x})<0 \quad (x \neq 0)$$

故 $\boldsymbol{x}_e=0$ 是一致渐近稳定的。又由于 $\|\boldsymbol{x}\| \to \infty$，$V(\boldsymbol{x}) \to \infty$，故 $\boldsymbol{x}_e=0$ 为一致大范围渐近稳定的。

4.7.2 用李亚甫诺夫第一近似理论分析非线性系统稳定性

严格地说，实际系统都是非线性系统。但是，如果系统不是本质非线性系统，则可以在一定条件下用它的线性化模型来研究系统的稳定性。

非线性定常系统的状态方程为

$$\dot{\boldsymbol{x}}=\boldsymbol{f}(\boldsymbol{x}) \tag{4-44}$$

$$\boldsymbol{f}(0)=0$$

设 $\boldsymbol{f}(\boldsymbol{x})$ 在 $\boldsymbol{x}_e=0$ 的邻域内，可以展开成台劳级数

$$\begin{aligned}\boldsymbol{f}(\boldsymbol{x}) &= \boldsymbol{f}(\boldsymbol{x}_e)+\left.\frac{\partial \boldsymbol{f}}{\partial \boldsymbol{x}}\right|_{x=x_e=0}(\boldsymbol{x}-\boldsymbol{x}_e)+O[(\boldsymbol{x}-\boldsymbol{x}_e)^2] \\ &= \left.\frac{\partial \boldsymbol{f}}{\partial \boldsymbol{x}}\right|_{x=x_e=0}\boldsymbol{x}+O(\boldsymbol{x}^2)\end{aligned} \tag{4-45}$$

式中，$O(\boldsymbol{x}^2)$ 为高于一阶的所有高阶项之和。如果当 $\|\boldsymbol{x}\| \to 0$，有 $\dfrac{\|O(\boldsymbol{x}^2)\|}{\|\boldsymbol{x}\|} \to 0$，则 $O(\boldsymbol{x}^2)$ 为高阶无穷小项。若忽略它，便得到非线性系统的线性化模型

$$\dot{\boldsymbol{x}}=\boldsymbol{A}\boldsymbol{x} \tag{4-46}$$

式中，$\boldsymbol{A}$ 为线性化模型的系数矩阵。则

$$\boldsymbol{A}=\left.\frac{\partial \boldsymbol{f}}{\partial \boldsymbol{x}}\right|_{x=x_e=0}=\begin{bmatrix}\dfrac{\partial f_1}{\partial x_1} & \dfrac{\partial f_1}{\partial x_2} & \cdots & \dfrac{\partial f_1}{\partial x_n} \\ \dfrac{\partial f_2}{\partial x_1} & \dfrac{\partial f_2}{\partial x_2} & \cdots & \dfrac{\partial f_2}{\partial x_n} \\ \vdots & \vdots & & \vdots \\ \dfrac{\partial f_n}{\partial x_1} & \dfrac{\partial f_n}{\partial x_2} & \cdots & \dfrac{\partial f_n}{\partial x_n}\end{bmatrix}_{x=x_e=0}$$

这是一个 $n \times n$ 的雅可比矩阵。

李亚甫诺夫研究了线性化模型和原来的非线性模型之间稳定性的关系，有如下三个定理，被称为李亚甫诺夫第一近似定理。应用这些定理可以判别在小扰动作用后非线性系统平衡状态 $\boldsymbol{x}_e=0$ 的稳定性。

定理 4-6 如果式（4-46）描述的线性化系统，$\boldsymbol{A}$ 的所有特征值具有负实部，则式（4-44）描述的非线性系统 $\boldsymbol{x}_e=0$ 为渐近稳定。

定理 4-7 如果式（4-46）描述的线性化系统，$\boldsymbol{A}$ 的特征值中至少有一个具有正实部，则非线性系统 $\boldsymbol{x}_e=0$ 为不稳定。

定理 4-8 如果式（4-46）描述的线性系统，$\boldsymbol{A}$ 的特征值中有的实部为零，而其余的特征值均为负实部，则非线性系统的 $\boldsymbol{x}_e=0$ 的稳定性取决于非线性向量函数 $\boldsymbol{f}(\boldsymbol{x})$ 表达式（4-45）中的高阶项。

例 4-12 非线性定常系统状态方程为

$$\dot{x}_1=x_2-\alpha x_1^3$$
$$\dot{x}_2=-x_1-\beta x_2^3$$

分析系统平衡状态 $\boldsymbol{x}_e=0$ 的稳定性。

解

$$\dot{\boldsymbol{x}}=\boldsymbol{A}\boldsymbol{x}$$

而

$$\boldsymbol{A}=\left.\frac{\partial f}{\partial x}\right|_{x=x_e=0}=\begin{bmatrix}\dfrac{\partial f_1}{\partial x_1} & \dfrac{\partial f_1}{\partial x_2}\\ \dfrac{\partial f_2}{\partial x_1} & \dfrac{\partial f_2}{\partial x_2}\end{bmatrix}_{x=x_e=0}=\begin{bmatrix}0 & 1\\ -1 & 0\end{bmatrix}$$

$\boldsymbol{A}$ 的特征方程式为

$$\Delta(\lambda)=\det\begin{bmatrix}\lambda & -1\\ 1 & \lambda\end{bmatrix}=\lambda^2+1=0$$

$\boldsymbol{A}$ 的特征值为 $\lambda_{1,2}=\pm\mathrm{j}$。

因为特征值的实部为零，根据定理 4-8，非线性系统的稳定性无法确定。为了解决这个问题，可以选择李亚甫诺夫函数

$$V(\boldsymbol{x})=\frac{1}{2}(x_1^2+x_2^2)$$

显然

$$V(\boldsymbol{x})>0 \qquad (\boldsymbol{x}\neq 0)$$
$$V(\boldsymbol{x})\approx 0 \qquad (\boldsymbol{x}=0)$$
$$\begin{aligned}\dot{V}(\boldsymbol{x})&=x_1\dot{x}_1+x_2\dot{x}_2\\&=x_1(x_2-\alpha x_1^3)+x_2(-x_1-\beta x_2^3)\\&=-\alpha x_1^4-\beta x_2^4\end{aligned}$$

当 $\alpha<0$，$\beta<0$ 时，$\dot{V}(\boldsymbol{x})>0$，根据定理 4-4 可知，非线性系统 $\boldsymbol{x}_e=0$ 为不稳定。而当 $\alpha>0$，$\beta>0$ 时，$\dot{V}(\boldsymbol{x})<0$，根据定理 4-1 可知，非线性系统 $\boldsymbol{x}_e=0$ 为一致渐近稳定。

小　结

稳定性与能控性、能观测性一样都是系统的重要特性。本章介绍了李亚甫诺夫意义下稳定性的定义和李亚甫诺夫第二法分析系统平衡状态稳定性的定理，同时介绍了线性定常系统零状态响应的 BIBO 稳定性及其与平衡状态稳定性的关系，即平衡状态渐近稳定包含了 BIBO 稳定，而 BIBO 稳定的系统未必是平衡状态渐近稳定，只有当系统能控

又能观测时，BIBO 稳定的系统才是平衡状态渐近稳定。

线性定常系统的稳定性可以由传递函数的极点或由 $\boldsymbol{A}$ 的特征值来分析，也可以用李亚甫诺夫第二法来分析。对于非线性系统，除了满足一定条件，可以线性化，用李亚甫诺夫第一近似理论分析稳定性外，只能用李亚甫诺夫第二法研究系统的稳定性。本章介绍了分析非线性系统稳定性的克拉索夫斯基法和变量梯度法。应该指出，到目前为止，还没有构造李亚甫诺夫函数的一般方法，只能靠经验与技巧。由于李亚甫诺夫第二法给出的结果是非线性系统稳定性的充分条件，所以，对某个系统而言，构造不出李亚甫诺夫函数，不能说该系统不稳定，只能说无法提供有关系统稳定性的信息。

稳定性分析方法同样可应用到离散系统中去，只是线性离散系统的李亚甫诺夫方程形式和线性连续系统略有不同。

李亚甫诺夫第二法也可以研究非线性时变系统的稳定性问题，见参考文献［5］。

总之，一个系统能正常工作，稳定性是最基本的要求。因此，本章的内容在现代控制理论的各个分支中都是至关重要的。

习　题

4-1　系统状态方程为

$$\dot{x}_1 = x_2 - x_1(x_1^2 + x_2^2)$$
$$x_2 = -x_1 - x_2(x_1^2 + x_2^2)$$

试确定系统平衡状态的稳定性。

4-2　系统状态方程为

$$\dot{\boldsymbol{x}} = \begin{bmatrix} 0 & 1 \\ -x_1^2 & -1 \end{bmatrix} \boldsymbol{x}$$

试确定系统平衡状态的稳定性。

4-3　系统状态方程为

$$\dot{x}_1 = x_2$$
$$\dot{x}_2 = -(a_1 x_1 + a_2 x_1^2 x_2)$$

请证明，当 $a_1 > 0$，$a_2 > 0$ 时，系统平衡状态是大范围渐近稳定的。

4-4　系统状态方程为

$$\dot{x}_1 = x_2 + c x_1 \ (x_1^2 + x_2^2)$$
$$\dot{x}_2 = -x_1 + c x_2 \ (x_1^2 + x_2^2)$$

其中 c 为常数，要求：

（1）求平衡状态。

（2）设 $V(\boldsymbol{x}) = x_1^2 + x_2^2$，讨论 $c > 0$；$c = 0$；$c < 0$ 情况下的系统稳定性。

4-5　系统状态方程为

$$\dot{x}_1 = x_2$$
$$\dot{x}_2 = -k\sin x_1$$

其中 k 为大于零的常数。选取 $V(\boldsymbol{x}) = \dfrac{1}{2}x_2^2 + k\int_0^{x_1} \sin\eta \mathrm{d}\eta$，请求平衡状态并分析其稳定性。

4-6　系统状态方程为

$$\dot{x}_1 = x_2$$
$$\dot{x}_2 = -x_2 - e^{-t}x_1$$

请分别选择

（1）$V(\boldsymbol{x}) = x_1^2 + x_2^2$；

（2）$V(t,\boldsymbol{x}) = x_1^2 + e^t x_2^2$

作为李亚甫诺夫函数，分析系统平衡状态的稳定性。

4-7　系统状态方程为

（1）$\dot{\boldsymbol{x}} = \begin{bmatrix} -1 & 1 \\ 2 & -3 \end{bmatrix}\boldsymbol{x}$

（2）$\dot{\boldsymbol{x}} = \begin{bmatrix} -1 & 2 \\ 3 & -4 \end{bmatrix}\boldsymbol{x}$

试确定上述两个系统平衡状态的稳定性。

4-8　系统状态方程为

$$\dot{\boldsymbol{x}} = \begin{bmatrix} -4k & 4k \\ 2k & -6k \end{bmatrix}\boldsymbol{x}$$

为保证系统平衡状态渐近稳定时 k 的取值范围。

4-9　单级倒立摆的状态方程如习题 3-9 所示，判别其稳定性。

4-10　二阶线性定常系统状态方程为

$$\dot{\boldsymbol{x}} = \begin{bmatrix} a_{11} & a_{12} \\ a_{21} & a_{22} \end{bmatrix}x$$

请利用李亚甫诺夫方程证明，该系统平衡状态大范围渐近稳定的条件是 $\det\boldsymbol{A} > 0$，$a_{11} + a_{22} < 0$。［提示：李亚甫诺夫方程中的 $\boldsymbol{Q} = \boldsymbol{I}$］

4-11　系统的状态方程为

$$\dot{\boldsymbol{x}} = \begin{bmatrix} 1 & 0 & -1 \\ 0 & -2 & 0 \\ -1 & 0 & 2 \end{bmatrix}\boldsymbol{x} + \begin{bmatrix} 0 \\ 0 \\ 1 \end{bmatrix}\boldsymbol{u}$$

试确定平衡状态的稳定性。

4-12　线性离散系统的状态方程为

$$\boldsymbol{x}(k+1) = \begin{bmatrix} 0 & 3 \\ 1 & 0 \end{bmatrix}\boldsymbol{x}(k)$$

试确定系统平衡状态的稳定性。

4-13　线性系统的系统方程为

$$\dot{\boldsymbol{x}} = \begin{bmatrix} 1 & 2 & 0 \\ 3 & -1 & 1 \\ 0 & 2 & 0 \end{bmatrix}\boldsymbol{x} + \begin{bmatrix} 2 \\ 1 \\ 1 \end{bmatrix}\boldsymbol{u}$$
$$\boldsymbol{y} = \begin{bmatrix} 0 & 0 & 1 \end{bmatrix}\boldsymbol{x}$$

试分析系统平衡状态稳定性和 BIBO 稳定性。

4-14　系统方程为

$$\dot{\boldsymbol{x}} = \begin{bmatrix} -1 & 0 & 0 \\ 0 & -2 & 0 \\ 0 & 0 & -3 \end{bmatrix} \boldsymbol{x} + \begin{bmatrix} 2 \\ 3 \\ 4 \end{bmatrix} \boldsymbol{u}$$

$$\boldsymbol{y} = \begin{bmatrix} 1 & -1 & 2 \end{bmatrix} \boldsymbol{x}$$

试分析系统平衡状态稳定性和 BIBO 稳定性。

4-15　应用克拉索夫斯基法判别下列系统平衡状态的稳定性

（1）$\begin{bmatrix} \dot{x}_1 \\ \dot{x}_2 \end{bmatrix} = \begin{bmatrix} -x_1 \\ -2x_2 - 2x_2^3 \end{bmatrix}$

（2）$\begin{bmatrix} \dot{x}_1 \\ \dot{x}_2 \end{bmatrix} = \begin{bmatrix} -3x_1 + x_2 \\ x_1 - x_2 - x_2^3 \end{bmatrix}$

4-16　系统状态方程为

$$\begin{bmatrix} \dot{x}_1 \\ \dot{x}_2 \end{bmatrix} = \begin{bmatrix} -3x_2 - g(x_1)x_1 \\ -x_2 + g(x_1)x_1 \end{bmatrix}$$

式中，$g(x_1)x_1$ 为非线性；$g(x_1) > 0$。请应用变量梯度法确定系统平衡状态的稳定性。

4-17　系统状态方程为

$$\dot{x}_1 = x_2$$

$$\dot{x}_2 = -x_1 - b_1 x_2 - b_2 x_2^3$$

式中，$b_1 > 0$，$b_2 > 0$。请应用变量梯度法确定平衡状态的稳定性。［提示：应用具有 a_{ij} 作为常数的变量梯度法，可选用 $a_{12} = x_1/x_2$；$a_{21} = x_2/x_1$］

第 5 章　线性定常系统的综合

5.1　引言

在第 2 章，研究的是在已知系统的结构、参数和外部输入信号情况下系统的运动，从而了解系统的运动形态。第 3 章介绍了系统的能控性和能观测性。第 4 章是系统稳定性问题。如果将上述研究的内容概括起来说，就是在已知系统的结构和参数的情况下，研究系统的性能或特性，即所谓系统分析问题。

本章将研究线性定常系统的综合。这是一个与系统分析相反的命题，是在给定被控对象数学模型和外部输入信号的情况下，通过综合可实现的控制器结构和参数，使系统满足预先规定的性能指标要求。可见系统综合包含被控对象的数学模型、希望的性能指标和控制律（或控制函数）三个要素。本章研究的被控对象，数学模型以状态空间模型为主；性能指标指系统稳定性、瞬态性能和稳态性能等，这些指标基本上可以用系统希望极点来表示。此外，性能指标中还有抗干扰性能以及考虑模型参数存在不确定性情况下的鲁棒性能；控制律是指达到希望的系统性能，应该在被控对象输入端加入什么样的控制信号。在本章中考虑负反馈的优点，尽可能采用负反馈控制，包括状态反馈和输出反馈，在一些情况下还需要引入补偿器。

本章研究状态反馈系统极点配置、状态反馈镇定；输出反馈相对状态反馈来说，不能任意配置系统极点。为了扩展其配置极点的能力，介绍了动态输出反馈实现闭环系统极点的任意配置。

引入状态反馈可以得到好的系统性能，然而由于诸多原因，得不到能够实际应用的状态变量。在系统能观测情况下，重构状态，设计状态观测器，用估计状态实现状态反馈，理论上可达到原状态反馈系统的效果。

本章中用内模原理来实现渐近跟踪与干扰抑制并具有鲁棒性。

对于具有关联的多输入-多输出系统，当输出向量维数和输入向量维数相同的情况下，对符合状态反馈解耦条件的系统实现解耦，进而配置系统的极点。

系统综合的工作也可以称为系统设计，不过与实际工程系统设计有一定差别。这里所谓的设计属于理论层面上的设计。因为工程设计不仅要完成理论性设计，同时还要考虑可实现性问题，例如控制线路类型，选择元器件与参数等。

5.2 状态反馈和输出反馈

在经典控制理论中，利用系统的输出进行反馈，构成输出负反馈系统，可以得到较满意的系统性能；减小干扰对系统的影响；减小被控对象参数变化对系统性能的影响。因此，输出反馈控制得到了广泛的应用。在现代控制理论中，为了达到希望的控制要求，也采用反馈控制方法来构成反馈系统。这里采用的反馈控制有状态反馈和输出反馈两种。

5.2.1 状态反馈

线性定常系统方程为

$$\left.\begin{aligned}\dot{\boldsymbol{x}} &= \boldsymbol{Ax}+\boldsymbol{Bu}\\ \boldsymbol{y} &= \boldsymbol{Cx}+\boldsymbol{Du}\end{aligned}\right\}\tag{5-1}$$

式中，状态 $\boldsymbol{x}$、输入 $\boldsymbol{u}$ 和输出 $\boldsymbol{y}$ 分别为 n、r、m 维向量；$\boldsymbol{A}$、$\boldsymbol{B}$、$\boldsymbol{C}$、$\boldsymbol{D}$ 为满足矩阵运算相应维数的矩阵。假定有可能设置 n 个传感器，使全部状态变量均可用于反馈。其反馈控制律为

$$\boldsymbol{u}=\boldsymbol{V}-\boldsymbol{Kx}\tag{5-2}$$

式中，$\boldsymbol{K}$ 为 $r\times n$ 反馈增益矩阵；$\boldsymbol{V}$ 为 r 维输入向量。构成的状态反馈系统如图 5-1 所示。

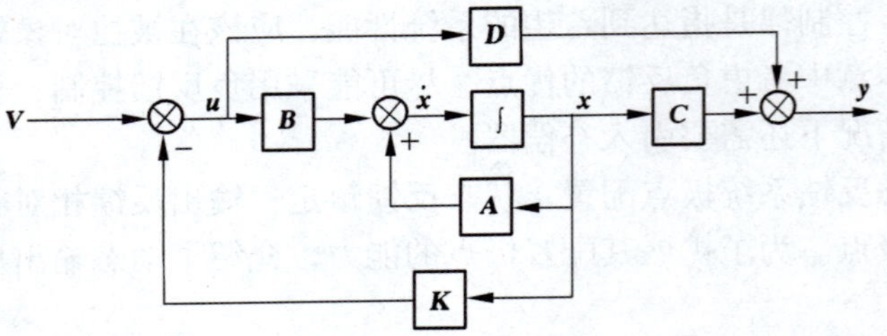

图 5-1

状态反馈系统方程为

$$\left.\begin{aligned}\dot{\boldsymbol{x}} &= \boldsymbol{Ax}+\boldsymbol{B}(\boldsymbol{V}-\boldsymbol{Kx})=(\boldsymbol{A}-\boldsymbol{BK})\boldsymbol{x}+\boldsymbol{BV}\\ \boldsymbol{y} &= (\boldsymbol{C}-\boldsymbol{DK})\boldsymbol{x}+\boldsymbol{DV}\end{aligned}\right\}\tag{5-3}$$

由方程（5-3）可知：

1）状态反馈不增加新的状态变量。

2）状态反馈对输入矩阵 $\boldsymbol{B}$ 和直接传输矩阵 $\boldsymbol{D}$ 无影响。

3）系统的系数矩阵由 $\boldsymbol{A}$ 变成（$\boldsymbol{A}-\boldsymbol{BK}$）。

4）输出矩阵由 $\boldsymbol{C}$ 变成（$\boldsymbol{C}-\boldsymbol{DK}$）。

系统的瞬态性能主要由系数矩阵决定。$\boldsymbol{A}$、$\boldsymbol{B}$ 矩阵是已知的，不能改变。$\boldsymbol{K}$ 矩阵可以在一个很宽范围内选择。因此，通过适当的方法选择反馈矩阵 $\boldsymbol{K}$，就可以使系统达到

希望的控制目的。

5.2.2 输出反馈

在工程实践中，输出反馈也是常用的。对方程（5-1）所描述的线性定常系统，采用输出反馈控制律为

$$u = V - Hy \tag{5-4}$$

式中，H 为 $r \times m$ 常值矩阵。输出反馈系统如图 5-2 所示。

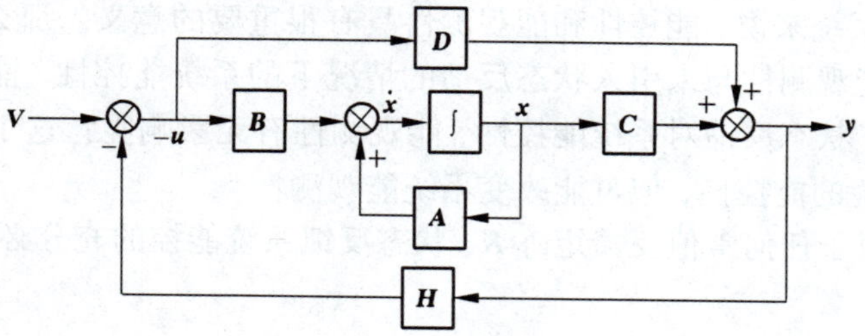

图 5-2

输出反馈系统方程为

$$\begin{aligned} \dot{x} &= Ax + B(V - Hy) = [A - BH(I + DH)^{-1}C]x + [B - BH(I + DH)^{-1}D]V \\ y &= (I + DH)^{-1}Cx + (I + DH)^{-1}DV \end{aligned} \tag{5-5}$$

由方程（5-5）可知：

1）输出反馈不增加新的状态变量。

2）输出反馈使 B 矩阵变成 $[B - BH(I + DH)^{-1}D]$，当 $D = 0$ 时，对 B 矩阵无影响。

3）系统矩阵由 A 变成 $[A - BH(I + DH)^{-1}C]$，当 $D = 0$ 时，就变成 $(A - BHC)$。

4）输出矩阵 C 变成 $(I + DH)^{-1}C$，当 $D = 0$ 时，C 矩阵不改变。

5）直接传输矩阵 D 变成 $(I + DH)^{-1}D$。

系统的瞬态性能由系数矩阵决定。由于 A、B、C 矩阵是固定的，要获得好的反馈系统性能，可以通过适当选择反馈矩阵 H 来实现。

比较式(5-3)和式(5-5)可知，式(5-5)系数矩阵中的 H、C 相当于状态反馈系统中的 K 矩阵。由于 $m \leqslant n$ 等原因，K 矩阵可以选择的自由度比较大，而 H 矩阵可以选择的自由度相对 K 矩阵来说要小些，尤其是 H、C 对改善系统性能的效果同 K 矩阵相比要小得多，因此，输出反馈改善系统性能的能力要差些。然而从技术实现的难易程度来看，输出反馈比状态反馈要方便得多。正因为如此，在实际中仍然采用。

5.3 状态反馈系统的极点配置

5.3.1 状态反馈系统的能控性和能观测性

线性定常系统方程为

$$\left.\begin{aligned}\dot{\boldsymbol{x}} &= \boldsymbol{A}\boldsymbol{x}+\boldsymbol{B}\boldsymbol{u}\\ \boldsymbol{y} &= \boldsymbol{C}\boldsymbol{x}\end{aligned}\right\} \tag{5-6}$$

式中，$\boldsymbol{x}$、$\boldsymbol{u}$、$\boldsymbol{y}$ 维数同前。如果引入状态反馈

$$\boldsymbol{u}=\boldsymbol{V}-\boldsymbol{K}\boldsymbol{x} \tag{5-7}$$

式中，$\boldsymbol{V}$、$\boldsymbol{K}$ 意义同前，则状态反馈系统方程为

$$\begin{aligned}\dot{\boldsymbol{x}} &= (\boldsymbol{A}-\boldsymbol{B}\boldsymbol{K})\boldsymbol{x}+\boldsymbol{B}\boldsymbol{V}\\ \boldsymbol{y} &= \boldsymbol{C}\boldsymbol{x}\end{aligned} \tag{5-8}$$

对状态反馈系统来说，能控性和能观测性具有很重要的意义。那么，引入状态反馈的系统能控性、能观测性与未引入状态反馈的情况下的系统能控性、能观测性有什么关系呢？换句话说，状态反馈对系统能控性、能观测性有无影响呢？这个问题的结论是状态反馈不改变系统的能控性，但可能改变系统能观测性。

定理 5-1 对于任何常值反馈矩阵 $\boldsymbol{K}$，状态反馈系统能控的充分必要条件是式(5-6)的系统能控。

证明 对任意的 $\boldsymbol{K}$ 矩阵，均有

$$[\lambda \boldsymbol{I}-(\boldsymbol{A}-\boldsymbol{B}\boldsymbol{K}) \mid \boldsymbol{B}]=[\lambda \boldsymbol{I}-\boldsymbol{A} \mid \boldsymbol{B}]\begin{bmatrix}\boldsymbol{I} & 0\\ \boldsymbol{K} & \boldsymbol{I}\end{bmatrix}$$

上式中等式右边的矩阵$\begin{bmatrix}\boldsymbol{I} & 0\\ \boldsymbol{K} & \boldsymbol{I}\end{bmatrix}$，对任意常值矩阵 $\boldsymbol{K}$ 都是非奇异的。因此对任意的 λ 和 $\boldsymbol{K}$，均有

$$\operatorname{rank}[\lambda \boldsymbol{I}-(\boldsymbol{A}-\boldsymbol{B}\boldsymbol{K}) \mid \boldsymbol{B}]=\operatorname{rank}[\lambda \boldsymbol{I}-\boldsymbol{A} \mid \boldsymbol{B}] \tag{5-9}$$

式(5-9)说明，引入式(5-7)的状态反馈不改变式(5-6)的系统能控性。换句话说，状态反馈系统能控的充分必要条件为式(5-6)的系统能控。即

$\operatorname{rank}[\lambda_i \boldsymbol{I}-\boldsymbol{A} \mid \boldsymbol{B}]=n$ （对于所有的 λ_i，$i=1, 2, \cdots, n$ 成立）

如果系统不能控，就会有某些 $\boldsymbol{A}$ 的特征值 λ_i，使$[\lambda_i \boldsymbol{I}-\boldsymbol{A} \mid \boldsymbol{B}]$的秩小于 n，则这些特征值 λ_i 同时也使$[\lambda_i \boldsymbol{I}-(\boldsymbol{A}-\boldsymbol{B}\boldsymbol{K}) \mid B]$的秩小于 n。因此，λ_i 必然是$(\boldsymbol{A}-\boldsymbol{B}\boldsymbol{K})$的特征值。这表明，状态反馈不能改变式(5-6)的系统中的不能控状态，只能改变系统中的能控状态。

但是，状态反馈可能改变系统的能观测性。现以例子说明。

例 5-1 系统方程为

$$\dot{\boldsymbol{x}}=\begin{bmatrix}1 & 2\\ 3 & 1\end{bmatrix}\boldsymbol{x}+\begin{bmatrix}0\\ 1\end{bmatrix}u$$

$$y=[1 \quad 2]\boldsymbol{x}$$

可以验证该系统能控、能观测。

现在引入状态反馈

$$\boldsymbol{u}=\boldsymbol{V}-[3 \quad 1]\boldsymbol{x}$$

状态反馈系统方程为

$$\dot{\boldsymbol{x}}=\begin{bmatrix}1 & 2\\0 & 0\end{bmatrix}\boldsymbol{x}+\begin{bmatrix}0\\1\end{bmatrix}u$$

$$y=[1\quad 2]\boldsymbol{x}$$

$\text{rank}\boldsymbol{Q}_c=2$，系统能控。

$$\text{rank}\boldsymbol{Q}_0=\text{rank}\begin{bmatrix}1 & 2\\1 & 2\end{bmatrix}=1<2=n$$

即状态反馈系统不能观测，即引入状态反馈改变了这个系统的能观测性。

这个例子说明原系统是能观测的，引入状态反馈后，改变了原系统的能观测性。也可能出现相反的情况，即原系统不能观测，引入状态反馈后，状态反馈系统变成能观测了。一般地说，当用状态反馈配置的系统极点与原系统零点相同，即出现零、极点相消时，状态反馈就改变了系统的能观测性。

5.3.2　极点配置

状态反馈系统的稳定性和瞬态性能主要是由系统极点决定的。如果引入状态反馈将系统的极点配置在 s 左半平面的希望位置上，则可以得到满意的系统特性。一个系统引入状态反馈可以任意配置极点的条件是原系统能控。现在介绍单输入系统的极点配置。

系统方程为

$$\begin{aligned}\dot{\boldsymbol{x}}&=\boldsymbol{A}\boldsymbol{x}+\boldsymbol{b}u\\y&=\boldsymbol{C}\boldsymbol{x}\end{aligned}\tag{5-10}$$

式中，$\boldsymbol{x}$ 为 n 维状态向量；u、y 为标量；$\boldsymbol{A}$、$\boldsymbol{b}$、$\boldsymbol{C}$ 分别为 $n\times n$、$n\times 1$、$1\times n$ 矩阵。

状态反馈律为

$$u=V-\boldsymbol{K}\boldsymbol{x}\tag{5-11}$$

式中，$\boldsymbol{K}$ 为 $1\times n$ 的常值矩阵。

状态反馈系统方程为

$$\begin{aligned}\dot{\boldsymbol{x}}&=(\boldsymbol{A}-\boldsymbol{b}\boldsymbol{K})\boldsymbol{x}+\boldsymbol{b}V\\y&=\boldsymbol{C}\boldsymbol{x}\end{aligned}\tag{5-12}$$

状态图如图 5-3 所示。

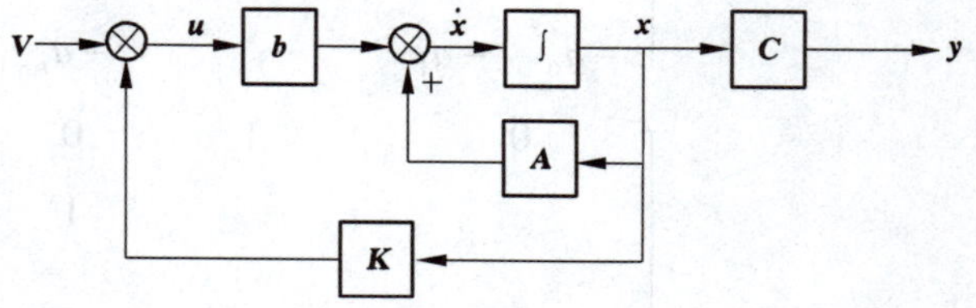

图　5-3

若式(5-10)的系统能控，则引入状态反馈可以任意配置式(5-12)的状态反馈系统的极点。由式(5-12)可知，$\boldsymbol{A}$、$\boldsymbol{b}$ 一定，配置系统的极点，就是确定矩阵 $\boldsymbol{K}$。通过计算合适的矩阵 $\boldsymbol{K}$，将系统极点配置在 s 平面上所希望的位置。

因为已假定系统能控，可以利用线性变换将其变成能控标准形。

令 $\bar{\boldsymbol{x}}=\boldsymbol{P}\boldsymbol{x}$ 或 $\boldsymbol{x}=\boldsymbol{P}^{-1}\bar{\boldsymbol{x}}$

式中，变换矩阵 $\boldsymbol{P}$ 由式(3-59)和式(3-60)给出。为了方便起见，重写如下

$$
\boldsymbol{P}^{-1} = [\boldsymbol{b} \quad \boldsymbol{A}\boldsymbol{b} \quad \cdots \quad \boldsymbol{A}^{n-1}\boldsymbol{b}] \begin{bmatrix} a_1 & a_2 & \cdots & a_{n-1} & 1 \\ a_2 & a_3 & & & \\ \vdots & \iddots & & & \\ a_{n-1} & \iddots & & \boldsymbol{0} & \\ 1 & & & & \end{bmatrix}
$$

线性变换后的状态方程为

$$
\dot{\overline{\boldsymbol{x}}} = \begin{bmatrix} 0 & 1 & 0 & \cdots & \cdots & 0 \\ 0 & 0 & 1 & 0 & \cdots & 0 \\ & \boldsymbol{0} & & \ddots & & \cdots \\ & & & & & 1 \\ -a_0 & -a_1 & & \cdots & & -a_{n-1} \end{bmatrix} \overline{\boldsymbol{x}} + \begin{bmatrix} 0 \\ \vdots \\ 0 \\ 1 \end{bmatrix} u
$$

$$
y = [\beta_0 \quad \beta_1 \cdots\cdots \beta_{n-1}] \overline{\boldsymbol{x}} \tag{5-13}
$$

传递函数为

$$
\begin{aligned} \boldsymbol{g}(s) &= \boldsymbol{C}[s\boldsymbol{I} - \boldsymbol{A}]^{-1}\boldsymbol{b} = \overline{\boldsymbol{C}}[s\boldsymbol{I} - \overline{\boldsymbol{A}}]^{-1}\overline{\boldsymbol{b}} \\ &= \frac{\beta_{n-1}s^{n-1} + \beta_{n-2}s^{n-2} + \cdots + \beta_1 s + \beta_0}{s^n + a_{n-1}s^{n-1} + a_{n-2}s^{n-2} + \cdots + a_1 s + a_0} = \frac{\beta(s)}{a(s)} \end{aligned} \tag{5-14}
$$

引入状态反馈

$$
\boldsymbol{u} = \boldsymbol{V} - \boldsymbol{K}\boldsymbol{x} = \boldsymbol{V} - \boldsymbol{K}\boldsymbol{P}^{-1}\overline{\boldsymbol{x}} = \boldsymbol{V} - \overline{\boldsymbol{K}}\ \overline{\boldsymbol{x}}
$$

即

$$
\overline{\boldsymbol{K}} = \boldsymbol{K}\boldsymbol{P}^{-1} \tag{5-15}
$$

设

$$
\overline{\boldsymbol{K}} = [k_0 \quad k_1 \quad \cdots \quad k_{n-1}]
$$

$$
\begin{aligned} \overline{\boldsymbol{A}} - \overline{\boldsymbol{b}}\ \overline{\boldsymbol{K}} &= \begin{bmatrix} 0 & 1 & 0 & & \cdots & 0 \\ 0 & 0 & 1 & 0 & \cdots & 0 \\ & & & & \ddots & \vdots \\ & & & & & 1 \\ -a_0 & -a_1 & & \cdots & & -a_{n-1} \end{bmatrix} - \begin{bmatrix} 0 \\ 0 \\ \vdots \\ 0 \\ 1 \end{bmatrix} [k_0 \quad k_1 \quad \cdots \quad k_{n-1}] \\ &= \begin{bmatrix} 0 & 1 & 0 & \cdots & 0 \\ & & 1 & & \vdots \\ & & & \ddots & \\ & \boldsymbol{0} & & & 0 \\ & & & & 1 \\ -(a_0 + k_0) & -(a_1 + k_1) & \cdots & & -(a_{n-1} + k_{n-1}) \end{bmatrix} \end{aligned}
$$

状态反馈系统的特征多项式记为 $\Delta_K(s)$，则

$$\Delta_K(s)=\det[s\boldsymbol{I}-(\overline{\boldsymbol{A}}-\overline{\boldsymbol{b}}\ \overline{\boldsymbol{K}})]$$
$$=s^n+(a_{n-1}+k_{n-1})s^{n-1}+(a_{n-2}+k_{n-2})s^{n-2}+\cdots+(a_1+k_1)s+(a_0+k_0) \tag{5-16}$$

设状态反馈系统希望的极点为 s_1，s_2，…，s_n，其特征多项式记成 $\Delta_K^*(s)$，且

$$\Delta_K^*(s)=\prod_{i=1}^{n}(s-s_i)=s^n+a_{n-1}^*s^{n-1}+\cdots+a_1^*s+a_0^* \tag{5-17}$$

比较式(5-16)和式(5-17)，令 s 同次幂的系数相等，即得

$$\overline{\boldsymbol{K}}=[a_0^*-a_0\quad a_1^*-a_1\quad a_2^*-a_2\cdots a_{n-1}^*-a_{n-1}] \tag{5-18}$$

按上式计算出矩阵$\overline{\boldsymbol{K}}$后，即完成状态反馈系统的极点配置。状态反馈系统方程就成为

$$\dot{\overline{\boldsymbol{x}}}=\begin{bmatrix}0 & 1 & 0 & \cdots & \cdots & 0\\ 0 & 0 & 1 & 0 & \cdots & 0\\ & & & & & \vdots\\ & & & & & 1\\ -a_0^* & -a_1^* & & \cdots & & -a_{n-1}^*\end{bmatrix}\overline{\boldsymbol{x}}+\begin{bmatrix}0\\0\\ \vdots\\0\\1\end{bmatrix}\boldsymbol{V}$$
$$y=[\beta_0\quad \beta_1\quad \cdots\quad \beta_{n-1}]\overline{\boldsymbol{x}} \tag{5-19}$$

应当指出，状态反馈矩阵$\overline{\boldsymbol{K}}$是针对式(5-13)的能控标准形的系统方程求出的。如果返回到能控的系统方程(5-10)时，状态反馈矩阵 $\boldsymbol{K}=\overline{\boldsymbol{K}}\boldsymbol{P}$。

这样，单输入系统极点配置的计算步骤如下：

(1) 检查系统的能控性。如果系统能控，则按以下步骤计算状态反馈矩阵。

(2) 计算矩阵 $\boldsymbol{A}$ 的特征多项式，即 $\Delta(s)=\det[s\boldsymbol{I}-\boldsymbol{A}]=s^n+a_{n-1}s^{n-1}+\cdots+a_1s+a_0$。

(3) 计算由希望的极点 s_1，s_2，…，s_n 所决定的状态反馈系统特征多项式

$$\Delta_K^*(s)=\prod_{i=1}^{n}(s-s_i)=s^n+a_{n-1}^*s^{n-1}+\cdots+a_1^*s+a_0^*$$

(4) 计算$\overline{\boldsymbol{K}}$

$$\overline{\boldsymbol{K}}=[a_0^*-a_0\quad a_1^*-a_1\quad \cdots\quad a_{n-1}^*-a_{n-1}]$$

(5) 确定变换矩阵 $\boldsymbol{P}$

$$\boldsymbol{P}^{-1}=[\boldsymbol{b}\quad \boldsymbol{Ab}\quad \cdots\quad \boldsymbol{A}^{n-1}\boldsymbol{b}]\begin{bmatrix}a_1 & a_2 & \cdots & a_{n-1} & 1\\ a_2 & a_3 & & & \\ \vdots & & & & \\ & \iddots & & & \\ a_{n-1} & & & & \\ & \iddots & & & \\ 1 & & & & 0\end{bmatrix}$$

(6) 计算状态反馈矩阵 $\boldsymbol{K}$

$$\boldsymbol{K}=\overline{\boldsymbol{K}}\boldsymbol{P}$$

注意，这里的变换矩阵 $\boldsymbol{P}^{-1}$ 就是将不是能控标准形的状态方程变成能控标准形的变换矩阵。当系统方程为能控标准形的情况，$\boldsymbol{P}^{-1}=\boldsymbol{I}$，这时状态反馈矩阵 $\boldsymbol{K}=\overline{\boldsymbol{K}}$。

例 5-2 线性定常系统状态方程为

$$\dot{\boldsymbol{x}}=\begin{bmatrix}0 & 1 & 0\\ 0 & 0 & 1\\ 0 & -2 & -3\end{bmatrix}\boldsymbol{x}+\begin{bmatrix}0\\ 0\\ 1\end{bmatrix}u$$

引入状态反馈配置系统的极点为 $s_{1,2}=-1\pm\mathrm{j}$，$s_3=-2$，试确定反馈矩阵 $\boldsymbol{K}$。

解 设反馈矩阵 $\boldsymbol{K}=[k_0 \quad k_1 \quad k_2]$

$$\boldsymbol{A}-\boldsymbol{bK}=\begin{bmatrix}0 & 1 & 0\\ 0 & 0 & 1\\ 0 & -2 & -3\end{bmatrix}-\begin{bmatrix}0\\ 0\\ 1\end{bmatrix}[k_0 \quad k_1 \quad k_2]=\begin{bmatrix}0 & 1 & 0\\ 0 & 0 & 1\\ -k_0 & -2-k_1 & -3-k_2\end{bmatrix}$$

$$\Delta_K(s)=\det[s\boldsymbol{I}-(\boldsymbol{A}-\boldsymbol{bK})]=\begin{bmatrix}s & -1 & 0\\ 0 & s & -1\\ k_0 & 2+k_1 & s+3+k_2\end{bmatrix}$$

$$=s^3+(3+k_2)s^2+(2+k_1)s+k_0$$

希望的状态反馈系统特征多项式为 $\Delta_K^*(s)=\prod\limits_{i=1}^{3}(s-s_i)=s^3+4s^2+6s+4$，由 $\Delta_K(s)$ 和 $\Delta_K^*(s)$ 的 s 同次幂系数应相等，得到 $k_0=4$，$k_1=4$，$k_2=1$ 即 $\boldsymbol{K}=[4 \quad 4 \quad 1]$。状态反馈系统的状态图如图 5-4 所示。

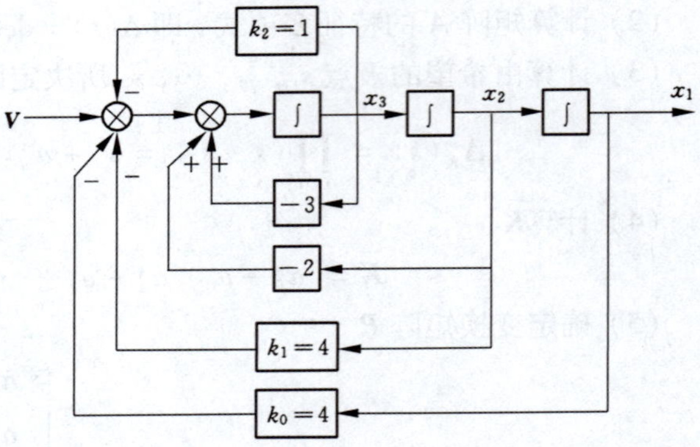

图 5-4

例 5-3 某位置控制系统（或伺服系统）的简化线路如图 5-5 所示。系统由两个电位器并联的电桥构成角度测量比较元件、放大倍数为 K_A 的电压放大器、放大倍数为 K_P 的功率变换部件，执行电动机等组成。系统的输入是转动手柄 A。手柄 A 与发送电位器 RP_1 的滑臂相连，发送电位器 RP_1 和接收电位器 RP_2 连成电桥。接收电位器 RP_2 与系统的输出轴机械相联。电桥用来比较系统输入量 θ_i 和输出量 θ_o，得到误差信号 $\theta=\theta_i-\theta_o$，并将误差信号 θ 转换成电压信号 $u_\theta=K_\theta\theta$，经过电压放大器和功率变换部件放大后的输出电压 u_D 加到直流他励电动机 M 电枢上。电动机一方面经过齿轮机构带动负载转动，另一方面又带动接收电位器 RP_2 的滑臂转动。滑臂转动的方向是使误差 θ 向减小的方向转动。当 $\theta_o=\theta_i$ 时，电动机就不再转动。输出轴与接收电位器 RP_2 的机械连接就是系统的主反馈。从而形成位置控制系统。

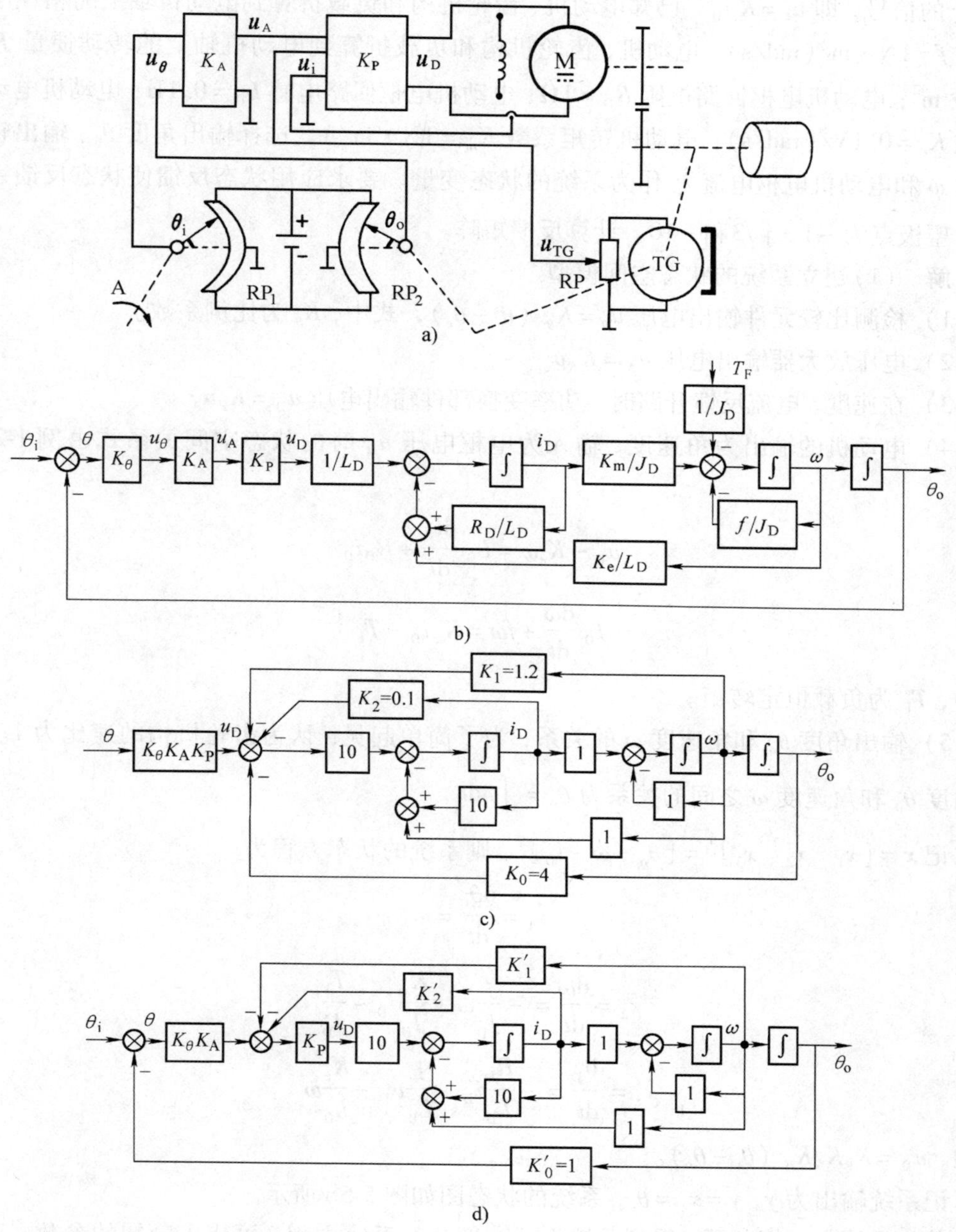

图　5-5

为了实现全状态反馈，在电动机轴上装了一个永磁式测速发电机 TG，它发出的电压比例于输出角的导数（电动机的速度信号），即 $u_{TG}=K_{TG}\omega$；通过霍尔传感器测得电枢电

流 i_D 的信号，即 $u_i = K_i i_D$。已知电动机、齿轮机构和负载折算到电动机轴上的粘性摩擦系数 $f = 1\text{N} \cdot \text{m/(rad/s)}$；电动机、齿轮机构和负载折算到电动机轴上的转动惯量 $J_D = 1\text{kg} \cdot \text{m}^2$；电动机电枢回路电阻 $R_D = 1\Omega$；电动机电枢回路电感 $L_D = 0.1\text{H}$；电动机电动势系数 $K_e = 0.1\text{V/(rad/s)}$；电动机转矩系数 $K_m = 1\text{N} \cdot \text{m/A}$。选择输出角度 θ_o、输出轴角速度 ω 和电动机电枢电流 i_D 作为系统的状态变量。要求应用状态反馈使状态反馈系统的希望极点为 $-1 \pm j\sqrt{3}$ 和 -10。计算反馈矩阵。

解 (1)建立系统的状态空间模型

1) 检测比较元件输出电压 $u_\theta = K_\theta(\theta_i - \theta_o)$，式中，$K_\theta$ 为比例系数。

2) 电压放大器输出电压 $u_A = K_A u_o$

3) 在速度、电流反馈开路时，功率变换部件输出电压 $u_D = K_P u_A$

4) 电动机的输出为角速度、输入为电枢电压 u_D 时的状态空间关系式由例 1-2 可知，

$$u_D - K_e\omega = L_D \frac{di_D}{dt} + R_D i_D$$

$$J_D \frac{d\omega}{dt} + f\omega = K_m i_D - T_F$$

式中，T_F 为负载恒定转矩。

5) 输出角度 θ_o 和角速度 ω 的关系，为了简单起见，认为齿轮机构的速比为 1。输出角度 θ_o 和角速度 ω 之间的关系为 $\theta_o = \int \omega dt$。

记 $\boldsymbol{x} = [x_1 \quad x_2 \quad x_3]^T = [\theta_o \quad \omega \quad i_D]^T$，则系统的状态方程为

$$\dot{x}_1 = \frac{d\theta_o}{dt} = \omega$$

$$\dot{x}_2 = \frac{d\omega}{dt} = -\frac{f}{J_D}\omega + \frac{K_m}{J_D}i_D - \frac{T_F}{J_D}$$

$$\dot{x}_3 = \frac{di_D}{dt} = -\frac{R_D}{L_D}i_D + \frac{1}{L_D}u_D - \frac{K_e}{L_D}\omega$$

式中，$u_D = K_P K_A K_\theta(\theta_i - \theta_o)$。

记系统输出为 y，$y = x_1 = \theta_o$，系统的状态图如图 5-5b 所示。

若将系统主反馈断开，得到系统不可变部分的系统方程，再代入已知的参数，系统方程为

$$\begin{bmatrix} \dot{x}_1 \\ \dot{x}_2 \\ \dot{x}_3 \end{bmatrix} = \begin{bmatrix} 0 & 1 & 0 \\ 0 & -1 & 1 \\ 0 & -1 & -10 \end{bmatrix} \begin{bmatrix} x_1 \\ x_2 \\ x_3 \end{bmatrix} + \begin{bmatrix} 0 \\ 0 \\ 10 \end{bmatrix} u_D + \begin{bmatrix} 0 \\ -1 \\ 0 \end{bmatrix} T_F$$

$$\boldsymbol{y} = [1 \quad 0 \quad 0]\begin{bmatrix} x_1 \\ x_2 \\ x_3 \end{bmatrix}$$

（2）计算状态反馈矩阵

1）系统能控性矩阵

$$\boldsymbol{Q}_c = [\boldsymbol{b} \quad \boldsymbol{Ab} \quad \boldsymbol{A}^2\boldsymbol{b}] = \begin{bmatrix} 0 & 0 & 10 \\ 0 & 10 & -110 \\ 10 & -100 & 990 \end{bmatrix}$$

$\text{rank}\boldsymbol{Q}_c = 3$，系统能控。

2）矩阵 $\boldsymbol{A}$ 的特征多项式

$$\Delta(s) = \det[s\boldsymbol{I} - \boldsymbol{A}] = \det\begin{bmatrix} s & -1 & 0 \\ 0 & s+1 & -1 \\ 0 & 1 & s+10 \end{bmatrix} = s^3 + 11s^2 + 11s$$

3）希望极点所决定的状态反馈系统特征多项式为

$$\Delta_K^*(s) = \prod_{i=1}^{3}(s - s_i) = s^3 + 12s^2 + 24s + 40$$

4）计算$\overline{\boldsymbol{K}}$

$$\begin{aligned}\overline{\boldsymbol{K}} &= [a_0^* - a_0 \quad a_1^* - a_1 \quad a_2^* - a_2] \\ &= [40-0 \quad 24-11 \quad 12-11] = [40 \quad 13 \quad 1]\end{aligned}$$

5）变换矩阵

$$\boldsymbol{P}^{-1} = [\boldsymbol{b} \quad \boldsymbol{Ab} \quad \boldsymbol{A}^2\boldsymbol{b}]\begin{bmatrix} a_1 & a_2 & 1 \\ a_2 & 1 & 0 \\ 1 & 0 & 0 \end{bmatrix} = \begin{bmatrix} 0 & 0 & 10 \\ 0 & 10 & -100 \\ 10 & -110 & 990 \end{bmatrix}\begin{bmatrix} 11 & 11 & 1 \\ 11 & 1 & 0 \\ 1 & 0 & 0 \end{bmatrix} = \begin{bmatrix} 10 & 0 & 0 \\ 0 & 10 & 0 \\ 0 & 10 & 10 \end{bmatrix}$$

$$\boldsymbol{P} = \begin{bmatrix} 10 & 0 & 0 \\ 0 & 10 & 0 \\ 0 & 10 & 10 \end{bmatrix}^{-1} = \begin{bmatrix} 0.1 & 0 & 0 \\ 0 & 0.1 & 0 \\ 0 & -0.1 & 0.1 \end{bmatrix}$$

6）状态反馈矩阵 $\boldsymbol{K}$

$$\boldsymbol{K} = \overline{\boldsymbol{K}}\boldsymbol{P} = [40 \quad 13 \quad 1]\begin{bmatrix} 0.1 & 0 & 0 \\ 0 & 0.1 & 0 \\ 0 & -0.1 & 0.1 \end{bmatrix} = [4 \quad 1.2 \quad 0.1]$$

状态反馈系统的状态图如图 5-5c 所示（未画出 T_F）。采用全状态反馈时，考虑到位置反馈（主反馈），即 $K_0' = 1$，则

$K_\theta K_A K_P = \dfrac{4}{K_0'} = 4$，$K_1' = \dfrac{1.2}{K_P}$，$K_2' = \dfrac{0.1}{K_P}$，状态反馈系统的结构如图 5-5d 所示。

上面讨论了单输入系统状态反馈系统极点配置问题。现作如下说明。

1）对于能控的系统，引入状态反馈进行极点配置时，不改变系统的零点（除非人

为地制造零、极点相消)。

由式(5-19),可以求得状态反馈系统的传递函数 $g_K(s)$ 为

$$g_K(s)=\boldsymbol{C}[s\boldsymbol{I}-(\boldsymbol{A}-\boldsymbol{bK})]^{-1}\boldsymbol{b}=\frac{\beta_{n-1}s^{n-1}+\beta_{n-2}s^{n-2}+\cdots+\beta_1 s+\beta_0}{s^n+a_{n-1}^*s^{n-1}+\cdots+a_1^*s+a_0^*} \tag{5-20}$$

比较式(5-20)和式(5-14)可以看出,传递函数 $g_K(s)$ 的零点和 $g(s)$ 的零点是相同的。

2)状态反馈系统希望极点的选择原则是根据系统性能的要求以及系统零、极点分布情况综合加以考虑。一般地说,要求状态反馈系统稳定性好、快速性好、稳态精度高、抗干扰能力强、实现容易,同时应考虑系统参数变化对系统性能的影响小。例如 $\boldsymbol{A}$ 矩阵的元素 a_i,也可能发生变化。若 a_i 减小时,k_i 增大。当 k_i 过大,系统可能出现远离工作点而进入非线性区,或者使瞬态性能变坏或者导致噪声影响增大等等。由于上述要求,存在相互制约的关系,因此,视系统情况折衷地予以考虑。

3)利用状态反馈设计控制系统较输出比例反馈来说,可调参数多,而且有好的系统性能。下面用例子来说明。

例 5-4 为了用根轨迹方法进行系统分析,在例 5-2 状态反馈系统的基础上引入增益 K_P 结构图如图 5-6 所示。在例 5-2 中,$K_P=1$。采用输出反馈,结构图如图 5-7a 所示。系统的根轨迹如图 5-7b 所示。经过计算 $K_P=6$,闭环系统处于临界稳定。而采用状态反馈,即图 5-4 所示的状态反馈系统,经过结构化简后,系统结构图如图 5-7c 所示。

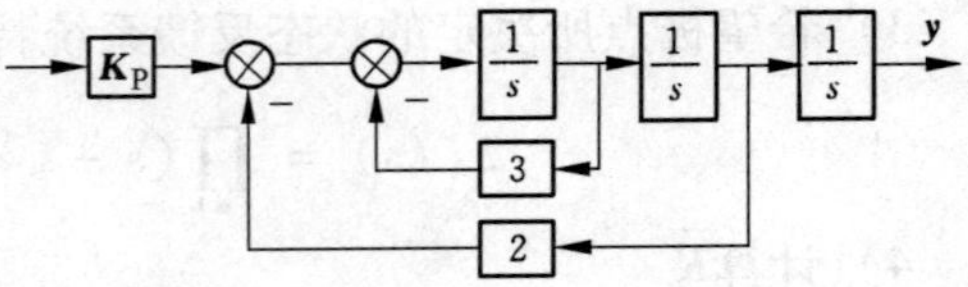

图 5-6

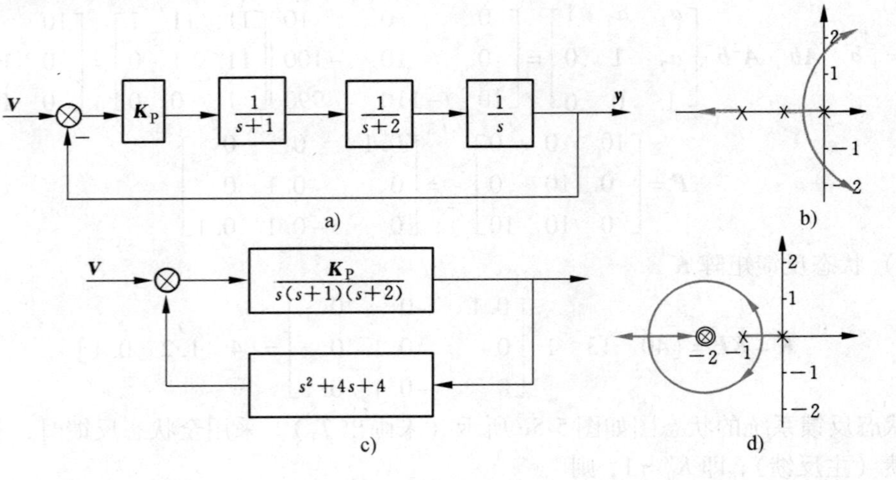

图 5-7

由图可见,状态反馈与引入两个零点相当。系统的根轨迹以 −2 为圆心、$\sqrt{2}$为半径的圆,如图 5-7d 所示。理论上,不论 K_P 为多么大,状态反馈系统是稳定的。不仅如此,

采用状态反馈等价于具有输出动态反馈，但并不会引入附加的极点使系统性能恶化。

4）配置状态反馈系统的极点时，未考虑零点的影响。而零点对系统瞬态性能是可以有甚至有很大影响的。这里所得到的瞬态性能仅是指未考虑零点影响的系统瞬态性能。

5.4 输出反馈系统的极点配置

5.4.1 输出反馈系统的能观测性和能控性

对于输出反馈系统来说，能观测性和能控性具有很重要的意义。那么，引入输出反馈后的系统能观测性和能控性与未引入输出反馈情况下的系统能观测性和能控性有什么关系呢？换句话说，输出反馈对系统能观测性和能控性有无影响呢？这个问题的结论是引入输出反馈不改变系统的能观测性和能控性。

定理 5-2 对于任意常值反馈矩阵 $\boldsymbol{H}$，输出反馈不改变系统的能观测性。

证明 为了简明起见，令系统方程（5-1）中 $D=0$，即

$$\begin{aligned}\dot{\boldsymbol{x}} &= \boldsymbol{A}\boldsymbol{x}+\boldsymbol{B}\boldsymbol{u}\\ \boldsymbol{y} &= \boldsymbol{C}\boldsymbol{x}\end{aligned} \tag{5-21}$$

控制

$$\boldsymbol{u}=\boldsymbol{V}-\boldsymbol{H}\boldsymbol{y}$$

输出反馈系统的方程为

$$\begin{aligned}\dot{\boldsymbol{x}} &= (\boldsymbol{A}-\boldsymbol{B}\boldsymbol{H}\boldsymbol{C})\boldsymbol{x}+\boldsymbol{B}\boldsymbol{V}\\ \boldsymbol{y} &= \boldsymbol{C}\boldsymbol{x}\end{aligned} \tag{5-22}$$

对于任意的常值矩阵 $\boldsymbol{H}$，均有

$$\begin{bmatrix}\lambda\boldsymbol{I}-(\boldsymbol{A}-\boldsymbol{B}\boldsymbol{H}\boldsymbol{C})\\ \hdashline \boldsymbol{C}\end{bmatrix}=\begin{bmatrix}\boldsymbol{I} & \boldsymbol{B}\boldsymbol{H}\\ \hdashline 0 & \boldsymbol{I}\end{bmatrix}\begin{bmatrix}\lambda\boldsymbol{I}-\boldsymbol{A}\\ \hdashline \boldsymbol{C}\end{bmatrix}$$

由于上式右边的矩阵 $\begin{bmatrix}\boldsymbol{I} & \boldsymbol{B}\boldsymbol{H}\\ 0 & \boldsymbol{I}\end{bmatrix}$ 是对任意常值矩阵 $\boldsymbol{H}$ 都是非奇异矩阵，因此对任意的 λ 和 $\boldsymbol{H}$，均有

$$\operatorname{rank}\begin{bmatrix}\lambda\boldsymbol{I}-(\boldsymbol{A}-\boldsymbol{B}\boldsymbol{H}\boldsymbol{C})\\ \hdashline \boldsymbol{C}\end{bmatrix}=\operatorname{rank}\begin{bmatrix}\lambda\boldsymbol{I}-\boldsymbol{A}\\ \hdashline \boldsymbol{C}\end{bmatrix} \tag{5-23}$$

由此可见，输出反馈系统（5-22）能观测的充分必要条件是系统（5-21）能观测。即输出反馈不改变系统的能观测性。

如果系统（5-21）不能观测，由式（5-23）可知，使得式（5-23）右边矩阵降秩的那些 λ 值也使式（5-23）左边矩阵降秩。这表明输出反馈不会改变系统不能观测部分。

定理 5-3 对于任意常值反馈矩阵 $\boldsymbol{H}$，输出反馈不改变系统的能控性。

证明 对于任意常值矩阵 $\boldsymbol{H}$，均有

$$[\lambda\boldsymbol{I}-(\boldsymbol{A}-\boldsymbol{BHC})\ \vdots\ \boldsymbol{B}]=[\lambda\boldsymbol{I}-\boldsymbol{A}\ \vdots\ \boldsymbol{B}]\begin{bmatrix}\boldsymbol{I} & 0\\ \boldsymbol{HC} & \boldsymbol{I}\end{bmatrix}$$

上式右边的矩阵 $\begin{bmatrix}I & 0\\ HC & I\end{bmatrix}$，对任意常值矩阵 $\boldsymbol{H}$ 都是非奇异矩阵。因此，对任意的 λ 和 $\boldsymbol{H}$，均有

$$\operatorname{rank}[\lambda\boldsymbol{I}-(\boldsymbol{A}-\boldsymbol{BHC})\ \vdots\ \boldsymbol{B}]=\operatorname{rank}[\lambda\boldsymbol{I}-\boldsymbol{A}\ \vdots\ \boldsymbol{B}] \tag{5-24}$$

由此可见，输出反馈系统（5-22）能控的充分必要条件是系统（5-21）能控。即输出反馈不改变系统能控性。

5.4.2 输出反馈系统极点配置的局限性

为了简单起见，以单输入-多输出的系统来分析输出反馈系统极点配置时所遇到的问题，而这个问题在状态反馈系统中是不存在的。系统方程为

$$\begin{aligned}\dot{\boldsymbol{x}}&=\boldsymbol{Ax}+\boldsymbol{b}u\\ \boldsymbol{y}&=\boldsymbol{Cx}\end{aligned} \tag{5-25}$$

式中，$\boldsymbol{x}$ 是 n 维状态向量；u 为标量输入；$\boldsymbol{y}$ 为 m 维输出向量；$\boldsymbol{A}$、$\boldsymbol{b}$、$\boldsymbol{C}$ 分别为 $n\times n$、$n\times 1$、$m\times n$ 矩阵。

采用输出反馈律

$$u=V-\boldsymbol{Hy}$$

式中，$\boldsymbol{H}$ 为 $1\times m$ 常值矩阵。将 u 的表达式代入式（5-25）得到

$$\begin{aligned}\dot{\boldsymbol{x}}&=(\boldsymbol{A}-\boldsymbol{bHC})\boldsymbol{x}+\boldsymbol{b}V\\ \boldsymbol{y}&=\boldsymbol{Cx}\end{aligned} \tag{5-26}$$

设 $\boldsymbol{A}$ 的特征多项式为

$$\Delta(s)=s^n+a_{n-1}s^{n-1}+\cdots+a_1s+a_0 \tag{5-27}$$

常值输出反馈系统的极点（即闭环系统极点）为 s_i^*（$i=1,2,\cdots,n$），其特征多项式为

$$\Delta_H(s)=s^n+a_{n-1}^*s^{n-1}+\cdots+a_1^*s+a_0^* \tag{5-28}$$

若系统能控，用非奇异变换矩阵 $\boldsymbol{P}$，对系统（5-25）进行线性变换，使其成能控标准形

$$\begin{cases}\overline{\boldsymbol{A}}=\boldsymbol{PAP}^{-1}=\begin{bmatrix}0 & 1 & & 0\\ \vdots & & \ddots & \\ 0 & 0 & & 1\\ -a_0 & -a_1 & \cdots & -a_{n-1}\end{bmatrix}\\ \overline{\boldsymbol{b}}=\boldsymbol{Pb}=[0\ \ 0\ \ \cdots\ \ 1]^{\mathrm{T}}\\ \overline{\boldsymbol{C}}=\boldsymbol{CP}^{-1}\end{cases} \tag{5-29}$$

记$\overline{\boldsymbol{C}}=[\overline{C}_1 \quad \overline{C}_2 \quad \cdots \quad \overline{C}_n]$，其中$\overline{C}_i$为$\overline{\boldsymbol{C}}$的第$i$列（$i=1,2,\cdots,n$）；$\boldsymbol{H}=[h_1 \quad h_2 \quad \cdots \quad h_m]$。

$$\overline{\boldsymbol{A}}-\overline{\boldsymbol{b}}\boldsymbol{H}\overline{\boldsymbol{C}}=\begin{bmatrix}0 & 1 & & 0\\ \vdots & & \ddots & \\ 0 & 0 & & 1\\ -a_0 & -a_1 & \cdots & -a_{n-1}\end{bmatrix}-\begin{bmatrix}0\\ \vdots\\ 0\\ 1\end{bmatrix}\boldsymbol{H}\overline{\boldsymbol{C}}$$

$$=\begin{bmatrix}0 & 1 & & 0\\ & & \ddots & \vdots\\ & & & 1\\ -(a_0+\overline{C}_1^{\mathrm{T}}H^{\mathrm{T}}) & -(a_1+\overline{C}_2^{\mathrm{T}}H^{\mathrm{T}}) & \cdots & -(a_{n-1}+\overline{C}_n^{\mathrm{T}}H^{\mathrm{T}})\end{bmatrix}$$

$$\begin{aligned}\Delta_H(s)&=\det[s\boldsymbol{I}-(\overline{\boldsymbol{A}}-\overline{\boldsymbol{b}}\boldsymbol{H}\overline{\boldsymbol{C}})]\\&=s^n+(a_{n-1}+\overline{C}_n^{\mathrm{T}}H^{\mathrm{T}})s^{n-1}+\cdots+(a_1+\overline{C}_2^{\mathrm{T}}H^{\mathrm{T}})s+(a_0+\overline{C}_1^{\mathrm{T}}H^{\mathrm{T}})\end{aligned} \tag{5-30}$$

令式（5-30）和式（5-28）的s同次幂系数相等，得到

$$\left.\begin{aligned}\overline{C}_1^{\mathrm{T}}H^{\mathrm{T}}&=a_0^*-a_0\\ \overline{C}_2^{\mathrm{T}}H^{\mathrm{T}}&=a_1^*-a_1\\ &\vdots\\ \overline{C}_n^{\mathrm{T}}H^{\mathrm{T}}&=a_{n-1}^*-a_{n-1}\end{aligned}\right\} \tag{5-31}$$

这是一个有m个未知量，n个方程的方程组。根据代数方程组理论可知，当$m<n$时，对于任意的a_i^*（$i=1,2,\cdots,n$），方程组无解。而a_i^*（$i=1,2,\cdots,n$）是由常值输出反馈系统希望极点决定的。对于给定的a_i^*（$i=1,2,\cdots,n$），方程组（5-31）有解的条件是它们相容。亦即$\overline{\boldsymbol{C}}$的秩为$m$时，$m$个方程的唯一解应能够满足剩下的（$n-m$）个方程。这（$n-m$）个等式给出了加在$a_0^*$，$a_1^*$，…，$a_{n-1}^*$上的约束，这意味着$a_0^*$，$a_1^*$，…，$a_{n-1}^*$中仅有$m$个系数可以任意选取。当所给出的希望极点，使得（$n-m$）个等式也成立，即表示这组极点可以用常值输出反馈实现，否则就不能。

例 5-5 系统方程为

$$\dot{\boldsymbol{x}}=\begin{bmatrix}0 & 1 & 0\\ 0 & 0 & 1\\ -1 & -2 & -4\end{bmatrix}\boldsymbol{x}+\begin{bmatrix}0\\ 0\\ 1\end{bmatrix}u$$

$$\boldsymbol{y}=\begin{bmatrix}1 & 0 & 2\\ 0 & 1 & 1\end{bmatrix}\boldsymbol{x}$$

采用常值输出反馈，$\boldsymbol{H}=[h_1 \quad h_2]$，分析该常值输出反馈系统的极点配置问题。

解 由方程组（5-31）计算

$$\overline{C}_1^{\mathrm{T}}\boldsymbol{H}^{\mathrm{T}}=[1 \quad 0]\begin{bmatrix}h_1\\ h_2\end{bmatrix}=h_1=a_0^*-1$$

$$\overline{C}_2^{\mathrm{T}}\boldsymbol{H}^{\mathrm{T}}=[0\quad 1]\begin{bmatrix}h_1\\h_2\end{bmatrix}=h_2=a_1^*-2$$

方程组相容条件为

$$\overline{C}_3^{\mathrm{T}}\boldsymbol{H}^{\mathrm{T}}=[2\quad 1]\begin{bmatrix}h_1\\h_2\end{bmatrix}=2h_1+h_2=a_2^*-4$$

即

$$2h_1+h_2=a_2^*-4$$

将 h_1、h_2 代入上式，得到方程组相容条件为

$$2a_0^*+a_1^*-a_2^*=0 \tag{5-32}$$

若任意给 3 个极点，如果能满足式（5-32），则所给的极点可以用常值输出反馈配置，否则就不能。例如常值输出反馈系统的希望极点为 -1，-1，-2，特征多项式为 $\Delta_H(s)=(s+1)^2(s+2)=s^3+4s^2+5s+2$，显然，$a_0^*$、$a_1^*$ 和 a_2^* 不满足式（5-32），即不可能用常值输出反馈实现希望极点的任意配置。因此，相对状态反馈系统来说，常值输出反馈不能任意配置闭环系统极点。这是常值输出反馈在应用中的局限性。对于多输入-多输出系统，采用常值输出反馈，同样不可能实现常值输出反馈系统极点的任意配置。

5.4.3 输出反馈系统极点配置的基本结论

输出反馈系统极点配置曾是 20 世纪 70 年代后期系统控制理论中的一个热点问题。然而常值输出反馈系统，在极点配置上有很大的局限性，致使系统性能改善方面尚未得到满意的结果。现有文献给出的基本结果如下。

定理 5-4 系统（5-1）能控、能观测，$\mathrm{rank}\boldsymbol{B}=r$，$\mathrm{rank}\boldsymbol{C}=m$。存在一个常值输出反馈矩阵 $\boldsymbol{H}$，使得闭环系统有 $\min\{n,\ r+m-1\}$ 个极点可配置到任意接近 $\min\{n,\ r+m-1\}$ 个任意指定的极点（复数共轭成对）的位置。在 $r+m\geqslant n+1$ 的情况下，几乎所有的系统都可以通过输出反馈使之稳定。

关于这个定理的证明思路、证明方法以及证明过程见文献［6］。这里作简单的说明。“任意接近”地配置极点的意思是可以将极点配置到任意的接近于指定的希望极点位置，但不意味着极点能准确地配置在指定的希望位置上。例如系统方程为

$$\dot{\boldsymbol{x}}=\begin{bmatrix}0&1\\0&0\end{bmatrix}\boldsymbol{x}+\begin{bmatrix}0\\1\end{bmatrix}u$$

$$\boldsymbol{y}=[1\quad 0]\boldsymbol{x}$$

由于 $r=1$，$m=1$，$n=2$，故 $\min\{n,\ r+m-1\}=1$，即引入 $u=V-\boldsymbol{H}y$ 后，任意接近地配置的闭环极数点为 1。该闭环系统的特征方程为 $s^2+h=0$。如果希望闭环极点为 $-1\pm\mathrm{j}1$，则选择 $h=1$，可以将一个极点配置在与希望极点 $-1\pm\mathrm{j}1$ 最接近的位置上，但不能配置在希望极点 $-1\pm\mathrm{j}1$ 上。

对于只能配置到接近希望的闭环极点位置这一事实，一个直观的解释是，在经典控制理论中，一个单输入-单输出系统采用常值输出反馈时，闭环系统根轨迹表明，闭环

极点只能位于根轨迹上并且随根轨迹增益的增大而趋于开环零点（有限零点或无限零点），而不能配置到根轨迹之外的位置上。

5.4.4 动态输出反馈系统的极点配置

在上面的输出反馈系统中，反馈矩阵为常值矩阵。对于这种常值矩阵输出反馈系统也可以称为静态输出反馈，它构成的输出反馈系统在极点配置上有很大的局限性，致使系统性能改善方面尚未得到满意的结果。但是，输出反馈相对状态反馈而言，物理上能够直接实现。这就希望拓展其配置极点的功能。一个途径是采用动态输出反馈，在采用输出反馈的同时，附加引入补偿器（为了改善系统性能引入的动态环节，称为补偿器）。通过合理选取补偿器的结构和参数，可以对动态反馈系统的极点进行任意配置。但动态反馈系统的阶数却增大了。

系统方程为

$$\begin{aligned}\dot{\boldsymbol{x}} &= \boldsymbol{Ax}+\boldsymbol{Bu}\\ \boldsymbol{y} &= \boldsymbol{Cx}\end{aligned} \tag{5-33}$$

式中，状态 $\boldsymbol{x}$、输入 $\boldsymbol{u}$ 和输出 $\boldsymbol{y}$ 分别为 n、r、m 维向量；$\boldsymbol{A}$、$\boldsymbol{B}$、$\boldsymbol{C}$ 为满足矩阵运算相应维数的矩阵。采用输出反馈，同时引入补偿器，其方程为

$$\begin{aligned}\dot{\boldsymbol{z}} &= \boldsymbol{A}_1\boldsymbol{z}+\boldsymbol{B}_1\boldsymbol{y}\\ \boldsymbol{w} &= \boldsymbol{C}_1\boldsymbol{z}+\boldsymbol{D}_1\boldsymbol{y}\end{aligned} \tag{5-34}$$

式中，$\boldsymbol{z}$ 和 $\boldsymbol{w}$ 为补偿器的 l、r 维向量；$\boldsymbol{A}_1$、$\boldsymbol{B}_1$、$\boldsymbol{C}_1$、$\boldsymbol{D}_1$ 为满足矩阵运算的矩阵。

控制 $$\boldsymbol{u}=\boldsymbol{V}-\boldsymbol{w}=\boldsymbol{V}-\boldsymbol{C}_1\boldsymbol{z}-\boldsymbol{D}_1\boldsymbol{y}=\boldsymbol{V}-\boldsymbol{C}_1\boldsymbol{z}-\boldsymbol{D}_1\boldsymbol{Cx} \tag{5-35}$$

将式（5-35）代入式（5-33），得

$$\begin{aligned}\dot{\boldsymbol{x}} &= \boldsymbol{Ax}+B(\boldsymbol{V}-Cz-D_1y)=(A-BD_1C)\boldsymbol{x}-BC_1\boldsymbol{z}+B\boldsymbol{V}\\ \dot{z} &= A_1z+B_1Cx\end{aligned}$$

动态输出反馈系统的系统方程为

$$\begin{aligned}\begin{bmatrix}\dot{x}\\ \dot{z}\end{bmatrix} &= \begin{bmatrix}\boldsymbol{A}-\boldsymbol{BD}_1\boldsymbol{C} & -\boldsymbol{BC}_1\\ \boldsymbol{B}_1\boldsymbol{C} & \boldsymbol{A}_1\end{bmatrix}\begin{bmatrix}x\\ z\end{bmatrix}+\begin{bmatrix}\boldsymbol{B}\\ 0\end{bmatrix}\boldsymbol{V}\\ \boldsymbol{y} &= \boldsymbol{Cx}\end{aligned} \tag{5-36}$$

动态输出反馈系统的状态图如图 5-8 所示。

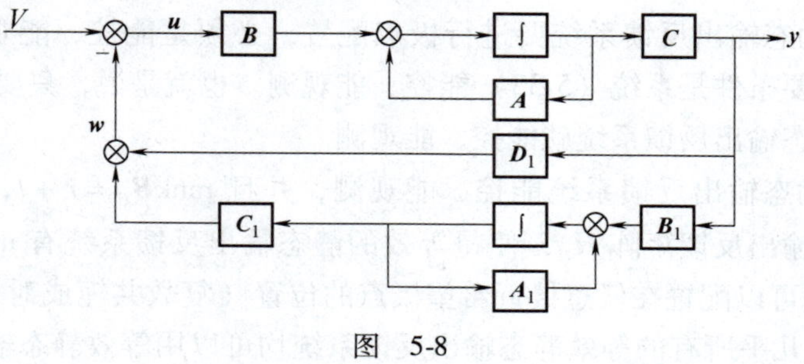

图 5-8

为了能用类似常值（静态）输出反馈系统的极点配置的方法，将补偿器的参数转化为等效的静态输出反馈矩阵来设计。为此，
令

$$\boldsymbol{x}_C = \begin{bmatrix} \boldsymbol{x} \\ \boldsymbol{z} \end{bmatrix}, \quad \boldsymbol{V}_C = \begin{bmatrix} \boldsymbol{V} \\ 0 \end{bmatrix}, \quad \boldsymbol{y}_C = \begin{bmatrix} \boldsymbol{C} & 0 \\ 0 & \boldsymbol{I} \end{bmatrix} \boldsymbol{x}_C$$

$$\boldsymbol{A}_C = \begin{bmatrix} \boldsymbol{A} & 0 \\ 0 & 0 \end{bmatrix}, \quad \boldsymbol{B}_C = \begin{bmatrix} \boldsymbol{B} & 0 \\ 0 & -\boldsymbol{I} \end{bmatrix}, \quad \boldsymbol{C}_C = \begin{bmatrix} \boldsymbol{C} & 0 \\ 0 & \boldsymbol{I} \end{bmatrix}$$

则等效系统方程为

$$\dot{\boldsymbol{x}}_C = \boldsymbol{A}_C \boldsymbol{x}_C + \boldsymbol{B}_C \boldsymbol{u} \tag{5-37}$$

式中，$\boldsymbol{x}_C$、$\boldsymbol{V}_C$ 和 $\boldsymbol{y}_C$ 分别为 $n+l$、$r+l$ 和 $m+l$ 维向量；$\boldsymbol{A}_C$、$\boldsymbol{B}_C$、$\boldsymbol{C}_C$ 为满足矩阵运算的矩阵。

设等效的静态输出反馈矩阵为 $\boldsymbol{H}_C$，且 $\boldsymbol{H}_C = \begin{bmatrix} \boldsymbol{D}_1 & \boldsymbol{C}_1 \\ \boldsymbol{B}_1 & \boldsymbol{A}_1 \end{bmatrix}$，$\dim \boldsymbol{A}_1 = l$。

控制

$$\boldsymbol{u} = \boldsymbol{V}_C - \boldsymbol{H}_C \boldsymbol{y}_C \tag{5-38}$$

则动态输出反馈系统的系统方程为

$$\dot{\boldsymbol{x}}_C = (\boldsymbol{A}_C - \boldsymbol{B}_C \boldsymbol{H}_C \boldsymbol{C}_C)\,\boldsymbol{x}_C + \boldsymbol{B}_C \boldsymbol{V}_C \tag{5-39}$$

$$\boldsymbol{y}_C = \boldsymbol{C}_C \boldsymbol{x}_C$$

式（5-39）可以视为由等效的系统方程（5-37）和等效的静态输出反馈矩阵 $\boldsymbol{H}_C$ 构成的系统。其状态图如图 5-9 所示。

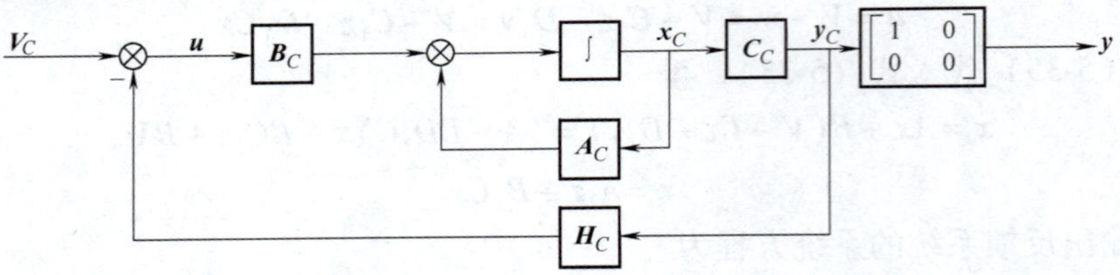

图 5-9

比较式（5-39）和式（5-26）可知，式（5-39）动态输出反馈系统中的补偿器如此处理后，就将其转化为一个等效的静态输出反馈系统。能否按静态输出反馈系统配置极点的方法来确定补偿器呢？回答是应该满足如下三个定理。

定理 5-5 动态输出反馈系统要进行极点配置，必须是能控、能观测。而它能控、能观测的充分必要条件是系统（5-33）能控、能观测。也就是说，只要系统（5-33）能控、能观测，动态输出反馈系统就能控、能观测。

定理 5-6 动态输出反馈系统能控、能观测，并且 $\mathrm{rank}\boldsymbol{B}_C = r+l$，$\mathrm{rank}\boldsymbol{C}_C = m+l$，则存在等效静态输出反馈矩阵 $\boldsymbol{H}_C$，使得等效的静态输出反馈系统有 $\min\{n+l,\ r+m+2l-1\}$ 个极点可以配置在任意接近希望极点的位置（复数共轭成对）。在 $r+m+l-1 \geqslant n$ 的条件下，几乎所有的等效静态输出反馈系统均可以用等效静态输出反馈来稳定。

定理 5-7 如果系统（5-33）能控、能观测，则存在补偿器，使动态输出反馈系统的全部极点均可以近似配置到任意的希望位置（复数共轭成对）。

关于这三个定理的证明见参考文献［18］。三个定理表明，任何一个能控、能观测系统，采用带补偿器的输出反馈可以配置系统的全部极点，并且可以将该动态输出反馈系统的补偿器的参数转化为等效静态输出反馈矩阵来设计。补偿器的维数 l 由

$$r+m+2l-1\geqslant n+l \tag{5-40}$$

来确定。下面以例子来说明该方法。

例 5-6 系统方程为

$$\dot{\boldsymbol{x}}=\begin{bmatrix}-2 & 1\\ 0 & -1\end{bmatrix}\boldsymbol{x}+\begin{bmatrix}0\\1\end{bmatrix}\boldsymbol{u}$$

$$\boldsymbol{y}=\begin{bmatrix}1 & 0\end{bmatrix}\boldsymbol{x}$$

要求采用补偿器，使动态输出反馈系统的极点为 −2，−3，−4。

解 经检验，系统能控、能观测。但 $r+m-1=1<n=2$，故不能用静态输出反馈来配置系统的极点。可以采用动态输出反馈实现极点的配置。补偿器的维数由式（5-40）即 $r+m+2l-1\geqslant n+l$ 求出，$l=1$，补偿器方程为

$$\dot{\boldsymbol{z}}=a_1\boldsymbol{z}+b_1\boldsymbol{y}$$

$$\boldsymbol{w}=c_1\boldsymbol{z}+d_1\boldsymbol{y}$$

等效系统方程为

$$\dot{\boldsymbol{x}}_C=\boldsymbol{A}_C\boldsymbol{x}_C+\boldsymbol{B}_C\boldsymbol{u}$$

$$=\begin{bmatrix}-2 & 1 & 0\\ 0 & -1 & 0\\ 0 & 0 & 0\end{bmatrix}\boldsymbol{x}_C+\begin{bmatrix}0 & 0\\ 1 & 0\\ 0 & -1\end{bmatrix}\boldsymbol{u}$$

$$\boldsymbol{y}_C=\begin{bmatrix}1 & 0 & 0\\ 0 & 0 & 1\end{bmatrix}\boldsymbol{x}_C$$

控制
$$\boldsymbol{u}=\boldsymbol{V}_C-\begin{bmatrix}d_1 & c_1\\ b_1 & a_1\end{bmatrix}\begin{bmatrix}1 & 0 & 0\\ 0 & 0 & 1\end{bmatrix}\boldsymbol{x}_C$$

动态输出反馈系统的系数矩阵为

$$\boldsymbol{A}_C-\boldsymbol{B}_C\boldsymbol{H}_C\boldsymbol{C}_C=\begin{bmatrix}-2 & 1 & 0\\ 0 & -1 & 0\\ 0 & 0 & 0\end{bmatrix}-\begin{bmatrix}0 & 0\\ 1 & 0\\ 0 & -1\end{bmatrix}\begin{bmatrix}d_1 & c_1\\ b_1 & a_1\end{bmatrix}\begin{bmatrix}1 & 0 & 0\\ 0 & 0 & 1\end{bmatrix}$$

$$=\begin{bmatrix}-2 & 1 & 0\\ -d_1 & -1 & -c_1\\ b_1 & 0 & a_1\end{bmatrix}$$

特征多项式为

$$\Delta_C(s)=\det[s\boldsymbol{I}-(\boldsymbol{A}_C-\boldsymbol{B}_C\boldsymbol{H}_C\boldsymbol{C}_C)]$$

$$=s^3+(3-a_1)s^2+(2+d_1-3a_1)s-(2+d_1)a_1+b_1c_1$$

动态输出反馈系统希望的极点为 -2，-3，-4。其特征多项式为

$$\overline{\Delta}_C(s)=(s+2)(s+3)(s+4)$$
$$=s^3+9s^2+26s+24$$

比较 $\overline{\Delta}_C(s)$ 和 $\Delta_C(s)$ 的 s 同次幂系数，可以求得 $a_1=-6$，$d_1=6$，$b_1c_1=-24$，即

$$\boldsymbol{H}_C=\begin{bmatrix}6 & -24/b_1\\ b_1 & -6\end{bmatrix}$$

由矩阵 $\boldsymbol{H}_C$ 可见，存在一个自由参数 b_1。这说明 $\boldsymbol{H}_C$ 并不唯一，即动态输出反馈系统中的补偿器设计非唯一。补偿器方程为

$$\dot{\boldsymbol{z}}=-6\boldsymbol{z}+b_1\boldsymbol{y}$$
$$\boldsymbol{w}=-\frac{24}{b_1}\boldsymbol{z}+6\boldsymbol{y}$$

补偿器的传递函数为

$$\frac{w(s)}{y(s)}=6\,\frac{s+2}{s+6}$$

可知补偿器本身是稳定的。

值得注意的是，传递函数中没有自由参数，它是唯一的。

上面介绍的是用状态空间方法设计动态输出反馈系统中的补偿器的方法。采用复频域设计补偿器也是可以的，而且直观、方便。详见参考文献［5］。

5.5 状态反馈镇定问题

所谓系统镇定问题就是一个李亚普诺夫意义下非渐近稳定的系统通过引入状态反馈，以实现系统在李亚普诺夫意义下渐近稳定的问题。因为稳定性是系统能够正常工作所必须满足的要求，所以研究系统镇定问题是很重要的。在 SISO 系统的镇定问题中，由于只要使状态反馈系统的极点分布在 s 平面的左半开平面（不包括虚轴的左半平面）内，而不必严格地限定在指定的位置上，因此，系统镇定问题实际上是极点配置的一个特殊情况。那么，开环系统在什么样的条件下，可以通过状态反馈加以镇定呢？状态反馈阵如何确定呢？下面就来讨论。

线性定常系统方程为

$$\left.\begin{aligned}\dot{\boldsymbol{x}}&=\boldsymbol{A}\boldsymbol{x}+\boldsymbol{b}u\\ y&=\boldsymbol{C}\boldsymbol{x}\end{aligned}\right\}\tag{5-41}$$

如果存在状态反馈矩阵 $\boldsymbol{K}$，使状态反馈系统是李亚普诺夫意义下渐近稳定，则称式（5-41）的系统是可以用状态反馈镇定的。显然，若系统是能控的，则由 5.3 节可知，引入状态反馈，可以任意配置极点。现在只要根据李亚普诺夫稳定性要求，将状态反馈系统极点配置在 s 左半开平面，计算 $\boldsymbol{K}$ 矩阵就可以了。然而对于一个不能控系统，可否采

用状态反馈实现系统镇定呢?

定理 5-8 线性定常系统方程为

$$\dot{\boldsymbol{x}} = \boldsymbol{A}\boldsymbol{x} + \boldsymbol{b}u$$
$$y = \boldsymbol{C}\boldsymbol{x}$$

假定系统不能控，引入状态反馈能镇定的充要条件为不能控的状态分量是渐近稳定的。

证明 对不能控的系统按能控性进行结构分解，设非奇异变换矩阵为 $\boldsymbol{P}$，对式（5-41）进行线性变换，得到

$$\left.\begin{aligned}\dot{\overline{\boldsymbol{x}}} &= \overline{\boldsymbol{A}}\,\overline{\boldsymbol{x}} + \overline{\boldsymbol{b}}u \\ y &= \overline{\boldsymbol{C}}\,\overline{\boldsymbol{x}}\end{aligned}\right\} \tag{5-42}$$

式中

$$\overline{\boldsymbol{A}} = \begin{bmatrix} \overline{\boldsymbol{A}}_C & \overline{\boldsymbol{A}}_{12} \\ 0 & \overline{\boldsymbol{A}}_{\overline{C}} \end{bmatrix}$$

$$\overline{\boldsymbol{b}} = \begin{bmatrix} \overline{b}_C \\ 0 \end{bmatrix}$$

$$\overline{\boldsymbol{C}} = [\,\overline{C}_C \quad \overline{C}_{\overline{C}}\,]$$

可见

$$\left.\begin{aligned}\dot{\overline{\boldsymbol{x}}}_C &= \overline{\boldsymbol{A}}_C\,\overline{\boldsymbol{x}}_C + \overline{\boldsymbol{b}}_C\boldsymbol{u} \\ y_1 &= \overline{\boldsymbol{C}}_C\,\overline{\boldsymbol{x}}_C\end{aligned}\right\} \tag{5-43}$$

是能控的子系统，而

$$\left.\begin{aligned}\dot{\overline{\boldsymbol{x}}}_2 &= \overline{\boldsymbol{A}}_{\overline{C}}\,\overline{\boldsymbol{x}}_2 \\ \boldsymbol{y}_2 &= \overline{\boldsymbol{C}}_{\overline{C}}\,\overline{\boldsymbol{x}}_2\end{aligned}\right\} \tag{5-44}$$

是不能控的子系统。

$$y = y_1 + y_2$$

$$\begin{aligned}\det[s\boldsymbol{I} - \boldsymbol{A}] &= \det[s\boldsymbol{I} - \overline{\boldsymbol{A}}] = \det\begin{bmatrix} s\boldsymbol{I} - \overline{\boldsymbol{A}}_C & -\overline{\boldsymbol{A}}_{12} \\ 0 & s\boldsymbol{I} - \overline{\boldsymbol{A}}_{\overline{C}} \end{bmatrix} \\ &= \det[s\boldsymbol{I} - \overline{\boldsymbol{A}}_C] \cdot \det[s\boldsymbol{I} - \overline{\boldsymbol{A}}_{\overline{C}}]\end{aligned} \tag{5-45}$$

上式表明 $\overline{\boldsymbol{A}}$ 的特征值由 $\overline{\boldsymbol{A}}_C$ 和 $\overline{\boldsymbol{A}}_{\overline{C}}$ 特征值组成。

引入状态反馈，设反馈矩阵为 $\overline{\boldsymbol{K}} = [\,\overline{\boldsymbol{k}}_1 \quad \overline{\boldsymbol{k}}_2\,]$，则有

$$[\boldsymbol{A} - \overline{\boldsymbol{b}}\;\overline{\boldsymbol{K}}] = \begin{bmatrix} \overline{\boldsymbol{A}}_C & \overline{\boldsymbol{A}}_{12} \\ 0 & \overline{\boldsymbol{A}}_{\overline{C}} \end{bmatrix} - \begin{bmatrix} \overline{\boldsymbol{b}}_C \\ 0 \end{bmatrix}[\,\overline{\boldsymbol{k}}_1 \quad \overline{\boldsymbol{k}}_2\,] = \begin{bmatrix} \overline{\boldsymbol{A}}_C - \overline{\boldsymbol{b}}_C\,\overline{\boldsymbol{k}}_1 & \overline{\boldsymbol{A}}_{12} - \overline{\boldsymbol{b}}_C\,\overline{\boldsymbol{k}}_2 \\ 0 & \overline{\boldsymbol{A}}_{\overline{C}} \end{bmatrix}$$

$$\det[s\boldsymbol{I} - (\overline{\boldsymbol{A}} - \overline{\boldsymbol{b}}\;\overline{\boldsymbol{K}})] = \det[s\boldsymbol{I} - (\overline{\boldsymbol{A}}_C - \overline{\boldsymbol{b}}_C\,\overline{\boldsymbol{k}}_1)] \cdot \det[s\boldsymbol{I} - \overline{\boldsymbol{A}}_{\overline{C}}]$$

因为子系统（5-43）能控，假如它的特征值为正的话，可以通过选择合适的 $\overline{\boldsymbol{k}}_1$，使（$\overline{\boldsymbol{A}}_C - \overline{\boldsymbol{b}}_C\,\overline{\boldsymbol{k}}_1$）的特性值具有负实部；而子系统（5-44）的特征值就是 $\overline{\boldsymbol{A}}_{\overline{C}}$ 的特征值。因此

系统（5-41）的等价系统（5-42）能用状态反馈镇定的话，必须要求$\overline{A}_{\bar{C}}$的特征值具有负实部。也就是说当系统（5-41）不能控的状态分量是渐近稳定时，系统（5-41）能用状态反馈镇定。至此，完成了定理5-8的证明。

当系统满足可镇定条件时，状态反馈阵的计算步骤如下：

1）将系统按能控性进行结构分解，确定非奇异变换矩阵 $\boldsymbol{P}_1$，得到式（5-42）、式（5-43）的形式。

2）确定变换矩阵 $\boldsymbol{P}_2$，将式（5-43）化为约当阵形式

$$\tilde{\boldsymbol{A}}_C=\boldsymbol{P}_2\overline{\boldsymbol{A}}_C\boldsymbol{P}_2^{-1}=\begin{bmatrix}\tilde{\boldsymbol{A}}_1 & 0\\ 0 & \tilde{\boldsymbol{A}}_2\end{bmatrix}\quad \tilde{\boldsymbol{b}}_C=\boldsymbol{P}_2\tilde{\boldsymbol{b}}_C=\begin{bmatrix}\tilde{b}_1\\ \tilde{b}_2\end{bmatrix}\tag{5-46}$$

式中，$\tilde{\boldsymbol{A}}_1$ 为 $n_1\times n_1$ 常阵，且特征值≥0；$\tilde{\boldsymbol{A}}_2$ 为 $n_2\times n_2$ 常阵，且特征值<0。若$\tilde{\boldsymbol{A}}_C$ 为 $n_C\times n_C$ 矩阵，则 $n_1+n_2=n_C$。

3）利用状态反馈配置$\tilde{\boldsymbol{A}}_1$ 的特征值，计算$\tilde{\boldsymbol{K}}_1$，使$\tilde{\boldsymbol{A}}_1-\tilde{\boldsymbol{b}}_1\tilde{\boldsymbol{K}}_1$ 的特征值均具有负实部。

4）所求的镇定系统的反馈矩阵 $\boldsymbol{K}=[\tilde{\boldsymbol{K}}_1\quad 0]\boldsymbol{P}_2\boldsymbol{P}_1$。

例 5-7　系统的状态方程为

$$\dot{\boldsymbol{x}}=\begin{bmatrix}1 & 0 & 0\\ 0 & 2 & 0\\ 0 & 0 & -5\end{bmatrix}\boldsymbol{x}+\begin{bmatrix}1\\ 1\\ 0\end{bmatrix}u$$

试用状态反馈来镇定系统。

解　矩阵 $\boldsymbol{A}$ 为对角阵，可知系统不能控。由于不能控的子系统特征值为 -5，表明系统是可镇定的。能控子系统状态方程为

$$\dot{\overline{\boldsymbol{x}}}_C=\overline{\boldsymbol{A}}_C\overline{\boldsymbol{x}}_C+\overline{\boldsymbol{b}}_Cu=\begin{bmatrix}1 & 0\\ 0 & 2\end{bmatrix}\boldsymbol{x}+\begin{bmatrix}1\\ 1\end{bmatrix}u$$

可见，能控子系统已是式（5-43）的形式，并为约当阵，只是不存在$\tilde{\boldsymbol{A}}_2$。

引入状态反馈

$$u=V-\tilde{\boldsymbol{K}}\overline{\boldsymbol{x}}_C$$
$$\tilde{\boldsymbol{K}}=[\tilde{k}_1\quad \tilde{k}_2]$$

为了保证系统是渐近稳定的，设所希望的极点为 $s_{1,2}=-2\pm \mathrm{j}2$，则

$$\Delta_K^*(s)=(s+2-\mathrm{j}2)(s+2+\mathrm{j}2)=s^2+4s+8$$

$$\begin{aligned}\Delta_K(s)&=\det[s\boldsymbol{I}-(\tilde{\boldsymbol{A}}_C-\tilde{\boldsymbol{b}}_C\tilde{\boldsymbol{k}})]\\&=\det\left\{\begin{bmatrix}s & 0\\ 0 & s\end{bmatrix}-\left(\begin{bmatrix}1 & 0\\ 0 & 2\end{bmatrix}-\begin{bmatrix}1\\ 1\end{bmatrix}[\tilde{k}_1\quad \tilde{k}_2]\right)\right\}\\&=\det\left\{\begin{bmatrix}s & 0\\ 0 & s\end{bmatrix}-\begin{bmatrix}1-\tilde{k}_1 & -\tilde{k}_2\\ -\tilde{k}_1 & 2-\tilde{k}_2\end{bmatrix}\right\}\end{aligned}$$

$$= \det\begin{bmatrix} s-1+\tilde{k}_1 & \tilde{k}_2 \\ \tilde{k}_1 & s-2+\tilde{k}_2 \end{bmatrix}$$

$$= s^2 + (\tilde{k}_1 + \tilde{k}_2 - 3)s + 2 - 2\tilde{k}_1 - \tilde{k}_2$$

比较 $\Delta_K^*(s)$ 和 $\Delta_K(s)$ 的 s 同次幂系数相等，可得

$$\tilde{k}_1 = -13,\ \tilde{k}_2 = 20$$

应该指出，该例子的计算是容易的。一般地说，确定 $\boldsymbol{K}$ 矩阵的计算过程是复杂的。因此，从实用的角度考虑，当系统能控时，按本章 5.3 节极点配置算法将更加简单和方便。

5.6 状态重构和状态观测器

引入状态反馈可以得到较好的系统性能，而实现状态反馈的前提是状态变量必须能用传感器测量得到。但是由于种种原因，状态变量并不是都可测量得到。例如，系统中的某些状态基于系统的结构特性或者是状态变量本身无物理意义，而无法测得；有些状态变量虽然可以测量得到，但应用的传感器价格很贵；有些状态信号很微弱，在测量点易混进噪声，使得这些状态实际上难以应用。上述情况表明，得不到实际能应用的系统状态变量，而运用状态反馈又必须有可应用的状态变量，怎么办呢？能否通过系统的输入量和输出量来构造系统的状态呢？回答是肯定的。可以根据系统的输入量、输出量和系统的结构、参数来实现系统的状态重构。实现状态重构的系统称为状态观测器。

系统方程为

$$\left.\begin{aligned} \dot{\boldsymbol{x}} &= \boldsymbol{A}\boldsymbol{x} + \boldsymbol{B}\boldsymbol{u} \\ \boldsymbol{y} &= \boldsymbol{C}\boldsymbol{x} \\ \boldsymbol{x}(t_0) &= \boldsymbol{x}(0) \end{aligned}\right\} \tag{5-47}$$

式中，$\boldsymbol{x}$、$\boldsymbol{u}$、$\boldsymbol{y}$ 分别为 n、r、m 维向量；$\boldsymbol{A}$，$\boldsymbol{B}$，$\boldsymbol{C}$ 为满足矩阵运算相应维数的矩阵。设系统的状态不能得到。

解决系统状态重构的一个直观想法是构造一个系统，该系统的输入为式（5-47）的系统的输入 $\boldsymbol{u}(t)$；系统的结构、参数与式（5-47）的系统相同。于是得到如下的系统方程

$$\left.\begin{aligned} \dot{\hat{\boldsymbol{x}}} &= \boldsymbol{A}\hat{\boldsymbol{x}} + \boldsymbol{B}\boldsymbol{u} \\ \hat{\boldsymbol{y}} &= \boldsymbol{C}\hat{\boldsymbol{x}} \end{aligned}\right\} \tag{5-48}$$

将方程中的 $\hat{\boldsymbol{x}}$ 作为式（5-47）的系统状态的重构状态。

式（5-47）减去式（5-48），得到

$$\left.\begin{aligned} \dot{\boldsymbol{x}} - \dot{\hat{\boldsymbol{x}}} &= A(\boldsymbol{x} - \hat{\boldsymbol{x}}) \\ \boldsymbol{y} - \hat{\boldsymbol{y}} &= C(\boldsymbol{x} - \hat{\boldsymbol{x}}) \end{aligned}\right\} \tag{5-49}$$

如果系统的初始状态 $\boldsymbol{x}(0) = \hat{\boldsymbol{x}}(0)$，即 $\boldsymbol{x}(0) - \hat{\boldsymbol{x}}(0) = 0$，根据解的惟一性，有 $\boldsymbol{x} - \hat{\boldsymbol{x}} = 0$，

即 $\boldsymbol{x}=\hat{\boldsymbol{x}}$，则 $\hat{\boldsymbol{x}}$ 为式(5-47)的系统重构状态。式(5-48)就称为系统的开环状态观测器。实际上，这是很难做到的。原因是两个系统的初始状态总有差异，即 $\boldsymbol{x}(0)\neq\hat{\boldsymbol{x}}(0)$；系统的矩阵 $\boldsymbol{A}$、$\boldsymbol{B}$、$\boldsymbol{C}$ 的元素可能是变化的，而式(5-48)的矩阵一旦决定后是不改变的。这样两者就可能有差异。此外系统还存在噪声等。考虑上述诸因素，$\boldsymbol{x}\neq\hat{\boldsymbol{x}}$。因此，这种方法重构的状态变量是不能用的。怎么办呢？既然 $\boldsymbol{x}$ 和 $\hat{\boldsymbol{x}}$ 不等，则 $\boldsymbol{y}-\hat{\boldsymbol{y}}$ 也不为零。而 $\boldsymbol{y}$ 和 $\hat{\boldsymbol{y}}$ 是可以测量得到的，于是一个很自然的想法是引入信号 $(\boldsymbol{y}-\hat{\boldsymbol{y}})$ 来校正式(5-48)。即

$$
\begin{aligned}
\dot{\hat{\boldsymbol{x}}} &= A\hat{x}+Bu+G(\boldsymbol{y}-\hat{\boldsymbol{y}}) \\
&= A\hat{x}+Bu+GC(\boldsymbol{x}-\hat{\boldsymbol{x}}) \\
&= (A-GC)\hat{x}+Bu+Gy
\end{aligned} \tag{5-50}
$$

式中，$\boldsymbol{G}$ 为 $n\times m$ 矩阵。式（5-50）所对应的状态图如图 5-10a 或 5-10b 所示。

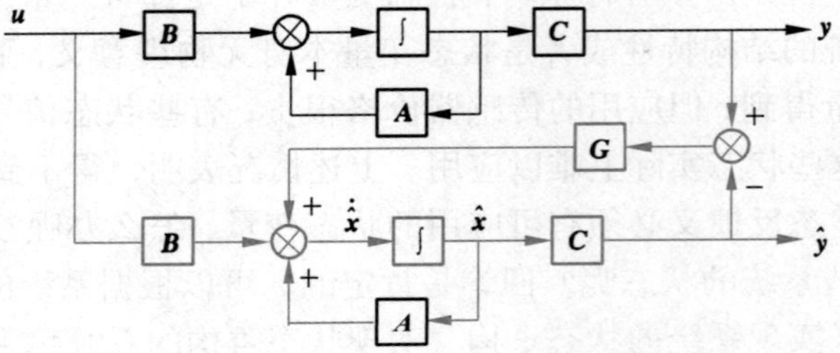

a)

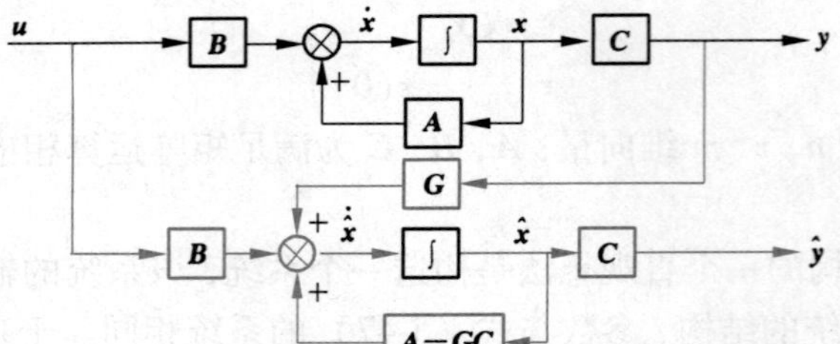

b)

图 5-10

式（5-47）减去式（5-50），得到

$$
\begin{aligned}
\dot{\boldsymbol{x}}-\dot{\hat{\boldsymbol{x}}} &= A\boldsymbol{x}+B\boldsymbol{u}-[(A-GC)\hat{\boldsymbol{x}}+B\boldsymbol{u}+G\boldsymbol{y}] \\
&= (A-GC)(\boldsymbol{x}-\hat{\boldsymbol{x}})
\end{aligned} \tag{5-51}
$$

由式（5-51）可知，如果适当地选择 $\boldsymbol{G}$ 矩阵，使（$\boldsymbol{A}-\boldsymbol{GC}$）的所有特征值具有负实部，则

$$\lim_{t\to\infty}(\boldsymbol{x}-\hat{\boldsymbol{x}})=0 \tag{5-52}$$

式(5-50)就是式(5-47)的系统状态观测器，$\hat{x}$ 就是重构状态。

通过上述讨论可知，实现系统状态的重构，关键在于 $\boldsymbol{G}$ 矩阵的存在和适当的选择。这就是状态观测器存在的条件，关于这个问题，有定理5-9。

定理 5-9 系统的状态观测器存在的充分必要条件是，系统能观测或者系统虽不能观测但其不能观测的子系统的特征值具有负实部。

证明 这里只给出充分性的证明。如果系统不能观测，按能观测性进行结构分解，得到如下形式

$$\left.\begin{aligned}\begin{bmatrix}\dot{\bar{\boldsymbol{x}}}_0\\ \dot{\bar{\boldsymbol{x}}}_{\bar{0}}\end{bmatrix}&=\begin{bmatrix}\bar{\boldsymbol{A}}_0 & 0\\ \bar{\boldsymbol{A}}_{21} & \bar{\boldsymbol{A}}_{\bar{0}}\end{bmatrix}\begin{bmatrix}\bar{\boldsymbol{x}}_0\\ \bar{\boldsymbol{x}}_{\bar{0}}\end{bmatrix}+\begin{bmatrix}\bar{\boldsymbol{B}}_0\\ \bar{\boldsymbol{B}}_{\bar{0}}\end{bmatrix}\boldsymbol{u}\\ \boldsymbol{y}&=\begin{bmatrix}\bar{\boldsymbol{C}}_0 & 0\end{bmatrix}\begin{bmatrix}\bar{\boldsymbol{x}}_0\\ \bar{\boldsymbol{x}}_{\bar{0}}\end{bmatrix}\end{aligned}\right\} \tag{5-53}$$

其中子系统

$$\left.\begin{aligned}\dot{\bar{\boldsymbol{x}}}_0&=\bar{\boldsymbol{A}}_0\bar{\boldsymbol{x}}_0+\bar{\boldsymbol{B}}_0\boldsymbol{u}\\ \boldsymbol{y}&=\bar{\boldsymbol{C}}_0\bar{\boldsymbol{x}}_0\end{aligned}\right\} \tag{5-54}$$

是能观测的子系统；$\bar{\boldsymbol{A}}_{\bar{0}}$的特征值具有负实部。现在构造一个系统

$$\dot{\hat{\bar{\boldsymbol{x}}}}=\bar{\boldsymbol{A}}\hat{\bar{\boldsymbol{x}}}+\bar{\boldsymbol{B}}\boldsymbol{u}+\boldsymbol{G}(\boldsymbol{y}-\bar{\boldsymbol{C}}\hat{\bar{\boldsymbol{x}}})=[\bar{\boldsymbol{A}}-\boldsymbol{G}\bar{\boldsymbol{C}}]\hat{\bar{\boldsymbol{x}}}+\bar{\boldsymbol{B}}\boldsymbol{u}+\boldsymbol{G}\boldsymbol{y} \tag{5-55}$$

式中

$$\boldsymbol{G}=[\boldsymbol{G}_1\quad \boldsymbol{G}_2]^{\mathrm{T}}$$

令

$$\dot{\bar{\boldsymbol{x}}}-\dot{\hat{\bar{\boldsymbol{x}}}}=\dot{\tilde{\boldsymbol{x}}} \tag{5-56}$$

将式(5-53)和式(5-55)代入式(5-56)，得到

$$\dot{\tilde{\boldsymbol{x}}}=\begin{bmatrix}\dot{\tilde{\boldsymbol{x}}}_0\\ \dot{\tilde{\boldsymbol{x}}}_{\bar{0}}\end{bmatrix}=\begin{bmatrix}(\bar{\boldsymbol{A}}_0-\boldsymbol{G}_1\bar{\boldsymbol{C}}_0)\tilde{\boldsymbol{x}}_0\\ (\bar{\boldsymbol{A}}_{21}-\boldsymbol{G}_2\bar{\boldsymbol{C}}_0)\tilde{\boldsymbol{x}}_0+\bar{\boldsymbol{A}}_{\bar{0}}\tilde{\boldsymbol{x}}_{\bar{0}}\end{bmatrix}=\begin{bmatrix}\bar{\boldsymbol{A}}_0-\boldsymbol{G}_1\bar{\boldsymbol{C}}_0 & 0\\ \bar{\boldsymbol{A}}_{21}-\boldsymbol{G}_2\bar{\boldsymbol{C}}_0 & \bar{\boldsymbol{A}}_{\bar{0}}\end{bmatrix}\tilde{\boldsymbol{x}} \tag{5-57}$$

式(5-57)中的系数矩阵的特征值由$(\bar{\boldsymbol{A}}_0-\boldsymbol{G}_1\bar{\boldsymbol{C}}_0)$的特征值和$\bar{\boldsymbol{A}}_{\bar{0}}$的特征值组成。已假定$\bar{\boldsymbol{A}}_{\bar{0}}$的特征值具有负实部，故有

$$\lim_{t\to\infty}\tilde{\boldsymbol{x}}_{\bar{0}}=0 \tag{5-58}$$

对于能观测的子系统，即使$\bar{\boldsymbol{A}}_0$ 的特征值为正，总可以通过适当选择 $\boldsymbol{G}_1$ 矩阵，使$(\bar{\boldsymbol{A}}_0-\boldsymbol{G}_1\bar{\boldsymbol{C}}_0)$的特值具有负实部，故有

$$\lim_{t\to\infty}\tilde{\boldsymbol{x}}_0=0 \tag{5-59}$$

于是定理的充分性得证。

如何保证$(\boldsymbol{A}-\boldsymbol{G}\boldsymbol{C})$的所有特征值均具有负实部，其条件是什么呢？

定理 5-10 式(5-47)的系统状态观测器

$$\dot{\hat{\boldsymbol{x}}}=(\boldsymbol{A}-\boldsymbol{G}\boldsymbol{C})\hat{\boldsymbol{x}}+\boldsymbol{B}\boldsymbol{u}+\boldsymbol{G}\boldsymbol{y} \tag{5-60}$$

可任意配置特征值的充分必要条件是系统能观测。关于这个定理的证明，可以令定理5-

9 证明中的$\overline{A}_0$维数为零，即可证明本定理，具体证明从略。

现以单输入系统为例来说明状态观测器特征值配置方法与步骤。

系统方程为

$$\left.\begin{aligned}\dot{\boldsymbol{x}} &= \boldsymbol{A}\boldsymbol{x}+\boldsymbol{b}u\\ \boldsymbol{y} &= \boldsymbol{C}\boldsymbol{x}\end{aligned}\right\} \tag{5-61}$$

（1）通过线性变换，将式(5-61)变成能观测标准形。设系统能观测，但不是能观测标准形，采用变换矩阵 $\boldsymbol{P}$

$$\boldsymbol{P}=\begin{bmatrix} a_1 & a_2 & \cdots & a_{n-1} & 1\\ a_2 & a_3 & \cdots & & \\ \vdots & \vdots & \iddots & & \\ a_{n-1} & 1 & & & \boldsymbol{0}\\ 1 & & & & \end{bmatrix}\begin{bmatrix}\boldsymbol{C}\\ \boldsymbol{CA}\\ \vdots\\ \boldsymbol{CA}^{n-1}\end{bmatrix} \tag{5-62}$$

对系统进行线性变换，使其成为能观测标准形，其$\overline{\boldsymbol{A}}$、$\overline{\boldsymbol{b}}$和$\overline{\boldsymbol{C}}$矩阵为

$$\overline{\boldsymbol{A}}=\begin{bmatrix} 0 & 0 & \cdots & -a_0\\ 1 & 0 & \cdots & -a_1\\ 0 & 1 & \cdots & -a_2\\ & & \ddots & \vdots\\ \boldsymbol{0} & & 1 & -a_{n-1}\end{bmatrix},\ \overline{\boldsymbol{b}}=\begin{bmatrix}\beta_0\\ \beta_1\\ \vdots\\ \beta_{n-1}\end{bmatrix}$$

$$\overline{\boldsymbol{C}}=[0\quad 0\quad \cdots\quad 0\quad 1] \tag{5-63}$$

式中，$a_i(i=0,1,\cdots,n-1)$是式(5-61)的系统传递函数分母 s 多项式 $s^n+a_{n-1}s^{n-1}+\cdots+a_1s+a_0$ 中 s 各次幂的系数；$\beta_i(i=0,1,\cdots,n-1)$是传递函数分子 s 多项式$\beta_{n-1}s^{n-1}+\beta_{n-2}s^{n-2}+\cdots+\beta_1s+\beta_0$ 中 s 各次幂的系数。

（2）构造状态观测器

$$\dot{\hat{\boldsymbol{x}}}=[\overline{\boldsymbol{A}}-\overline{\boldsymbol{G}}\ \overline{\boldsymbol{C}}]\hat{\boldsymbol{x}}+\overline{\boldsymbol{b}}u+\overline{\boldsymbol{G}}y \tag{5-64}$$

令

$$\overline{\boldsymbol{G}}^{\mathrm{T}}=[\overline{g}_0\quad \overline{g}_1\quad \cdots\quad \overline{g}_{n-1}]$$

$$\overline{\boldsymbol{A}}-\overline{G}\ \overline{C}=\begin{bmatrix} 0 & & \cdots & -(a_0+\overline{g}_0)\\ 1 & 0 & \cdots & -(a_1+\overline{g}_1)\\ & \ddots & & \vdots\\ \boldsymbol{0} & & 1 & -(a_{n-1}+\overline{g}_{n-1})\end{bmatrix} \tag{5-65}$$

如果给出希望的状态观测器特征值为 $s_1,s_2,\cdots,s_n$，即

$$f(s)=\prod_{i=1}^{n}(s-s_i)=s^n+a_{n-1}^{*}s^{n-1}+\cdots+a_1^{*}s_1+a_0^{*} \tag{5-66}$$

写出式(5-65)的特征方程并与式(5-66)比较，根据 s 同次幂系数相等就可求得 $\overline{\boldsymbol{G}}$。

（3）$\boldsymbol{G}=\boldsymbol{P}^{-1}\overline{\boldsymbol{G}}$，就可以构造式(5-61)的系统状态观测器。

例 5-8 系统方程为

$$\dot{x}=\begin{bmatrix}1&0&0\\0&2&1\\0&0&2\end{bmatrix}x+\begin{bmatrix}1\\0\\1\end{bmatrix}u$$

$$y=[1\quad 1\quad 0]x$$

要求设计系统的状态观测器，其特征值为 -3、-4、-5。

解 （1）检验系统的能观测性。该系统能观测，其传递函数为

$$g(s)=\frac{y(s)}{u(s)}=\frac{s^2-3s+3}{s^3-5s^2+8s-4}$$

由 $g(s)$ 可以直接写出 $A=\begin{bmatrix}0&0&4\\1&0&-8\\0&1&5\end{bmatrix}$，$b=\begin{bmatrix}3\\-3\\1\end{bmatrix}$

$$C=[0\quad 0\quad 1]$$

即

$$a_0=-4,\ a_1=8,\ a_2=-5$$

$$\beta_0=3,\ \beta_1=-3,\ \beta_2=1$$

（2）确定 $\overline{G}$

$$f(s)=(s+3)(s+4)(s+5)=s^3+12s^2+47s+60$$

可见

$$a_0^*=60,\ a_1^*=47,\ a_2^*=12$$

$$\bar{g}_0=a_0^*-a_0=60+4=64$$

$$\bar{g}_1=a_1^*-a_1=47-8=39$$

$$\bar{g}_2=a_2^*-a_2=12+5=17$$

即

$$\overline{G}^{\mathrm{T}}=[64\quad 39\quad 17]$$

（3）确定 G

$$P=\begin{bmatrix}a_1&a_2&1\\a_2&1&0\\1&0&0\end{bmatrix}\begin{bmatrix}C\\CA\\CA^2\end{bmatrix}=\begin{bmatrix}4&2&-1\\-4&-3&1\\1&1&0\end{bmatrix}$$

$$P^{-1}=\begin{bmatrix}1&1&1\\-1&-1&0\\1&2&4\end{bmatrix}$$

$$G=P^{-1}\overline{G}=\begin{bmatrix}1&1&1\\-1&-1&0\\1&2&4\end{bmatrix}\begin{bmatrix}64\\39\\17\end{bmatrix}=\begin{bmatrix}120\\-103\\210\end{bmatrix}$$

$$A-GC=\begin{bmatrix}1&0&0\\0&2&1\\0&0&2\end{bmatrix}-\begin{bmatrix}120\\-103\\210\end{bmatrix}[1\quad 1\quad 0]=\begin{bmatrix}-119&-120&0\\103&105&1\\-210&-210&2\end{bmatrix}$$

于是系统的状态观测器为

$$\dot{\hat{x}}=\begin{bmatrix}-119 & -120 & 0\\ 103 & 105 & 1\\ -210 & -210 & 2\end{bmatrix}\hat{x}+\begin{bmatrix}1\\0\\1\end{bmatrix}u+\begin{bmatrix}120\\-103\\210\end{bmatrix}y$$

在设计状态观测器时，需要选择希望的特征值。确定希望特征值的原则有如下几点：

1）希望的特征值一定要具有负实部，而且比式(5-61)系统的特征值更负，这样重构的状态可以尽快地趋近状态 $\boldsymbol{x}$。

2）状态观测器的特征值与式(5-61)系统的特征值相比，又不能太负。若特征值太负，状态观测器的频带很宽，抗干扰能力低。

3）严格地说，系统的参数随着运行情况不同，是变化的。因此选择状态观测器的特征值时，应考虑到不致因为参数的变化引起状态观测器的性能有大的变化，以致于失稳。

上面介绍的状态观测器，由于它的维数与式(5-47)的系统维数相同，这种状态观测器称为全维观测器，或同阶观测器。1964 年龙伯格(D. G Luenberger)认为，一个 n 维系统，它的输出量 $\boldsymbol{y}(t)$ 总是可以直接测量到的，因此状态观测器的维数可以小于 n。这种状态观测器就称为降阶观测器(降维观测器)或龙伯格观测器。

5.7 降阶观测器

用放大器和积分器来构造降阶观测器时，所需元器件可以减少，从经济上考虑是合理的。而且原系统、连同降阶观测器一起，其维数小于 $2n$，整个系统的复杂程度降低了。显然，构造系统的降阶观测器是比较合理的。但是，在构造降阶观测器时，同样要解决降阶观测器的存在性问题、设计问题以及降阶观测器的维数等于多少的问题。现在就来讨论这些问题。

1. 降阶观测器的维数

考虑系统方程(5-47)，假定 $\text{rank}\boldsymbol{C}=m$，这就表明系统的输出 $\boldsymbol{y}(t)$ 实际上已经给出了部分状态变量。如果要得到系统的 n 个状态，只需要用一个低阶的观测器估计其余的状态变量就可以了。这个降阶观测器的维数等于多少呢？有定理：

定理 5-11 若系统能观测，且 $\text{rank}\boldsymbol{C}=m$，则系统的状态观测器的最小维数是$(n-m)$。

证明从略，作如下说明。

设

$$\boldsymbol{C}=[\boldsymbol{C}_1 \quad \boldsymbol{C}_2] \tag{5-67}$$

$$\text{rank}\boldsymbol{C}_2=m \tag{5-68}$$

采用变换矩阵 $\boldsymbol{P}$ 为

$$\boldsymbol{P}=\begin{bmatrix}0 & \boldsymbol{I}\\ \boldsymbol{C}_1 & \boldsymbol{C}_2\end{bmatrix} \tag{5-69}$$

对系统方程(5-47)进行线性变换，$\bar{\boldsymbol{x}}=\boldsymbol{Px}$，$\bar{\boldsymbol{A}}=\boldsymbol{PAP}^{-1}$，$\bar{\boldsymbol{B}}=\boldsymbol{PB}$，$\bar{\boldsymbol{C}}=\boldsymbol{CP}^{-1}$，得到如下形式

的系统方程

$$\left.\begin{aligned}\begin{bmatrix}\dot{\bar{x}}_1\\ \dot{\bar{x}}_2\end{bmatrix}&=\begin{bmatrix}\bar{A}_{11} & \bar{A}_{12}\\ \bar{A}_{21} & \bar{A}_{22}\end{bmatrix}\begin{bmatrix}\bar{x}_1\\ \bar{x}_2\end{bmatrix}+\begin{bmatrix}\bar{B}_1\\ \bar{B}_2\end{bmatrix}u\\ y&=\begin{bmatrix}0 & I\end{bmatrix}\begin{bmatrix}\bar{x}_1\\ \bar{x}_2\end{bmatrix}=\bar{x}_2\end{aligned}\right\}\tag{5-70}$$

由式(5-70)可知，输出 y 直接给出 $\bar{x}_2$。于是状态估计时，只需对 $(n-m)$ 维的 $\bar{x}_1$ 进行估计即可。这就是说，降阶观测器的维数为 $(n-m)$。

2. 降阶观测器的存在条件及其构成

将式(5-70)改写成

$$\dot{\bar{x}}_1=\bar{A}_{11}\bar{x}_1+\bar{A}_{12}\bar{x}_2+\bar{B}_1u=\bar{A}_{11}\bar{x}_1+\bar{A}_{12}y+\bar{B}_1u$$

$$\dot{\bar{x}}_2=\dot{y}=\bar{A}_{21}\bar{x}_1+\bar{A}_{22}y+\bar{B}_2u\tag{5-71}$$

令

$$\bar{y}=\dot{y}-\bar{A}_{22}y-\bar{B}_2u=\bar{A}_{21}\bar{x}_1\tag{5-72}$$

则有

$$\left.\begin{aligned}\dot{\bar{x}}_1&=\bar{A}_{11}\bar{x}_1+(\bar{A}_{12}y+\bar{B}_1u)\\ \bar{y}&=\bar{A}_{21}\bar{x}_1\end{aligned}\right\}\tag{5-73}$$

这是一个 $(n-m)$ 阶子系统。研究降阶观测器的存在条件及构成方法就转化为构造式(5-73)的子系统同阶状态观测器的存在条件及构成方法。而定理5-9和定理5-10在研究降阶观测器的存在条件及构成时，仍然是有效的。不过需要解决这样一个问题，即如果系统(5-70)能观测，子系统(5-73)是否能观测？如果子系统(5-73)能观测，则可以任意配置它的状态观测器的特征值。关于这个问题的结论是若系统(5-47)或系统(5-70)能观测，则子系统(5-73)也能观测。如果子系统能观测，则可以任意配置它的状态观测器特征值。

下面就来构造这个子系统的状态观测器。由本章5.6节的结果知，这个 $(n-m)$ 阶子系统的状态观测器为

$$\begin{aligned}\dot{\hat{\bar{x}}}&=(\bar{A}_{11}-G_1\bar{A}_{21})\hat{\bar{x}}_1+(\bar{A}_{12}y+\bar{B}_1u)+G_1\bar{y}\\ &=(\bar{A}_{11}-G_1\bar{A}_{21})\hat{\bar{x}}_1+(\bar{B}_1-G_1\bar{B}_2)u+(\bar{A}_{12}-G_1\bar{A}_{22})y+G_1\dot{y}\end{aligned}\tag{5-74}$$

式中，G_1 为 $(n-m)\times m$ 矩阵。由于这个子系统能观测，所以 $(\bar{A}_{11}-G_1\bar{A}_{21})$ 的特征值可以任意配置。只要选择 G_1，使 $(\bar{A}_{11}-G_1\bar{A}_{21})$ 的所有特征值具有负实部，则式(5-74)就是系统(5-70)的降阶观测器。

从式(5-74)可知，降阶观测器的方程含有 $\dot{y}$，这样在构造降阶观测器时，要用微分器，这是不希望的。为此，引入如下变换

$$z=\hat{\bar{x}}_1-G_1y$$

$$\dot{z}=\dot{\hat{\bar{x}}}_1-G_1\dot{y}\tag{5-75}$$

将式(5-75)代入式(5-74)，降阶观测器成为

$$\dot{z} = (\bar{A}_{11} - G_1\bar{A}_{21})z + (\bar{B}_1 - G_1\bar{B}_2)u + [(\bar{A}_{11} - G_1\bar{A}_{21})G_1 + \bar{A}_{12} - G_1A_{22}]y \tag{5-76}$$

而
$$\hat{\bar{x}}_1 = z + G_1y$$
由于
$$\bar{x} = [\hat{\bar{x}}_1^{\mathrm{T}} \quad x_2^{\mathrm{T}}]^{\mathrm{T}}$$
故
$$\lim_{t\to\infty}\left(\bar{x} - \begin{bmatrix} z + G_1y \\ y \end{bmatrix}\right) = \lim_{t\to\infty}\begin{bmatrix} \bar{x}_1 - \hat{\bar{x}}_1 \\ 0 \end{bmatrix} = 0 \tag{5-77}$$

这表明

$$\begin{bmatrix} G_1 & I_{(n-m)\times(n-m)} \\ I_{m\times m} & 0 \end{bmatrix}\begin{bmatrix} y \\ z \end{bmatrix} = \begin{bmatrix} z + G_1y \\ y \end{bmatrix} = \hat{\bar{x}}$$

是$\bar{x}$的估计。

$$x = P^{-1}\hat{\bar{x}} = \bar{Q}\hat{\bar{x}} = [Q_1 \quad Q_2]\begin{bmatrix} G_1y + z \\ y \end{bmatrix} \tag{5-78}$$

式中，Q_1、Q_2 分别为 $n\times(n-m)$、$n\times m$ 矩阵。

其状态图如图 5-11 所示，图中

$$\tilde{G}_1 = [(\bar{A}_{11} - G_1\bar{A}_{21})G_1 + \bar{A}_{12} - G_1\bar{A}_{22}]$$

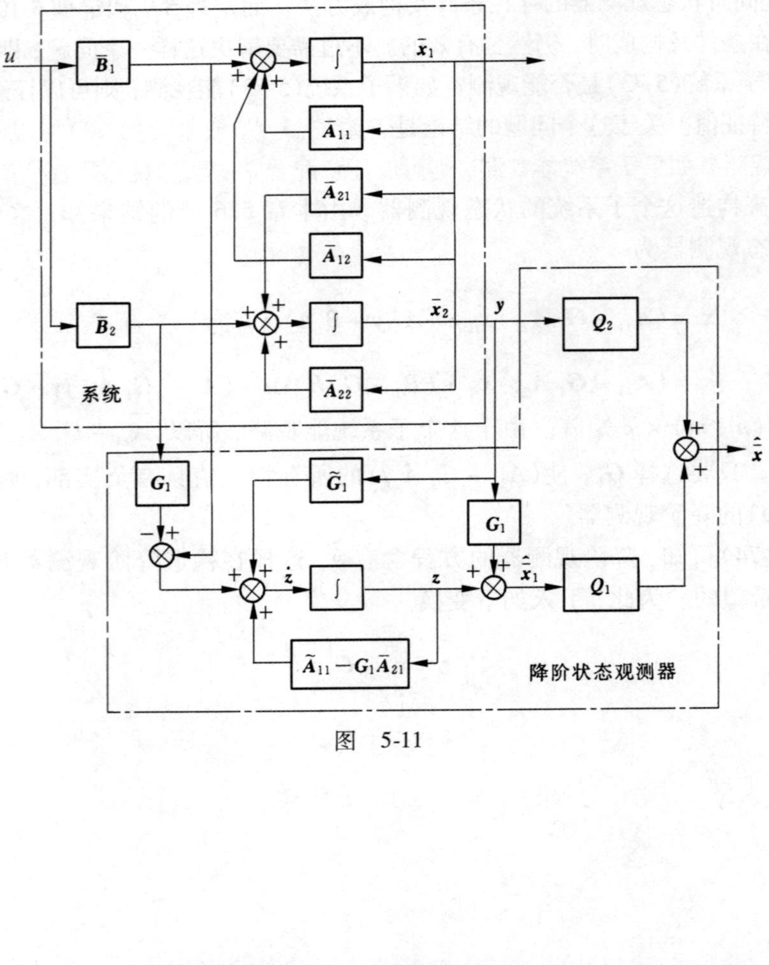

图 5-11

再由 $x = P^{-1}\hat{\bar{x}}$ 可得到系统(5-47)的状态估计值 $\hat{x}$。

例 5-9　一个能观测系统,其系统方程为

$$\dot{x} = \begin{bmatrix} -2 & 1 \\ 0 & -1 \end{bmatrix} x + \begin{bmatrix} 0 \\ 1 \end{bmatrix} u$$

$$y = [1 \quad 0] x$$

要求设计降阶观测器。

解　选择变换矩阵

$$P = \begin{bmatrix} 0 & 1 \\ c_1 & c_2 \end{bmatrix} = \begin{bmatrix} 0 & 1 \\ 1 & 0 \end{bmatrix}$$

$$P^{-1} = \begin{bmatrix} 0 & 1 \\ 1 & 0 \end{bmatrix}$$

$$\bar{A} = PAP^{-1} = \begin{bmatrix} -1 & 0 \\ 1 & -2 \end{bmatrix}$$

$$\bar{b} = PB = \begin{bmatrix} 1 \\ 0 \end{bmatrix}$$

$$\bar{C} = CP^{-1} = [0 \quad 1]$$

可见状态变量 $\bar{x}_2$ 可由 y 直接提供。现在只要设计一个一阶状态观测器来估计 $\bar{x}_1$ 即可。

根据式(5-76),降阶观测器方程为

$$\dot{z} = (-1 - G_1)z + u + (G_1 - G_1^2)y$$

若选择降阶观测器的特征值为 -3。由式(5-66)可知

$$f(s) = s + 3$$

于是

$$s - (-1 - G_1) = s + 3$$

从而求得

$$G_1 = 2$$

故降阶观测器为

$$\dot{z} = -3z + u - 2y$$

$$\hat{\bar{x}}_1 = z + 2y$$

5.8　带状态观测器的状态反馈系统

5.8.1　系统构成与分离原理

单输入-单输出线性定常系统方程为

$$\left.\begin{aligned} \dot{x} &= Ax + bu \\ y &= Cx \end{aligned}\right\} \tag{5-79}$$

当系统能控时,引入状态反馈构成状态反馈系统,可以任意配置状态反馈系统的特征值;如果系统的状态不能测得,只要系统能观测,可以采用状态观测器实现状态重构。用这个重构的状态是否可以代替真实状态进行反馈,即构成带状态观测器的状态反馈系

统？回答是肯定的。不过要搞清楚两个问题。

1）本章5.3节的状态反馈矩阵 $\boldsymbol{K}$ 是针对真实状态 $\boldsymbol{x}$ 计算的，当采用 $\hat{\boldsymbol{x}}$ 代替 $\boldsymbol{x}$ 时，为了保持状态反馈系统所希望的特征值，$\boldsymbol{K}$ 矩阵是否要重新计算？

2）状态观测器是单独设计的，当它作为带状态观测器的状态反馈系统的一部分时，状态观测器的特征值是否会发生变化？$\boldsymbol{G}$ 矩阵是否要重新计算？

现在就来研究这两个问题。假设采用全维状态观测器

$$\dot{\hat{\boldsymbol{x}}} = (\boldsymbol{A}-\boldsymbol{G}\boldsymbol{C})\hat{\boldsymbol{x}} + \boldsymbol{b}u + \boldsymbol{G}\boldsymbol{y} \tag{5-80}$$

状态反馈为

$$u = \boldsymbol{V} - \boldsymbol{K}\hat{\boldsymbol{x}} \tag{5-81}$$

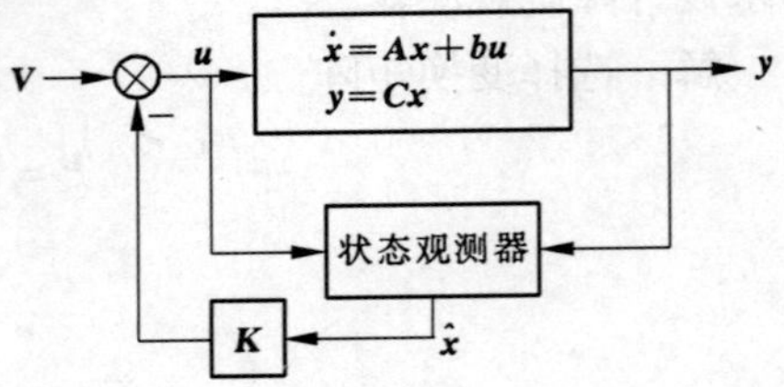

图 5-12

带状态观测器的状态反馈系统是一个组合系统，如图5-12所示。其方程为

$$\begin{aligned} \dot{\boldsymbol{x}} &= \boldsymbol{A}\boldsymbol{x} - \boldsymbol{b}\boldsymbol{K}\hat{\boldsymbol{x}} + \boldsymbol{b}\boldsymbol{V} \\ \dot{\hat{\boldsymbol{x}}} &= \boldsymbol{G}\boldsymbol{C}\boldsymbol{x} + (\boldsymbol{A}-\boldsymbol{G}\boldsymbol{C}-\boldsymbol{b}\boldsymbol{K})\hat{\boldsymbol{x}} + \boldsymbol{b}\boldsymbol{V} \\ \boldsymbol{y} &= \boldsymbol{C}\boldsymbol{x} \end{aligned} \tag{5-82}$$

记成向量、矩阵形式为

$$\begin{bmatrix} \dot{\boldsymbol{x}} \\ \dot{\hat{\boldsymbol{x}}} \end{bmatrix} = \begin{bmatrix} \boldsymbol{A} & -\boldsymbol{b}\boldsymbol{K} \\ \boldsymbol{G}\boldsymbol{C} & \boldsymbol{A}-\boldsymbol{G}\boldsymbol{C}-\boldsymbol{b}\boldsymbol{K} \end{bmatrix}\begin{bmatrix} \boldsymbol{x} \\ \hat{\boldsymbol{x}} \end{bmatrix} + \begin{bmatrix} \boldsymbol{b} \\ \boldsymbol{b} \end{bmatrix}\boldsymbol{V} \tag{5-83}$$

$$\boldsymbol{y} = [\boldsymbol{C} \quad 0]\begin{bmatrix} \boldsymbol{x} \\ \hat{\boldsymbol{x}} \end{bmatrix}$$

先对带状态观测器的状态反馈系统的特征值进行分析，不过求式(5-83)的特征值很繁琐。为此作如下线性变换，其变换矩阵为 $\boldsymbol{P}$

$$\boldsymbol{P} = \begin{bmatrix} \boldsymbol{I} & 0 \\ \boldsymbol{I} & -\boldsymbol{I} \end{bmatrix}, \ \boldsymbol{P}^{-1} = \begin{bmatrix} \boldsymbol{I} & 0 \\ \boldsymbol{I} & -\boldsymbol{I} \end{bmatrix}$$

而

$$\boldsymbol{P}\begin{bmatrix} \boldsymbol{x} \\ \hat{\boldsymbol{x}} \end{bmatrix} = \begin{bmatrix} \boldsymbol{I} & 0 \\ \boldsymbol{I} & -\boldsymbol{I} \end{bmatrix}\begin{bmatrix} \boldsymbol{x} \\ \hat{\boldsymbol{x}} \end{bmatrix} = \begin{bmatrix} \boldsymbol{x} \\ \boldsymbol{x}-\hat{\boldsymbol{x}} \end{bmatrix} = \begin{bmatrix} \boldsymbol{x} \\ \tilde{\boldsymbol{x}} \end{bmatrix} \tag{5-84}$$

式中，$\tilde{\boldsymbol{x}}$为估计误差。

对式(5-83)进行线性变换，得到如下形式的方程

$$\begin{aligned} \begin{bmatrix} \dot{\boldsymbol{x}} \\ \dot{\tilde{\boldsymbol{x}}} \end{bmatrix} &= \begin{bmatrix} \boldsymbol{I} & 0 \\ \boldsymbol{I} & -\boldsymbol{I} \end{bmatrix}\begin{bmatrix} \boldsymbol{A} & -\boldsymbol{b}\boldsymbol{K} \\ \boldsymbol{G}\boldsymbol{C} & \boldsymbol{A}-\boldsymbol{G}\boldsymbol{C}-\boldsymbol{b}\boldsymbol{K} \end{bmatrix}\begin{bmatrix} \boldsymbol{I} & 0 \\ \boldsymbol{I} & -\boldsymbol{I} \end{bmatrix}\begin{bmatrix} \boldsymbol{x} \\ \tilde{\boldsymbol{x}} \end{bmatrix} + \begin{bmatrix} \boldsymbol{I} & 0 \\ \boldsymbol{I} & -\boldsymbol{I} \end{bmatrix}\begin{bmatrix} \boldsymbol{b} \\ \boldsymbol{b} \end{bmatrix}\boldsymbol{V} \\ &= \begin{bmatrix} \boldsymbol{A}-\boldsymbol{b}\boldsymbol{K} & \boldsymbol{b}\boldsymbol{K} \\ 0 & \boldsymbol{A}-\boldsymbol{G}\boldsymbol{C} \end{bmatrix}\begin{bmatrix} \boldsymbol{x} \\ \tilde{\boldsymbol{x}} \end{bmatrix} + \begin{bmatrix} \boldsymbol{b} \\ 0 \end{bmatrix}\boldsymbol{V} \end{aligned}$$

$$y=[\boldsymbol{C}\quad 0]\begin{bmatrix}\boldsymbol{I} & 0\\ \boldsymbol{I} & -\boldsymbol{I}\end{bmatrix}\begin{bmatrix}\boldsymbol{x}\\ \hat{\boldsymbol{x}}\end{bmatrix}=[\boldsymbol{C}\quad 0]\begin{bmatrix}x\\ \tilde{x}\end{bmatrix} \tag{5-85}$$

可见，经过线性变换后的带状态观测器的状态反馈系统的特征多项式为

$$\det\begin{bmatrix}s\boldsymbol{I}-\boldsymbol{A}+\boldsymbol{bK} & -\boldsymbol{bK}\\ 0 & s\boldsymbol{I}-\boldsymbol{A}+\boldsymbol{GC}\end{bmatrix}=\det(s\boldsymbol{I}-\boldsymbol{A}+\boldsymbol{bK})\cdot\det(s\boldsymbol{I}-\boldsymbol{A}+\boldsymbol{GC}) \tag{5-86}$$

令式(5-86)等于零即得到带状态观测器的状态反馈系统的特征值。很显然，特征值为采用真实状态反馈的状态反馈系统特征值，加上状态观测器的特征值。这个结果表明，采用估计状态 $\hat{\boldsymbol{x}}$ 代替真实状态 $\boldsymbol{x}$ 进行反馈时，反馈矩阵 $\boldsymbol{K}$ 不改变；状态观测器作为系统一个组成部分时，$\boldsymbol{G}$ 矩阵也不改变。不仅如此，若系统(5-79)能控，则$(\boldsymbol{A}-\boldsymbol{bK})$的特征值可以任意配置，不受状态观测器的影响；若系统(5-79)能观测，则$(\boldsymbol{A}-\boldsymbol{GC})$的特征值也可以任意配置，不受状态反馈的影响。这种$(\boldsymbol{A}-\boldsymbol{bK})$的特征值和$(\boldsymbol{A}-\boldsymbol{GC})$的特征值可以分别配置，互不影响的方法称为分离原理。这里应说明的是，系统设计时，状态观测器的特征值大约是状态反馈系统特征值的 4 倍，从而保证状态观测器有快的瞬态过程。

上面讨论的状态观测器是全维的情况，采用降阶观测器构成状态反馈系统也是可以的。

带状态观测器的状态反馈系统传递函数 $g_K(s)$ 可由式(5-85)求出

$$g_K(s)=[\boldsymbol{C}\quad 0]\begin{bmatrix}s\boldsymbol{I}-\boldsymbol{A}+\boldsymbol{bK} & -\boldsymbol{bK}\\ 0 & s\boldsymbol{I}-\boldsymbol{A}+\boldsymbol{GC}\end{bmatrix}^{-1}\begin{bmatrix}\boldsymbol{b}\\ 0\end{bmatrix}=\boldsymbol{C}[s\boldsymbol{I}-\boldsymbol{A}+\boldsymbol{bK}]^{-1}\boldsymbol{b} \tag{5-87}$$

将式(5-87)与式(5-20)比较可见，带状态观测器的状态反馈系统传递函数与采用真实状态 x 的状态反馈系统传递函数完全一样。正是基于这个结果，一般认为带状态观测器的状态反馈系统具有全状态反馈系统的特性。实际上带状态观测器的状态反馈系统比全状态反馈系统特性差，详见参考文献[10]。

5.8.2 系统控制结构的等效性

从系统输入-输出的传递特性看，带状态观测器的状态反馈系统与具有串联补偿器和补偿器输出反馈系统在控制结构上是等效的。考虑图 5-13a 所示的带状态观测器的状态反馈系统，系统方程为

$$\begin{aligned}\dot{\boldsymbol{x}}&=\boldsymbol{Ax}+\boldsymbol{Bu}\\ \boldsymbol{y}&=\boldsymbol{Cx}\end{aligned} \tag{5-88}$$

传递函数矩阵为

$$\boldsymbol{G}(s)=\boldsymbol{C}[s\boldsymbol{I}-\boldsymbol{A}]^{-1}\boldsymbol{B} \tag{5-89}$$

设采用全维状态观测器，即

$$\dot{\hat{\boldsymbol{x}}}=(\boldsymbol{A}-\boldsymbol{GC})\hat{\boldsymbol{x}}+\boldsymbol{Bu}+\boldsymbol{Gy}$$

控制 $\boldsymbol{u}$ 为

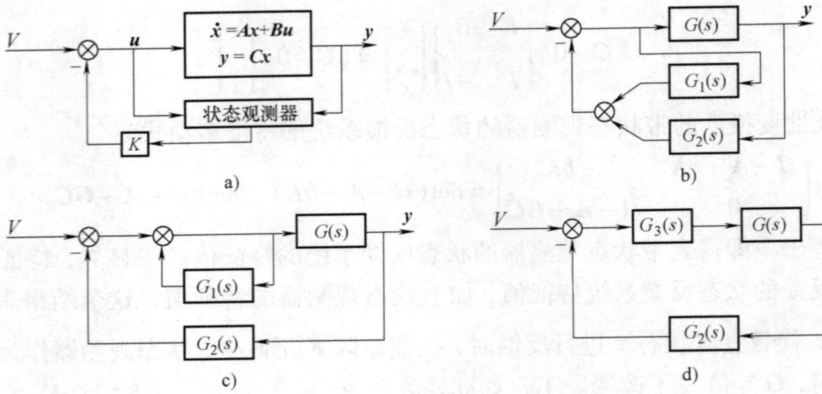

图 5-13

$$u = \boldsymbol{V} - \boldsymbol{k}\hat{\boldsymbol{x}}$$

在图 5-13a 中，若将 V 对控制 $\boldsymbol{u}$ 的传递函数矩阵记为 $\boldsymbol{G}_1(s)$，则

$$\boldsymbol{G}_1(s) = k[s\boldsymbol{I} - \boldsymbol{A} + \boldsymbol{GC}]^{-1}\boldsymbol{B} \tag{5-90}$$

$\boldsymbol{V}$ 对输出 $\boldsymbol{y}$ 的传递函数矩阵记为 $\boldsymbol{G}_2(s)$，则

$$\boldsymbol{G}_2(s) = k[s\boldsymbol{I} - \boldsymbol{A} + \boldsymbol{GC}]^{-1}\boldsymbol{G} \tag{5-91}$$

基于式(5-89)、式(5-90)和式(5-91)，得到带状态观测器的状态反馈系统的结构图 5-13b 或图 5-13c。

令

$$\boldsymbol{G}_3(s) = [\boldsymbol{I} + \boldsymbol{G}_1(s)]^{-1} \tag{5-92}$$

如果式(5-92)存在，就可以得到图 5-13d。

由图 5-13d 可知，在输入-输出传递特性的意义下，带状态观测器的状态反馈系统与具有串联补偿器 $\boldsymbol{G}_3(s)$、补偿器 $\boldsymbol{G}_2(s)$ 输出反馈系统等效。也就是说，以状态观测器的估计状态作为反馈的效果相当于引入串联补偿器、补偿器输出反馈系统。因此，采用图 5-13d 的系统结构，只要 $\boldsymbol{G}_3(s)$ 和 $\boldsymbol{G}_2(s)$ 选择的合适，理论上该系统“相当”于起到状态反馈的作用，进而可以任意配置闭环系统的极点。应当指出，这里“相当”的含义仅仅是从输入-输出特性考虑的。

例 5-10 试求出与带状态观测器的状态反馈系统控制结构等效的系统。

系统方程为

$$\dot{\boldsymbol{x}} = \begin{bmatrix} -2 & 1 \\ 0 & -1 \end{bmatrix}\boldsymbol{x} + \begin{bmatrix} 0 \\ 1 \end{bmatrix}u$$

$$\boldsymbol{y} = [1 \quad 0]\boldsymbol{x}$$

采用全维状态观测器，特征值为 -3，-3；状态反馈系统的特征值为$(-1 \pm \mathrm{j}1)$。

解 (1) 判别系统的能观测性与能控性。经判别，该系统能观测、能控。

(2) 设计全维状态观测器。对于这个系统可以按定理 5-10 的步骤去设计，也可以按下面方法设计。

$$A-GC=\begin{bmatrix}-2 & 1\\ 0 & -1\end{bmatrix}-\begin{bmatrix}g_1\\ g_2\end{bmatrix}\begin{bmatrix}1 & 0\end{bmatrix}=\begin{bmatrix}-2-g_1 & 1\\ -g_2 & -1\end{bmatrix}$$

状态观测器的特征多项式为

$$f(s)=\det[sI-(A-GC)]=s^2+(3+g_1)s+2+g_1+g_2 \tag{5-93}$$

状态观测器希望的特征多项式为

$$f^*(s)=(s+3)^2=s^2+6s+9 \tag{5-94}$$

由 $f(s)$ 和 $f^*(s)$ 的 s 同次幂系数相等，得到 $g_1=3$，$g_2=4$。

全维状态观测器为

$$\dot{\hat{x}}=\begin{bmatrix}-5 & 1\\ -4 & -1\end{bmatrix}\hat{x}+\begin{bmatrix}0\\ 1\end{bmatrix}u+\begin{bmatrix}3\\ 4\end{bmatrix}y \tag{5-95}$$

这个结果与按定理 5-10 的方法计算结果将是相同的。

（3）求状态反馈矩阵 K

$$A-bK=\begin{bmatrix}-2 & 1\\ 0 & -1\end{bmatrix}-\begin{bmatrix}0\\ 1\end{bmatrix}\begin{bmatrix}K_1 & K_2\end{bmatrix}=\begin{bmatrix}-2 & -1\\ -K_1 & -1-K_2\end{bmatrix}$$

状态反馈系统的特征多项式为

$$\Delta_K(s)=\det[sI-(A-bK)]=s^2+(3+K_2)s+K_1+2(1+K_2) \tag{5-96}$$

状态反馈系统的希望的特征多项式为

$$\bar{\Delta}_K(s)=s^2+2s+2 \tag{5-97}$$

$\Delta_K(s)$ 和 $\bar{\Delta}_K(s)$ 的 s 同次幂系数相等，得到 $K_1=2$，$K_2=-1$。

（4）带状态观测器的状态反馈系统的等效系统

$$G(s)=C[sI-A]^{-1}b=\frac{1}{(s+1)(s+2)}$$

$$\begin{aligned}G_1(s)&=K[sI-A+GC]^{-1}b\\ &=\begin{bmatrix}2 & -1\end{bmatrix}\left[\begin{bmatrix}s & 0\\ 0 & s\end{bmatrix}-\begin{bmatrix}-2 & 1\\ 0 & -1\end{bmatrix}+\begin{bmatrix}3\\ 4\end{bmatrix}\begin{bmatrix}1 & 0\end{bmatrix}\right]^{-1}\begin{bmatrix}0\\ 1\end{bmatrix}\\ &=\begin{bmatrix}2 & -1\end{bmatrix}\begin{bmatrix}s+5 & -1\\ 4 & s+1\end{bmatrix}^{-1}\begin{bmatrix}0\\ 1\end{bmatrix}\\ &=-\frac{1}{s+3}\end{aligned}$$

$$G_3(s)=[1+G_1(s)]^{-1}=\frac{s+3}{s+2}$$

$$\begin{aligned}G_2(s)&=K[sI-A+GC]^{-1}G\\ &=\begin{bmatrix}2 & -1\end{bmatrix}\left[\begin{bmatrix}s & 0\\ 0 & s\end{bmatrix}-\begin{bmatrix}-2 & 1\\ 0 & -1\end{bmatrix}+\begin{bmatrix}3\\ 4\end{bmatrix}\begin{bmatrix}1 & 0\end{bmatrix}\right]^{-1}\begin{bmatrix}3\\ 4\end{bmatrix}\\ &=\begin{bmatrix}2 & -1\end{bmatrix}\begin{bmatrix}s+5 & -1\\ 4 & s+1\end{bmatrix}^{-1}\begin{bmatrix}3\\ 4\end{bmatrix}\end{aligned}$$

$$= \frac{2}{s+3}$$

具有串联补偿器 $G_3(s)$ 和动态输出反馈系统的结构图如图 5-14 所示。

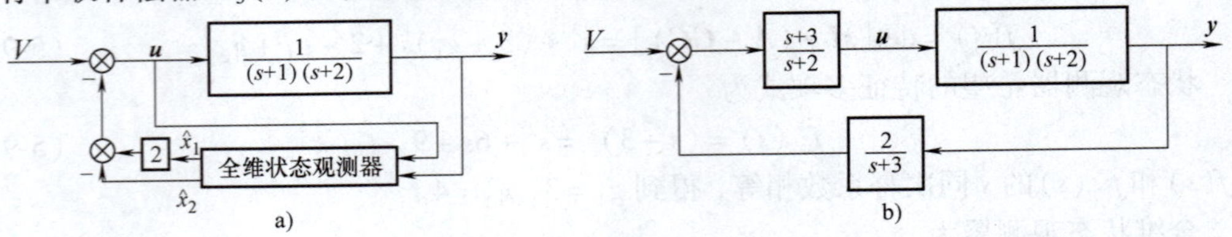

图 5-14

图 5-14b 的闭环系统传递函数为

$$G_K(s) = \frac{1}{s^2+2s+2}$$

而带状态观测器的状态反馈系统传递函数为

$$G_K(s) = C[sI - A + bC]^{-1}b = \frac{1}{s^2+2s+2}$$

两者一样。可见，从系统的输入-输出传递特性看，带状态观测器的状态反馈系统和具有串联补偿器的动态输出反馈系统是等效的。

5.9 渐近跟踪与干扰抑制问题

5.9.1 渐近跟踪问题

当系统能控时，采用状态反馈，可以使系统的闭环极点配置在 s 平面指定的位置上，得到希望的瞬态性能，然而对一个控制系统来说，还要求有希望的稳态性能。本节就来研究这个问题。

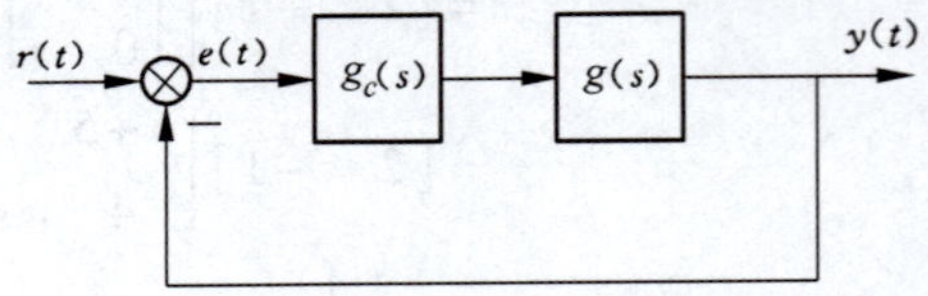

图 5-15

如图 5-15 所示的反馈系统，$g(s) = n_g(s)/d_g(s)$ 为被控对象的传递函数，$g_c(s) = n_c(s)/d_c(s)$ 是补偿器（为了改善系统性能而引入的动态环节）的传递函数，要求系统的输出 $y(t)$ 跟踪参考输入 $r(t)$。由于物理上的限制，将反馈系统设计成对所有的时间 t 均有 $y(t) = r(t)$ 是很难的。但是，有可能做到 $t \to \infty$ 时，$y(t) \to r(t)$，即

$$\lim_{t\to\infty} e(t) = \lim_{t\to\infty} [r(t) - y(t)] = 0 \tag{5-98}$$

稳态时，实现了 $y(t)$ 跟踪 $r(t)$，称为渐近跟踪。实现渐近跟踪的问题，在经典控制理论中已经研究过了，例如一个稳定的单位反馈系统，当 $r(t)$ 为阶跃信号时，若系统前向通道传递函数中有一个积分元件（称为 Ⅰ 型系统），则稳态误差为零，即 $t \to \infty$，$y(t) =$

$r(t)$。当 $r(t)$ 为斜坡信号时，系统前向通道传递函数中有两个积分元件(称为Ⅱ型系统)，稳态误差为零。但是对于 $r(t)$ 不是这些所谓典型的输入信号而是一般的形式，实现 $y(t)$ 渐近跟踪 $r(t)$ 的条件是什么呢？

对于图 5-15 所示的系统，误差 $e(t)$ 的拉普拉斯变换为 $E(s)$，其表达式为

$$E(s)=\frac{1}{1+g(s)g_c(s)}R(s)$$

式中，$R(s)$ 为 $r(t)$ 的拉普拉斯变换，即

$$R(s)=\mathscr{L}\left[r(t)\right]=\frac{n_r(s)}{d_r(s)}$$

$n_r(s)$ 和 $d_r(s)$ 为 s 的多项式，并且 $n_r(s)$ 和 $d_r(s)$ 不存在零、极点相消(对此也称 $n_r(s)$ 和 $d_r(s)$ 为互质)。于是

$$E(s)=\frac{d_g(s)d_c(s)}{d_g(s)d_c(s)+n_g(s)n_c(s)}\cdot\frac{n_r(s)}{d_r(s)} \tag{5-99}$$

一般地说，对 $r(t)$ 有所了解。通常 $d_r(s)$ 是已知的，$n_r(s)$ 是任意的。显然，$d_r(s)=0$ 中那些实部为负的根，当 $t\to\infty$ 时对稳态误差无影响；只有那些位于 s 右半闭平面(包括虚轴的右半平面)的根，对稳态误差有影响。当 $sE(s)$ 的全部极点位于 s 左半开平面时，要使系统稳态误差

$$e_{ss}=\lim_{t\to\infty}e(t)=\lim_{s\to0}sE(s)=\lim_{s\to0}s\frac{d_g(s)d_c(s)}{d_g(s)d_c(s)+n_g(s)n_c(s)}\cdot\frac{n_r(s)}{d_r(s)}=0$$

必须有

1) $d_g(s)d_c(s)+n_g(s)n_c(s)=0$ 的所有根实部均为负。

2) $d_r(s)$ 在 s 右半闭平面的零点也是 $d_g(s)d_c(s)$ 的零点。

这两个条件成立时，$t\to\infty$ 有 $y(t)=r(t)$，实现了渐近跟踪，而上述条件中的第二个条件就是著名的内模原理(Internal Model Principle)。

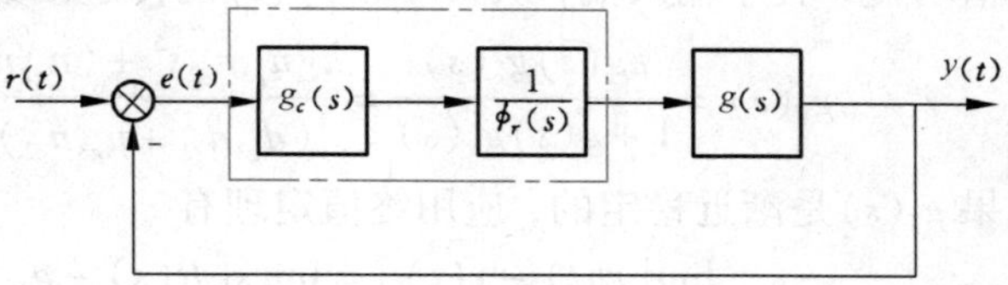

图 5-16

5.9.2 内模原理

假定 $d_r(s)$ 的某些根具有零或正实部，令 $\phi_r(s)$ 是 $R(s)$ 不稳定极点构成的 s 多项式，于是 $\phi_r(s)$ 所有的根均有零或正的实部。将 $1/\phi_r(s)$ 放入系统中，如图 5-16 所示。$n_g(s)$ 和 $d_g(s)\phi_r(s)$ 互质。误差传递函数 $E(s)$ 为

$$E(s)=R(s)-y(s)=\frac{d_c(s)\phi_r(s)d_g(s)}{d_c(s)\phi_r(s)d_g(s)+n_c(s)n_g(s)}\cdot\frac{n_r(s)}{d_r(s)}$$

$$=\frac{d_c(s)d_g(s)n_r(s)}{d_c(s)\phi_r(s)d_g(s)+n_c(s)n_g(s)}\cdot\frac{\phi_r(s)}{d_r(s)} \tag{5-100}$$

由于 $d_r(s)$ 中的不稳定的零点均被 $\phi_r(s)$ 精确地消去，所以只要选择 $d_c(s)$、$n_c(s)$ 使 $d_c(s)\phi_r(s)d_g(s)+n_c(s)n_g(s)=0$ 的根具有负实部，即用 $g_c(s)$ 镇定系统，则 $t\to\infty$ 时，有 $\lim\limits_{t\to\infty}e(t)=\lim\limits_{t\to\infty}[r(t)-y(t)]=0$，即实现了渐近跟踪。

系统中的 $1/\phi_r(s)$ 称为内模，而 $1/\phi_r(s)$ 在系统中复现，称为内模原理。对于阶跃输入信号，实现稳态误差为零，系统只要让 $\phi_r(s)=s$，即前向通道传递函数中有一个积分元件即可。因此，经典控制理论关于无差度的结论只是内模原理的一个特例。

应用内模不仅使反馈系统实现渐近跟踪，而且 $g(s)$ 及 $g_c(s)$ 的参数变化，甚至是很大的变化都是无关紧要的。只要 $d_c(s)\phi_r(s)d_g(s)+n_c(s)n_g(s)=0$ 的所有根仍具有负实部，则这种方法设计的系统对 $g(s)$ 和 $g_c(s)$ 的参数变化不敏感，或者称此系统具有鲁棒性(Robustness)。由于建模误差，例如忽略高阶项、非线性的线性化以及元器件老化、负载变化等，被控对象的数学模型的参数发生变化是必然的。因此系统设计成对参数变化具有鲁棒性是很必要的。

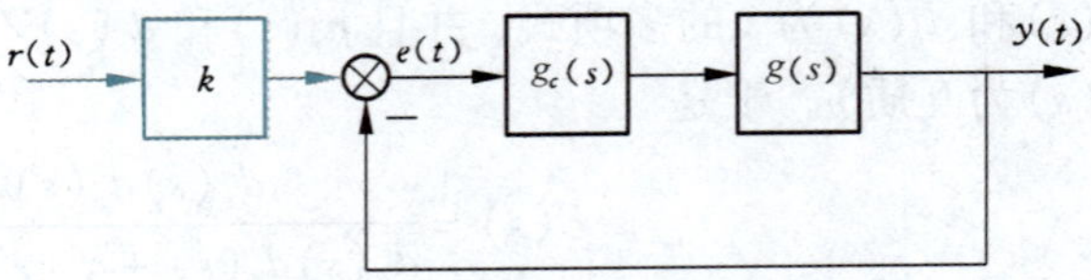

图 5-17

应当强调指出，这种设计方法使系统具有鲁棒性完全是由于内模存在的结果。现举例说明这一点。系统的结构如图 5-17 所示，若 $r(s)=1/s$，为了简明起见，假设

$$g(s)=\frac{n_{g3}s^3+n_{g2}s^2+n_{g1}s+n_{g0}}{d_{g3}s^3+d_{g2}s^2+d_{g1}s+d_{g0}}$$

$$g_c(s)=\frac{n_{c2}s^2+n_{c1}s+n_{c0}}{d_{c2}s^2+d_{c1}s+d_{c0}}$$

常值增益 k 置于输入端，从 $R(s)$ 到 $y(s)$ 的传递函数 $g_f(s)$ 为

$$g_f(s)=\frac{kg(s)g_c(s)}{1+g(s)g_c(s)}=\frac{k[n_{g3}n_{c2}s^5+(n_{g2}n_{c2}+n_{g3}n_{c1})s^4+\cdots+n_{g0}n_{c0}]}{(d_{g3}d_{c2}+n_{g3}n_{c2})s^5+\cdots+(d_{g0}d_{c0}+n_{g0}n_{c0})}$$

如果 $g_f(s)$ 是渐近稳定的，应用终值定理有

$$\begin{aligned}\lim_{t\to\infty}[r(t)-y(t)]&=\lim_{s\to0}s[R(s)-g_f(s)R(s)]=1-g_f(0)\\&=1-\frac{kn_{g0}n_{c0}}{d_{g0}d_{c0}+n_{g0}n_{c0}}\end{aligned}\tag{5-101}$$

如果系统中引入内模 $1/s$，并且 s 不是 $g(s)$ 的零点，则有 $d_{c0}=0$，$n_{c0}\neq0$，$n_{g0}\neq0$，在这种情况下，若 $k=1$，则当 $t\to\infty$ 时有 $r(t)-y(t)\to0$。只要 $d_{c0}=0$，$n_{c0}\neq0$ 及 $g_f(s)$ 仍然是渐近稳定的，则对 $g(s)$ 和 $g_c(s)$ 的所有参数变化，总有当 $t\to\infty$ 时，$r(t)-y(t)\to0$。因此设计是鲁棒的。

如果系统中未引入内模 $1/s$，则有 $d_{g0}\neq0$，$d_{c0}\neq0$。在这种情况下，若适当地选择式(5-101)中的 k，让其值为

$$k=\frac{d_{g0}d_{c0}+n_{g0}n_{c0}}{n_{g0}n_{c0}}=1+\frac{d_{g0}d_{c0}}{n_{g0}n_{c0}}$$

则 $t\to\infty$，$r(t)-y(t)\to 0$。为了使 k 为有限值，要求 $n_{c0}\neq 0$ 和 $n_{g0}\neq 0$。因此，在图 5-17 中，当 $r(s)=1/s$ 时，不引入内模，虽然也可能设计出实现渐近跟踪的反馈系统，但设计不是鲁棒的，即 n_{g0}，d_{g0}，n_{c0} 和 d_{c0} 有任何变化时不再有 $t\to\infty$，$r(t)-y(t)\to 0$。应该指出：用这种设计方法时，在 $\phi_r(s)$ 的所有根中，无 $g(s)$ 的零点这一条件是鲁棒和非鲁棒设计均需要的。

5.9.3 干扰抑制问题

如果系统中存在确定性干扰 $f(t)$，如图 5-18 所示。要求在 $t\to\infty$ 时，$f(t)$ 对系统输出 $y(t)$ 的影响趋于零，即 $t\to\infty$ 时，$y_f(t)\to 0$，其中 $y_f(t)$ 为图 5-18 所示的反馈系统当 $r(t)=0$ 时，$f(t)$ 引起的输出。称 $t\to\infty$ 时，$y_f(t)\to 0$ 为干扰抑制。关于干扰抑制问题，在经典控制理论也作过研究，例如对于阶跃形式的干抑信号 $f(t)$，若在干扰信号作用点前的传递函数中有一个积分元件，则由 $f(t)$ 引起的输出 $y_f(t)\to 0$ 即实现了干扰的抑制。但是当干扰信号的形式比较复杂时，例如 $f(t)$ 为交流电源的信号或在海中航行的轮船所受海浪的干扰等一定频率的周期信号干扰时，按经典控制理论和方法来实现干扰抑制就很困难，或者实现起来很复杂。如果运用内模原理来解决就很方便并且是一般性的方法。

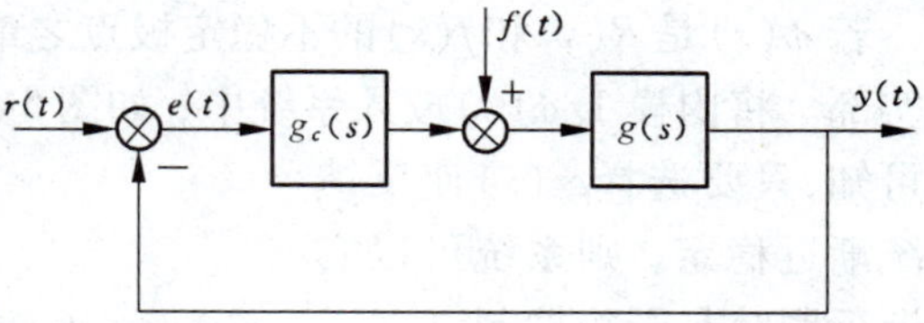

图 5-18

若 $f(s)=\mathscr{L}[f(t)]=n_f(s)/d_f(s)$ 是正则有理函数（通常 $d_f(s)$ 是已知的，而 $n_f(s)$ 是任意的），并且 $n_f(s)$ 和 $d_f(s)$ 互质。假定 $d_f(s)=0$ 的某些根具有零或正实部，令 $\phi_f(s)$ 是 $f(s)$ 的不稳定极点构成的 s 多项式。于是 $\phi_f(s)$ 的所有的根均有零或正的实部。将内模 $1/\phi_f(s)$ 放入系统中，如图 5-19 所示，选择 $g_c(s)$ 使反馈系统成为渐近稳定的系统。

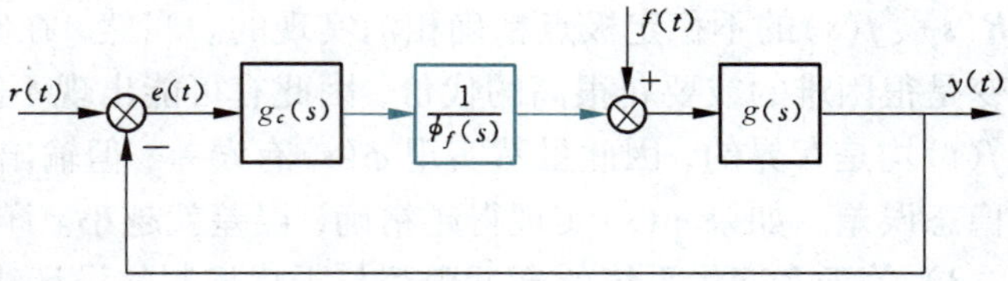

图 5-19

由 $f(t)$ 作用引起的系统输出

$$y_f(s)=-E_f(s)=\frac{g(s)}{1+g_c(s)\dfrac{1}{\phi_f(s)}g(s)}f(s)$$

$$=\frac{d_c(s)\phi_f(s)n_g(s)}{d_c(s)\phi_f(s)d_g(s)+n_c(s)n_g(s)}\cdot\frac{n_f(s)}{d_f(s)}$$

$$= \frac{d_c(s)n_g(s)n_f(s)}{d_c(s)\phi_f(s)d_g(s)+n_c(s)n_g(s)} \cdot \frac{\phi_f(s)}{d_f(s)} \tag{5-102}$$

由于 $d_f(s)$ 的所有不稳定零点均由 $\phi_f(s)$ 精确消去，故 $y_f(s)$ 的所有极点均具有负实部。因此，当 $t\to\infty$，$y_f(t)\to 0$。从而实现了干扰抑制。

应该指出，与实现渐近跟踪一样，采用内模原理设计的反馈系统，实现了干扰抑制，同时系统对 $g(s)$ 和 $g_c(s)$ 的参数变化不敏感，即具有鲁棒性。

5.9.4 渐近跟踪与干扰抑制

对于图 5-18 所示的反馈系统，如果 $r(t)\neq 0$，$f(t)\neq 0$。通过在系统中引入内模，设计补偿器 $g_c(s)$，可以实现渐近跟踪和干扰抑制。

若 $\phi(s)$ 是 $R(s)$ 和 $f(s)$ 的不稳定极点之最小公分母，则 $\phi(s)$ 的所有的零点均有零或正实部。将内模 $1/\phi(s)$ 放入系统中，如图 5-20 所示。根据本节的 5.9.2、5.9.3 中的讨论可知，只要选择 $g_c(s)$ 使反馈系统渐近稳定，则系统可以实现渐近跟踪与干扰抑制。

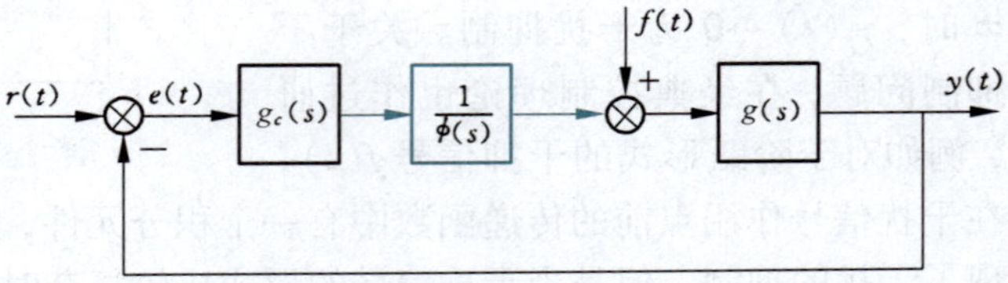

图 5-20

最后应说明三点：

1）内模 $1/\phi(s)$ 的位置在单变量系统中并不重要，只要不位于从 $R(s)$ 到 $E(s)$ 和从 $f(s)$ 到 $y(s)$ 的前向通道中即可。

2）内模 $1/\phi(s)$ 的系数是不允许变化的，因为渐近跟踪与干扰抑制是靠 $\phi(s)$ 的零点与 $R(s)$、$f(s)$ 的不稳定极点精确相消实现的。当然，在实现中，要求内模 $1/\phi(s)$ 的参数不变是很困难的或要花很高的代价，因此有可能出现不能精确相消。由于大多数的 $r(t)$ 和 $f(t)$ 均是有界的，因此虽然实现 $\phi(s)$ 有误差，但输出仍能跟踪输入信号，只是有有限的稳态误差。如果 $\phi(s)$ 实现得越精确，误差就越小。详细分析见参考文献[22]。

3）关于多变量系统的渐近跟踪与干扰抑制的设计法，见参考文献[22]。

5.9.5 状态空间设计法

系统方程为

$$\left.\begin{aligned} \dot{\boldsymbol{x}} &= \boldsymbol{A}\boldsymbol{x}+\boldsymbol{b}u+\boldsymbol{b}_f f(t) \\ y &= \boldsymbol{C}\boldsymbol{x}+\boldsymbol{d}u+\boldsymbol{d}_f f(t) \end{aligned}\right\} \tag{5-103}$$

式中，$\boldsymbol{x}$ 为 n 维向量；u，y 为标量；$\boldsymbol{A}$、$\boldsymbol{b}$、$\boldsymbol{C}$，$\boldsymbol{d}$，$\boldsymbol{b}_f$ 和 $\boldsymbol{d}_f$ 分别为满足矩阵运算相应维数的矩阵。假定 $\{\boldsymbol{A},\ \boldsymbol{b}\}$ 是能控的，$\{\boldsymbol{A},\ \boldsymbol{C}\}$ 是能观测的（因为系统能控性是由矩阵 $\boldsymbol{A}$、$\boldsymbol{b}$ 决定的。系统能控，就是 $\boldsymbol{A}$、$\boldsymbol{b}$ 满足能控的条件。所以，系统能控，就称 $\{\boldsymbol{A},\ \boldsymbol{b}\}$ 能控；同理，系统能观测，就称 $\{\boldsymbol{A},\ \boldsymbol{C}\}$ 能观测）。$f(t)$ 为干扰信号，可以认为它是在未知的初始状态下，由

$$\left.\begin{aligned}\dot{\boldsymbol{x}}_f &= \boldsymbol{A}_f \boldsymbol{x}_f \\ f(t) &= \boldsymbol{C}_f \boldsymbol{x}_f\end{aligned}\right\} \tag{5-104}$$

产生的。

$r(t)$是在未知的初始状态下，由

$$\left.\begin{aligned}\dot{\boldsymbol{x}}_r(t) &= \boldsymbol{A}_r \boldsymbol{x}_r(t) \\ r(t) &= \boldsymbol{C}_r \boldsymbol{x}_r(t)\end{aligned}\right\} \tag{5-105}$$

产生的。$\{\boldsymbol{A}_f, \boldsymbol{C}_f\}$和$\{\boldsymbol{A}_r, \boldsymbol{C}_r\}$能观测，要求设计的系统实现渐近跟踪与干扰抑制。

令$\phi_f(s)$和$\phi_r(s)$分别是$\boldsymbol{A}_f$和$\boldsymbol{A}_r$的最小s多项式，即$\phi_f(s)=\det(s\boldsymbol{I}-\boldsymbol{A}_f)$，$\phi_r(s)=\det(s\boldsymbol{I}-\boldsymbol{A}_r)$。再令

$$\phi(s) = s^m + a_{m-1}s^{m-1} + a_{m-2}s^{m-2} + \cdots + a_1 s + a_0 \tag{5-106}$$

是$\phi_f(s)$和$\phi_r(s)$的s右半闭平面零点的最小公倍式，即$\phi(s)$为s的首一多项式。因此，$\phi(s)$的所有零点均具有非负实部。内模$\phi^{-1}(s)$可实现为

$$\left.\begin{aligned}\dot{\boldsymbol{x}}_c &= \boldsymbol{A}_c \boldsymbol{x}_c + \boldsymbol{b}_c e \\ y_c &= \boldsymbol{x}_c\end{aligned}\right\} \tag{5-107}$$

其中
$$\boldsymbol{A}_c = \begin{bmatrix} 0 & 1 & 0 & & \cdots & 0 \\ 0 & 0 & 1 & 0 & \cdots & 0 \\ \vdots & & & \ddots & & \vdots \\ 0 & \cdots & & & 0 & 1 \\ -a_0 & -a_1 & & \cdots & & -a_{m-1} \end{bmatrix}, \quad \boldsymbol{b}_c = \begin{bmatrix} 0 \\ \vdots \\ 0 \\ 1 \end{bmatrix}$$

$$e = r - y \tag{5-108}$$

此内模$\phi^{-1}(s)$亦称伺服补偿器，如图 5-21 所示。它可以由运算放大器、电阻和电容构成,也可以用计算机软件编程实现。

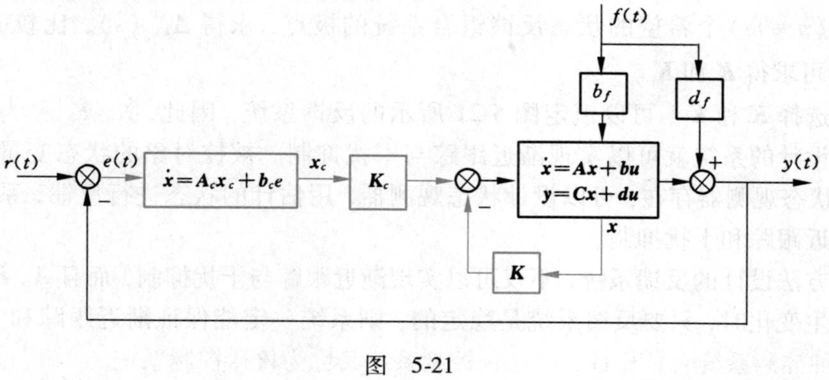

图 5-21

图 5-21 所示是一个被控对象和伺服补偿器串联连接的组合系统。当不考虑$f(t)$项时，

$$e = r - \boldsymbol{y} = r - \boldsymbol{C}\boldsymbol{x} - du$$

$$\dot{\boldsymbol{x}}_c = \boldsymbol{A}_c\boldsymbol{x}_c + \boldsymbol{b}_c(r - \boldsymbol{C}\boldsymbol{x} - du) = \boldsymbol{A}_c\boldsymbol{x}_c - \boldsymbol{b}_c\boldsymbol{C}\boldsymbol{x} - \boldsymbol{b}_c du + \boldsymbol{b}_c r$$

组合系统的状态方程为

$$\begin{bmatrix} \dot{\boldsymbol{x}} \\ \dot{\boldsymbol{x}}_c \end{bmatrix} = \begin{bmatrix} \boldsymbol{A} & 0 \\ -\boldsymbol{b}_c C & \boldsymbol{A}_c \end{bmatrix} \begin{bmatrix} \boldsymbol{x} \\ \boldsymbol{x}_c \end{bmatrix} + \begin{bmatrix} \boldsymbol{b} \\ -\boldsymbol{b}_c d \end{bmatrix} u + \begin{bmatrix} 0 \\ \boldsymbol{b}_c \end{bmatrix} r \tag{5-109}$$

这个组合系统，要引入状态反馈配置极点，必须能控。而组合系统能控的条件是对于 $\phi(s)=0$ 的每个根 λ_i

$$\operatorname{rank}\begin{bmatrix} \lambda\boldsymbol{I} - \boldsymbol{A} & \boldsymbol{b} \\ -\boldsymbol{C} & \boldsymbol{d} \end{bmatrix} = n + \min\{m, r\} \tag{5-110}$$

均成立。当 $m=r=1$ 时，式(5-110)成为

$$\operatorname{rank}\begin{bmatrix} \lambda\boldsymbol{I} - \boldsymbol{A} & \boldsymbol{b} \\ -\boldsymbol{C} & \boldsymbol{d} \end{bmatrix} = n + 1$$

当组合系统能控，引入状态反馈控制律

$$\boldsymbol{u} = [\,-\boldsymbol{K} \quad \boldsymbol{K}_c\,] \begin{bmatrix} \boldsymbol{x} \\ \boldsymbol{x}_c \end{bmatrix} = -\boldsymbol{K}\boldsymbol{x} + \boldsymbol{K}_c\boldsymbol{x}_c \tag{5-111}$$

具有状态反馈的组合系统状态方程为

$$\begin{aligned} \begin{bmatrix} \dot{\boldsymbol{x}} \\ \dot{\boldsymbol{x}}_c \end{bmatrix} &= \begin{bmatrix} \boldsymbol{A} & 0 \\ -\boldsymbol{b}_c\boldsymbol{C} & \boldsymbol{A}_c \end{bmatrix} \begin{bmatrix} \boldsymbol{x} \\ \boldsymbol{x}_c \end{bmatrix} + \begin{bmatrix} \boldsymbol{b} \\ -\boldsymbol{b}_c\boldsymbol{d} \end{bmatrix}(-\boldsymbol{K}\boldsymbol{x} + \boldsymbol{K}_c\boldsymbol{x}_c) + \begin{bmatrix} 0 \\ \boldsymbol{b}_c \end{bmatrix} r \\ &= \begin{bmatrix} \boldsymbol{A} - \boldsymbol{b}\boldsymbol{K} & \boldsymbol{b}\boldsymbol{K}_c \\ -\boldsymbol{b}_c\boldsymbol{C} + \boldsymbol{b}_c\boldsymbol{d}\boldsymbol{K} & \boldsymbol{A}_c - \boldsymbol{b}_c\boldsymbol{d}\boldsymbol{K}_c \end{bmatrix} \begin{bmatrix} \boldsymbol{x} \\ \boldsymbol{x}_c \end{bmatrix} + \begin{bmatrix} 0 \\ \boldsymbol{b}_c \end{bmatrix} r \end{aligned}$$

当 $\boldsymbol{d}=0$ 时，状态反馈的组合系统的特征多项式为

$$\Delta_{KK_c}(s) = \det\begin{bmatrix} s\boldsymbol{I} - (\boldsymbol{A} - \boldsymbol{b}\boldsymbol{K}) & -\boldsymbol{b}\boldsymbol{K}_c \\ \boldsymbol{b}_c\boldsymbol{C} & s\boldsymbol{I} - \boldsymbol{A}_c \end{bmatrix}$$

如果给出 $(n+m)$ 个希望的状态反馈组合系统的极点，求得 $\Delta^*_{KK_c}(s)$，比较 $\Delta_{KK_c}(s)$ 和 $\Delta^*_{KK_c}(s)$ 即可求得 $\boldsymbol{K}$ 和 $\boldsymbol{K}_c$。

适当选择 $\boldsymbol{K}$ 和 $\boldsymbol{K}_c$，可以镇定图 5-21 所示的反馈系统，因此，$\boldsymbol{K}$，$\boldsymbol{K}_c$ 称为镇定补偿器。如此设计的系统就可以实现渐近跟踪与干扰抑制。被控对象的状态变量不能得到时，如果状态观测器存在，可以设计状态观测器，用估计的状态进行反馈，系统同样可以实现渐近跟踪和干扰抑制。

按此方法设计的反馈系统，不仅可以实现渐近跟踪与干扰抑制，而且 $\boldsymbol{A}$，$\boldsymbol{b}$，$\boldsymbol{C}$，$\boldsymbol{d}$ 矩阵的元发生变化时，只要反馈系统是稳定的，则系统一定能保证渐近跟踪和干扰抑制。因此，这种控制系统有鲁棒性，故这种控制系统又称为鲁棒控制系统。

例 5-11　系统方程为

$$\dot{\boldsymbol{x}} = \begin{bmatrix} 0 & 1 \\ 1 & 1 \end{bmatrix}\boldsymbol{x} + \begin{bmatrix} 0 \\ 1 \end{bmatrix}u + f(t)$$

$$y = [1 \quad 0]\boldsymbol{x}$$

$\{A, b\}$能控，$\{A, C\}$能观测。系统的输入信号为单位阶跃，而干扰信号为正弦函数。要求设计鲁棒控制系统，实现渐近跟踪与干扰抑制。

解 （1）检查鲁棒控制系统存在条件

因为
$$\text{rank}\begin{bmatrix} s\boldsymbol{I}-\boldsymbol{A} & b \\ -\boldsymbol{C} & 0 \end{bmatrix}=2+1$$

所以满足存在条件。

（2）设计伺服补偿器(即内模)

$$R(s)=\mathscr{L}\left[1(t)\right]=\frac{1}{s}$$

$$f(s)=\mathscr{L}\left[f(t)\right]=\mathscr{L}\left[\sin t\right]=\frac{1}{s^2+1}$$

故 $\phi(s)=s^3+s$，即 $a_2=0$，$a_1=1$，$a_0=0$，于是 $\phi(s)$的实现为

$$\dot{\boldsymbol{x}}_c=\begin{bmatrix} 0 & 1 & 0 \\ 0 & 0 & 1 \\ 0 & -1 & 0 \end{bmatrix}\boldsymbol{x}_c+\begin{bmatrix} 0 \\ 0 \\ 1 \end{bmatrix}\boldsymbol{e}$$

$$\boldsymbol{y}_c=\boldsymbol{x}_c$$

$$e=r-y$$

（3）设计镇定补偿器 $\boldsymbol{K}$，$\boldsymbol{K}_c$

$$u=-\boldsymbol{K}\boldsymbol{x}+\boldsymbol{K}_c\boldsymbol{x}_c$$

$$\boldsymbol{K}=\left[k_1,\ k_2\right],\ \boldsymbol{K}_c=\left[k_{c1} \quad k_{c2} \quad k_{c3}\right]$$

$$\begin{bmatrix} \boldsymbol{A}-\boldsymbol{b}\boldsymbol{K} & \boldsymbol{b}\boldsymbol{K}_c \\ -\boldsymbol{b}_c\boldsymbol{C} & \boldsymbol{A}_c \end{bmatrix}=\begin{bmatrix} 0 & 1 & 0 & 0 & 0 \\ 1-k_1 & 1-k_2 & k_{c1} & k_{c2} & k_{c3} \\ 0 & 0 & 0 & 1 & 0 \\ 0 & 0 & 0 & 0 & 1 \\ 1 & 0 & 0 & -1 & 0 \end{bmatrix}$$

闭环系统的特征多项式为

$$\det\begin{bmatrix} s\boldsymbol{I}-(\boldsymbol{A}-\boldsymbol{b}\boldsymbol{K}) & -\boldsymbol{b}\boldsymbol{K}_c \\ \boldsymbol{b}_c\boldsymbol{c} & s-\boldsymbol{A}_c \end{bmatrix}=s^5-(1-k_2)s^4+k_1s^3-(1-k_2+k_{c3})s^2-(1-k_1+k_{c2})s-k_{c1}$$

设选择闭环系统极点为 -1，$-\frac{1}{2}\pm \mathrm{j}$，$-2\pm \mathrm{j}$

有
$$\det\begin{bmatrix} s\boldsymbol{I}-(\boldsymbol{A}-\boldsymbol{b}\boldsymbol{K}) & -\boldsymbol{b}\boldsymbol{K}_c \\ \boldsymbol{b}_c\boldsymbol{c} & s-\boldsymbol{A}_c \end{bmatrix}=\prod_{i=1}^{5}(s-s_i)$$

$$=s^5+6s^4+15\frac{1}{4}s^3+20\frac{1}{4}s^3+20\frac{1}{4}s^2+16\frac{1}{4}s+6\frac{1}{4}s+6\frac{1}{4}$$

上面两个式子的 s 同次幂系数应相等，于是可以求出

$$K = [k_1 \quad k_2] = [-15.25 \quad -7]$$
$$K_c = [k_{c1} \quad k_{c2} \quad k_{c3}] = [-6.25 \quad -2 \quad -14.25]$$

应当指出：在设计时，可以按主导极点方法来选择 K、K_c。

5.10 解耦问题

本节所讨论的解耦问题是寻求适当的状态反馈控制，使得多输入-多输出之间相互关联的系统，实现一个输出仅仅由一个输入控制。由于是引入状态反馈来实现解耦的，故有时称为状态反馈解耦。

线性定常系统方程为

$$\begin{aligned} \dot{x} &= Ax + Bu \\ y &= Cx \end{aligned} \tag{5-112}$$

式中，x、u、y 分别为 n、m、m 维向量；A、B、C 为满足矩阵运算相应维数的矩阵。

引入状态反馈

$$u = FV - Kx \tag{5-113}$$

式中，K 为 $m \times n$ 反馈阵；F 为 $m \times m$ 输入变换矩阵，且 $\det F \neq 0$；V 为 m 维参考输入向量。状态反馈系统如图 5-22 所示。将式(5-113)代入式(5-112)得

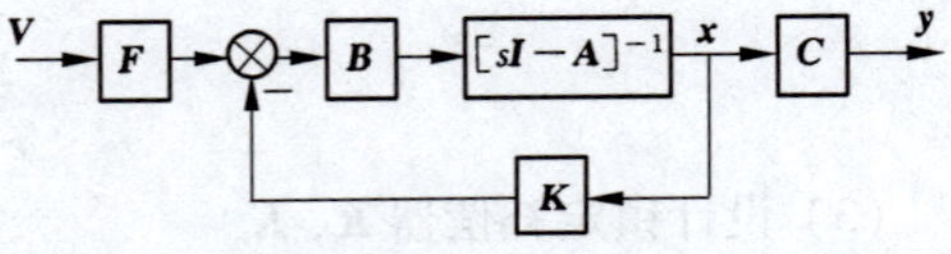

图 5-22

$$\begin{aligned} \dot{x} &= Ax + Bu = Ax + B(FV - Kx) = (A - BK)x + BFV \\ y &= Cx \end{aligned} \tag{5-114}$$

状态反馈系统的传递函数矩阵为

$$G_{KF}(s) = C[sI - (A - BK)]^{-1}BF \tag{5-115}$$

所谓解耦问题，就是寻求适当的 K 和 F 矩阵，使得状态反馈系统传递函数矩阵 $G_{KF}(s)$ 为对角阵，即

$$G_{KF}(s) = \mathrm{diag}[g_{11}(s) \quad g_{22}(s) \cdots g_{mm}(s)] \tag{5-116}$$

5.10.1 关于 $G_{KF}(s)$ 的两个不变量

若 $G_{KF}(s)$ 为严格正则有理传递函数矩阵，可以表示成如下形式

$$G_{KF}(s) = \begin{bmatrix} G_1^{\mathrm{T}}(s, K, F) \\ G_2^{\mathrm{T}}(s, K, F) \\ \vdots \\ G_m^{\mathrm{T}}(s, K, F) \end{bmatrix} \tag{5-117}$$

式中，$G_i^{\mathrm{T}}(s, K, F)$ 为 $G_{KF}(s)$ 第 i 行向量。它的 m 个元素都是严格正则有理函数，且依赖于 s，K，F。

定义 1　$$d_i(K, F)=\min\{\boldsymbol{\sigma}_1^{(i)}, \boldsymbol{\sigma}_2^{(i)}, \cdots, \boldsymbol{\sigma}_m^{(i)}\}-1 \tag{5-118}$$

式中，$\boldsymbol{\sigma}_k^{(i)}$ 为 $\boldsymbol{G}_i^{\mathrm{T}}(s, \boldsymbol{K}, \boldsymbol{F})$ 的第 k 个元素分母 s 多项式和分子 s 多项式次数之差，$k=1$，2，…，m。

例 5-12　传递函数矩阵为

$$\boldsymbol{G}_{KF}(s)=\begin{bmatrix}\dfrac{s+2}{s^2+2s+1} & \dfrac{1}{s^2+s+1}\\ \dfrac{1}{s^2+2s+1} & \dfrac{3}{s^2+s+4}\end{bmatrix}=\begin{bmatrix}\boldsymbol{G}_1^{\mathrm{T}}(s, \boldsymbol{K}, \boldsymbol{F})\\ \boldsymbol{G}_2^{\mathrm{T}}(s, \boldsymbol{K}, \boldsymbol{F})\end{bmatrix}$$

求不变量 d_i。

解　对于 $\boldsymbol{G}_1^{\mathrm{T}}(s, \boldsymbol{K}, \boldsymbol{F})$ 来说，$\sigma_{11}=2-1=1$，$\sigma_{12}=2-0=2$，故 $d_1(\boldsymbol{K}, \boldsymbol{F})=\min\{\sigma_{11}\ \ \sigma_{12}\}-1=0$

对于 $\boldsymbol{G}_2^{\mathrm{T}}(s, \boldsymbol{K}, \boldsymbol{F})$ 来说，$\sigma_{21}=2-0=2$，$\sigma_{22}=2-0=2$，$d_2(\boldsymbol{K}, \boldsymbol{F})=\min\{\sigma_{21}\ \ \sigma_{22}\}-1=1$。约定:对于 $\boldsymbol{G}_i^{\mathrm{T}}(s, \boldsymbol{K}, \boldsymbol{F})$ 为零向量时，$d_i(\boldsymbol{K}, \boldsymbol{F})=n$。

当状态反馈系统传递函数矩阵表示成

$$\boldsymbol{G}_{KF}(s)=\frac{[\boldsymbol{C}\boldsymbol{R}_{n-1}(K)\boldsymbol{B}s^{n-1}+\boldsymbol{C}\boldsymbol{R}_{n-2}(K)\boldsymbol{B}s^{n-2}+\cdots+\boldsymbol{C}\boldsymbol{R}_0(K)\boldsymbol{B}]\boldsymbol{F}}{s^n+a_{n-1}(K)s^{n-1}+\cdots+a_1(K)s+a_0(K)}$$

形式时，若

$$C=\begin{bmatrix}\boldsymbol{C}_1^{\mathrm{T}}\\ \boldsymbol{C}_2^{\mathrm{T}}\\ \cdots\\ \boldsymbol{C}_m^{\mathrm{T}}\end{bmatrix}$$

则

$$\boldsymbol{G}_i^{\mathrm{T}}(s, \boldsymbol{K}, \boldsymbol{F})=\frac{\boldsymbol{C}_i\boldsymbol{R}_{n-1}(\boldsymbol{K})\boldsymbol{B}\boldsymbol{F}s^{n-1}+\boldsymbol{C}_i\boldsymbol{R}_{n-2}(\boldsymbol{K})\boldsymbol{B}\boldsymbol{F}s^{n-2}+\cdots+\boldsymbol{C}_i\boldsymbol{R}_0(\boldsymbol{K})\boldsymbol{B}\boldsymbol{F}}{s^n+a_{n-1}(K)s^{n-1}+\cdots+a_1(K)s+a_0(K)} \tag{5-119}$$

其中

$$\left.\begin{aligned}&\boldsymbol{R}_{n-1}(\boldsymbol{K})=\boldsymbol{I}\\ &\boldsymbol{R}_{n-2}(\boldsymbol{K})=(\boldsymbol{A}-\boldsymbol{B}\boldsymbol{K})\boldsymbol{R}_{n-1}(\boldsymbol{K})+a_{n-1}(\boldsymbol{K})\boldsymbol{I}\\ &\vdots\\ &\boldsymbol{R}_0(\boldsymbol{K})=(\boldsymbol{A}-\boldsymbol{B}\boldsymbol{K})\boldsymbol{R}_1(K)+a_1(\boldsymbol{K})\boldsymbol{I}\end{aligned}\right\} \tag{5-120}$$

由该表达式，也可以求得 $d_i(\boldsymbol{K}, \boldsymbol{F})$

定义 2　$$d_i=\min_{0\leqslant j\leqslant(n-1)}\{j:\boldsymbol{C}_i\boldsymbol{A}^j\boldsymbol{B}\neq 0\} \tag{5-121}$$

例如，$\boldsymbol{C}_i\boldsymbol{B}\neq 0$，即 $j=0$，由定义 2 可知，$d_i(\boldsymbol{K}, \boldsymbol{F})=0$；$\boldsymbol{C}_i\boldsymbol{B}=0$，$\boldsymbol{C}_i\boldsymbol{A}\boldsymbol{B}\neq 0$，$d_i(\boldsymbol{K}, \boldsymbol{F})=1$。

定义 3　$$r_i^{\mathrm{T}}(\boldsymbol{K}, \boldsymbol{F})=\lim_{s\to\infty}s^{d_i+1}\boldsymbol{G}_i^{\mathrm{T}}(s, \boldsymbol{K}, \boldsymbol{F}) \tag{5-122}$$

这是一个 m 维非零向量。实际上，它是这样构成的:对于一个 $1\times m$ 的行向量 $\boldsymbol{G}_i^{\mathrm{T}}(s,$

$\boldsymbol{K}, \boldsymbol{F}$)，有 m 个元素。将 m 个元素中以 s 次数最高的分子 s 多项式为基准，按 s 降幂次序排序，而由各个分子多项式的首项系数（即 s 最高次项系数）组成的向量即为 $\boldsymbol{r}_i^{\mathrm{T}}(\boldsymbol{K}, \boldsymbol{F})$。对于例 5-12

$$\boldsymbol{G}_1^{\mathrm{T}}(s, \boldsymbol{K}, \boldsymbol{F}) = \begin{bmatrix} \dfrac{s+2}{s^2+2s+1} & \dfrac{1}{s^2+s+1} \end{bmatrix} = \begin{bmatrix} \dfrac{s+2}{s^2+2s+1} & \dfrac{0s+1}{s^2+s+1} \end{bmatrix}$$

$$r_1^{\mathrm{T}}(\boldsymbol{K}, \boldsymbol{F}) = [1 \quad 0]$$

若按定义 3 求 $r_1^{\mathrm{T}}(\boldsymbol{K}, \boldsymbol{F})$，则

$$\begin{aligned} \boldsymbol{r}_1^{\mathrm{T}}(\boldsymbol{K}, \boldsymbol{F}) &= \lim_{s\to\infty} s^{d_1+1} \boldsymbol{G}_i^{\mathrm{T}}(s, \boldsymbol{K}, \boldsymbol{F}) \\ &= \lim_{s\to\infty} s \begin{bmatrix} \dfrac{s+2}{s^2+2s+1} & \dfrac{1}{s^2+s+1} \end{bmatrix} = [1 \quad 0] \end{aligned}$$

与上面结果一样。而 $r_2^{\mathrm{T}}(\boldsymbol{K}, \boldsymbol{F}) = [1 \quad 3]$。

约定：当 $\boldsymbol{G}_i^{\mathrm{T}}(s, \boldsymbol{K}, \boldsymbol{F}) = 0$ 时，$r_i^{\mathrm{T}}(K, F) = 0$

应当指出，当 $\boldsymbol{K}, \boldsymbol{F}$ 矩阵未知时，$\boldsymbol{G}_{KF}(s)$ 未知，因此，$d_i(\boldsymbol{K}, \boldsymbol{F})$，$r_i^{\mathrm{T}}(\boldsymbol{K}, \boldsymbol{F})$ 求不出来。但是，可以证明 $d_i(\boldsymbol{K}, \boldsymbol{F})$ 是对 $\boldsymbol{K}$ 矩阵的不变量，也是对 $\boldsymbol{F}$ 矩阵的不变量，证明见参考文献[5]。既然 $d_i(\boldsymbol{K}, \boldsymbol{F})$ 的取值与 $\boldsymbol{K}$、$\boldsymbol{F}$ 矩阵取值无关，如果取 $\boldsymbol{K}=0$，$\boldsymbol{F}=\boldsymbol{I}$，即

$$d_i(\boldsymbol{K}, \boldsymbol{F}) = d_i(0, \boldsymbol{I}) \tag{5-123}$$

当 $\boldsymbol{K}=0$，$\boldsymbol{F}=1$ 时，则 $\boldsymbol{G}_{KF}(s) = \boldsymbol{G}_{01}(s)$，也就是说，可以根据没有引入状态反馈 $\boldsymbol{u} = \boldsymbol{FV} - \boldsymbol{Kx}$ 时的系统的传递函数矩阵 $\boldsymbol{G}_{01}(s)$ 来求 d_i，而 $\boldsymbol{G}_{01}(s) = \boldsymbol{C}[s\boldsymbol{I} - \boldsymbol{A}]^{-1}\boldsymbol{B}$。

进一步研究发现，当 $\det\boldsymbol{F} \neq 0$ 时，$r_i^{\mathrm{T}}(\boldsymbol{K}, \boldsymbol{F})$ 是对 $\boldsymbol{K}$ 矩阵的不变量，并且有

$$r_i^{\mathrm{T}}(\boldsymbol{K}, \boldsymbol{F}) = r_i^{\mathrm{T}}(0, \boldsymbol{I})\boldsymbol{F} = \boldsymbol{C}_i\boldsymbol{A}^{d_i}\boldsymbol{BF} \tag{5-124}$$

5.10.2 能解耦性判据

定理 5-12 一个具有传递函数矩阵 $\boldsymbol{G}_{01}(s)$ 的系统，能用状态反馈 $\boldsymbol{u} = \boldsymbol{FV} - \boldsymbol{Kx}$ 实现解耦的充分必要条件是

$$\boldsymbol{E}_{01} = \begin{bmatrix} \boldsymbol{C}_1\boldsymbol{A}^{d1}\boldsymbol{B} \\ \boldsymbol{C}_2\boldsymbol{A}^{d2}\boldsymbol{B} \\ \vdots \\ \boldsymbol{C}_m\boldsymbol{A}^{dm}\boldsymbol{B} \end{bmatrix} = \begin{bmatrix} \boldsymbol{r}_1^{\mathrm{T}}(0, \boldsymbol{I}) \\ \boldsymbol{r}_2^{\mathrm{T}}(0, \boldsymbol{I}) \\ \vdots \\ \boldsymbol{r}_m^{\mathrm{T}}(0, \boldsymbol{I}) \end{bmatrix} \tag{5-125}$$

为非奇异阵。

证明 （1）必要条件

已知存在 $\boldsymbol{K}$ 和 $\boldsymbol{F}$ 矩阵使系统实现解耦，即 $\boldsymbol{G}_{KF}(s)$ 为非奇异对角阵。利用式（5-122），可知

$$E_{KF}=\begin{bmatrix} r_1^{T}(K,F)\\ r_2^{T}(K,F)\\ \vdots\\ r_m^{T}(K,F)\end{bmatrix}=\begin{bmatrix} \lim\limits_{s\to\infty}s^{d_1+1}G_1^{T}(s,K,F)\\ \lim\limits_{s\to\infty}s^{d_2+1}G_2^{T}(s,K,F)\\ \vdots\\ \lim\limits_{s\to\infty}s^{d_m+1}G_m^{T}(s,K,F)\end{bmatrix}$$

$$=\begin{bmatrix} \lim\limits_{s\to\infty}s^{d_1+1}g_{11}(s,K,F) & & & \mathbf{0}\\ & \lim\limits_{s\to\infty}s^{d_2+1}g_{22}(s,K,F) & & \\ & & \ddots & \\ \mathbf{0} & & & \lim\limits_{s\to\infty}s^{d_m+1}g_{mm}(s,K,F)\end{bmatrix}$$

是对角阵，并且 E_{KF} 非零，故 E_{KF} 是非奇异对角阵。又 $E_{KF}=E_{01}F$，F 阵非奇异，故 E_{01} 也为非奇异阵。

（2）充分条件

先给出定义 4 如下：

定义 4
$$L=\begin{bmatrix} C_1A^{d1+1}\\ C_2A^{d2+1}\\ \vdots\\ C_mA^{dm+1}\end{bmatrix}=\begin{bmatrix} L_1\\ L_2\\ \vdots\\ L_m\end{bmatrix} \tag{5-126}$$

取
$$K=E_{01}^{-1}L \tag{5-127}$$
$$F=E_{01}^{-1} \tag{5-128}$$

可以证明 $$G_{KF}(s)=\mathrm{diag}[s^{-(d_1+1)}\quad s^{-(d_2+1)}\quad \cdots\quad s^{-(d_m+1)}]$$

因为 $$G_{01}(s)=C[sI-A]^{-1}B$$

$G_{01}(s)$ 的第 i 行向量为 $G_{01i}(s)$，而

$$\begin{aligned} G_{01i}(s)&=C_i[sI-A]^{-1}B=C_i\sum_{j=0}^{\infty}\frac{A^j}{s^{j+1}}B\\ &=s^{-(di+1)}C_i\sum_{j=d_i}^{\infty}\frac{A^j}{s^{j-(di+1)+1}}B=s^{-(di+1)}C_i\left\{A^{di}+\sum_{j_1=d_i+1}^{\infty}\frac{A_1^j}{s^{j_1-d_1}}\right\}B\\ &=s^{-(di+1)}\left\{C_iA^{di}B+C_i\left[\frac{A^{di+1}}{s}+\frac{A^{di+2}}{s^2}+\cdots\right]B\right\}\\ &=s^{-(di+1)}\left\{C_iA^{di}B+C_iA^{di+1}\left[\frac{1}{s}+\frac{A}{s^2}+\frac{A^2}{s^3}+\cdots\right]B\right\}\\ &=s^{-(di+1)}\{E_{01i}+L_i(sI-A)^{-1}B\} \end{aligned} \tag{5-129}$$

所以当 $i=1,2,\cdots,m$ 时，则

$$G_{01}(s)=\begin{bmatrix} s^{-(d_1+1)} & & & \mathbf{0} \\ & s^{-(d_2+1)} & & \\ \mathbf{0} & & \ddots & \\ & & & s^{-(d_m+1)} \end{bmatrix}[\boldsymbol{E}_{01}+\boldsymbol{L}(s\boldsymbol{I}-\boldsymbol{A})^{-1}\boldsymbol{B}] \tag{5-130}$$

而

$$\boldsymbol{G}_{KF}(s)=\boldsymbol{G}_{01}(s)[\boldsymbol{I}+\boldsymbol{K}(s\boldsymbol{I}-\boldsymbol{A})^{-1}\boldsymbol{B}]^{-1}\boldsymbol{F}$$

将式(5-127)、式(5-128)和式(5-130)代入上式得

$$\boldsymbol{G}_{KF}(s)=\begin{bmatrix} s^{-(d_1+1)} & & & \mathbf{0} \\ & s^{-(d_2+1)} & & \\ \mathbf{0} & & \ddots & \\ & & & s^{-(d_m+1)} \end{bmatrix}\times$$

$$[\boldsymbol{E}_{01}+\boldsymbol{L}(s\boldsymbol{I}-\boldsymbol{A})^{-1}\boldsymbol{B}]\cdot[\boldsymbol{I}+\boldsymbol{K}(s\boldsymbol{I}-\boldsymbol{A})^{-1}\boldsymbol{B}]^{-1}\boldsymbol{F}=\begin{bmatrix} s^{-(d_1+1)} & & & \mathbf{0} \\ & s^{-(d_2+1)} & & \\ \mathbf{0} & & \ddots & \\ & & & s^{-(d_m+1)} \end{bmatrix}$$

上述证明方法称为构造性证明方法，即定理证毕，$\boldsymbol{K}$ 矩阵和 $\boldsymbol{F}$ 矩阵也求出来了。

利用上述能解耦性判据就可以判别给定的系统是否可以用状态反馈解耦。由于解耦后的传递函数矩阵主对角线上的元均为积分元件，故称为积分解耦系统。

例 5-13 系统方程为

$$\dot{\boldsymbol{x}}=\begin{bmatrix} 0 & 0 & 0 \\ 0 & 0 & 1 \\ -1 & -2 & -3 \end{bmatrix}\boldsymbol{x}+\begin{bmatrix} 1 & 0 \\ 0 & 0 \\ 0 & 1 \end{bmatrix}\boldsymbol{u}$$

$$\boldsymbol{y}=\begin{bmatrix} 1 & 1 & 0 \\ 0 & 0 & 1 \end{bmatrix}\boldsymbol{x}$$

要求用状态反馈实现系统解耦。

解 (1) 系统的传递函数矩阵为

$$\boldsymbol{G}_{01}(s)=\boldsymbol{C}[s\boldsymbol{I}-\boldsymbol{A}]^{-1}\boldsymbol{B}=\begin{bmatrix} 1 & 1 & 0 \\ 0 & 0 & 1 \end{bmatrix}\begin{bmatrix} s & 0 & 0 \\ 0 & s & -1 \\ 1 & 2 & s+3 \end{bmatrix}^{-1}\begin{bmatrix} 1 & 0 \\ 0 & 0 \\ 0 & 1 \end{bmatrix}$$

$$=\begin{bmatrix} \dfrac{s^2+3s+1}{s(s+1)(s+2)} & \dfrac{1}{(s+1)(s+2)} \\ \dfrac{-1}{(s+1)(s+2)} & \dfrac{s}{(s+1)(s+2)} \end{bmatrix}$$

(2) 判别系统能解耦性

$$d_1=0,\ d_2=0,\ \boldsymbol{r}_1^{\mathrm{T}}=[1\quad 0],\ \boldsymbol{r}_2^{\mathrm{T}}=[0\quad 1]$$

$$\boldsymbol{E}=\begin{bmatrix} \boldsymbol{r}_1^{\mathrm{T}} \\ \boldsymbol{r}_2^{\mathrm{T}} \end{bmatrix}=\begin{bmatrix} 1 & 0 \\ 0 & 1 \end{bmatrix}$$

因为 $\det\boldsymbol{E}\neq 0$，所以系统能解耦。

(3)

$$\boldsymbol{L}_1=\boldsymbol{C}_1\boldsymbol{A}^{d_1+1}=[1\quad 1\quad 0]\begin{bmatrix}0&0&0\\0&0&1\\-1&-2&-3\end{bmatrix}=[0\quad 0\quad 1]$$

$$\boldsymbol{L}_2=\boldsymbol{C}_2\boldsymbol{A}^{d_2+1}=[0\quad 0\quad 1]\begin{bmatrix}0&0&0\\0&0&1\\-1&-2&-3\end{bmatrix}=[-1\quad -2\quad -3]$$

$$\boldsymbol{L}=\begin{bmatrix}\boldsymbol{L}_1\\\boldsymbol{L}_2\end{bmatrix}=\begin{bmatrix}0&0&1\\-1&-2&-3\end{bmatrix}$$

$$\boldsymbol{F}=\boldsymbol{E}^{-1}=\begin{bmatrix}1&0\\0&1\end{bmatrix}$$

$$\boldsymbol{K}=\boldsymbol{E}^{-1}\boldsymbol{L}=\begin{bmatrix}1&0\\0&1\end{bmatrix}\begin{bmatrix}0&0&1\\-1&-2&-3\end{bmatrix}=\begin{bmatrix}0&0&1\\-1&-2&-3\end{bmatrix}$$

故

$$\boldsymbol{u}=\boldsymbol{V}-\begin{bmatrix}0&0&1\\-1&-2&-3\end{bmatrix}\boldsymbol{x}$$

(4) 状态反馈系统方程为

$$\dot{\boldsymbol{x}}=[\boldsymbol{A}-\boldsymbol{BK}]\boldsymbol{x}+\boldsymbol{BFV}=\begin{bmatrix}0&0&-1\\0&0&1\\0&0&0\end{bmatrix}\boldsymbol{x}+\begin{bmatrix}1&0\\0&0\\0&1\end{bmatrix}\boldsymbol{V}$$

$$\boldsymbol{y}=\begin{bmatrix}1&1&0\\0&0&1\end{bmatrix}\boldsymbol{x}$$

$$\boldsymbol{G}_{KF}(s)=\boldsymbol{C}[s\boldsymbol{I}-\boldsymbol{A}+\boldsymbol{BK}]^{-1}\boldsymbol{BF}$$

$$=\begin{bmatrix}1&1&0\\0&0&1\end{bmatrix}\begin{bmatrix}s&0&1\\0&s&-1\\0&0&s\end{bmatrix}^{-1}\begin{bmatrix}1&0\\0&0\\0&1\end{bmatrix}\begin{bmatrix}1&0\\0&1\end{bmatrix}=\begin{bmatrix}\frac{1}{s}&0\\0&\frac{1}{s}\end{bmatrix}$$

上面讨论的是积分解耦系统。它的传递函数矩阵各元的极点均在 s 平面坐标原点，即满足李亚甫诺夫意义下稳定的要求，而对于实际工程来说，要求系统为李亚普诺夫意义下的渐近稳定。为此，必须考虑将极点配置在 s 左半开平面上。

5.10.3 采用附加的状态反馈配置积分解耦系统的极点

系统方程为

$$\dot{\boldsymbol{x}}=\boldsymbol{Ax}+\boldsymbol{Bu}$$

$$y = Cx$$

当采用状态反馈 $u = FV - Kx$，且 $K = E^{-1}L$，$F = E^{-1}$ 时，使系统 $\dot{x} = (A - BE^{-1}L)x + BE^{-1}V$ 成为积分解耦系统。令 $A_I = A - BE^{-1}L$，$B_I = BE^{-1}$，$C_I = C$，则

$$\begin{aligned}\dot{x} &= A_I x + B_I V \\ y &= C_I x\end{aligned} \tag{5-131}$$

现在将上述积分解耦系统的极点从 s 平面原点移到 s 平面希望的位置上。下面将不加证明地给出解决这个问题的方法。

若 $C = [c_1^T c_2^T \cdots c_m^T]$，引入线性变换矩阵 P_D

$$P_D = [c_1^T A^T c_1^T \cdots (A^{d1})^T c_1^T \ \vdots\ c_2^T A^T c_2^T \cdots (A^{d2})^T c_2^T \ \vdots\ \cdots \ \vdots\ c_m^T A^T c_m^T \cdots (A^{dm})^T c_m^T] \tag{5-132}$$

令 $\bar{x} = P_D x$，对式(5-131)进行线性变换，即 $\bar{A} = P_D A_I P_D^{-1}$，$\bar{B} = P_D B_I$，$\bar{C} = C_I P_D^{-1}$，得到

$$\left.\begin{aligned}\dot{\bar{x}} &= \bar{A}\ \bar{x} + \bar{B}V \\ y &= \bar{C}\ \bar{x}\end{aligned}\right\} \tag{5-133}$$

式中

$$\bar{A} = \begin{bmatrix} A_1 & & & \\ & A_2 & & \mathbf{0} \\ & & \ddots & \\ \mathbf{0} & & & A_m \end{bmatrix},\quad \bar{B} = \begin{bmatrix} 0 & & \\ \vdots & & \\ 0 & \mathbf{0} & \\ 1 & & \\ \cdots & 0 & \\ & \vdots & \\ & 0 & \\ & 1 & \\ & \cdots & \ddots \\ & & 0 \\ & & \vdots \\ & \mathbf{0} & 0 \\ & & 1 \end{bmatrix} \begin{matrix} \left.\right\} d_1+1 \\ \left.\right\} d_2+1 \\ \left.\right\} d_m+1 \end{matrix}$$

$$\bar{C} = \begin{bmatrix} \overbrace{1 \quad 0\cdots 0}^{} & & & \\ & 1 \quad 0 \ \cdots \ 0 & & \mathbf{0} \\ & & \ddots & \\ \mathbf{0} & & & 1 \quad 0 \ \cdots \ 0 \end{bmatrix}$$
$$\qquad\ \underbrace{\qquad\quad}_{d_1+1} \quad \underbrace{\qquad\quad}_{d_2+1} \quad \underbrace{\qquad\quad}_{d_m+1} \tag{5-134}$$

而 A_i 为 $d_i + 1$ 方阵，形式为

$$A_i = \begin{bmatrix} 0 & 1 & 0 & \cdots & 0 \\ & \ddots & \ddots & & \\ & & \ddots & \ddots & \\ & & & \ddots & 1 \\ & \mathbf{0} & & & 0 \end{bmatrix} \quad (i=1,\ 2,\ \cdots,\ m)$$

该系统的维数为

$$d_1 + d_2 + \cdots + d_m + m$$

为了使积分解耦系统能进行极点任意配置，必须要求系统是能控的。一切可解耦的系统是能控的、能观测的充分必要条件为

$$d_1 + d_2 + \cdots + d_m + m = n \tag{5-135}$$

当系统能控时，引入附加状态反馈

$$\boldsymbol{V} = \overline{\boldsymbol{F}}\boldsymbol{W} - \overline{\boldsymbol{K}}\ \overline{\boldsymbol{x}} \tag{5-136}$$

其中

$$\overline{\boldsymbol{K}} = \begin{bmatrix} k_{10} \cdots k_{1d1} & & & \mathbf{0} \\ & k_{20} \cdots k_{2d2} & & \\ & & \ddots & \\ \mathbf{0} & & & k_{m0} \cdots k_{mdm} \end{bmatrix} \tag{5-137}$$

$$\overline{\boldsymbol{F}} = \begin{bmatrix} f_1 & & & \mathbf{0} \\ & f_2 & & \\ & & \ddots & \\ \mathbf{0} & & & f_m \end{bmatrix} \tag{5-138}$$

$$f_i \neq 0 \quad (i=1,\ 2,\ \cdots,\ m)$$

则闭环系统传递函数矩阵为

$$\overline{\boldsymbol{C}}_f(s) = \overline{\boldsymbol{C}}[s\boldsymbol{I} - \overline{\boldsymbol{A}} + \overline{\boldsymbol{B}}\ \overline{\boldsymbol{K}}]^{-1}\overline{\boldsymbol{B}}\ \overline{\boldsymbol{F}} = \begin{bmatrix} \dfrac{f_1}{g_1(s)} & & & \mathbf{0} \\ & \dfrac{f_2}{g_2(s)} & & \\ & & \ddots & \\ \mathbf{0} & & & \dfrac{f_m}{g_m(s)} \end{bmatrix} \tag{5-139}$$

式中，$g_i(s) = s^{di+1} + k_i d_i s^{di} + \cdots + k_{i1}s + k_{i0}$。

当求出$\overline{\boldsymbol{K}}$、$\overline{\boldsymbol{F}}$后，对于原系统来说的状态反馈阵和输入变换矩阵为$\overline{\overline{\boldsymbol{K}}} = \boldsymbol{E}^{-1}(\overline{\boldsymbol{K}}\ \boldsymbol{P}_D + \boldsymbol{L})$

$$\overline{\overline{\boldsymbol{F}}} = \boldsymbol{E}^{-1}\overline{\boldsymbol{F}} \tag{5-140}$$

系统进行解耦又实现极点任意配置的结构图如图 5-23 所示。

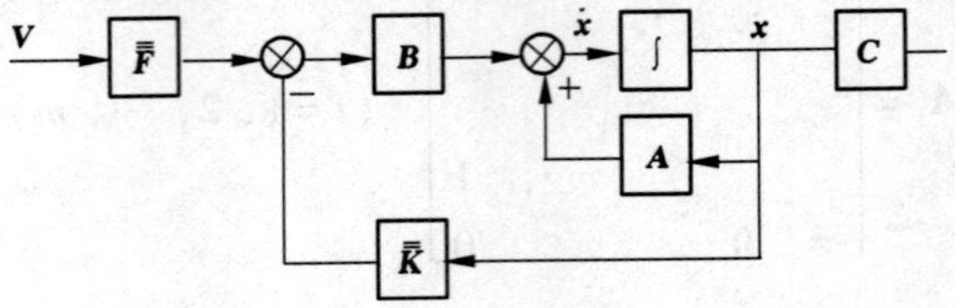

图　5-23

例 5-14　已知系统方程为

$$\dot{x} = Ax + Bu$$
$$y = Cx$$

式中，$A = \begin{bmatrix} -\frac{1}{2} & 0 \\ 0 & -1 \end{bmatrix}$；$B = \begin{bmatrix} \frac{1}{2} & 0 \\ 0 & 1 \end{bmatrix}$；$C = \begin{bmatrix} 1 & 1 \\ 2 & 1 \end{bmatrix}$。

引入状态反馈，使闭环传递函数矩阵为

$$G_f(s) = \begin{bmatrix} \frac{1}{s+2} & 0 \\ 0 & \frac{1}{s+5} \end{bmatrix}$$

即引入状态反馈实现解耦并配置闭环极点为 −2，−5。

解　(1)引入状态反馈实现积分解耦

未引入状态反馈时，系统的传递函数矩阵为

$$G(s) = C(sI - A)^{-1}B = \begin{bmatrix} \frac{0.5}{s+0.5} & \frac{1}{s+1} \\ \frac{1}{s+0.5} & \frac{1}{s+1} \end{bmatrix}$$

$$d_1 = 0,\ E_1 = [0.5 \quad 1],\qquad E = \begin{bmatrix} 0.5 & 1 \\ 1 & 1 \end{bmatrix}$$
$$d_2 = 0,\ E_2 = [1 \quad 1]$$

$\det E = -0.5 \neq 0$，系统可以解耦

$$E^{-1} = \begin{bmatrix} -2 & 2 \\ 2 & -1 \end{bmatrix}$$

$$L = \begin{bmatrix} L_1 \\ L_2 \end{bmatrix} = CA = \begin{bmatrix} -0.5 & -1 \\ -1 & -1 \end{bmatrix}$$

$$F = E^{-1} = \begin{bmatrix} -2 & 2 \\ 2 & -1 \end{bmatrix}$$

$$K = E^{-1}L = \begin{bmatrix} -2 & 2 \\ 2 & -1 \end{bmatrix}\begin{bmatrix} -0.5 & -1 \\ -1 & -1 \end{bmatrix} = \begin{bmatrix} -1 & 0 \\ 0 & -1 \end{bmatrix}$$

$$G_{KF}(s)=\begin{bmatrix}\frac{1}{s} & 0\\ 0 & \frac{1}{s}\end{bmatrix}$$

$$A_I=A-BE^{-1}L=\begin{bmatrix}-\frac{1}{2} & 0\\ 0 & -1\end{bmatrix}-\begin{bmatrix}\frac{1}{2} & 0\\ 0 & 1\end{bmatrix}\begin{bmatrix}-2 & 2\\ 2 & -1\end{bmatrix}\begin{bmatrix}-\frac{1}{2} & -1\\ -1 & -1\end{bmatrix}=\begin{bmatrix}0 & 0\\ 0 & 0\end{bmatrix}$$

$$B_I=BE^{-1}=\begin{bmatrix}\frac{1}{2} & 0\\ 0 & 1\end{bmatrix}\begin{bmatrix}-2 & 2\\ 2 & -1\end{bmatrix}=\begin{bmatrix}-1 & 1\\ 2 & -1\end{bmatrix}$$

$$C_I=C=\begin{bmatrix}1 & 1\\ 2 & 1\end{bmatrix}$$

(2) 引入线性变换矩阵 $\boldsymbol{P}_D$

$$\boldsymbol{P}_D=\begin{bmatrix}\boldsymbol{c}_1\\ \boldsymbol{c}_1\boldsymbol{A}\\ \vdots\\ \boldsymbol{c}_1\boldsymbol{A}^{d1}\\ \vdots\\ \boldsymbol{c}_m\\ \boldsymbol{c}_m\boldsymbol{A}\\ \vdots\\ \boldsymbol{c}_m\boldsymbol{A}^{dm}\end{bmatrix}=\boldsymbol{C}=\begin{bmatrix}1 & 1\\ 2 & 1\end{bmatrix}$$

$$\overline{\boldsymbol{A}}=\boldsymbol{P}_D\boldsymbol{A}_I\boldsymbol{P}_D^{-1}=\begin{bmatrix}0 & 0\\ 0 & 0\end{bmatrix}$$

$$\overline{\boldsymbol{B}}=\boldsymbol{P}_D\boldsymbol{B}_I=\begin{bmatrix}1 & 0\\ 0 & 1\end{bmatrix}$$

$$\overline{\boldsymbol{C}}=\boldsymbol{C}_I\boldsymbol{P}_D^{-1}=\begin{bmatrix}1 & 0\\ 0 & 1\end{bmatrix}$$

(3) 检验系统能控性

$$\boldsymbol{d}_1+\boldsymbol{d}_2+\boldsymbol{m}=0+0+2=2=\boldsymbol{n}$$

故系统能控。则引入附加状态反馈 $\boldsymbol{V}=\overline{\boldsymbol{F}}\boldsymbol{W}-\overline{\boldsymbol{K}}\ \overline{\boldsymbol{x}}$

使 $$\overline{\boldsymbol{G}}_f(s)=\overline{\boldsymbol{C}}[s\boldsymbol{I}+\overline{\boldsymbol{A}}+\overline{\boldsymbol{B}}\ \overline{\boldsymbol{K}}]^{-1}\overline{\boldsymbol{B}}\ \overline{\boldsymbol{F}}=\begin{bmatrix}\frac{1}{s+2} & 0\\ 0 & \frac{1}{s+5}\end{bmatrix}$$

令 $\overline{\boldsymbol{K}}=\begin{bmatrix}\bar{k}_1 & 0\\ 0 & \bar{k}_2\end{bmatrix}$，$\overline{\boldsymbol{F}}=\begin{bmatrix}\bar{f}_1 & 0\\ 0 & \bar{f}_2\end{bmatrix}$，将 $\overline{\boldsymbol{K}}$，$\overline{\boldsymbol{F}}$ 代入 $\overline{\boldsymbol{G}}_f(s)$ 等式，可以求出

$$\overline{K}=\begin{bmatrix}2&0\\0&5\end{bmatrix},\overline{F}=\begin{bmatrix}1&0\\0&1\end{bmatrix}$$

(4) 对于原系统的$\overline{\overline{K}}$和 $\overline{\overline{F}}$

$$\overline{\overline{K}}=E^{-1}(\overline{K}\ P_D+L)=\begin{bmatrix}15&6\\-6&-2\end{bmatrix}$$

$$\overline{\overline{F}}=E^{-1}\overline{F}=\begin{bmatrix}-2&2\\2&-1\end{bmatrix}$$

(5) 验证

$$G_f(s,\overline{\overline{K}},\overline{\overline{F}})=C[sI-A+B\ \overline{\overline{K}}]^{-1}B\ \overline{\overline{F}}=\begin{bmatrix}\dfrac{1}{s+2}&0\\0&\dfrac{1}{s+5}\end{bmatrix}$$

上面介绍的状态反馈解耦,意思是系统在整个动态过程中,第 i 个输入均不影响第 j ($j\neq i$)个输出,称为动态解耦。这种解耦系统在实际工程中有很大的限制,原因是它对系统模型准确性要求高,任何模型误差和参数变化都将破坏系统动态解耦。如果放宽动态解耦要求,仅在稳态时实现解耦(称为静态解耦),比较容易实现。当系统输入向量的各分量是阶跃信号,而又满足一定条件,可以实现静态解耦控制。详见[5]。

5.11 MATLAB 的应用

5.11.1 极点配置

线性系统是状态能控时,可以通过状态反馈来任意配置系统的极点。把极点配置到 s 左半平面所希望的位置上,则可以获得满意的控制特性。

系统结构如图 5-24 所示。

状态反馈的系统方程为

$$\dot{x}=(A-BK)x+BV,y=Cx$$

在 MATLAB 中,用函数命令 place( )可以方便地求出状态反馈矩阵 K。该命令的调用格式为 K = place(A,b,P)。P 为一个行向量,其各分量为所希望配置的各极点。即该命令计算出状态反馈矩阵 K,使得(A-bK)的特征值为向量 P 的各个分量。使用函数命令 acker( )也可以计算出状态矩阵 K,其作用和调用格式与 place( )相同,只是算法有些差异。

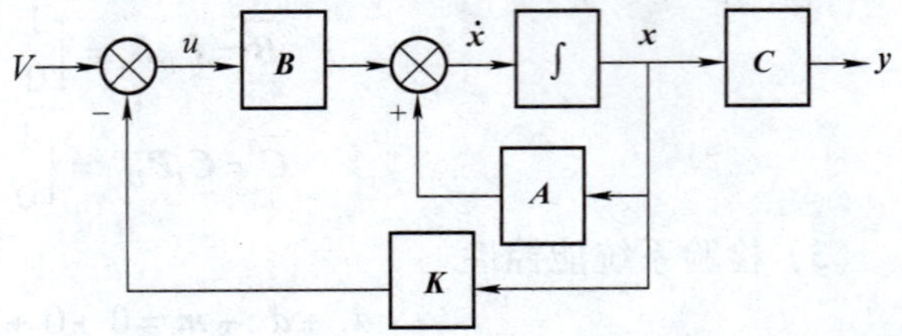

图 5-24 状态反馈系统结构图

例 5-15 线性控制系统的状态方程为

$$\dot{x}=Ax+Bu$$

式中，$\boldsymbol{A}=\begin{bmatrix}-6 & -11 & -6\\ 1 & 0 & 0\\ 0 & 1 & 0\end{bmatrix}$；$\boldsymbol{B}=\begin{bmatrix}1\\0\\0\end{bmatrix}$，要求确定状态反馈矩阵，使状态反馈系统极点配置为 $s_1=-10, s_2=-11, s_3=-12$。

解 首先判断系统的能控性，输入以下语句

```
A=[-6 -11 -6; 1 0 0; 0 1 0]; B[1; 0; 0];
r=rank(ctrb(A,B))
```

语句执行结果为

```
r =
    3
```

这说明系统能控性矩阵满秩，系统能控，可以应用状态反馈，任意配置极点。

输入以下语句

```
A=[-6 -11 -6; 1 0 0; 0 1 0]; B=[1; 0; 0];
P=[-10 -11 -12];
K=place(A,B,P)
```

语句执行结果为

```
K =
   1.0e+003 *
     0.0270   0.3510   1.3140
```

计算结果表明，状态反馈矩阵为 $\boldsymbol{K}=[27 \quad 351 \quad 1314]$。如果将输入语句中的 K=place(A,B,P) 改为 K=acker(A,B,P)，可以得到同样的结果。

5.11.2 状态观测器设计

在 MATLAB 中，可以使用函数命令 acker( ) 计算出状态观测器矩阵 G。其调用格式为 G′=acker(A′,C′,P)，其中 A′和 C′分别是 A 和 C 矩阵的转置。P 为一个行向量，其各分量为所希望的状态观测器的各极点。G′为所求的状态观测器矩阵 G 的转置。

例 5-16 某线性控制系统的状态方程如下

$$\dot{\boldsymbol{x}}=\boldsymbol{A}\boldsymbol{x}+\boldsymbol{B}u, y=\boldsymbol{C}\boldsymbol{x}$$

式中，$\boldsymbol{A}=\begin{bmatrix}1 & 0 & 0\\ 0 & 2 & 1\\ 0 & 0 & 2\end{bmatrix}$；$\boldsymbol{B}=\begin{bmatrix}1\\0\\1\end{bmatrix}$；$\boldsymbol{C}=[1 \quad 1 \quad 0]$。系统结构如图 5-25 所示，要求设计系统状态观测器，其特征值为：-3、-4、-5。

解 首先判断系统的能观测性，输入以下语句

```
A=[1 0 0; 0 2 1; 0 0 2]; B=[1; 0; 1]; C=[1 1 0];
r=rank(obsv(A,C))
```

语句运行结果为

r =

3

这说明系统能观测性矩阵满铁，系统能观测，可以设计状态观测器。

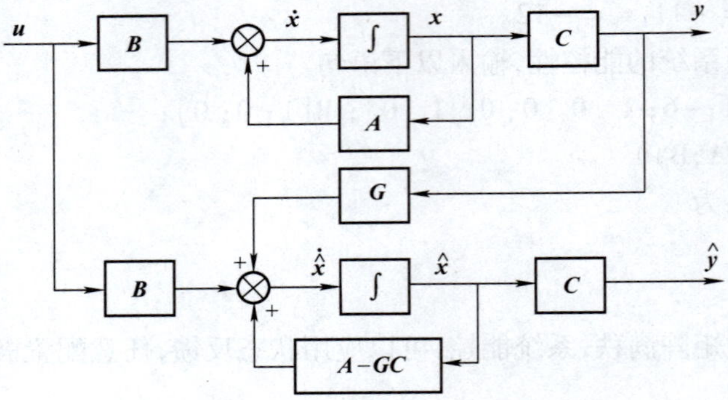

图 5-25

输入以下语句

```
A=[1  0  0;0  2  1;0  0  2]; B=[1; 0; 1]; C=[1  1  0];
A1=A'; C1=C'; P=[-3  -4  -5];
G1=acker(A1,C1,P);
G=G1'
```

语句运行结果为

```
G=
    120
   -103
    210
```

计算结果表明，状态观测器矩阵为

$$G=\begin{bmatrix}120\\-103\\210\end{bmatrix}$$

状态观测器的方程为

$$\dot{\hat{x}}=(A-GC)\hat{x}+Gy+Bu$$
$$=\begin{bmatrix}-119 & -120 & 0\\103 & 105 & 1\\-210 & -210 & 2\end{bmatrix}\hat{x}+\begin{bmatrix}120\\-103\\210\end{bmatrix}y+\begin{bmatrix}1\\0\\1\end{bmatrix}u$$

5.11.3 单级倒立摆系统的极点配置与状态观测器设计

1. 状态反馈系统的极点配置及其 MATLAB/Simulink 仿真

为了便于分析和仿真，将例 3-5 中给出的单级倒立摆系统方程重写如下：

$$\begin{bmatrix}\dot{x}_1\\\dot{x}_2\\\dot{x}_3\\\dot{x}_4\end{bmatrix}=\begin{bmatrix}0&1&0&0\\0&0&-1&0\\0&0&0&1\\0&0&11&0\end{bmatrix}\begin{bmatrix}x_1\\x_2\\x_3\\x_4\end{bmatrix}+\begin{bmatrix}0\\1\\0\\-1\end{bmatrix}u,y=[1\quad 0\quad 0\quad 0]\begin{bmatrix}x_1\\x_2\\x_3\\x_4\end{bmatrix}$$

首先,使用 MATLAB 判断系统的能控性矩阵是否为满秩。输入以下程序

```
A=[0 1 0 0; 0 0 -1 0; 0 0 0 1; 0 0 11 0];
B=[0; 1; 0; -1];
C=[1 0 0 0];
rct=rank(ctrb(A,B))
```

计算结果为

```
rct=
    4
```

因为该系统的能控性矩阵满秩,所以该系统是能控的。可以通过状态反馈来任意配置极点。

希望的极点为 $s_1=-6, s_2=-6.5, s_3=-7, s_4=-7.5$。

设状态反馈矩阵 $\boldsymbol{K}=[k_1\quad k_2\quad k_3\quad k_4]$,状态反馈以后的系统矩阵为

$$\boldsymbol{A}-\boldsymbol{BK}=\begin{bmatrix}0&1&0&0\\0&0&-1&0\\0&0&0&1\\0&0&11&0\end{bmatrix}-\begin{bmatrix}0\\1\\0\\-1\end{bmatrix}[k_1\quad k_2\quad k_3\quad k_4]$$

$$=\begin{bmatrix}0&1&0&0\\-k_1&-k_2&-1-k_3&-k_4\\0&0&0&1\\k_1&k_2&11+k_3&k_4\end{bmatrix}$$

而系统的特征方程为

$$\det[s\boldsymbol{I}-(\boldsymbol{A}-\boldsymbol{BK})]=0$$

化简后

$$s^4+(k_2-k_4)s^3+(k_1-k_3-11)s^2-10k_2s-10k_1=0 \tag{5-141}$$

希望极点所对应的特征方程为

$$(s+6)(s+6.5)(s+7)(s+7.5)=s^4+27s^3+272.7s^2+1221.7s+2047.5=0 \tag{5-142}$$

比较式(5-141)和式(5-142)的各项系数,分别对应相等,可以解得 $k_1=-204.75, k_2=-122.17, k_3=-488.45$ 和 $k_4=-149.17$。因此,求出状态反馈矩阵为

$$\boldsymbol{K}=[-204.75\quad -122.17\quad -488.45\quad -149.17]。$$

在 MATLAB 中输入命令

A = [0 1 0 0; 0 0 -1 0; 0 0 0 1; 0 0 11 0];
B = [0; 1; 0; -1];
P = [-6 -6.5 -7 -7.5];
K = place(A, B, P)
得到计算结果为
K =
 -204.7500 -122.1750 -488.5000 -149.1750

这和前面计算得到的结果是一样的。

如果采用 MATLAB/Simulink 构造单级倒立摆状态反馈控制系统的仿真模型，如图 5-26 所示。

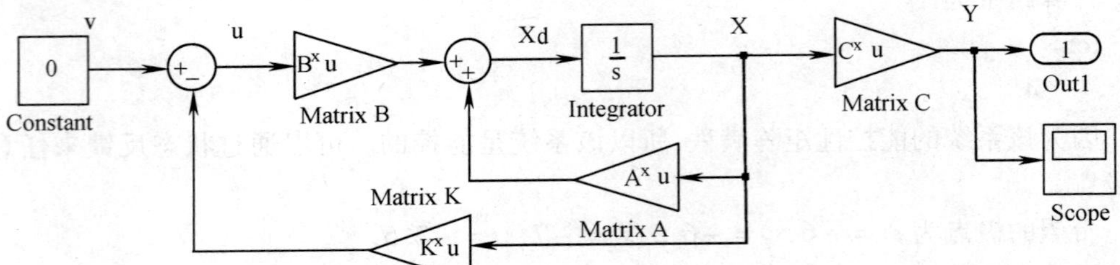

图 5-26

首先，在 MATLAB 的 Command Window 中输入各个矩阵的值，并且在积分器中设置非零初值，然后运行仿真程序，得到的仿真曲线如图 5-27 所示。

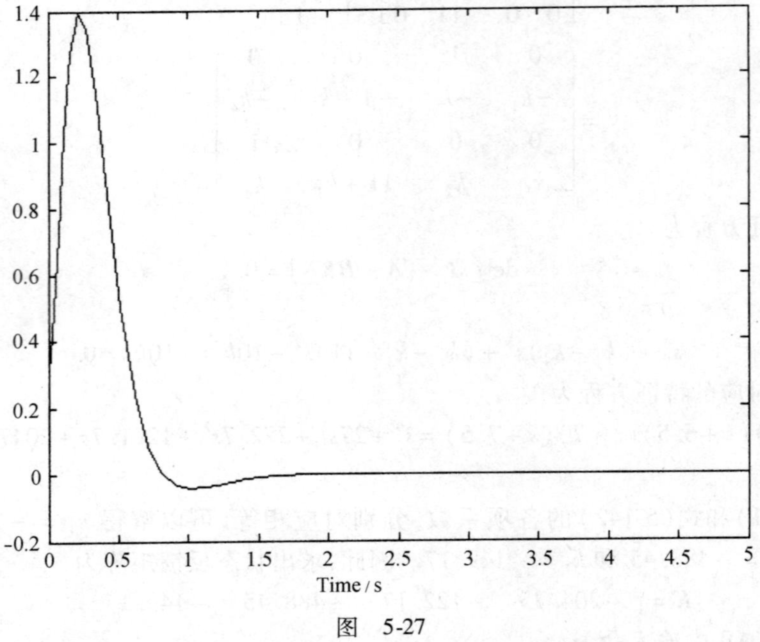

图 5-27

从图 5-27 的仿真结果可以看出，将倒立摆的杆子与竖直方向的偏角 θ 控制在 $\theta=0°$（即小球和杆子被控制保持在竖直倒立状态）。

2. 状态观测器实现状态反馈极点配置及其仿真

首先，使用 MATLAB，判断系统的能观性矩阵是否为满秩。输入以下程序

```
A=[0 1 0 0; 0 0 -1 0; 0 0 0 1; 0 0 11 0];
B=[0; 1; 0; -1];
C=[1 0 0 0];
rob=rank(obsv(A,C))
```

计算结果为

```
rob =
      4
```

因为该系统的能观测性矩阵满秩，所以该系统是能观测的。可以设计状态观测器，并且通过状态观测器实现状态反馈。

设计状态观测器矩阵 $\boldsymbol{G}$，使（$\boldsymbol{A}-\boldsymbol{GC}$）的特征值的实部均为负，且其绝对值要远大于状态反馈所配置极点的绝对值。不妨取状态观测器的特征值为 $s_1=-20, s_2=-21, s_3=-22, s_4=-23$。

输入以下命令

```
A=[0 1 0 0; 0 0 -1 0; 0 0 0 1; 0 0 11 0];
A1=A';
C=[1 0 0 0];
C1=C';
P=[-20 -21 -22 -23];
G1=place(A1,C1,P);
G=G1'
```

计算结果为

```
G =
      1.0e+005 *
         0.0009
         0.0278
        -0.4059
        -2.4312
```

求出状态观测器矩阵为 $\boldsymbol{G}=[90 \quad 2780 \quad -40590 \quad -243120]^{\mathrm{T}}$。

如果采用 MATLAB/Simulink 构造具有状态观测器的单级倒立摆状态反馈控制系统的仿真模型，如图 5-28 所示。首先，在 MATLAB 的 Command Window 中输入各个矩阵的值，并且在积分器中设置非零初值，然后运行仿真程序，得到的仿真曲线如图 5-29 所示。

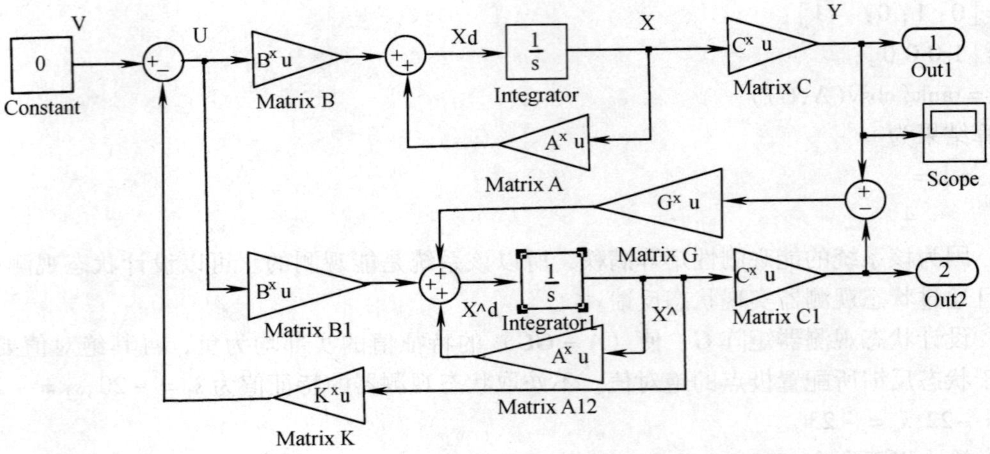

图 5-28

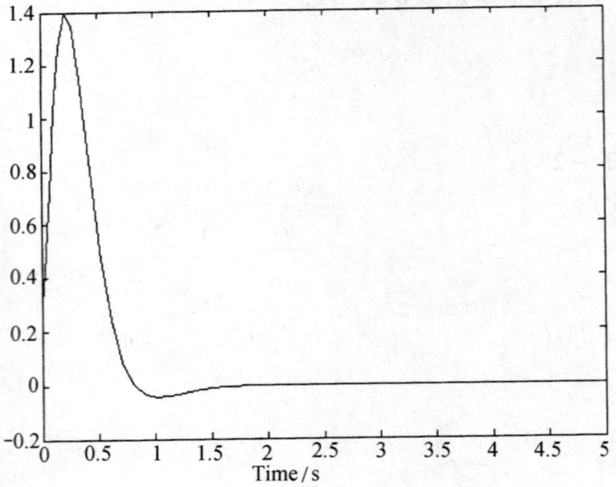

图 5-29

比较图 5-27 和图 5-29 可见，具有状态观测器的单级倒立摆状态反馈系统的控制效果和没有状态观测器的控制系统的控制效果十分接近，令人满意。

小　结

本章是能控性与能观测性的应用。当线性定常系统能控时，通过引入状态反馈就能任意配置状态反馈系统的特征值，从而得到希望的系统性能；输出反馈系统是不能实现系统特征值任意配置的。采用动态输出反馈也可以实现系统特征值的任意配置。当系统状态不能够取得时，若系统能观测，可以设计状态观测器，用重构的状态向量实现状态反馈，构成具有状态观测器的状态反馈系统。

本章介绍了解决系统稳态性能设计的一个方法，即采用内模原理的反馈系统设计，实现了渐近跟踪与干扰抑制并具有鲁棒性。本章还介绍了用状态反馈解耦的问题。

应当指出，本章中的全部结果，都几乎可不加修改地直接应用于线性定常离散系统。

习　题

5-1　系统状态方程为

$$\dot{x}=\begin{bmatrix}2 & 1\\ -1 & 1\end{bmatrix}x+\begin{bmatrix}1\\ 2\end{bmatrix}u$$

采用状态反馈，使状态反馈系统具有 -1、-2 特征值。要求计算状态反馈矩阵，并画出状态图。

5-2　系统方程为

$$\dot{x}=\begin{bmatrix}-1 & -2 & -2\\ 0 & -1 & 1\\ 1 & 0 & -1\end{bmatrix}x+\begin{bmatrix}2\\ 0\\ 1\end{bmatrix}u$$

$$y=\begin{bmatrix}1 & 1 & 0\end{bmatrix}x$$

采用状态反馈，使状态反馈系统的特征值为 -1、-2 和 -2。求状态反馈矩阵。

5-3　系统传递函数为

$$g(s)=\frac{(s-1)(s+2)}{(s+1)(s-2)(s+3)}$$

试问能否用状态反馈将传递函数变成 $\dfrac{s-1}{(s+2)(s+3)}$？若有可能，则如何计算？

5-4　系统方程为

$$\dot{x}=\begin{bmatrix}-1 & -2 & -2\\ 0 & -1 & 1\\ 1 & 0 & -1\end{bmatrix}x+\begin{bmatrix}2\\ 0\\ 1\end{bmatrix}u$$

$$y=\begin{bmatrix}1 & 1 & 0\end{bmatrix}x$$

要求设计具有特征值为 -1，-2 和 -3 的同维状态观测器。

5-5　系统方程为

$$\dot{x}=\begin{bmatrix}-1 & -2 & -2\\ 0 & -1 & 1\\ 1 & 0 & -1\end{bmatrix}x+\begin{bmatrix}2\\ 0\\ 1\end{bmatrix}u$$

$$y=[1\quad 1\quad 0]\boldsymbol{x}$$

要求设计特征值为 −2 和 −3 的降阶观测器。

5-6 系统结构如图 5-30 所示。状态反馈阵 $\boldsymbol{K}=[K_0\quad K_1\quad K_2]=\left[10\quad \dfrac{14}{5}\quad \dfrac{6}{5}\right]$。求状态反馈系统的特征值。

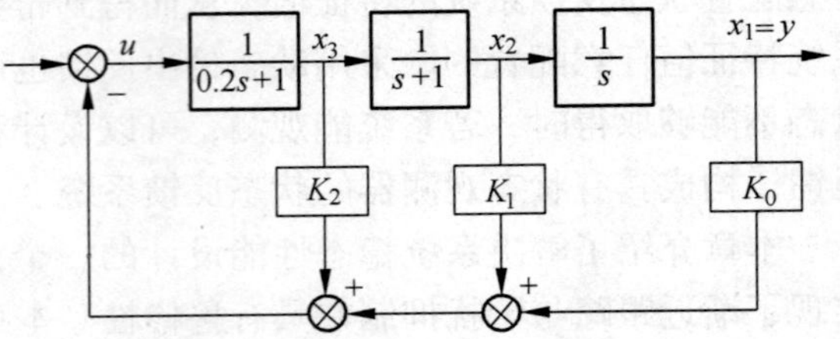

图 5-30

5-7 系统方程为

$$\dot{\boldsymbol{x}}=\begin{bmatrix}-2 & 1\\ 0 & -1\end{bmatrix}\boldsymbol{x}+\begin{bmatrix}0\\1\end{bmatrix}u$$

$$y=[1\quad 0]\boldsymbol{x}$$

要求设计特征值为 −3 和 −2 的状态观测器。若用估计的状态实现状态反馈，使带状态观测器的状态反馈系统的特征值为 −1 + j 和 −1 − j。试求状态反馈阵并画出整个系统的状态图。

5-8 被控对象的传递函数为 $G(s)=y(s)/u(s)=1/s^3$。要求：

(1)采用状态反馈配置状态反馈系统的极点为 $-3,\ -\dfrac{1}{2}\pm \mathrm{j}\sqrt{\dfrac{3}{2}}$，确定反馈矩阵。

(2)如果令 $y=x_3$(可测量)，试设计降阶观测器，其极点为 −5，−5。

5-9 系统方程为

$$\dot{\boldsymbol{x}}=\begin{bmatrix}0 & 1 & 0 & 0\\ 0 & 0 & -1 & 0\\ 0 & 0 & 0 & 1\\ 0 & 0 & 11 & 0\end{bmatrix}\boldsymbol{x}+\begin{bmatrix}0\\1\\0\\-1\end{bmatrix}u+\begin{bmatrix}0\\4\\0\\6\end{bmatrix}f(t)$$

$$y=[1\quad 0\quad 0\quad 0]\boldsymbol{x}$$

若参考输入信号 $r(t)$ 和确定性干扰信号 $f(t)$ 均为单位阶跃函数时，请设计鲁棒控制系统，使系统实现渐近跟踪和干扰抑制(特征值为 −2，−2，−1，−1 ± j1)。

5-10 系统方程为

$$\dot{\boldsymbol{x}}=\begin{bmatrix}3 & 1 & 0\\ 0 & 0 & -1\\ 0 & 1 & -1\end{bmatrix}\boldsymbol{x}+\begin{bmatrix}0 & 0\\ 1 & 0\\ 0 & 1\end{bmatrix}\boldsymbol{u}$$

$$y=\begin{bmatrix}2 & -1 & 1\\ 0 & 2 & 1\end{bmatrix}\boldsymbol{x}$$

试问能否用状态反馈解耦？如果可以解耦，求出 $\boldsymbol{K}$、$\boldsymbol{F}$ 矩阵。

5-11 系统方程为

$$\dot{\boldsymbol{x}}=\begin{bmatrix}0 & 1 & 0 & 0\\ 3 & 0 & 0 & 2\\ 0 & 0 & 0 & 1\\ 0 & -2 & 0 & 0\end{bmatrix}\boldsymbol{x}+\begin{bmatrix}0 & 0\\ 1 & 0\\ 0 & 0\\ 0 & 1\end{bmatrix}\boldsymbol{u}$$

$$\boldsymbol{y}=\begin{bmatrix}1 & 0 & 0 & 0\\ 0 & 1 & 0 & 0\end{bmatrix}\boldsymbol{x}$$

试问能否用状态反馈解耦？如果能解耦，求出 K、F 矩阵。

第 6 章 最优控制

最优控制是系统设计的一种方法。它所研究的中心问题是如何选择控制信号才能保证控制系统的性能在某种意义下最优。

6.1 引言

什么是系统的最优控制呢？现以图 6-1 所示的电枢控制的直流他励电动机的控制问题予以说明。

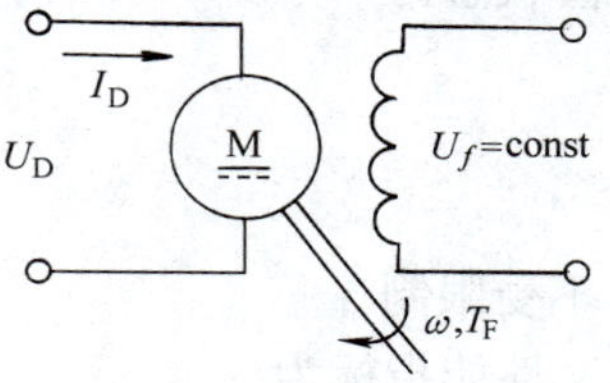

图 6-1

问题 6-1 电动机的运动方程式为

$$K_m I_D - T_F = J_D \frac{d\omega}{dt} \tag{6-1}$$

式中，I_D 为电枢电流；T_F 为恒定的负载转矩；J_D 为转动惯量；K_m 为转矩常数；ω 为角速度。

希望电动机在时间 t_f 内，从静止状态起动，转过一定角度 θ 后停止。求在$[0, t_f]$内，使电动机电枢绕组上的损耗 $E = \int_0^{t_f} R_D I_D^2 dt$ 为最小时的电枢电流。其中 R_D 为电动机电枢回路电阻。

在这个控制问题中，直流他励电动机是被控对象，它的数学模型为式(6-1)。控制的初始时刻为 $t_0 = 0$，末值时刻为 t_f；初始状态为 $\omega(0) = 0$，电动机处于静止状态；末值状态为 $\omega_{(t_f)} = 0$，转角为 θ，并且有

$$\int_0^{t_f} \omega(t) dt = \theta = \text{const} \tag{6-2}$$

即电动机转过 θ 角后又停止了。

控制的性能指标为

$$E = \int_0^{t_f} R_D I_D^2 dt$$

由于 I_D 是时间的函数，而 E 又是 I_D 的函数，故 E 是函数的函数，称为泛函数。如果采用状态方程表示,可令

$$x_1 = \theta$$

$$\dot{x}_1 = \dot{\theta} = \omega = x_2$$

$$\dot{x}_2 = \dot{\omega} = \frac{K_m}{J_D}I_D - \frac{T_F}{J_D}$$

于是系统的状态方程为

$$\begin{bmatrix}\dot{x}_1 \\ \dot{x}_2\end{bmatrix} = \begin{bmatrix}0 & 1 \\ 0 & 0\end{bmatrix}\begin{bmatrix}x_1 \\ x_2\end{bmatrix} + \begin{bmatrix}0 \\ \dfrac{K_m}{J_D}\end{bmatrix}I_D + \begin{bmatrix}0 \\ \dfrac{1}{J_D}\end{bmatrix}T_F \tag{6-3}$$

初始时刻为 $t_0=0$，末值时刻为 t_f，初始状态为

$$\begin{bmatrix}x_1(0) \\ x_2(0)\end{bmatrix} = \begin{bmatrix}0 \\ 0\end{bmatrix} \tag{6-4}$$

末值状态为

$$\begin{bmatrix}x_1(t_f) \\ x_2(t_f)\end{bmatrix} = \begin{bmatrix}\theta \\ 0\end{bmatrix} \tag{6-5}$$

I_D 不受限制。

性能指标为

$$E = \int_0^{t_f} R_D I_D^2 \mathrm{d}t \tag{6-6}$$

至此，就本问题而言可以给出最优控制的定义了。所谓最优控制就是在数学模型式(6-3)的约束下，寻求一个控制函数 $I_D(t)$，使电动机从初始时刻($t_0=0$)的初始状态式(6-4)转移到末值时刻 t_f 的状态式(6-5)，使性能指标 E 为极小。

应该指出，上述最优控制问题是针对性能指标式(6-6)而言的。因此求出的最优控制$I_D(t)$保证式(6-6)为极小。如果性能指标改变了，则 $I_D(t)$就不再是最优控制了。

问题 6-2 对于图 6-1 的电枢控制的直流他励电动机。如果电动机从初始时刻 $t_0=0$ 的静止状态转一个角度 θ，寻求控制 $I_D(t)$($I_D(t)$是受限制的)，使电动机转过 θ 角度所需的时间最短。

这也是一个最优控制问题。其数学描述如下：

系统状态方程为

$$\begin{bmatrix}\dot{x}_1 \\ \dot{x}_2\end{bmatrix} = \begin{bmatrix}0 & 1 \\ 0 & 0\end{bmatrix}\begin{bmatrix}x_1 \\ x_2\end{bmatrix} + \begin{bmatrix}0 \\ \dfrac{K_m}{J_D}\end{bmatrix}I_D + \begin{bmatrix}0 \\ \dfrac{1}{J_D}\end{bmatrix}T_F$$

初始时刻为 $t_0=0$，末值时刻为 t_f，初始状态为

$$\begin{bmatrix}x_1(0) \\ x_2(0)\end{bmatrix} = \begin{bmatrix}0 \\ 0\end{bmatrix}$$

末值状态为

$$\begin{bmatrix} x_1(t_f) \\ x_2(t_f) \end{bmatrix} = \begin{bmatrix} \theta \\ 0 \end{bmatrix}$$

$$I_D \leqslant I_{Dmax} \tag{6-7}$$

如果将性能指标记为 J，有

$$J = \int_0^{t_f} dt = t_f \tag{6-8}$$

这个最优控制问题就是在状态方程约束下，寻求最优控制 $I_D(t)$，并且 $I_D \leqslant I_{Dmax}$，将 $x(0)$ 转移到 $x(t_f)$ 并使 J 为极小。

求解问题 6-1 和问题 6-2，其最优控制函数 $I_D(t)$ 是不同的。因此，说到最优控制问题时，应该指明是在什么样性能指标下的最优控制。

一般地说，最优控制问题比问题 6-1、问题 6-2 复杂。例如系统方程可以是非线性、时变、多输入-多输出的，即

$$\dot{\boldsymbol{x}} = \boldsymbol{f}(\boldsymbol{x},\boldsymbol{u},t)$$

式中，$\boldsymbol{x}$ 为 n 维状态向量；$\boldsymbol{u}$ 为 r 维控制向量；$\boldsymbol{f}$ 为 n 维向量函数；系统在控制向量作用下，完成从初始时刻 t_0 的初始状态 $\boldsymbol{x}(t_0)$ 向末值时刻 t_f 的末值状态 $\boldsymbol{x}(t_f)$ 运动。通常，初始时刻、初始状态是已知的，t_f 可以固定，也可以是自由的（问题 6-2），末值状态可以自由，也可以固定，也可能既非自由，又非固定，而是受到一个等式 $g[x(t_f), t_f]=0$ 约束。控制向量 $\boldsymbol{u}$ 在 r 维控制空间中取值（问题 6-1），也可能只允许在 r 维控制空间中一个集合 $\boldsymbol{U}$ 中取值，$\boldsymbol{U}$ 称为容许控制域（问题 6-2），这是 $\boldsymbol{u}$ 受限制的最优控制问题。正因为 $\boldsymbol{u}$ 的取值范围不同，解决的方法也不同。问题 6-1 的性能指标是积分型的。而问题 6-2 是末值型的，有的最优控制问题中，同时有末值部分和积分部分，称为复合型性能指标。

基于上述，最优控制问题的一般性提法为：

系统状态方程为

$$\dot{\boldsymbol{x}} = \boldsymbol{f}(\boldsymbol{x},\boldsymbol{u},t)$$

初始状态为

$$\boldsymbol{x}(t_0)$$

式中，$\boldsymbol{x}$ 为 n 维状态向量；$\boldsymbol{u}$ 为 r 维控制向量；$\boldsymbol{f}$ 为 n 维向量函数，它为 $\boldsymbol{x}$、$\boldsymbol{u}$ 和 t 的连续函数，对 $\boldsymbol{x}$、t 连续可微。要寻求在 $[t_0、t_f]$ 中的最优控制 $\boldsymbol{u} \in R^r$ 或 $\boldsymbol{u} \in U \subset R^r$，以便将系统状态变量从 $\boldsymbol{x}(t_0)$ 移到 $\boldsymbol{x}(t_f)$ 或 $\boldsymbol{x}(t_f)$ 的一个集合，并使性能指标

$$J = \phi[\boldsymbol{x}(t_f),t_f] + \int_{t_0}^{t_f} \boldsymbol{L}(\boldsymbol{x},\boldsymbol{u},t)\,dt$$

最优。其中 $\boldsymbol{L}(\boldsymbol{x}, \boldsymbol{u}, t)$ 是 $\boldsymbol{x}$、$\boldsymbol{u}$、t 的连续函数。

通过上面的讨论可知，最优控制问题从数学上看，就是求解一类带有约束条件的条件泛函极值问题。它的数学工具是变分法。但是实际工程中，很多控制问题，如问题 6-2 那一类最优控制问题，其控制信号是受限制的。这时的最优控制问题不能用变分法求解，只能用庞德里亚金（Л. С. понтрягин）极小值原理或别尔曼（R. E. Bellman）的动态规划法求解。

6.2 用变分法求解最优控制问题

6.2.1 末值时刻固定、末值状态自由情况下的最优控制

非线性时变系统的状态方程为

$$\dot{\boldsymbol{x}}=\boldsymbol{f}(\boldsymbol{x},\ \boldsymbol{u},\ t) \tag{6-9}$$

$$\boldsymbol{x}(t)|_{t=t_0}=\boldsymbol{x}(t_0) \tag{6-10}$$

式中，$\boldsymbol{x}$ 为 n 维状态向量；$\boldsymbol{u}$ 为 r 维控制向量；$\boldsymbol{f}$ 为 n 维向量函数。要求在控制空间中寻求一个最优控制向量 $\boldsymbol{u}(t)$，使得性能指标

$$J=\phi[\boldsymbol{x}(t_f)]+\int_{t_0}^{t_f}L(\boldsymbol{x},\ \boldsymbol{u},\ t)\mathrm{d}t \tag{6-11}$$

沿最优轨线$\boldsymbol{x}(t)$ 取极小值。式(6-11) 中第一项表示控制过程结束时的性能指标；第二项是表示从控制开始至结束的整个过程的性能指标。

假设 $\boldsymbol{f}$, ϕ, L 对于变量 x_i, u_i 是连续的并且有连续的一阶偏导数，而 $\boldsymbol{u}(t)$ 不受限制，且是 t 的连续函数。

这是一个具有状态方程约束的泛函条件极值问题，可以用变分法求解。为此引入拉格朗日乘子 $\boldsymbol{\lambda}(t)$

$$\boldsymbol{\lambda}(t)=[\lambda_1(t)\lambda_2(t)\cdots\lambda_n(t)]^{\mathrm{T}} \tag{6-12}$$

将性能指标改写为其等价形式

$$J=\phi[\boldsymbol{x}(t_f)]+\int_{t_0}^{t_f}\{L(\boldsymbol{x},\ \boldsymbol{u},\ t)+\boldsymbol{\lambda}^{\mathrm{T}}(t)[\boldsymbol{f}(\boldsymbol{x},\ \boldsymbol{u},\ t)-\dot{\boldsymbol{x}}]\}\mathrm{d}t$$

定义哈密顿函数 $H(\boldsymbol{x},\ \boldsymbol{u},\ \boldsymbol{\lambda},\ t)$ 为

$$H(\boldsymbol{x},\ \boldsymbol{u},\ \boldsymbol{\lambda},\ t)=L(\boldsymbol{x},\boldsymbol{u},t)+\lambda^{\mathrm{T}}(t)\boldsymbol{f}(\boldsymbol{x},\boldsymbol{u},t) \tag{6-13}$$

则

$$\begin{aligned}J&=\phi[\boldsymbol{x}(t_f)]+\int_{t_0}^{t_f}[H(\boldsymbol{x},\boldsymbol{u},\boldsymbol{\lambda},t)-\boldsymbol{\lambda}^{\mathrm{T}}(t)\dot{\boldsymbol{x}}]\mathrm{d}t\\&=\phi[\boldsymbol{x}(t_f)]+\int_{t_0}^{t_f}H(\boldsymbol{x},\boldsymbol{u},\boldsymbol{\lambda},t)\mathrm{d}t-\int_{t_0}^{t_f}\boldsymbol{\lambda}^{\mathrm{T}}(t)\dot{\boldsymbol{x}}\mathrm{d}t\end{aligned}$$

对上面等式右边第三项进行分部积分，得到

$$J=\phi[\boldsymbol{x}(t_f)]+\int_{t_0}^{t_f}H(\boldsymbol{x},\boldsymbol{u},\boldsymbol{\lambda},t)\mathrm{d}t-\boldsymbol{\lambda}^{\mathrm{T}}(t)\boldsymbol{x}\Big|_{t_0}^{t_f}+\int_{t_0}^{t_f}\dot{\boldsymbol{\lambda}}^{\mathrm{T}}\boldsymbol{x}\mathrm{d}t \tag{6-14}$$

当泛函数 J 取极值时，J 的一次变分等于零，即

$$\delta J=0$$

在式(6-14)中可以变分的变量有

$$\boldsymbol{u}(t)\to\boldsymbol{u}(t)+\delta\boldsymbol{u}$$

$$\boldsymbol{x}(t)\to\boldsymbol{x}(t)+\delta\boldsymbol{x},\boldsymbol{x}(t_f)\to\boldsymbol{x}(t_f)+\delta\boldsymbol{x}(t_f)$$

不能变分的变量有 t_0，t_f，$\boldsymbol{x}(t_0)$，$\boldsymbol{\lambda}(t)$。这样就可求出 J 的一次变分并令其等于零，即

$$\delta J=\left[\frac{\partial\phi}{\partial\boldsymbol{x}(t_f)}\right]^{\mathrm{T}}\delta\boldsymbol{x}(t_f)-\boldsymbol{\lambda}^{\mathrm{T}}(t_f)\delta\boldsymbol{x}(t_f)+\int_{t_0}^{t_f}\left\{\left[\frac{\partial H}{\partial\boldsymbol{x}}\right]^{\mathrm{T}}\delta\boldsymbol{x}+\left[\frac{\partial H}{\partial\boldsymbol{u}}\right]^{\mathrm{T}}\delta\boldsymbol{u}+\dot{\boldsymbol{\lambda}}^{\mathrm{T}}\delta\boldsymbol{x}\right\}\mathrm{d}t=0$$

式中，ϕ 和 H 分别为 $\phi[\boldsymbol{x}(t_f)]$ 和 $H(\boldsymbol{x},\boldsymbol{u},\boldsymbol{\lambda},t)$ 的简化表示。

上式可改写成

$$\delta J=\left[\frac{\partial\phi}{\partial\boldsymbol{x}(t_f)}-\boldsymbol{\lambda}(t_f)\right]^{\mathrm{T}}\delta\boldsymbol{x}(t_f)+\int_{t_0}^{t_f}\left\{\left[\frac{\partial H}{\partial\boldsymbol{x}}+\dot{\boldsymbol{\lambda}}\right]^{\mathrm{T}}\delta\boldsymbol{x}+\left[\frac{\partial H}{\partial\boldsymbol{u}}\right]^{\mathrm{T}}\delta\boldsymbol{u}\right\}\mathrm{d}t=0\tag{6-15}$$

由于对 $\boldsymbol{\lambda}(t)$ 未加限制，故可以选择 $\boldsymbol{\lambda}(t)$ 使上式中 $\delta\boldsymbol{x}$ 和 $\delta\boldsymbol{x}(t_f)$ 的系数等于零，得到

$$\dot{\boldsymbol{\lambda}}(t)=-\frac{\partial H}{\partial\boldsymbol{x}}\quad\text{或简记为}\quad\dot{\boldsymbol{\lambda}}=-\frac{\partial H}{\partial\boldsymbol{x}}\tag{6-16}$$

$$\boldsymbol{\lambda}(t_f)=\frac{\partial\phi}{\partial\boldsymbol{x}(t_f)}\tag{6-17}$$

于是式(6-15)变成

$$\delta J=\int_{t_0}^{t_f}\left[\frac{\partial H}{\partial\boldsymbol{u}}\right]^{\mathrm{T}}\delta\boldsymbol{u}\,\mathrm{d}t=0\tag{6-18}$$

由于 $\delta\boldsymbol{u}$ 是任意的变分，根据变分法中的辅助引理，由式(6-18)可以得到

$$\frac{\partial H}{\partial\boldsymbol{u}}=0\tag{6-19}$$

上式说明哈密顿函数 H 对控制 $\boldsymbol{u}$ 来说具有极值，因此又称为极值条件。式(6-16)称为伴随方程，$\boldsymbol{\lambda}(t)$ 为伴随变量。式(6-19)称为控制方程。

利用式(6-16)、式(6-19)、式(6-9)、式(6-10)和式(6-17)，便可求解最优控制问题。因为这个控制问题中待求的未知数有 n 个状态分量，n 个伴随变量，r 个控制分量，共有 $(2n+r)$ 个未知数。而式(6-9)、式(6-16)和式(6-19)共有 $(2n+r)$ 个方程。正好求解 $(2n+r)$ 个未知数。但式(6-9)和式(6-16)是 n 阶微分方程组，因而有 $2n$ 个积分常数，而边界条件式(6-10)和式(6-17)有 $2n$ 个条件，正好确定 $2n$ 个积分常数。这样，就把求解最优控制问题变成求解微分方程的两点边界值问题。

关于上面的最优控制问题再作如下说明：

（1）这个最优控制问题的求解，并未直接用变分法中的欧拉方程来解。实际上，式(6-16)和式(6-19)就是欧拉方程，因为式(6-16)可以展开为

$$\dot{\boldsymbol{\lambda}}=-\frac{\partial H}{\partial\boldsymbol{x}}=-\frac{\partial L}{\partial\boldsymbol{x}}-\frac{\partial\boldsymbol{f}}{\partial\boldsymbol{x}}\boldsymbol{\lambda}\tag{6-20}$$

式(6-19)可以展开为

$$\frac{\partial H}{\partial\boldsymbol{u}}=0\Rightarrow\frac{\partial L}{\partial\boldsymbol{u}}+\frac{\partial\boldsymbol{f}}{\partial\boldsymbol{u}}\boldsymbol{\lambda}=0\tag{6-21}$$

如果令 $\overline{H}(\boldsymbol{x},\boldsymbol{u},\boldsymbol{\lambda},t)=L(\boldsymbol{x},\boldsymbol{u},\boldsymbol{\lambda},t)+\boldsymbol{\lambda}^{\mathrm{T}}(t)[\boldsymbol{f}(\boldsymbol{x},\boldsymbol{u},t)-\dot{\boldsymbol{x}}]$

简记成
$$\overline{H} = L + \boldsymbol{\lambda}^{\mathrm{T}}[\boldsymbol{f} - \dot{\boldsymbol{x}}] \tag{6-22}$$
由欧拉方程得到
$$\frac{\partial \overline{H}}{\partial \boldsymbol{x}} - \frac{\mathrm{d}}{\mathrm{d}t}\frac{\partial \overline{H}}{\partial \dot{\boldsymbol{x}}} = 0 \Rightarrow \frac{\partial L}{\partial \boldsymbol{x}} + \frac{\partial \boldsymbol{f}}{\partial \boldsymbol{x}}\boldsymbol{\lambda} - (-\dot{\boldsymbol{\lambda}}) = 0$$
即
$$\dot{\boldsymbol{\lambda}} = -\frac{\partial L}{\partial \boldsymbol{x}} - \frac{\partial \boldsymbol{f}}{\partial \boldsymbol{x}}\boldsymbol{\lambda} \tag{6-23}$$
$$\frac{\partial \overline{H}}{\partial \boldsymbol{u}} - \frac{\mathrm{d}}{\mathrm{d}t}\frac{\partial \overline{H}}{\partial \dot{\boldsymbol{u}}} = 0 \Rightarrow \frac{\partial L}{\partial \boldsymbol{u}} + \frac{\partial \boldsymbol{f}}{\partial \boldsymbol{u}}\boldsymbol{\lambda} = 0 \tag{6-24}$$
而式(6-23)、式(6-24)和式(6-20)、式(6-21)一样。可见式(6-16)和式(6-19)就是变分法中的欧拉方程，式(6-10)和式(6-17)是横截条件。

(2) $\delta J = 0$ 是泛函 J 取极值的必要条件，是否是极小值还应该根据泛函增量 ΔJ 表达式中关于 $\delta \boldsymbol{u}$，$\delta \boldsymbol{x}$ 的二次变分 $\delta^2 J$ 来判断。
$$\delta^2 J = \frac{1}{2}\delta \boldsymbol{x}^{\mathrm{T}}(t_f)\frac{\partial^2 \phi}{\partial \boldsymbol{x}^2(t_f)}\delta \boldsymbol{x}(t_f) + \frac{1}{2}\int_{t_0}^{t_f}[\delta \boldsymbol{x}^{\mathrm{T}}\delta \boldsymbol{u}^{\mathrm{T}}]\begin{bmatrix} \dfrac{\partial^2 H}{\partial \boldsymbol{x}^2} & \dfrac{\partial^2 H}{\partial \boldsymbol{x}\partial \boldsymbol{u}} \\ \dfrac{\partial^2 H}{\partial \boldsymbol{u}\partial \boldsymbol{x}} & \dfrac{\partial^2 H}{\partial^2 \boldsymbol{u}} \end{bmatrix}\begin{bmatrix} \delta \boldsymbol{x} \\ \delta \boldsymbol{u} \end{bmatrix}\mathrm{d}t \tag{6-25}$$
而 $\delta^2 J > 0$ 为最优控制应满足的另一个条件。如果对于式(6-9)、式(6-16)、式(6-19)的解，有 $\delta^2 J > 0$，则泛函 J 有极小值。式(6-19)的解 $\boldsymbol{u}(t)$ 称为最优控制，记成 $\boldsymbol{u}^*(t)$。式(6-9)的解称为最优轨线，记成 $\boldsymbol{x}^*(t)$，而将 $\boldsymbol{u}^*(t)$、$\boldsymbol{x}^*(t)$ 代入泛函 J 的表达式(6-11)即可求出最优性能指标。因此 $\delta^2 J > 0$ 称为最优控制的充分条件。一般地说，实际中许多最优控制问题，往往应用式(6-9)、式(6-16)和式(6-19)就够了。因为这些条件常给出最优控制问题的惟一解，它必能确定最优控制，除非原来的最优控制问题根本不存在。因此，在以后的求解中，就不再去检验 $\delta^2 J$ 的性质了。

(3) 哈密顿函数沿最优轨线随时间的变化率为
$$\frac{\mathrm{d}H}{\mathrm{d}t} = \left[\frac{\partial H}{\partial \boldsymbol{x}}\right]^{\mathrm{T}}\dot{\boldsymbol{x}} + \left[\frac{\partial H}{\partial \boldsymbol{u}}\right]^{\mathrm{T}}\dot{\boldsymbol{u}} + \left[\frac{\partial H}{\partial \boldsymbol{\lambda}}\right]^{\mathrm{T}}\dot{\boldsymbol{\lambda}} + \frac{\partial H}{\partial t}$$
在最优控制 $\boldsymbol{u}^*$、最优轨线 $\boldsymbol{x}^*$ 下，有 $\dfrac{\partial H}{\partial \boldsymbol{u}} = 0$ 和
$$\left[\frac{\partial H}{\partial \boldsymbol{x}}\right]^{\mathrm{T}}\dot{\boldsymbol{x}} + \left[\frac{\partial H}{\partial \boldsymbol{\lambda}}\right]^{\mathrm{T}}\dot{\lambda} = \left[\frac{\partial H}{\partial \boldsymbol{x}}\right]^{\mathrm{T}}\frac{\partial H}{\partial \boldsymbol{\lambda}} - \left[\frac{\partial H}{\partial \boldsymbol{\lambda}}\right]^{\mathrm{T}}\left[\frac{\partial H}{\partial \boldsymbol{x}}\right] = 0$$
于是
$$\frac{\mathrm{d}H}{\mathrm{d}t} = \frac{\partial H}{\partial t} \tag{6-26}$$
即哈密顿函数 H 沿最优轨线对时间的全导数等于它对时间的偏导数。由此可求出哈密顿函数 H 沿最优轨线随时间的变化规律。记为 $H(\boldsymbol{x}^*, \boldsymbol{u}^*, \boldsymbol{\lambda}, t) = H^*(t)$，则
$$\mathrm{d}H = \frac{\partial H}{\partial t}\mathrm{d}t$$

对上式积分，得到

$$H^*(t) = H^*(t_f) - \int_{t_0}^{t_f} \frac{\partial H^*}{\partial \tau} \mathrm{d}\tau \tag{6-27}$$

当哈密顿函数中不显含时间 t，则由式(6-27)可得

$$H^*(t) = H^*(t_f) = \text{const} \tag{6-28}$$

例 6-1 系统状态方程为

$$\dot{x} = u$$

初始条件为

$$x(t_0)$$

$$J = \frac{1}{2}cx^2(t_f) + \frac{1}{2}\int_{t_0}^{t_f} u^2 \mathrm{d}t \qquad (c > 0)$$

试求最优控制 u^*，使 J 取极小值。

解 哈密顿函数 $H(x, u, \lambda, t) = \frac{1}{2}u^2 + \lambda u$

由伴随方程

$$\dot{\lambda} = -\frac{\partial H}{\partial x} = 0 \qquad \lambda = 常数$$

$$\lambda(t_f) = \frac{\partial}{\partial x(t_f)}\left[\frac{1}{2}cx^2(t_f)\right] = cx(t_f)$$

$$\lambda(t) = \lambda(t_f) = cx(t_f)$$

由控制方程

$$\frac{\partial H}{\partial u} = 0 = u + \lambda \qquad 即 \qquad u^* = -\lambda = -cx(t_f)$$

u^*代入状态方程

$$\dot{x} = u = -cx(t_f)$$

$$x(t) = -cx(t_f)(t - t_0) + c_1$$

当 $t = t_0$ 时，代入上式，求得 $c_1 = x(t_0)$，所以

$$x(t) = -cx(t_f)(t - t_0) + x(t_0)$$

当 $t = t_f$ 时，

$$x(t_f) = \frac{x(t_0)}{1 + c(t_f - t_0)}$$

$$u^* = -cx(t_f) = -\frac{cx(t_0)}{1 + c(t_f - t_0)}$$

最优性能指标为

$$J^* = \frac{1}{2}cx^2(t_f) + \frac{1}{2}\int_{t_0}^{t_f} u^2 \mathrm{d}t$$

$$= \frac{1}{2}\frac{cx^2(t_0)}{[1 + c(t_f - t_0)]^2} + \frac{1}{2}\frac{c^2x^2(t_0)}{[1 + c(t_f - t_0)]^2}(t_f - t_0)$$

$$= \frac{1}{2} \frac{cx^2(t_0)}{1 + c(t_f - t_0)}$$

显然，当 t_0，t_f，$x(t_0)$ 和 c 为确定的值时，J^* 就是一个确定的值了。

6.2.2 末值时刻固定、末端状态固定情况下的最优控制

非线性时变系统的状态方程及初始状态如式(6-9)、式(6-10)所示。

$$\boldsymbol{x}(t)|_{t=t_f} = \boldsymbol{x}(t_f) \tag{6-29}$$

$$J = \int_{t_0}^{t_f} L(\boldsymbol{x}, \boldsymbol{u}, t)\,\mathrm{d}t \tag{6-30}$$

要寻求最优控制 $\boldsymbol{u}^*(t)$，在$[t_0, t_f]$内，将系统从 $\boldsymbol{x}(t_0)$ 转移到 $\boldsymbol{x}(t_f)$，同时使性能指标 J 取极小值。这里的性能指标 J 中不包括末值项。因为末端状态已经给定，所以性能指标中只是积分型性能指标了。这个最优控制问题的求解过程与 6.2.1 节类似。引入哈密顿函数

$$H(\boldsymbol{x}, \boldsymbol{u}, \boldsymbol{\lambda}, t) = L(\boldsymbol{x}, \boldsymbol{u}, t) + \boldsymbol{\lambda}^{\mathrm{T}} \boldsymbol{f}(\boldsymbol{x}, \boldsymbol{u}, t)$$

其中

$$\boldsymbol{\lambda}(t) = [\lambda_1(t) \quad \lambda_2(t) \quad \cdots \quad \lambda_n(t)]^{\mathrm{T}}$$

于是

$$J = \int_{t_0}^{t_f} [H(\boldsymbol{x}, \boldsymbol{u}, \boldsymbol{\lambda}, t) - \boldsymbol{\lambda}^{\mathrm{T}} \dot{\boldsymbol{x}}]\,\mathrm{d}t$$

对上式右边第 2 项进行分部积分，可得到

$$J = \boldsymbol{\lambda}^{\mathrm{T}}(t_0)\boldsymbol{x}(t_0) - \boldsymbol{\lambda}^{\mathrm{T}}(t_f)\boldsymbol{x}(t_f) + \int_{t_0}^{t_f} [H(\boldsymbol{x}, \boldsymbol{u}, \boldsymbol{\lambda}, t) + \dot{\boldsymbol{\lambda}}^{\mathrm{T}} \boldsymbol{x}]\,\mathrm{d}t$$

上式中可以变分的变量为

$$\boldsymbol{u} \to \boldsymbol{u} + \delta \boldsymbol{u}$$

$$\boldsymbol{x} \to \boldsymbol{x} + \delta \boldsymbol{x}$$

不能变分的变量有 $\boldsymbol{x}(t_0)$，$\boldsymbol{x}(t_f)$，t_0，t_f，$\boldsymbol{\lambda}(t)$。因此，J 的一次变分并令其等于零，即

$$\delta J = \int_{t_0}^{t_f} \left\{ \left[\frac{\partial H}{\partial \boldsymbol{x}} + \dot{\boldsymbol{\lambda}} \right]^{\mathrm{T}} \delta \boldsymbol{x} + \left[\frac{\partial H}{\partial \boldsymbol{u}} \right]^{\mathrm{T}} \delta \boldsymbol{u} \right\} \mathrm{d}t = 0 \tag{6-31}$$

选择 $\boldsymbol{\lambda}(t)$，使其满足

$$\dot{\lambda} = -\frac{\partial H}{\partial \boldsymbol{x}} \tag{6-32}$$

则 δJ 表达式变成

$$\int_{t_0}^{t_f} \left[\frac{\partial H}{\partial \boldsymbol{u}} \right]^{\mathrm{T}} \delta \boldsymbol{u}\,\mathrm{d}t = 0 \tag{6-33}$$

现在的问题是能否从式(6-33)导出$\partial H/\partial \boldsymbol{u} = 0$？在 6.2.1 节中，$\delta \boldsymbol{u}$ 是任意的变分，从而有$\partial H/\partial \boldsymbol{u} = 0$。现在末端状态固定了，$\delta \boldsymbol{u}$ 不是任意的，而受到限制。对方程 $\dot{\boldsymbol{x}} = \boldsymbol{f}(\boldsymbol{x}, \boldsymbol{u}, t)$进行变分，并忽略高阶项，得到

$$\delta \dot{\boldsymbol{x}} = \frac{\partial \boldsymbol{f}}{\partial \boldsymbol{x}} \delta \boldsymbol{x} + \frac{\partial \boldsymbol{f}}{\partial \boldsymbol{u}} \delta \boldsymbol{u} \tag{6-34}$$

这是关于 $\delta \boldsymbol{x}$ 的线性非齐次微分方程(有的书上称为变分方程)，若其状态转移矩阵为 $\boldsymbol{\phi}(t, t_0)$，则方程(6-34)的解为

$$\delta \boldsymbol{x}(t) = \boldsymbol{\phi}(t, t_0)\delta \boldsymbol{x}(t_0) + \int_{t_0}^{t} \boldsymbol{\phi}(t, \tau) \frac{\partial \boldsymbol{f}}{\partial \boldsymbol{u}} \delta \boldsymbol{u}(\tau) \mathrm{d}\tau$$

当 $t = t_f$ 时，有

$$\delta \boldsymbol{x}(t_f) = \boldsymbol{\phi}(t_f, t_0)\delta \boldsymbol{x}(t_0) + \int_{t_0}^{t_f} \boldsymbol{\phi}(t_f, \tau) \frac{\partial \boldsymbol{f}}{\partial \boldsymbol{u}} \delta \boldsymbol{u}(\tau) \mathrm{d}\tau$$

因为 $\boldsymbol{x}(t_0)$ 和 $\boldsymbol{x}(t_f)$ 都是固定的，所以 $\delta \boldsymbol{x}(t_0) = \delta \boldsymbol{x}(t_f) = 0$。于是有

$$\int_{t_0}^{t_f} \boldsymbol{\phi}(t_f, \tau) \frac{\partial \boldsymbol{f}}{\partial \boldsymbol{u}} \delta \boldsymbol{u}(\tau) \mathrm{d}\tau = 0 \tag{6-35}$$

这就是对 $\delta \boldsymbol{u}$ 的限制，即 $\delta \boldsymbol{u}$ 不是任意的，不能像 6.2.1 节中那样导出 $\partial H / \partial \boldsymbol{u} = 0$。那么能不能由式(6-33)导出 $\partial H / \partial \boldsymbol{u} = 0$ 呢？结论是在一定条件下，仍可由式(6-33)导出 $\partial H / \partial \boldsymbol{u} = 0$，这个条件就是系统必须是能控的。因此，在解这类最优控制问题时，应该先判断系统的能控性。若系统能控，则有控制方程 $\partial H / \partial \boldsymbol{u} = 0$。关于最优控制问题中的其他问题的讨论同 6.2.1 节，不赘述。作为一个例子，来求解本章 6.1 节中问题 6-1 的最优控制问题。

例 6-2 问题 6-1 的系统状态方程为

$$\begin{bmatrix} \dot{x}_1 \\ \dot{x}_2 \end{bmatrix} = \begin{bmatrix} 0 & 1 \\ 0 & 0 \end{bmatrix} \begin{bmatrix} x_1 \\ x_2 \end{bmatrix} + \begin{bmatrix} 0 \\ \dfrac{K_m}{J_D} \end{bmatrix} I_D - \begin{bmatrix} 0 \\ \dfrac{1}{J_D} \end{bmatrix} T_F$$

$$\begin{bmatrix} x_1(0) \\ x_2(0) \end{bmatrix} = \begin{bmatrix} 0 \\ 0 \end{bmatrix}, \quad \begin{bmatrix} x_1(t_f) \\ x_2(t_f) \end{bmatrix} = \begin{bmatrix} \theta \\ 0 \end{bmatrix}$$

用 J 表示性能指标 E，即

$$J = E = \int_0^{t_f} R_D I_D^2 \mathrm{d}t$$

为了简单起见，令 $R_D = 1$，则

$$J = \int_0^{t_f} I_D^2 \mathrm{d}t$$

最优控制问题就是在状态方程的约束下，寻求 $I_D(t)$，使 $x(0)$ 转移到 $x(t_f)$，并使 J 取极小值。

解 根据能控性判据可知，该系统是能控的。

(1) 哈密顿函数为

$$H(\boldsymbol{x}, \boldsymbol{u}, \boldsymbol{\lambda}, t) = I_D^2 + \lambda^{\mathrm{T}} \left\{ \begin{bmatrix} 0 & 1 \\ 0 & 0 \end{bmatrix} x + \begin{bmatrix} 0 \\ \dfrac{K_m}{J_D} \end{bmatrix} I_D - \begin{bmatrix} 0 \\ \dfrac{1}{J_D} \end{bmatrix} T_F \right\}$$

(2) 由控制方程 $\dfrac{\partial H}{\partial I_D} = 0$，得到

$$2I_D + \begin{bmatrix} 0 \\ \dfrac{K_m}{J_D} \end{bmatrix}^T \begin{bmatrix} \lambda_1 \\ \lambda_2 \end{bmatrix} = 0$$

即
$$2I_D + \frac{K_m}{J_D}\lambda_2 = 0$$

$$I_D = -\frac{1}{2}\frac{K_m}{J_D}\lambda_2$$

（3）由伴随方程 $\dot{\lambda} = -\dfrac{\partial H}{\partial x}$，得到

$$\dot{\lambda}_1 = 0,\ \dot{\lambda}_1 = c_1 = \text{const}$$

$$\dot{\lambda}_2 = -\lambda_1 = -c_1,\ \lambda_2 = -c_1 t + c_2$$

式中，c_1，c_2 为积分常数。

$$I_D = -\frac{1}{2}\frac{K_m}{J_D}(-c_1 t + c_2)$$

（4）由状态方程得

$$\dot{x}_1 = x_2$$

$$\dot{x}_2 = \frac{K_m}{J_D}I_D - \frac{1}{J_D}T_F$$

$$= \frac{1}{2}\frac{K_m^2}{J_D^2}c_1 t - \frac{1}{2}\frac{K_m^2}{J_D^2}c_2 - \frac{1}{J_D}T_F$$

$$x_2 = \frac{1}{4}\frac{K_m^2}{J_D^2}c_1 t^2 - \left(\frac{1}{2}\frac{K_m^2}{J_D^2}c_2 + \frac{1}{J_D}T_F\right)t + c_3$$

$$x_1 = \frac{1}{12}\frac{K_m^2}{J_D^2}c_1 t^3 - \frac{1}{4}\frac{K_m^2}{J_D^2}c_2 t^2 - \frac{1}{2J_D}T_F t^2 + c_3 t + c_4$$

式中，c_3，c_4 为积分常数。

根据边界条件，确定积分常数 c_1，c_2，c_3 和 c_4 得

$$c_3 = c_4 = 0$$

$$c_1 = \frac{-24\theta}{t_f^3}\frac{J_D^2}{K_m^2}$$

$$c_2 = -\frac{-12\theta}{t_f^2}\frac{J_D^2}{K_m^2} - \frac{2J_D}{K_m^2}T_F$$

将 c_1，c_2 的表达式代入 $x_2(t) = \omega(t)$ 和 $I_D(t)$，得到

$$\omega(t)=x_2=\frac{6\theta}{t_f^2}\left[t-\frac{t^2}{t_f}\right]$$

$$I_D(t)=\frac{1}{K_m}\left[\left(\frac{6\theta J_D}{t_f^2}+T_F\right)-\frac{12\theta J_D}{t_f^3}t\right]$$

$\omega(t)$、$I_D(t)$的曲线如图 6-2 所示。

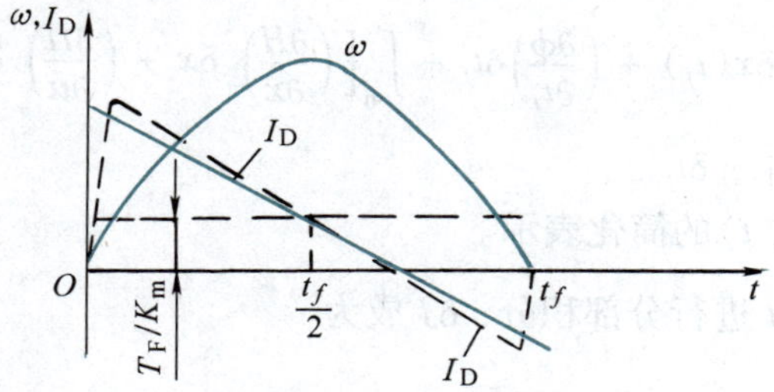

图 6-2

角速度$\omega(t)$按抛物线形状变化，电流$I_D(t)$按线性变化。实际上$I_D(t)$不能突变，而是按虚线所示的轨线变化。

6.2.3 末值时刻自由情况下的最优控制

非线性时变系统的状态方程及初始状态如式(6-9)、式(6-10)所示。初始时刻t_0固定，末值时刻t_f是自由的。若$x(t_f)$自由，性能指标

$$J=\phi[\boldsymbol{x}(t_f),t_f]+\int_{t_0}^{t_f}\boldsymbol{L}(\boldsymbol{x},\boldsymbol{u},t)\mathrm{d}t \tag{6-36}$$

要寻求最优控制$\boldsymbol{u}^*$以及t_f^*，使性能指标J取极小值。为了求出最优控制，引入哈密顿函数

$$H(\boldsymbol{x},\boldsymbol{u},\boldsymbol{\lambda},t)=\boldsymbol{L}(\boldsymbol{x},\boldsymbol{u},t)+\boldsymbol{\lambda}^{\mathrm{T}}f(\boldsymbol{x},\boldsymbol{u},t)$$

其中
$$\boldsymbol{\lambda}(t)=[\lambda_1(t)\quad\lambda_2(t)\quad\cdots\quad\lambda_n(t)]^{\mathrm{T}}$$

于是
$$J=\phi[x(t_f),t_f]+\int_{t_0}^{t_f}[H(\boldsymbol{x},\boldsymbol{u},\boldsymbol{\lambda},t)-\boldsymbol{\lambda}^{\mathrm{T}}\dot{\boldsymbol{x}}]\mathrm{d}t$$

上式中可以变分的变量除了$\boldsymbol{u}$、$\boldsymbol{x}$、$\boldsymbol{x}(t_f)$外，t_f可以变分，即$t_f\to t_f+\delta t_f$。不能变分的变量为$\boldsymbol{x}(t_0)$、t_0、$\boldsymbol{\lambda}(t)$。因此，J的增量为

$$\Delta J=\phi[\boldsymbol{x}(t_f)+\delta\boldsymbol{x}(t_f),t_f+\delta t_f]+\int_{t_0}^{t_f+\delta t_f}[H(\boldsymbol{x}+\delta\boldsymbol{x},\boldsymbol{u}+\delta\boldsymbol{u},\boldsymbol{\lambda},t)]-\boldsymbol{\lambda}^{\mathrm{T}}(\dot{\boldsymbol{x}}+\delta\dot{\boldsymbol{x}})]\mathrm{d}t-$$

$$\phi[\boldsymbol{x}(t_f,t_f)]-\int_{t_0}^{t_f}[H(\boldsymbol{x},\boldsymbol{u},\boldsymbol{\lambda},t)-\boldsymbol{\lambda}^{\mathrm{T}}\dot{\boldsymbol{x}}]\mathrm{d}t$$

$$=\phi[\boldsymbol{x}(t_f)+\delta\boldsymbol{x}(t_f),t_f+\delta t_f]-\phi[\boldsymbol{x}(t_f),t_f]+$$

$$\int_{t_0}^{t_f}[H(\boldsymbol{x}+\delta\boldsymbol{x},\boldsymbol{u}+\delta\boldsymbol{u},\boldsymbol{\lambda},t)-H(\boldsymbol{x},\boldsymbol{u},\boldsymbol{\lambda},t)-\boldsymbol{\lambda}^{\mathrm{T}}\delta\dot{\boldsymbol{x}}]\mathrm{d}t+$$

$$\int_{t_f}^{t_f+\delta t_f}[H(\boldsymbol{x}+\delta\boldsymbol{x},\boldsymbol{u}+\delta\boldsymbol{u},\boldsymbol{\lambda},t)-\boldsymbol{\lambda}^{\mathrm{T}}(\dot{\boldsymbol{x}}+\delta\dot{\boldsymbol{x}})]\mathrm{d}t$$

与6.2.1节比较发现，上式中多了第三项。应用积分中值定理并取 ΔJ 中的一次变分即 δJ,则

$$\delta J=\left(\frac{\partial\phi}{\partial\boldsymbol{x}(t_f)}\right)^{\mathrm{T}}\delta\boldsymbol{x}(t_f)+\left(\frac{\partial\phi}{\partial t_f}\right)\delta t_f+\int_{t_0}^{t_f}\left[\left(\frac{\partial H}{\partial\boldsymbol{x}}\right)^{\mathrm{T}}\delta\boldsymbol{x}+\left(\frac{\partial H}{\partial\boldsymbol{u}}\right)^{\mathrm{T}}\delta\boldsymbol{u}-\boldsymbol{\lambda}^{\mathrm{T}}\delta\dot{\boldsymbol{x}}\right]\mathrm{d}t+[H-\boldsymbol{\lambda}^{\mathrm{T}}\dot{\boldsymbol{x}}]_{t=t_f}\delta t_f$$

式中，H 为 $H(\boldsymbol{x},\boldsymbol{u},\boldsymbol{\lambda},t)$ 的简化表示。

对上式中 $\int_{t_0}^{t_f}\boldsymbol{\lambda}^{\mathrm{T}}\delta\dot{\boldsymbol{x}}\mathrm{d}t$ 进行分部积分，δJ 成为

$$\delta J=\left(\frac{\partial\phi}{\partial\boldsymbol{x}(t_f)}\right)^{\mathrm{T}}\delta\boldsymbol{x}(t_f)+\left(\frac{\partial\phi}{\partial t_f}\right)\delta t_f+\int_{t_0}^{t_f}\left[\left(\frac{\partial H}{\partial\boldsymbol{x}}\right)^{\mathrm{T}}\delta\boldsymbol{x}+\left(\frac{\partial H}{\partial\boldsymbol{u}}\right)^{\mathrm{T}}\delta\boldsymbol{u}\right]\mathrm{d}t-[\boldsymbol{\lambda}^{\mathrm{T}}\delta\boldsymbol{x}]_{t=t_f}+[H-\boldsymbol{\lambda}^{\mathrm{T}}\dot{\boldsymbol{x}}]_{t=t_f}\delta t_f \tag{6-37}$$

应当注意，末值时刻 t_f 自由时，$\delta\boldsymbol{x}|_{t=t_f}$ 不等于 $\boldsymbol{x}(t)$ 的变分 $\delta\boldsymbol{x}(t_f)$。因为 $\delta\boldsymbol{x}(t_f)$ 是状态轨线移到点 $[t_f+\delta t_f,\ \boldsymbol{x}(t_f)+\delta\boldsymbol{x}(t_f)]$ 时 $\boldsymbol{x}(t_f)$ 的变分，而 $\delta\boldsymbol{x}|_{t=t_f}$ 是当通过 $[t_0,\ \boldsymbol{x}(t_0)]$ 和 $[t_f,\ \boldsymbol{x}(t_f)]$ 两点的极值曲线时 $\boldsymbol{x}(t)$ 在 t_f 处的变分。二者之间的关系，以 $\boldsymbol{x}(t)$ 的一个分量 $x_i(t)$ 为例加以说明，如图6-3所示。$\delta\boldsymbol{x}(t_f)$ 相当图上 $\overline{CF}$ 线段，而 $\delta\boldsymbol{x}|_{t=t_f}$ 相当图上 $\overline{DB}$ 线段，二者之间有近似关系式

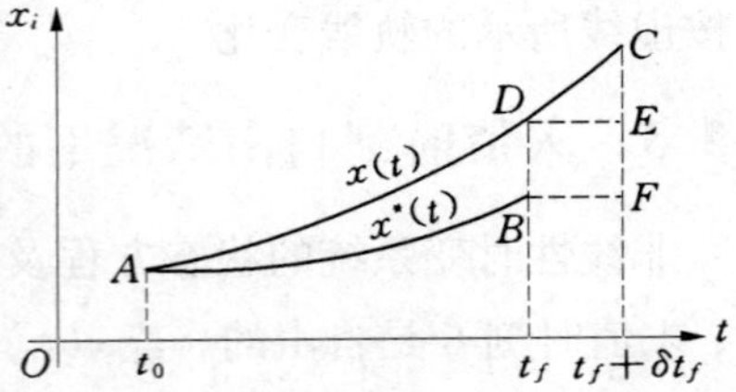

图 6-3

$$\delta\boldsymbol{x}(t_f)\approx\delta\boldsymbol{x}|_{t=t_f}+\dot{\boldsymbol{x}}(t_f)\delta t_f$$

或

$$\delta\boldsymbol{x}|_{t=t_f}\approx\delta\boldsymbol{x}(t_f)-\dot{\boldsymbol{x}}(t_f)\delta t_f$$

将上式代入式(6-37)得到

$$\delta J=\left[\frac{\partial\phi}{\partial\boldsymbol{x}(t_f)}-\boldsymbol{\lambda}(t_f)\right]^{\mathrm{T}}\delta\boldsymbol{x}(t_f)+\int_{t_0}^{t_f}\left[\left(\frac{\partial H}{\partial\boldsymbol{x}}+\dot{\boldsymbol{\lambda}}\right)^{\mathrm{T}}\delta\boldsymbol{x}+\left(\frac{\partial H}{\partial\boldsymbol{u}}\right)^{\mathrm{T}}\delta\boldsymbol{u}\right]\mathrm{d}t+\left[\frac{\partial\phi}{\partial t_f}+H(t_f)\right]\delta t_f$$

性能指标J取极值时，必有 $\delta J=0$。即

$$\delta J=\left[\frac{\partial\phi}{\partial\boldsymbol{x}(t_f)}-\boldsymbol{\lambda}(t_f)\right]^{\mathrm{T}}\delta\boldsymbol{x}(t_f)+\int_{t_0}^{t_f}\left[\left(\frac{\partial H}{\partial\boldsymbol{x}}+\dot{\boldsymbol{\lambda}}\right)^{\mathrm{T}}\delta\boldsymbol{x}+\left(\frac{\partial H}{\partial\boldsymbol{u}}\right)^{\mathrm{T}}\delta\boldsymbol{u}\right]\mathrm{d}t+\left[\frac{\partial\phi}{\partial t_f}+H(t_f)\right]\delta t_f=0 \tag{6-38}$$

选择 $\boldsymbol{\lambda}(t)$ 使其满足

$$\dot{\boldsymbol{\lambda}} = -\frac{\partial H}{\partial \boldsymbol{x}} \tag{6-39}$$

$$\boldsymbol{\lambda}(t_f) = \frac{\partial \phi}{\partial \boldsymbol{x}(t_f)} \tag{6-40}$$

由于 $\delta \boldsymbol{u}$、δt_f 是任意的，故得到

$$\frac{\partial H}{\partial \boldsymbol{u}} = 0 \tag{6-41}$$

$$H(t_f) = -\frac{\partial \phi}{\partial t_f} \tag{6-42}$$

而
$$\dot{\boldsymbol{x}} = \frac{\partial H}{\partial \boldsymbol{\lambda}} = f(\boldsymbol{x}, \boldsymbol{u}, t) \tag{6-43}$$

在上面这个最优控制问题中，未知数为 $(2n+r+1)$ 个，现有式(6-39)、式(6-41)、式(6-43)和式(6-42)，共计 $(2n+r+1)$ 个方程，正好求解。但是式(6-39)和式(6-43)是微分方程组，有 $2n$ 个积分常数，它们由式(6-40)和 $\boldsymbol{x}(t_0)$ 确定。

特例，当系统为定常系统的情况，这时函数 f、L 和 ϕ 均不显含时间 t 和 t_f，因而函数 H 也不显含时间 t，有 $\partial H/\partial t = 0$。根据式(6-26)、式(6-27)和式(6-28)，函数 H 沿最优轨线保持常数，即

$$H^*(t) = H^*(t_f) = \text{const} \tag{6-44}$$

如果 t_f 自由，则 $\partial \phi/\partial t_f = 0$，由式(6-42)知，函数 H 沿最优轨线始终保持为零值，即

$$H^*(t) = H^*(t_f) = 0 \tag{6-45}$$

例 6-3 系统的状态方程为 $\dot{\boldsymbol{x}} = \boldsymbol{u}$

$$\boldsymbol{x}(0) = 1 \quad \boldsymbol{x}(t_f) = 0$$

性能指标
$$J = t_f^2 + \int_0^{t_f} u^2 \mathrm{d}t$$

求最优控制 $\boldsymbol{u}^*(t)$ 和末值时刻 t_f，使性能指标泛函取极小值。

解 系统是能控的。

(1) 构造哈密顿函数 $H(x, u, \lambda) = u^2 + \lambda u$

(2) 由控制方程 $\frac{\partial H}{\partial u} = 0$，得到

$$2u^* + \lambda = 0 \quad u^* = -\frac{1}{2}\lambda$$

(3) 由伴随方程

$$\dot{\lambda} = -\frac{\partial H}{\partial x} = 0 \quad \lambda = \text{const} = c_1$$

$$u^* = -\frac{1}{2}c_1$$

(4) 将 u^* 代入状态方程 $\dot{x} = -\frac{1}{2}c_1$

解为
$$x = -\frac{1}{2}c_1 t + c_2$$

式中，c_1、c_2 为积分常数，由 $x(0)$ 和 $x(t_f)$ 确定。

由 $x(0) = 1$ 得到 $x(0) = c_2 = 1$

$x(t_f) = 0$ 得到 $x(t_f) = -\frac{1}{2}c_1 t_f + 1 = 0 \qquad c_1 = \frac{2}{t_f}$

(5) 由于 t_f 自由，$H(t_f) = -\frac{\partial \phi}{\partial t_f} = 0$，得到

$$u^2(t_f) + \lambda u(t_f) = -2t_f$$

或
$$u^2(t_f) + \lambda u(t_f) + 2t_f = 0$$

上式与 u^*、$x(t_f)$ 的式子联立，解得

$$c_1 = \sqrt[3]{16}$$

$$t_f = 2^{-\frac{1}{3}}$$

$$u^* = -2^{\frac{1}{3}}$$

$$x^* = -2^{\frac{1}{3}}t + 1$$

6.3 极小值原理及其在快速控制中的应用

6.3.1 问题的提出

首先，用变分法求解最优控制问题时，认为控制向量 $\boldsymbol{u}(t)$ 不受限制，可以在 r 维控制空间(有的书称为开集)中取值。然而对于实际的物理系统，控制向量总是受到限制的，只能在 r 维控制空间中某一个控制域(称为闭集)内取值，这个控制域称为容许控制域，以 $\boldsymbol{U}$ 表示。显然 $\boldsymbol{U} \subset R^r$ (符号 $\subset$ 表示 U 被 R^r 包含)，在控制向量受到限制时，应用控制方程 $\partial H / \partial u = 0$ 来确定最优控制可能出错。对于图 6-4a 所示的哈密顿函数与 u 的关系曲线，由 $\partial H / \partial u = 0$，求得 $u^*(t) = u_i$。当 $u(t)$ 可以在边界 u_{imin} 和 u_{imax} 整个区间上取值时，结果 H 最小值发生在左边界上。因此，按 $\partial H / \partial u = 0$ 求得的控制并不能使 H 为最小。又如

图 6-4b 所示的 H 和 u 的关系曲线，H 与 u 成线性关系，$\partial H/\partial u=0$ 不存在，即无法由控制方程来确定最优控制，必须另辟新径。

其次，在上一节求解最优控制问题时，假设函数 $\boldsymbol{f}$、L 都应该是 $\boldsymbol{x}(t)$、$\boldsymbol{u}(t)$ 的连续的（至少是分段连续的）函数，并且有一阶的连续偏导数。然而，有些控制问题，容许控制只是控制空间中的一些弧立的点（例如 ±1 等），求解这样的最优控制问题，变分法就无能为力了。

第三，工程中，有一类最优控制问题的性能指标有如下形式

$$J=\int_{t_0}^{t_f}\sum_{i=1}^{r}|u_i|\,\mathrm{d}t \tag{6-46}$$

例如燃料消耗最少的控制系统就是这样的性能指标，不满足变分法的使用条件。因此，不能用变分法来求解这一类系统的最优控制问题。

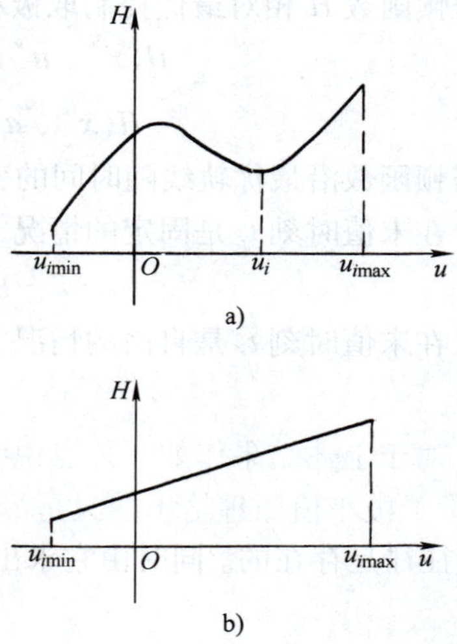

图 6-4

综上所述，变分法在求解最优控制问题时有一定的局限性。解决这样一类最优控制问题的方法就是极小值原理。

6.3.2 极小值原理

非线性定常系统的状态方程为

$$\dot{\boldsymbol{x}}=\boldsymbol{f}(\boldsymbol{x},\ \boldsymbol{u}) \tag{6-47}$$

初始时刻为 t_0，初始状态为 $\boldsymbol{x}(t_0)$，末值时刻为 t_f，末端状态 $\boldsymbol{x}(t_f)$ 自由

$$\boldsymbol{u}(t)\in\boldsymbol{U} \tag{6-48}$$

性能指标为末值型性能指标

$$J=\phi[\boldsymbol{x}(t_f),\ t_f] \tag{6-49}$$

要求在状态方程约束下，寻求最优控制 $\boldsymbol{u}^*\in\boldsymbol{U}$ 及 t_f 使系统从 $\boldsymbol{x}(t_0)$ 转移到 $\boldsymbol{x}(t_f)$，并使 J 取极小值。下面将不加证明地给出用极小值原理的方法求解这个最优控制问题的结果。

设 $\boldsymbol{u}(t)$ 为容许控制，$\boldsymbol{x}(t)$ 为对应的状态轨线。为了使 $\boldsymbol{u}(t)$ 成为最优控制 $\boldsymbol{u}^*(t)$，$\boldsymbol{x}(t)$ 成为最优轨线 $\boldsymbol{x}^*(t)$ 必存在一个向量函数 $\boldsymbol{\lambda}^*(t)$，使得

$$\dot{\boldsymbol{x}}^*=\frac{\partial H}{\partial\boldsymbol{\lambda}} \tag{6-50}$$

$$\dot{\boldsymbol{\lambda}}^*=-\frac{\partial H}{\partial\boldsymbol{x}} \tag{6-51}$$

式中，$H(\boldsymbol{x},\ \boldsymbol{u},\ \boldsymbol{\lambda},\ t)=\boldsymbol{\lambda}^{\mathrm{T}}\boldsymbol{f}(\boldsymbol{x},\ \boldsymbol{u})$ 为哈密顿函数，$\boldsymbol{x}^*(t)$ 和 $\boldsymbol{\lambda}^*(t)$ 满足边界条件

$$\boldsymbol{x}^*(t)|_{t=t_0}=\boldsymbol{x}(t_0) \tag{6-52}$$

$$\boldsymbol{\lambda}^*(t_f)=\frac{\partial\phi}{\partial \boldsymbol{x}(t_f)} \tag{6-53}$$

哈密顿函数 H 相对最优控制取极小值，即

$$H(\boldsymbol{x}^*,\boldsymbol{u}^*,\boldsymbol{\lambda}^*,t)=\min_{u\in U}H[\boldsymbol{x}^*,\boldsymbol{u},\boldsymbol{\lambda}^*,t] \tag{6-54}$$

或
$$H(\boldsymbol{x}^*,\boldsymbol{u}^*,\boldsymbol{\lambda}^*,t)\leqslant H[\boldsymbol{x}^*,\boldsymbol{u},\boldsymbol{\lambda}^*,t] \tag{6-55}$$

哈密顿函数沿最优轨线随时间的变化规律：

在末值时刻 t_f 是固定的情况

$$H^*(t)=H^*(t_f)=\text{const} \tag{6-56}$$

在末值时刻 t_f 是自由的情况

$$H^*(t)=H^*(t_f)=0 \tag{6-57}$$

对于上述结果作如下几点说明：

1）极小值原理给出的只是最优控制所应该满足的必要条件，但是，实际中的最优控制，往往是存在的。同时由它求出的最优控制也只有一个，因此就不再去检验解的充分性了。

2）极小值原理的结果与用变分法求解最优控制问题的结果比较起来，差别仅在于极值条件。6.2 节中的极值条件为控制方程 $\partial H/\partial \boldsymbol{u}=0$，由于 $\delta \boldsymbol{u}$ 是微量，因而它最多只能给出 H 的相对极小值（也称弱极值），而极小值原理给出的极值条件为式（6-54）或式（6-55）。即在容许控制域 U 中将所有可能的 $\boldsymbol{u}$ 代入 $H(\boldsymbol{x}^*,\boldsymbol{u},\boldsymbol{\lambda}^*,t)$ 中进行比较，选取使 $H(\boldsymbol{x}^*,\boldsymbol{u},\boldsymbol{\lambda}^*,t)$ 为最小的 $\boldsymbol{u}(t)$ 作为 $\boldsymbol{u}^*(t)$。因此在整个控制域内，最优控制使哈密顿函数 H 取绝对极小值（也称强极值）。如果容许控制域充满整个 r 维控制空间（即 $\boldsymbol{u}(t)$ 不受限制），由哈密顿函数 H 的极小值条件可以直接推得 $\partial H/\partial \boldsymbol{u}=0$ 的结果。

3）这里给出了极小值原理的结果。而在庞德里亚金的著作《最佳过程的数学理论》中，论述的是极大值原理。因为求目标函数 J 的极大和求 $-J$ 的极小是等价的。事实上，如果令

$$\boldsymbol{P}(t)=-\boldsymbol{\lambda}(t) \tag{6-58}$$

则哈密顿函数
$$H(\boldsymbol{x},\boldsymbol{u},\boldsymbol{p},t)=H_p=-H(\boldsymbol{x},\boldsymbol{u},\boldsymbol{\lambda},t)=-H_\lambda \tag{6-59}$$

于是有
$$\dot{\boldsymbol{x}}=\frac{\partial H(\boldsymbol{x},\boldsymbol{u},\boldsymbol{p},t)}{\partial \boldsymbol{p}}=\frac{\partial H_p}{\partial \boldsymbol{p}} \tag{6-60}$$

$$\dot{\boldsymbol{p}}(t)=\frac{\partial H_p}{\partial \boldsymbol{x}} \tag{6-61}$$

$$H(\boldsymbol{x}^*,\boldsymbol{u}^*,\boldsymbol{p}^*,t)=\max_{u\in U}H[\boldsymbol{x}^*,\boldsymbol{u},\boldsymbol{p}^*,t] \tag{6-62}$$

或
$$H(\boldsymbol{x}^*,\boldsymbol{u}^*,\boldsymbol{p}^*,t)\geqslant H[\boldsymbol{x}^*,\boldsymbol{u},\boldsymbol{p}^*,t] \tag{6-63}$$

对 $\boldsymbol{\lambda}(t)$ 来说，$H(\boldsymbol{x}^*,\boldsymbol{u},\boldsymbol{\lambda}^*,t)$ 有极小值，而对 $\boldsymbol{p}(t)$ 来说，$H(\boldsymbol{x}^*,\boldsymbol{u},\boldsymbol{p}^*,t)$ 有极大值，这就是极大值原理。

4）这里给出非线性定常系统最优控制问题的极小值原理。实际上对非线性时变系统的最优控制问题，也有极小值原理。

6.3.3 二次积分模型的快速控制

被控对象为二次积分模型，如图 6-5 所示。这是本章 6.1 节中问题 6-2 的模型简化。在问题 6-2 中，若 $T_F=0$，$K_m/J_D=1$，令 $I_D(t)=u(t)$。这时就是二次积分模型了。其状态方程为

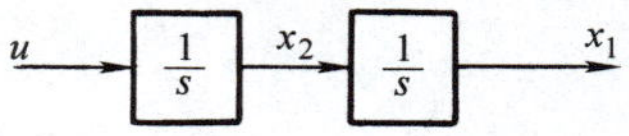

图 6-5

$$\dot{x}_1=x_2 \tag{6-64}$$

$$\dot{x}_2=u \tag{6-65}$$

$$|u|\leqslant 1 \tag{6-66}$$

系统的初始状态为

$$x_1(0),\ x_2(0) \tag{6-67}$$

末值状态为

$$x_1(t_f)=0,\ x_2(t_f)=0 \tag{6-68}$$

性能指标为

$$J=\int_0^{t_f}\mathrm{d}t=t_f \tag{6-69}$$

要求在状态方程的约束下，寻求满足式(6-66)的最优控制 $u(t)$，使系统从 $x(t_0)=x(0)$ 转移到 $x(t_f)$，同时使 J 取极小值。由于在这个最优控制问题中，控制信号 $u(t)$ 受限制，因此用极小值原理来求解，系统是能控的，因此最优控制问题的解存在且惟一。

（1）哈密顿函数为

$$H(x,u,\lambda,t)=1+\lambda_1x_2+\lambda_2u \tag{6-70}$$

（2）根据极值条件式(6-55)，来确定最优控制。运用这个式子确定 $u(t)$，只能用分析的方法，即选择 $u(t)$ 使哈密顿函数 H 取极小。由式(6-70)可知，要使 H 取极小值，必须让(λ_2u)取负值，即

$$u^*=\begin{cases}1 & \lambda_2(t)<0\\ -1 & \lambda_2(t)>0\end{cases} \tag{6-71}$$

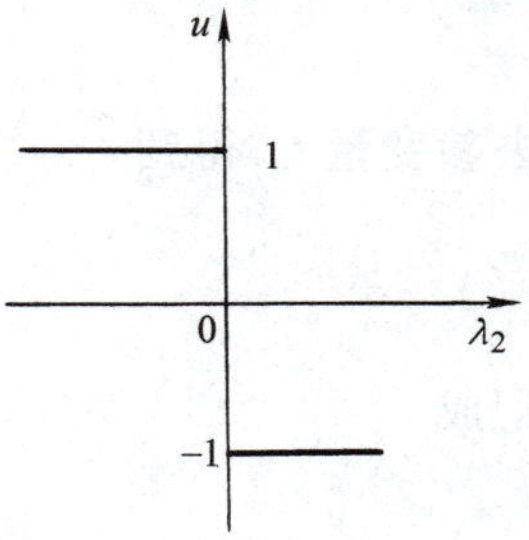

图 6-6

如图 6-6 所示。如果引入取符号标记 sign 表示 u^*，则式(6-71)可表示为

$$u^*=-\mathrm{sign}\lambda_2(t) \tag{6-72}$$

（3）伴随方程为

$$\dot{\lambda}_1=-\frac{\partial H}{\partial x_1}=0$$

$$\dot{\lambda}_2=-\frac{\partial H}{\partial x_2}=-\lambda_1 \tag{6-73}$$

若 $\lambda(t)$ 的初始值为 $\lambda_1(0)=\pi_1$，$\lambda_2(0)=\pi_2$，则

$$\lambda_1=\pi_1 \tag{6-74}$$

$$\lambda_2=\pi_2-\pi_1 t$$

由式(6-70)可知，$\lambda_2(t)\neq 0$，因为 $\lambda_2(t)\equiv 0$，则有 $\lambda_1(t)\equiv 0$，于是式(6-70)就不满足式(6-57)了，即 $\lambda_2(t)$ 在时间间隔 $[0, t_f]$ 内，最多只有一点取零值，或者说，$\lambda_2(t)$ 在 $[0, t_f]$ 内最多变号一次。这样，可能的最优控制函数 $u^*(t)$ 只有如图 6-7 所示的四种情况。

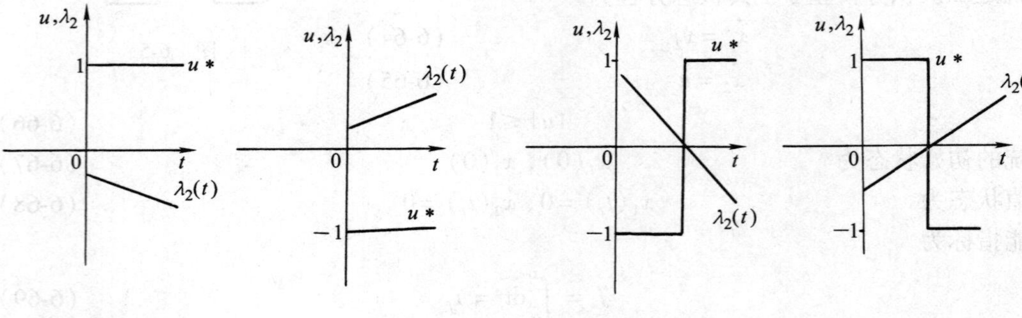

图 6-7

$$\{+1\},\{-1\},\{-1,+1\},\{+1,-1\}$$

为了形象地表示系统的运动形态，引用相平面的方法予以研究。

(4) 由状态方程可知，当 $u^*=\pm 1$ 时，求得

$$x_2(t)=x_2(0)\pm t$$

$$x_1(t)=x_1(0)+x_2(0)t\pm\frac{1}{2}t^2 \tag{6-75}$$

消去参变量 t，得到

$$x_1(t)=\left[x_1(0)\mp\frac{1}{2}x_2^2(0)\right]\pm\frac{1}{2}x_2^2(t)$$

或记成

$$x_1=\left[x_1(0)\mp\frac{1}{2}x_2^2(0)\right]\pm\frac{1}{2}x_2^2 \tag{6-76}$$

即

$$u^*=1,\qquad x_1=\left[x_1(0)-\frac{1}{2}x_2^2(0)\right]+\frac{1}{2}x_2^2$$

$$u^*=-1,\qquad x_1=\left[x_1(0)+\frac{1}{2}x_2^2(0)\right]-\frac{1}{2}x_2^2$$

其相迹为两族抛物线(如图 6-8 所示)，而能在 t_f 到达坐标原点 $x(t_f)=0$ 的相迹只有两条，即

$$u^*=+1,\quad r_+=\{(x_1,x_2)\mid x_1=\frac{1}{2}x_2^2\qquad(x_2\leqslant 0)$$

$$u^*=-1,\quad r_-=\{(x_1,x_2)\mid x_1=-\frac{1}{2}x_2^2\qquad(x_2\geqslant 0) \tag{6-77}$$

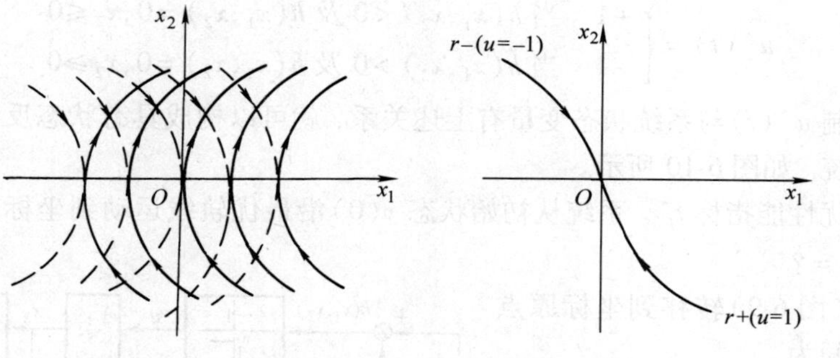

图 6-8

显然，当初始状态 $x(0)$ 位于曲线 r_+ 上，则 $u^* = +1$，使系统在 t_f 运动到坐标原点；当初始状态 $x(0)$ 位于曲线 r_- 上时，则 $u^* = -1$，可使系统在 t_f 到达坐标原点。因此，极小值原理给出惟一解。

若将 r_+ 和 r_- 合起来，记为 r，则

$$r = r_+ \cup r_- = \left\{ (x_1, x_2) \mid x_1 = -\frac{1}{2} x_2 |x_2| \right\} \tag{6-78}$$

式中，$r_+ \cup r_-$ 表示 r_+ 和 r_- 的并集。曲线 r 将相平面分成两个区域 R_+ 和 R_-，如图 6-9 所示。

$$R_- = \left\{ (x_1, x_2) \mid x_1 > -\frac{1}{2} x_2 |x_2| \right\}$$

$$R_+ = \left\{ (x_1, x_2) \mid x_1 < -\frac{1}{2} x_2 |x_2| \right\} \tag{6-79}$$

当初始状态 $x(0)$ 位于 R_- 区域时，$u^*(t)$ 为 $\{-1, +1\}$。例如初始状态为 A 点，系统先取 $u^* = -1$，相点沿 AB 相迹运动至 C 点，$u^*(t)$ 进行转换，从 $u^*(t) = -1$ 改为 $+1$。于是沿 r_+ 运动到坐标原点；同理，如果初始状态在 R_+ 区域上的 D 点，则 $u^*(t)$ 为 $\{+1, -1\}$。此时先是 $u^*(t) = +1$，相点沿相迹转移到 E 点，$u^*(t)$ 转换，从 $u^*(t) = +1$ 变成 -1，则相点沿 r_- 运动到坐标原点。正因为如此，曲线 r 常称为转移曲线或开关曲线。

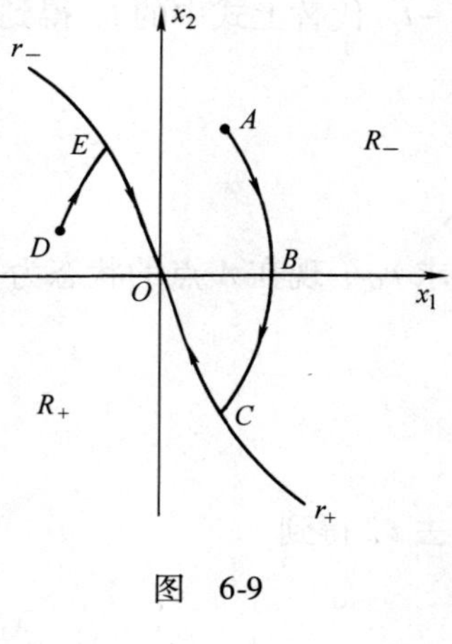

图 6-9

如果取 $u^* = 1$，表示开关接通，$u^* = -1$ 表示开关断开，则 u^* 从 $+1 \to -1$ 以及从 $-1 \to +1$ 的控制方式称为开关控制（或 Bang-Bang 控制）。根据式(6-78)，开关曲线的方程式可改写成

$$h(x_1, x_2) = x_1 + \frac{1}{2} x_2 |x_2| = 0 \tag{6-80}$$

$h(x_1, x_2)$也可称为开关函数。使用开关函数描述时，最优控制 $u^*(t)$可改写为

$$u^*(t)=\begin{cases}+1 & \text{当} h(x_1,x_2)<0 \text{及} h(x_1,x_2)=0, x_2\leqslant 0\\ -1 & \text{当} h(x_1,x_2)>0 \text{及} h(x_1,x_2)=0, x_2\geqslant 0\end{cases} \tag{6-81}$$

由于最优控制 $u^*(t)$与系统状态变量有上述关系，就可以构成具有状态反馈的状态闭环最优控制系统。如图 6-10 所示。

(5) 最优性能指标 t_f^*。系统从初始状态 $x(0)$沿最优轨线运动到坐标原点所需要的时间 $J^*=t_f^*=?$

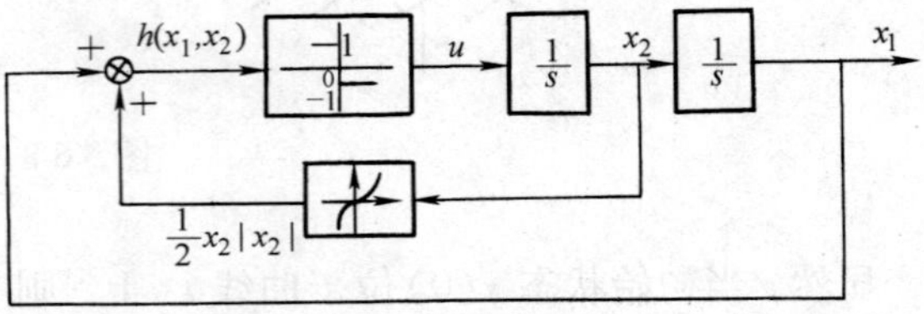

图 6-10

从 A 点(图 6-9)转移到坐标原点所需要的时间为

$$t_f^*=t_{AC}+t_{CO} \tag{6-82}$$

先求 t_{CO}，系统在 $t=0$ 时，从 C 点经过时间 t_{CO}到坐标原点这一事实与系统在 $t=0$ 时，从原点经过 $t=-t_{OC}$到 C 点这一事实是等价的。因此，在坐标原点(即 $x_1(0)=0$, $x_2(0)=0$)时，由式(6-75)得到

$$x_2(t)=t$$

$$x_1(t)=\frac{1}{2}t^2$$

用 $-t_{OC}$代替上式中的 t，得到

$$x_1(t)=\frac{1}{2}t_{OC}^2 \tag{6-83}$$

$$x_2(t)=-t_{OC} \tag{6-84}$$

再求 t_{AC}，现在 A 点的状态为 $x_1(0)$, $x_2(0)$，这时 $u^*=-1$。由式(6-75)得到

$$x_2(t)=x_2(0)-t \tag{6-85}$$

$$x_1(t)=x_1(0)+x_2(0)t-\frac{1}{2}t^2 \tag{6-86}$$

消去 t，得到

$$x_1(t)=x_1(0)+\frac{1}{2}x_2^2(0)-\frac{1}{2}x_2^2(t) \tag{6-87}$$

由于 C 点在 r_+上，将式(6-83)、式(6-84) 给出的 C 点坐标代入式(6-87)，于是

$$x_1(t)=\frac{1}{2}t_{OC}^2=x_1(0)+\frac{1}{2}x_2^2(0)-\frac{1}{2}t_{OC}^2$$

或
$$t_{OC}^2=x_1(0)+\frac{1}{2}x_2^2(0)$$

$$t_{OC}=\sqrt{x_1(0)+\frac{1}{2}x_2^2(0)} \tag{6-88}$$

将式(6-88)代入式(6-84)，并利用式(6-85)，有

$$x_2(t)=-\sqrt{x_1(0)+\frac{1}{2}x_2^2(0)}=x_2(0)-t_{AC}$$

所以

$$t_{AC}=x_2(0)+\sqrt{x_1(0)+\frac{1}{2}x_2^2(0)} \tag{6-89}$$

$$\begin{aligned} t_f^* &= t_{AC}+t_{CO}=x_2(0)+\sqrt{x_1(0)+\frac{1}{2}x_2^2(0)}+\sqrt{x_1(0)+\frac{1}{2}x_2^2(0)} \\ &= x_2(0)+\sqrt{4x_1(0)+2x_2^2(0)} \end{aligned} \tag{6-90}$$

这是对应于 $x_1(0)>-\frac{1}{2}x_2(0)|x_2(0)|$ 的情况。

同样方法，可以求 $x_1(0)<-\frac{1}{2}x_2(0)|x_2(0)|$ 和 $x_1=-\frac{1}{2}x_2(0)|x_2(0)|$ 情况下的 t_f^*，结果为

$$t_f^*=\begin{cases} x_2(0)+\sqrt{4x_1(0)+2x_2^2(0)} & \text{当 } x_1(0)>-\frac{1}{2}x_2(0)|x_2(0)| \\ -x_2(0)+\sqrt{-4x_1(0)+2x_2^2(0)} & \text{当 } x_1(0)<-\frac{1}{2}x_2(0)|x_2(0)| \\ |x_2(0)| & \text{当 } x_1(0)=-\frac{1}{2}x_2(0)|x_2(0)| \end{cases} \tag{6-91}$$

例如初始状态 $x_1(0)=1$，$x_2(0)=2$，即相平面中的 A 点，这时 $t_f^*=t_{AC}+t_{CO}=x_2(0)+\sqrt{4x_1(0)+2x_2^2(0)}=2+\sqrt{12}=2(1+\sqrt{3})$。

通过这个最优控制问题的求解发现，同样是一个电枢控制的他励直流电动机，现在控制的性能指标为 $J=t_f=\min$ 即快速控制时，$I_D^*(t)=u^*(t)$ 为方波函数。而在问题 6-1 中，$J=\frac{1}{2}\int I_D^2(t)\mathrm{d}t=\min$，即损耗最小时，则 $I_D^*(t)=u^*(t)$ 为三角波函数。因此，在说到最优控制时，一定要指明性能指标，即求解在某个性能指标下的最优控制。

6.3.4 考虑燃料消耗的快速控制

在航空与航天工程中，航天器采用燃烧燃料所产生的发动机推力或力矩进行控制。从节约燃料角度考虑，应使控制过程中燃料消耗最少，这就是燃料最优控制问题。

设燃料消耗率以 $\varphi(t)$ 表示，显然 $\varphi(t)\geqslant 0$。在航天器运动过程中消耗的燃料总量为

$$Q=\int_0^{t_f}\varphi(t)\mathrm{d}t \tag{6-92}$$

一般地说，燃料消耗率与控制向量（推力或力矩）有确定关系，即 $\varphi=\varphi(u)$。下面考虑关系式

$$\varphi=\sum_{j=1}^{r}c_j|u_j| \quad (c_j>0) \tag{6-93}$$

它的物理意义是，当推力或力矩增加时，燃料消耗成比例地增加，其比例系数为 c_j。发动机推力或力矩不能任意大而受限制，即

$$|u_j|\leqslant M_j \quad (j=1, 2, \cdots, r) \tag{6-94}$$

为了保证控制过程中燃料最省，控制的性能指标可以选为消耗燃料总量

$$J=Q=\int_0^{t_f}\varphi(t)\,\mathrm{d}t=\int_0^{t_f}\left(\sum_{j=1}^{r}c_j|u_j|\right)\mathrm{d}t \tag{6-95}$$

但是，在研究燃料最优控制问题时，还应该同时考虑过渡过程时间 t_f。因为末值时刻 t_f 自由，从燃料消耗最优出发，就可能导致过长的时间 t_f；而强调时间 t_f，又有可能使燃料过多消耗。所以，考虑燃料消耗的快速控制问题的性能指标时，一种较好的选择是采用时间加权性能指标，即

$$J=\rho t_f+\int_0^{t_f}\left(\sum_{j=1}^{r}c_j|u_j|\right)\mathrm{d}t=\int_0^{t_f}\left[\rho+\sum_{j=1}^{r}c_j|u_j|\right]\mathrm{d}t \tag{6-96}$$

式中,ρ 是大于零的加权系数，它体现了对时间 t_f 的重视程度。当 $\rho=0$ 时，不计及时间 t_f，只考虑燃料消耗；当 $\rho=\infty$ 时，不计及燃料消耗，只考虑时间最快。以式(6-96)为性能指标的最优控制问题称为考虑燃料消耗的快速控制问题，又称时间-燃料最优控制问题。下面以二次积分模型为被控对象介绍考虑燃料消耗的快速控制问题。

系统状态方程为

$$\begin{cases}\dot{x}_1=x_2\\ \dot{x}_2=u\end{cases} \tag{6-97}$$

控制受限 $$|u|\leqslant 1 \tag{6-98}$$

系统的初始状态为 $$x_1(0),\quad x_2(0) \tag{6-99}$$

末值状态为 $$x_1(t_f)=0,\quad x_2(t_f)=0,\quad t_f\text{ 自由} \tag{6-100}$$

性能指标为 $$J=\int_0^{t_f}[\rho+|u|]\,\mathrm{d}t \tag{6-101}$$

要求在状态方程的约束下，寻求满足式(6-98)的最优控制 $u(t)$，使系统从 $\boldsymbol{x}(0)$ 转移到 $\boldsymbol{x}(t_f)=0$，同时使 J 取极小值。

由于性能指标中的被积函数不满足可微条件，故只能用极小值原理来求解。系统是能控的，最优控制问题的解存在。

（1）哈密顿函数

$$\boldsymbol{H}(\boldsymbol{x}, \boldsymbol{u}, \lambda, t)=\rho+|u|+\lambda_1x_1+\lambda_2u \tag{6-102}$$

（2）确定最优控制。根据极值条件式(6-55)来确定最优控制。因为控制受限，只能

用分析方法来选择 $\boldsymbol{u}(t)$ 使哈密顿函数 $\boldsymbol{H}$ 取极小值，或取函数 $R(u)$

$$R(u) = |u| + \lambda_2 u \tag{6-103}$$

极小值。为此先研究函数 $R(u)$ 随 u 及参数 λ_2 的变化规律，进而选择 u^*。让 $u=+1$ 及 $u=-1$，即研究 $0 \leqslant u \leqslant 1$ 及 $-1 \leqslant u \leqslant 0$ 两种情况下 $R(u)$ 随 u 及 λ_2 变化规律。

对于 $-1 \leqslant u \leqslant 0$ 的情况，$R(u)$ 与 λ_2 之间是直线方程关系，不同 u 值时 $R(u)$ 与 λ_2 变化情况如图 6-11a 所示。

对于 $0 \leqslant u \leqslant 1$ 的情况，不同 u 值下，$R(u)$ 随 λ_2 的变化情况如图 6-11b 所示。将图 6-11a 和 6-11b 合并，得到图 6-11c。为了在 λ_2 变化范围内 $R(u)$ 最小，最优控制 $u^*(t)$ 与 λ_2 之间的关系如图 6-11d 所示。

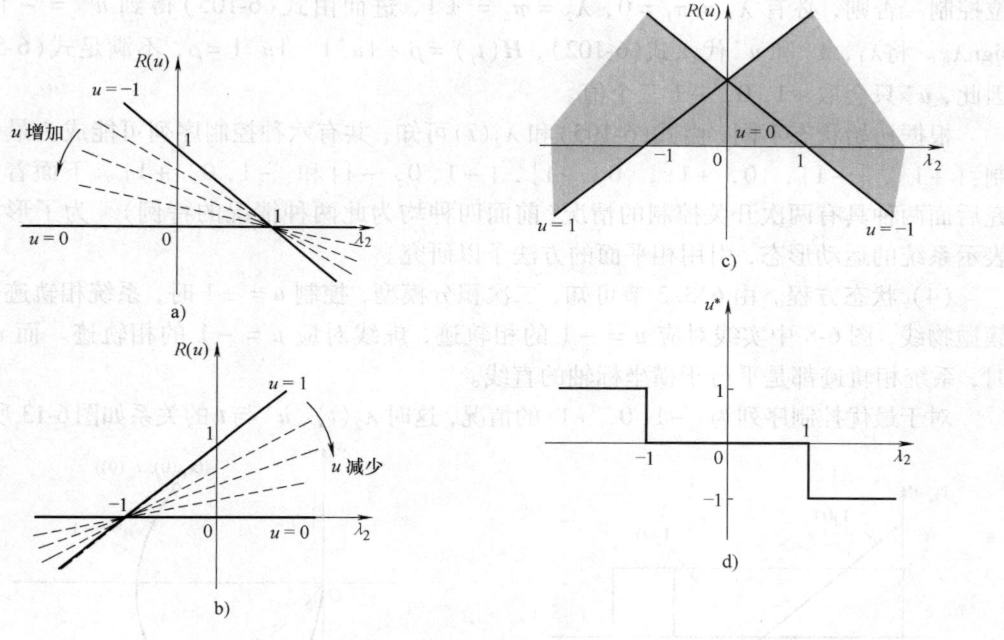

图 6-11

为了书写简单起见，引入死区函数记号 dez，如图 6-12 所示。

$$a = \operatorname{dez} b$$

$$a = \begin{cases} 0 & (|b| < 1) \\ \operatorname{sign} b & (|b| \geqslant 1) \end{cases} \tag{6-104}$$

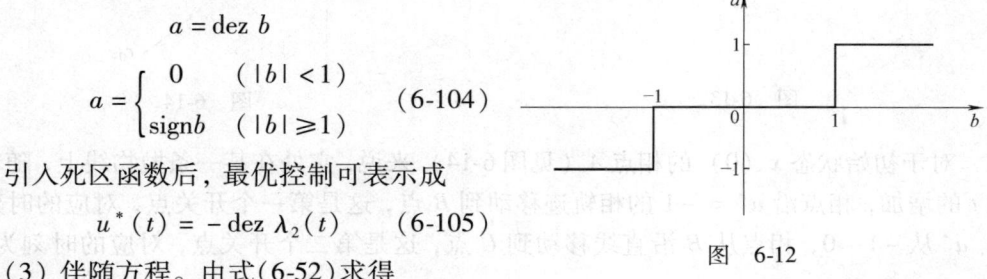

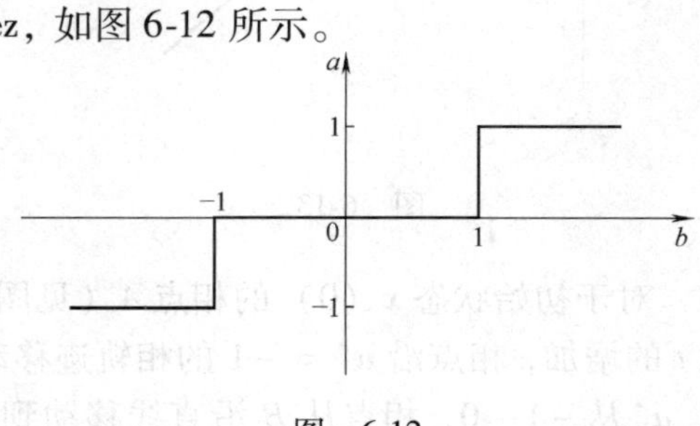

图 6-12

引入死区函数后，最优控制可表示成

$$u^*(t) = -\operatorname{dez} \lambda_2(t) \tag{6-105}$$

(3) 伴随方程。由式(6-52)求得

$$\dot{\lambda}_1 = -\frac{\partial \boldsymbol{H}}{\partial x_1} = 0 \tag{6-106a}$$

$$\dot{\lambda}_2 = -\frac{\partial \boldsymbol{H}}{\partial x_2} = -\lambda_1 \tag{6-106b}$$

若 $\lambda(t)$ 的初始值为 $\lambda_1(0)=\pi_1$，$\lambda_2(0)=\pi_2$，则

$$\lambda_1 = \pi_1 \tag{6-107}$$

$$\lambda_2 = \pi_2 - \pi_1 t \tag{6-108}$$

应当指出，由于末值时刻自由，由式(6-57)可知，$\lambda_2(t)$ 在时间间隔 $[0, t_f]$ 内，u^* 最多可取 +1，0，-1 三个值。随着时间 t 的增加，u^* 在这三个值上转换。这种控制称为三位控制。否则，必有 $\lambda_1=\pi_1=0$，$\lambda_2=\pi_2=\pm 1$，进而由式(6-105)得到 $u^*=-|u^*|\operatorname{sign}\lambda_2$。将 λ_1，λ_2 和 u^* 代入式(6-102)，$\boldsymbol{H}(t_f)=\rho+|u^*|-|u^*|=\rho$，不满足式(6-58)。因此，$u^*$ 只会取 +1，0，-1 三个值。

根据初始状态不同，由式(6-105)和 $\lambda_2(t)$ 可知，共有六种控制序列可能成为最优控制：{+1}，{-1}，{0，+1}，{0，-1}，{+1，0，-1} 和 {-1，0，+1}。下面着重研究后面两种具有两次开关控制的情况（前面四种均为此两种情况的特例）。为了形象地表示系统的运动形态，引用相平面的方法予以研究。

(4) 状态方程。由 6.3.3 节可知，二次积分模型，控制 $u=\pm 1$ 时，系统相轨迹是一簇抛物线，图 6-8 中实线对应 $u=+1$ 的相轨迹，虚线对应 $u=-1$ 的相轨迹。而 $u=0$ 时，系统相轨迹都是平行于横坐标轴的直线。

对于最优控制序列为 {-1，0，+1} 的情况，这时 $\lambda_2(t)$，u^* 与 t 的关系如图 6-13 所示。

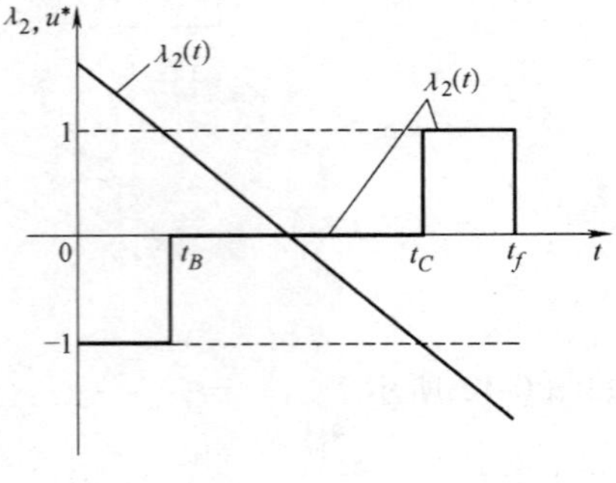

图　6-13

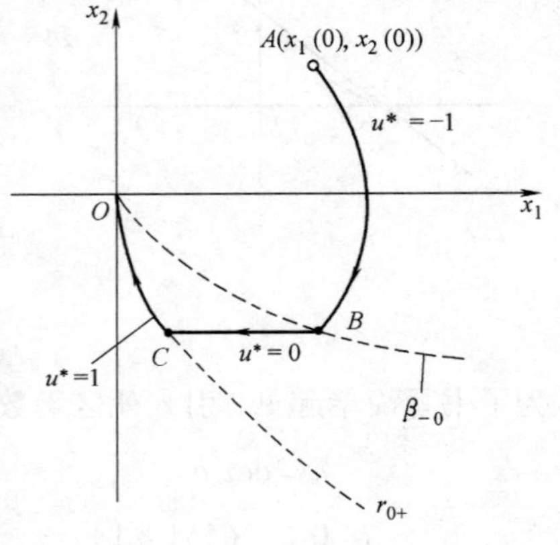

图　6-14

对于初始状态 $\boldsymbol{x}(0)$ 的相点 A（见图 6-14）来说，它处在某一条抛物线上，随着时间 t 的增加，相点沿 $u^*=-1$ 的相轨迹移动到 B 点，这是第一个开关点，对应的时刻是 t_B。u^* 从 $-1\to 0$，相点从 B 沿直线移动到 C 点，这是第二个开关点，对应的时刻为 t_C。

u^*从0→+1，相点沿抛物线 r_{0+} 移动到坐标原点（$\boldsymbol{x}(t_f)=0$）。通过坐标原点的一条抛物线记为 r_{0+}，即

$$r_{0+}=\left\{(x_1,\ x_2)\ \middle|\ x_1=\frac{1}{2}x_2^2,\ x_2\leqslant 0\right\} \tag{6-109}$$

系统在最优控制序列{−1，0，+1}作用下，从 $\boldsymbol{x}(0)$ 转移到 $\boldsymbol{x}(t_f)=0$（坐标原点）。轨线 $ABCO$ 为最优轨线。

在最优轨线中，对应于 t_B 时刻的相点 B 的位置是个关键参数，如何确定呢？相点 $B\to C$ 时，$u^*=0$，相点在 BC 线上移动可以认为是匀速运动，速度为 x_{2C}，$\overline{BC}$的长度为

$$x_{1B}-x_{1C}=\overline{BC}=|x_{2C}|(t_C-t_B) \tag{6-110}$$

由图6-13可知

$$\left.\begin{aligned}\lambda_2(t_B)&=\pi_2-\pi_1 t_B=+1\\ \lambda_2(t_C)&=\pi_2-\pi_1 t_C=-1\end{aligned}\right\} \tag{6-111}$$

由式(6-111)求出

$$t_C-t_B=\frac{2}{\pi_1} \tag{6-112}$$

式中，π_1 未知。为了求出 π_1，可利用末值时刻自由时，哈密顿函数 $\boldsymbol{H}$ 沿最优轨线等于零的条件，此时 $u^*=0$，即

$$\boldsymbol{H}=\rho+\lambda_1 x_{2C}=0$$

求得

$$\pi_1=\lambda_1=\frac{\rho}{|x_{2C}|} \tag{6-113}$$

将式(6-113)代入式(6-110)，得到 B 点位置为

$$x_{1B}=x_{1C}+\frac{2x_{2C}^2}{\rho} \tag{6-114}$$

抛物线 r_{0+} 上任何一点均可以作为第二开关点，r_{0+} 是一条开关曲线。而相点 B 作为第一开关点，也形成一条曲线 β_{-0}，由式(6-114)可知，它也是一条通过原点的抛物线。从而得

$$\beta_{-0}=\left\{(x_1,\ x_2)\ \middle|\ x_1=\frac{1}{2}x_2^2+\frac{2x_{2C}^2}{\rho},\quad x_2<0\right\}$$

或

$$\beta_{-0}=\left\{(x_1,\ x_2)\ \middle|\ x_1=\frac{\rho+4}{2\rho}x_2^2,\quad x_2<0\right\} \tag{6-115}$$

这是另一条开关曲线（抛物线），它对应于时刻 t_B，标志着 u 从−1到0的转换位置。

如果初始状态 $\boldsymbol{x}(0)$ 在相迹上的 B 点或其他平行于横坐标轴的直线相迹上，则最优控制序列为{0，+1}，可以将 $\boldsymbol{x}(0)$ 转移到 $\boldsymbol{x}(t_f)=0$（坐标原点）。

如果初始状态 $\boldsymbol{x}(0)$ 在相迹 r_{0+} 上，则最优控制 $u^*=+1$，即可以将 $\boldsymbol{x}(0)$ 转移到 $\boldsymbol{x}(t_f)=0$（坐标原点）。故最优控制序列{0，+1}、{+1}为最优控制序列{−1，0，+1}的特例。

可以用同样的方法研究最优控制序列{+1，0，-1}的情况。这时 $\lambda_2(t)$，$u^*(t)$与 t 的关系如图 6-15 所示。在这样的最优控制序列作用下，系统从初始状态 D 点，沿 $D\to E\to F\to O$ 转移，完成从 $\boldsymbol{x}(0)$到 $\boldsymbol{x}(t_f)=0$ 的控制。轨线 $DEFO$ 就是在最优控制序列{+1，0，-1}的作用下最优轨线。对应图 6-15 上抛物线 r_{0-} 是一条开关线，即

$$r_{0-}=\left\{(x_1,\ x_2)\ \middle|\ x_1=-\frac{1}{2}x_2^2,\ x_2\geqslant 0\right\} \tag{6-116}$$

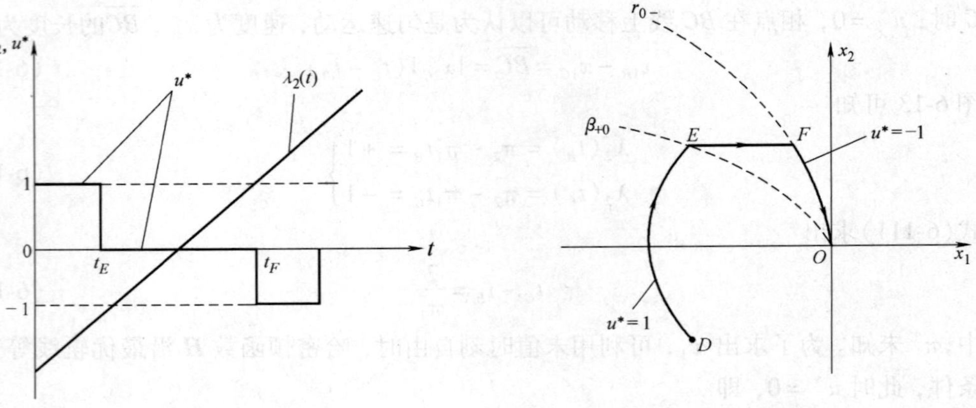

图 6-15

图 6-15 上 E 点也形成另一条开关线 β_{+0}，即

$$\beta_{+0}=\left\{(x_1,\ x_2)\ \middle|\ x_1=-\frac{\rho+4}{2\rho}x_2^2,\ x_2\geqslant 0\right\} \tag{6-117}$$

如果将 r_{0+} 和 r_{0-} 合起来，记成 r_0，则

$$r_0=r_{0+}\cup r_{0-}=-\frac{1}{2}x_2|x_2| \tag{6-118}$$

将 β_{-0} 和 β_{+0} 合起来，记成 β_0，则

$$\beta_0=\beta_{-0}\cup\beta_{+0}=-\frac{1}{2}\,\frac{\rho+4}{2\rho}x_2|x_2| \tag{6-119}$$

这样，在相平面上两类开关曲线 r_0 和 β_0 将相平面分成四个区域 R_1，R_2，R_3 和 R_4，如图 6-16 所示。

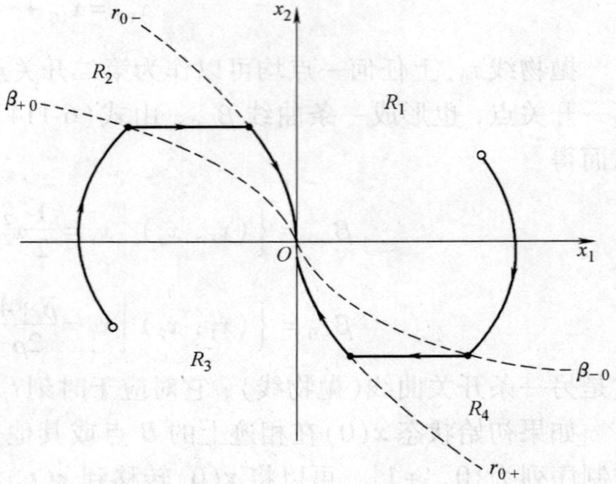

图 6-16

图中

$$
\begin{aligned}
R_1 &= \left\{ (x_1, x_2) \,\middle|\, x_1 \geqslant -\frac{1}{2}x_2|x_2|,\ x_1 > -\frac{\rho+4}{2\rho}x_2|x_2| \right\} \\
R_2 &= \left\{ (x_1, x_2) \,\middle|\, x_1 < -\frac{1}{2}x_2|x_2|,\ x_1 \geqslant -\frac{\rho+4}{2\rho}x_2|x_2| \right\} \\
R_3 &= \left\{ (x_1, x_2) \,\middle|\, x_1 \leqslant -\frac{1}{2}x_2|x_2|,\ x_1 < -\frac{\rho+4}{2\rho}x_2|x_2| \right\} \\
R_4 &= \left\{ (x_1, x_2) \,\middle|\, x_1 > -\frac{1}{2}x_2|x_2|,\ x_1 \leqslant -\frac{\rho+4}{2\rho}x_2|x_2| \right\}
\end{aligned}
\tag{6-120}
$$

这四个区域对应的最优控制为

$$
\begin{cases}
u^* = -1 & 当(x_1, x_2) \in R_1 \\
u^* = 0 & 当(x_1, x_2) \in R_2 \cup R_4 \\
u^* = +1 & 当(x_1, x_2) \in R_3
\end{cases}
\tag{6-121}
$$

由式(6-120)，式(6-121)可知，系统可以采用状态反馈实现闭环控制。实现状态反馈控制的一个方案如图 6-17 所示。图中有两个继电器特性、一个带死区的继电器特性和一个非线性特性 N，它们均可以用数字仿真实现，如 MATLAB 或 Simulink 实现。

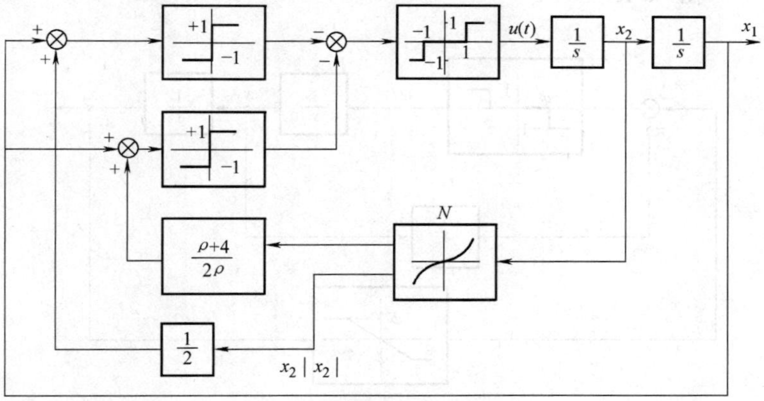

图　6-17

以上介绍的内容是考虑燃料消耗的快速控制问题。当 $\rho = \infty$ 时，β_{-0}与 r_{0+} 重合，β_{+0}与 r_{0-} 重合，这种情况下的控制为不考虑燃料消耗的快速控制；当 $\rho = 0$ 时，β_{-0}与 β_{+0} 均与横坐标轴重合，这种情况下的控制就是不考虑时间因素的燃料最优控制。

上面是理论分析结果，实际中常常存在各种干扰或噪声（如测量系统状态传感器的误差、控制系统各环节特别是非线性环节的误差等）会使开关时间不准确，即开关不能严格位于开关曲线上。这种情况下，被控的空间物体就会绕平衡位置作微小的周期运动，在相平面上就是在坐标原点附近形成极限环。它的振幅可能很小，但却维持正常的燃料消耗率，因此燃料消耗是十分惊人的。这对其长时间工作不利。为了克服这个缺点，常在坐标原点附近设置不灵敏区，例如 $S = \{(x_1, x_2) | x_2 = 0, |x_1| \leqslant \phi\}$，这种情况下

的开关曲线如图 6-18 所示。这样，燃料消耗将大为减少。但是实现这种开关曲线比较复杂，工程上将其简化成数段直线(见图 6-19)，只要适当选择几段直线的几个连接点的位置就可以了。图 6-20 表示了与开关曲线图 6-19 相对应的系统结构图，显然是十分容易实现的。

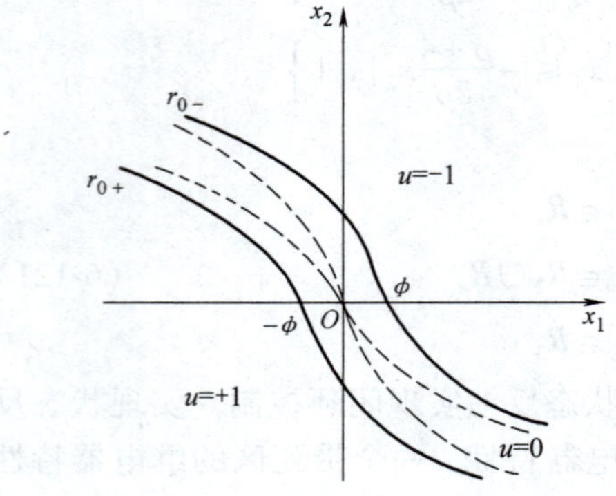

图 6-18

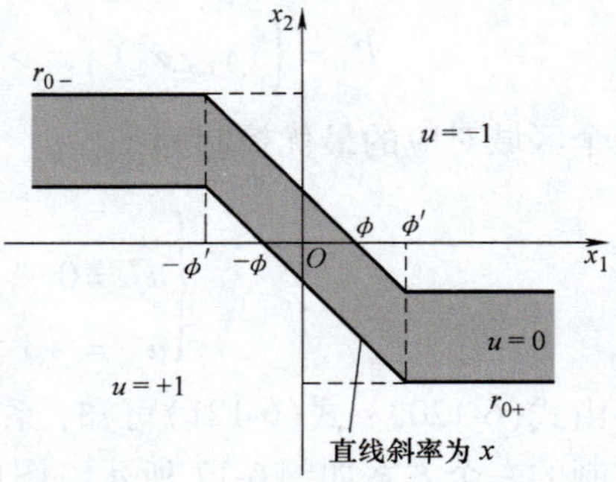

图 6-19

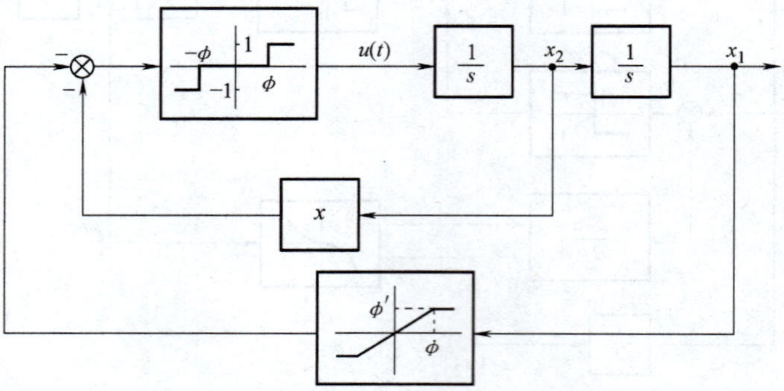

图 6-20

应当指出，简化后的控制系统的性能指标不是最优的了，而是接近最优控制系统，称为准最优控制系统。

6.4 用动态规划法求解最优控制问题

动态规划法是别尔曼于 20 世纪 50 年代作为多段过程决策而提出来的，然而今天，它已在最优控制等许多领域获得了应用。

6.4.1 动态规划法的基本思想

现以选择随机走路的最短路线为例来说明动态规划法的基本思想。图6-21为小城镇交通路线图。起点站为S，终点站为F，$x_1(1)$、$x_1(2)$、$x_1(3)$、$x_2(1)$、$x_2(2)$和$x_2(3)$为沿途各站。站与站之间的里程已标在图上，要求选择一条路线的走法，使得从S站到F站所经过的里程最短。这是一个最优控制问题：

小城镇交通路线图为系统的模型；

S站为初始状态（相应于初始时刻）；

F站为末值状态（相应于末值时刻）；

总里程为性能指标；

选择走法为决定控制。

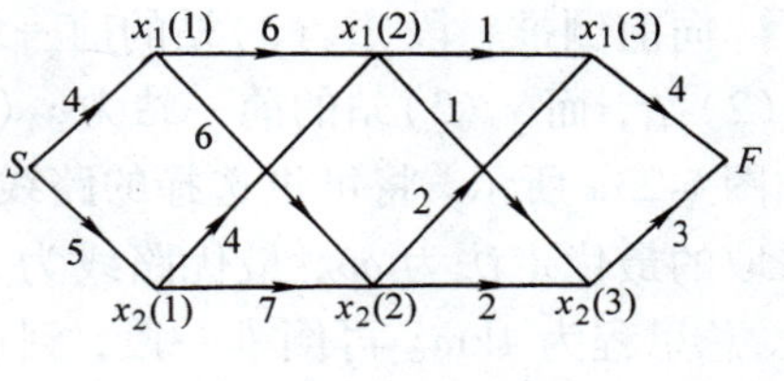

图 6-21

这个问题就是在系统模型的约束下，寻求一种走法，从S站至F站，并使总里程最短。解决这个最优控制问题的方法有两个。一个方法是将S站到F站所有可能的走法全部列出来，如图6-22所示，并把每种走法经过的路线的里程加起来标在各条路线上，然后取其中最短里程的走法即为最优的走法。

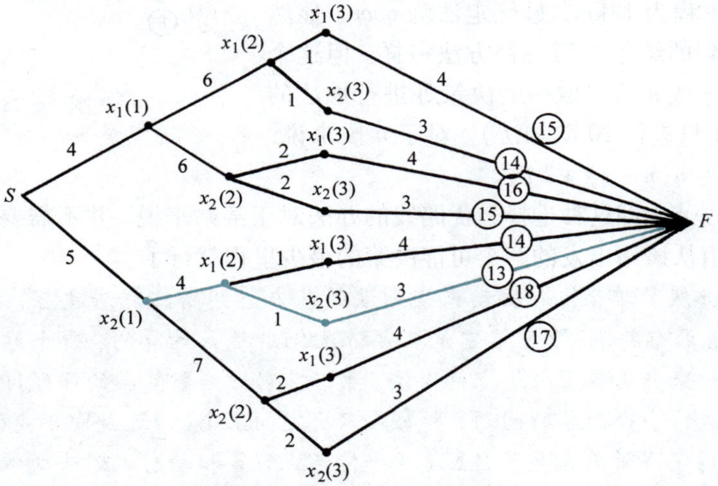

图 6-22

由图6-22可见，从S站经$x_2(1)$，$x_1(2)$，$x_2(3)$到F站的总里程为13km，这条路线是最优路线，其最优的走法是从S站向下走，向上走，向下走，最后是向上走。若向上走记为p，向下走记为q，则最优走法就是$qpqp$。这种求解最优控制问题的方法称为穷举法。对于具有四段的交通线路，选择最优走法需要相加24次。一般地说，当交通路线有n段时，则需要进行$(n-1)2^{(n-1)}$次加法，这种方法很繁琐。

解决上述问题的第二个方法是这样的：从最后一段开始，向前倒推。当倒推到某一站时，计算该站到终点站的总里程，并选择里程最少的走法。对于这个问题，最后一段是：

$x_1(3)$ 和 $x_2(3)$ 分别到达终点站 F 的里程是

$$x_1(3)-F \text{ 为 } 4\text{km}$$

$$x_2(3)-F \text{ 为 } 3\text{km}$$

最后一段，没有选择的余地。

向前倒推一段，$x_1(3)$ 站的前一站是 $x_1(2)$ 站和 $x_2(2)$ 站，而 $x_2(3)$ 站的前一站为 $x_1(2)$ 和 $x_2(2)$ 站，如图 6-23a 所示。将可供选择的路线进行比较可见，采取的最优走法为 qp，最优路线为 $x_1(2)$，$x_2(3)$，F。总里程为 4km。再倒推一段，到达 $x_1(2)$ 也有两种走法，如图 6-23b 所示。由图可见，从 $x_2(1)$ 站出发，最优决策为 pqp，最优路线为 $x_2(1)$，$x_1(2)$，$x_2(3)$，F。最少里程为 8km。到达 $x_2(1)$ 站再向前倒推一段即为 S 站，即最优路线为 S，$x_2(1)$，$x_1(2)$，$x_2(3)$，F，总里程为 13km，最优走法为 $qpqp$。显然这种方法所得到的结果与第一种方法一样。但这个方法除了进行 q 或 p 的二取一的决策外进行加法的总次数减少了（只进行 10 次加法）。对于 n 段来说，总的加法次数为 $n(n-2)+2$ 次。

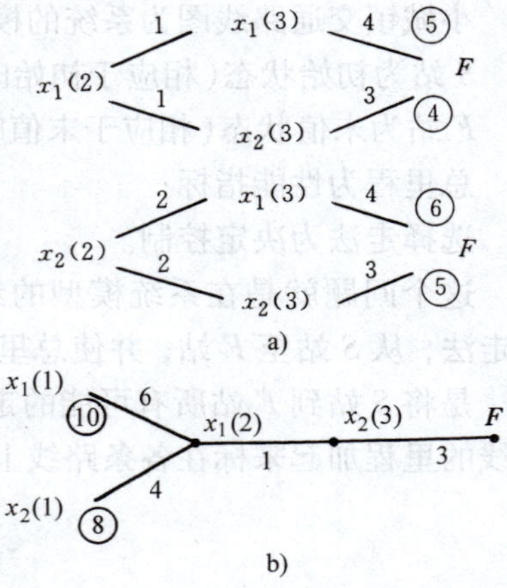

图 6-23

应该强调一点，即这种选择最优路线的办法对于某站来说，并不需要知道其后的决策，而只需知道从该站出发的两个可能决策的最少里程就行了。

这个例子虽然简单，但却把动态规划法的基本思想都概括进去了。从该例可以看出，这个解法有两个特点：第一，它是从 F 依次倒着往 S 计算的，每个站至终点站的最少里程都要算出来并选择里程最少的走法；第二，它把一个复杂的问题即决定一条路线的选择问题变成许多个简单的问题，即每次只决定向上走(p)还是向下走(q)的问题，因而使问题的求解变得简单容易了。上述两个特点正好是和动态规划法所依据的两个基本原理密切相关的。两个基本原理就是不变嵌入原理和最优性原理。

不变嵌入原理的含义是这样的：为了解决一个特定的最优控制问题，而把原问题嵌入到一系列相似的但易于求解的问题中去。对于一个多级最优控制过程来说，就是把原来的多级最优控制问题代换成一系列单级最优控制的问题。显然，单级问题比多级问题容易处理。上面随机走路的最优路线选择问题就是这样来解决的。

6.4.2 最优性原理

在一个多级决策问题中的最优决策具有这样的性质，不管初始级、初始状态和初始决策是什么，当把其中的任何一级和这一级的状态再作为初始级和初始状态时，余下的决策对此必定构成一个最优决策。对于随机走路的例子来说，是一个以 S 站为初始站的四段过程，其最优决策为 $qpqp$。对于以 $x_2(1)$ 站为初始站的 $(4-1)$ 段过程来说，根据最优性原理可知决策序列 pqp 必定是最优的。如果以 $x_1(2)$ 为初始站，最优决策序列应为 qp 等。

现在将最优性原理用到离散系统中去。系统状态方程为

$$\boldsymbol{x}(k+1)=\boldsymbol{f}[\boldsymbol{x}(k),\boldsymbol{u}(k)] \tag{6-122}$$

初始状态为

$$\boldsymbol{x}(k)|_{k=0}=\boldsymbol{x}(0) \tag{6-123}$$

性能指标为

$$J=\sum_{k=0}^{N} L[\boldsymbol{x}(k),\boldsymbol{u}(k)] \tag{6-124}$$

式中，$\boldsymbol{x}(k)$ 为 n 维状态向量；$\boldsymbol{u}(k)$ 为 r 维控制向量；$\boldsymbol{f}$ 为 n 维向量函数；N 为末值时刻。要求确定 $\boldsymbol{u}(k)$，使性能指标最优，即 $J=\text{opt}$。

一般情况下，可以认为第 k 级的决策 $\boldsymbol{u}(k)$ 与第 k 级以及 k 以前各级的状态 $\boldsymbol{x}(k-i)$ 和 $\boldsymbol{u}(k-i)$ 有关 $(i=1, 2, \cdots)$，即

$$\boldsymbol{u}(k)=\boldsymbol{u}[\boldsymbol{x}(k),\boldsymbol{x}(k-1),\cdots,\boldsymbol{u}(k-1),\boldsymbol{u}(k-2),\cdots] \tag{6-125}$$

这个函数称为策略函数。下面的讨论中，仅限于研究

$$\boldsymbol{u}(k)=\boldsymbol{u}[\boldsymbol{x}(k)] \tag{6-126}$$

这时策略函数只是现时状态 $\boldsymbol{x}(k)$ 的函数。在随机走路的例子中，当把选择右上行或右下行视为一种决策时，就属于这种情况。对策略函数的这个限制有好处，它使多数的最优控制问题得到解决。在这种情况下，最优策略是根据最优性原理来确定的。

若将上面最优控制问题从 $\boldsymbol{x}(0)$ 到 $\boldsymbol{x}(N)$ 的最优性能指标（在动态规划法中有时称为最优代价函数）记为 $J^*[x(0), 0]$。根据最优性原理，可以写出

$$\begin{aligned} J^*[\boldsymbol{x}(0),0] &= \underset{\boldsymbol{u}(0),\boldsymbol{u}(1),\cdots,\boldsymbol{u}(N)}{\text{opt}}\{L[\boldsymbol{x}(0),\boldsymbol{u}(0)]+L[\boldsymbol{x}(1),\boldsymbol{u}(1)]+\cdots+L[\boldsymbol{x}(N),\boldsymbol{u}(N)]\} \\ &= \underset{\boldsymbol{u}(0)}{\text{opt}}\{L[\boldsymbol{x}(0),\boldsymbol{u}(0)]+\underset{\boldsymbol{u}(1),\boldsymbol{u}(2),\cdots,\boldsymbol{u}(N)}{\text{opt}}\{L[\boldsymbol{x}(1),\boldsymbol{u}(1)]+\cdots+L[\boldsymbol{x}(N),\boldsymbol{u}(N)]\}\end{aligned}$$

如果记为 $J^*[\boldsymbol{x}(1),1]=\underset{\boldsymbol{u}(1),\boldsymbol{u}(2),\cdots,\boldsymbol{u}(N)}{\text{opt}}\{L[\boldsymbol{x}(1),\boldsymbol{u}(1)]+\cdots+L[\boldsymbol{x}(N),\boldsymbol{u}(N)]\}$

则

$$J^*[\boldsymbol{x}(0),0]=\underset{\boldsymbol{u}(0)}{\text{opt}}\{L[\boldsymbol{x}(0),\boldsymbol{u}(0)]+J^*[\boldsymbol{x}(1),1]\}$$

对于任意级 k，有

$$J^*[\boldsymbol{x}(k),k]=\underset{\boldsymbol{u}(k)}{\text{opt}}\{L[\boldsymbol{x}(k),\boldsymbol{u}(k)]+J^*[\boldsymbol{x}(k+1),k+1]\} \tag{6-127}$$

这就是最优性原理的数学描述。

应该指出，最优性原理所肯定的是余下的决策为最优决策，对以前的决策没有明确的要求。

6.4.3 用动态规划法求解离散系统最优控制问题

系统的状态方程为

$$\boldsymbol{x}(k+1)=\boldsymbol{f}(\boldsymbol{x}(k),\boldsymbol{u}(k)) \tag{6-128}$$

$$\boldsymbol{x}(k)|_{k=0}=\boldsymbol{x}(0) \tag{6-129}$$

$$J=\sum_{k=0}^{N}L(\boldsymbol{x}(k),\boldsymbol{u}(k)) \tag{6-130}$$

要求在状态方程的约束下，寻求$\boldsymbol{u}(k)$使$J=\min$。

这个最优控制问题中的控制序列$\boldsymbol{u}(k)$可以受限制，也可以不受限制。为了简单起见，假设$\boldsymbol{u}(k)$不受限制。这个最优控制问题的解可以利用最优性原理的式(6-127)来求解。这时要将式中的符号 opt 改为 min 就可以求出最优控制序列，即

$$J^*[\boldsymbol{x}(k),k]=\min_{u(k)}\{L[\boldsymbol{x}(k),\boldsymbol{u}(k)]+J^*[\boldsymbol{x}(k+1),k+1]\} \tag{6-131}$$

例 6-4 线性定常离散系统的状态方程为

$$x(k+1)=x(k)+u(k)$$

初始状态为$x(0)$，性能指标为

$$J=\frac{1}{2}cx^2(N)+\frac{1}{2}\sum_{k=0}^{N-1}u^2(k)$$

寻求最优控制序列$u(k)$，使$J=\min$(为了简单起见，设$N=2$)。

解 运用动态规划法来求解。

(1) 从最后一级开始，即$k=2$，则

$$J^*[x(2),2]=\frac{1}{2}cx^2(2)$$

(2) 向前倒推一级，即$k=1$，则

$$\begin{aligned}J^*[x(1),1]&=\min_{u(1)}\left\{\frac{1}{2}u^2(1)+J^*[x(2),2]\right\}\\&=\min_{u(1)}\left\{\frac{1}{2}u^2(1)+\frac{1}{2}cx^2(2)\right\}\\&=\min_{u(1)}\left\{\frac{1}{2}u^2(1)+\frac{1}{2}c[x(1)+u(1)]^2\right\}\end{aligned}$$

因为$u(k)$不受限制，故$u^*(1)$可通过下式求出，即

$$\frac{\partial J^*[x(1),1]}{\partial u(1)}=cx(1)+cu(1)+u(1)=0$$

$$u^*(1)=-\frac{cx(1)}{1+c}$$

$$J^*[x(1),1]=\frac{cx^2(1)}{2(1+c)}$$

$$x^*(2)=x(1)+u^*(1)=\frac{x(1)}{1+c}$$

(3) 再向前倒推一级，即$k=0$，则

$$J^*[x(0),0] = \min_{u(0)}\left\{\frac{1}{2}u^2(0) + J^*[x(1),1]\right\}$$

$$= \min_{u(0)}\left\{\frac{1}{2}u^2(0) + \frac{cx^2(1)}{2(1+c)}\right\}$$

$$= \min_{u(0)}\left\{\frac{1}{2}u^2(0) + \frac{c[x(0)+u(0)]^2}{2(1+c)}\right\}$$

由$\frac{\partial J[x(0),0]}{\partial u(0)}=0$，解得

$$u^*(0) = -\frac{cx(0)}{1+2c}$$

$$J^*[x(0),0] = \frac{cx(0)}{2(1+c)}$$

$$x^*(1) = \frac{1+c}{1+2c}x(0)$$

$$x^*(2) = \frac{1}{1+2c}x(0)$$

注意，对一个多级决策过程来说，最优性原理保证了全过程的性能指标最小，并不保证每一级性能指标最小。但是在每考虑一级时，都不是孤立地只把这一级的性能指标最小的决策作为最优决策，而总是把这一级放到全过程中间去考虑，取全过程的性能指标最优的决策作为最优决策。

应该指出：

1）动态规划法和极小值原理是两个相并行的求解最优控制问题的重要方法。

2）动态规划法给出的是最优控制的充分条件，不是必要条件，这一点和极小值原理是不同的。

6.4.4 用动态规划法求解连续系统最优控制问题

非线性时变系统状态方程为

$$\dot{\boldsymbol{x}} = \boldsymbol{f}(\boldsymbol{x},\boldsymbol{u},t) \tag{6-132}$$

$$\boldsymbol{x}(t)|_{t=t_0} = \boldsymbol{x}(t_0) \tag{6-133}$$

式中，$\boldsymbol{x}$ 是 n 维状态向量；$\boldsymbol{u}$ 是 r 维控制向量；$\boldsymbol{f}$ 是 n 维向量函数。控制变量可以受限，即 $\boldsymbol{u}\in U\subset R^r$；也可以不受限，即 $\boldsymbol{u}\in R^r$。这里取 $\boldsymbol{u}\in U$。性能指标

$$J = \phi[\boldsymbol{x}(t_f),t_f] + \int_{t_0}^{t_f}\boldsymbol{L}(\boldsymbol{x},\boldsymbol{u},t)\,\mathrm{d}t \tag{6-134}$$

要寻求最优控制，在满足式(6-132)条件下使J取极小值。

连续系统最优控制问题可以参照离散系统动态规划方法的思想去解决。假如最优控

制 $\boldsymbol{u}^*(t)$和最优轨线 $\boldsymbol{x}^*$都找到了，将其代入式(6-134)，可以计算出最优性能指标J^*。显然，这个最优性能指标 J^*是与初始时刻 t_0、初始状态 $\boldsymbol{x}(t_0)$有关，就是说它是 t_0 和 $\boldsymbol{x}(t_0)$的函数。即

$$J^*(t_0,\boldsymbol{x}(t_0)) = \min_{u\in U}\left\{\phi[\boldsymbol{x}(t_f),t_f] + \int_{t_0}^{t_f}\boldsymbol{L}(\boldsymbol{x}^*,\boldsymbol{u}^*,t)\,\mathrm{d}t\right\} \tag{6-135}$$

满足条件

$$J^*[\boldsymbol{x}(t_f),t_f] = \phi[\boldsymbol{x}(t_f),t_f] \tag{6-136}$$

求解时，用到连续系统的最优性原理。其内容是这样的：如果对于初始时刻 t_0 和初始状态$\boldsymbol{x}(t_0)$来说，$\boldsymbol{u}^*(t)$、状态 $\boldsymbol{x}^*(t)$是系统的最优控制和最优轨线。那么，对于时间区间$[t_0, t_f]$中的时刻$(t+\Delta t)$、状态 $\boldsymbol{x}(t+\Delta t)$来说，它们仍是所研究的系统往后的最优控制和最优轨线。

下面，运用最优性原理来推导连续系统动态规划的基本方程。假定$J^*[\boldsymbol{x}(t), t]$是存在的且是连续的并有连续的一阶、二阶偏导数，由最优性原理(这里取极小)可以写出

$$\begin{aligned}
J^*[\boldsymbol{x}(t),t] &= \min_{u\in U}\int_{t}^{t_f}\boldsymbol{L}[\boldsymbol{x}(\tau),\boldsymbol{u}(\tau),\tau]\,\mathrm{d}\tau \\
&= \min_{u\in U}\left\{\int_{t}^{t+\Delta t}\boldsymbol{L}[\boldsymbol{x}(\tau),\boldsymbol{u}(\tau),\tau]\,\mathrm{d}\tau + \int_{t+\Delta t}^{t_f}\boldsymbol{L}[\boldsymbol{x}(\tau),\boldsymbol{u}(\tau),\tau]\,\mathrm{d}\tau\right\} \\
&= \min_{u\in U}\left\{\min_{u\in U}\left[\int_{t}^{t+\Delta t}\boldsymbol{L}[\boldsymbol{x}(\tau),\boldsymbol{u}(\tau),\tau]\,\mathrm{d}\tau + \int_{t+\Delta t}^{t_f}\boldsymbol{L}[\boldsymbol{x}(\tau),\boldsymbol{u}(\tau),\tau]\,\mathrm{d}\tau\right]\right\}
\end{aligned} \tag{6-137}$$

类似 6.4.2 节中的处理方法，令

$$J^*[\boldsymbol{x}(t+\Delta t),t+\Delta t] = \min_{u\in U}\int_{t+\Delta t}^{t_f}\boldsymbol{L}[\boldsymbol{x}(\tau),\boldsymbol{u}(\tau),\tau]\,\mathrm{d}\tau$$

则式(6-137)可以写成

$$J^*[\boldsymbol{x}(t),t] = \min_{u\in U}\left\{\int_{t}^{t+\Delta t}\boldsymbol{L}[\boldsymbol{x}(\tau),\boldsymbol{u}(\tau),\tau]\,\mathrm{d}\tau + J^*[\boldsymbol{x}(t+\Delta t),t+\Delta t]\right\} \tag{6-138}$$

由于 $J^*[\boldsymbol{x}(t), t]$对于$\boldsymbol{x}$、$t$ 是连续可微的，故式(6-138)等式右边第二项可展开成台劳级数，取一阶近似

$$J^*[\boldsymbol{x}(t+\Delta t),t+\Delta t] = J^*[\boldsymbol{x}(t),t] + \left(\frac{\partial J^*[\boldsymbol{x}(t),t]}{\partial \boldsymbol{x}}\right)^{\mathrm{T}}\frac{\mathrm{d}\boldsymbol{x}}{\mathrm{d}t}\cdot\Delta t + \frac{\partial J^*[\boldsymbol{x}(t),t]}{\partial t}\cdot\Delta t \tag{6-139}$$

而式(6-138)等式右边第一项可以写成

$$\int_{t}^{t+\Delta t}\boldsymbol{L}[\boldsymbol{x}(\tau),\boldsymbol{u}(\tau),\tau]\,\mathrm{d}\tau = \boldsymbol{L}[\boldsymbol{x}(t+\alpha\Delta t),\boldsymbol{u}(t+\alpha\Delta t),t+\alpha\Delta t]\cdot\Delta t \tag{6-140}$$

式中，α 是介于 0 和 1 之间的某一常数。

将式(6-139)、式(6-140)代入式(6-138)，得到

$$J^*[\boldsymbol{x}(t),t]=\min_{u\in U}\{\boldsymbol{L}[\boldsymbol{x}(t+\alpha\Delta t),\boldsymbol{u}(t+\alpha\Delta t),t+\alpha\Delta t]\cdot\Delta t+J^*[\boldsymbol{x}(t),t]+\left(\frac{\partial J^*[\boldsymbol{x}(t),t]}{\partial \boldsymbol{x}}\right)^{\mathrm{T}}\frac{\mathrm{d}x}{\mathrm{d}t}\cdot\Delta t+\frac{\partial J^*[\boldsymbol{x}(t),t]}{\partial t}\cdot\Delta t\Big\}\tag{6-141}$$

式(6-141)中，$J^*[\boldsymbol{x}(t),t]$和$\dfrac{\partial J^*[\boldsymbol{x}(t),t]}{\partial t}$都不是$\boldsymbol{u}(t)$的函数，在确定$J^*[\boldsymbol{x}(t),t]$对$\boldsymbol{u}(t)$的极小值时，可以提到括号外；等式两边消去$J^*[\boldsymbol{x}(t),t]$，再除以$\Delta t$，并令$\Delta t\to 0$取极限，便得到

$$-\frac{\partial J^*[\boldsymbol{x}(t),t]}{\partial t}=\min_{u\in U}\left\{\boldsymbol{L}[\boldsymbol{x}(t),\boldsymbol{u}(t),t]+\left(\frac{\partial J^*[\boldsymbol{x}(t),t]}{\partial \boldsymbol{x}}\right)^{\mathrm{T}}f(\boldsymbol{x},\boldsymbol{u},t)\right\}\tag{6-142}$$

式(6-142)称为哈密顿-别尔曼(Homilton-Bellman)方程或称哈密顿-雅可比(Jacobi)-别尔曼方程。这是用动态规划法求解最优控制问题的基本方程。该方程是一个函数方程与偏微分方程的混合方程。考虑到式(6-142)等式右边取极小值时的$\boldsymbol{u}^*(t)$必然依赖于$\boldsymbol{x}(t)$、$\dfrac{\partial J^*[\boldsymbol{x}(t),t]}{\partial \boldsymbol{x}}$和$t$，记为

$$\boldsymbol{u}^*(t)=\boldsymbol{u}^*\left[\boldsymbol{x}(t),\frac{\partial J^*[\boldsymbol{x}(t),t]}{\partial \boldsymbol{x}},t\right]\tag{6-143}$$

将式(6-143)代入式(6-142)，得到

$$-\frac{\partial J^*[\boldsymbol{x}(t),t]}{\partial t}=\boldsymbol{L}\left[\boldsymbol{x}(t),\boldsymbol{u}^*\left(\boldsymbol{x}(t),\frac{\partial J^*[\boldsymbol{x}(t),t]}{\partial \boldsymbol{x}},t\right),t\right]+\left(\frac{\partial J^*[\boldsymbol{x}(t),t]}{\partial \boldsymbol{x}}\right)^{\mathrm{T}}f\left[\boldsymbol{x}(t),\boldsymbol{u}^*(\boldsymbol{x}(t),\frac{\partial J^*[\boldsymbol{x}(t),t]}{\partial \boldsymbol{x}},t\right]\tag{6-144}$$

这是一个偏微分方程。它的边界条件为

$$J^*[\boldsymbol{x}(t_f),t_f]=\boldsymbol{\phi}[\boldsymbol{x}(t_f),t_f]\tag{6-145a}$$

注意，如果性能指标泛函中无末值项，则

$$J^*[\boldsymbol{x}(t_f),t_f]=0\tag{6-145b}$$

应当指出，哈密顿-别尔曼方程是求解最优控制问题的充分条件，而不是必要条件。这一点与极小值原理是不同的。但有意思的是，如果令$\dfrac{\partial J^*[\boldsymbol{x}(t),t]}{\partial \boldsymbol{x}}=\lambda(t)$，则$\boldsymbol{L}[\boldsymbol{x}(t),\boldsymbol{u}(t),t]+\lambda^{\mathrm{T}}(t)f(\boldsymbol{x},\boldsymbol{u},t)=\boldsymbol{H}(\boldsymbol{x},\boldsymbol{u},\lambda,t)$正是哈密顿函数。则最优控制$\boldsymbol{u}^*(t)$满足的方程(6-142)正是极小值原理中的极小化条件。尽管如此，对动态规划法来说，要求$J^*[\boldsymbol{x}(t),t]$一定是可微的。如果$J^*[\boldsymbol{x}(t),t]$不具有二阶连续可微性，那么由动态规划得到的极大值原理就只有形式上的意义，不能认为是严格的。

为了运用动态规划法求解连续系统最优控制问题，将求解的步骤归纳如下：

(1) 求

$$\min_{u\in U}\left\{ \boldsymbol{L}[\boldsymbol{x}(t),\boldsymbol{u}(t),t] + \left(\frac{\partial J^*[\boldsymbol{x}(t),t]}{\partial \boldsymbol{x}}\right)^{\mathrm{T}} f(\boldsymbol{x},\boldsymbol{u},t)\right\} \tag{6-146}$$

的解 $\boldsymbol{u}^*(t)$，即

$$\boldsymbol{u}^*(t) = \boldsymbol{u}\left[\boldsymbol{x}(t),\frac{\partial J^*[\boldsymbol{x}(t),t]}{\partial \boldsymbol{x}},t\right] \tag{6-147}$$

注意，在求解方程(6-146)时，若 $\boldsymbol{u}(t)$ 不受限，则在引入哈密顿函数时，有

$$\frac{\partial \boldsymbol{H}}{\partial \boldsymbol{u}} = 0$$

如果 $\boldsymbol{u}$ 受限，即 $\boldsymbol{u}\in U\subset R^r$，在确定 $\boldsymbol{u}^*(t)$ 时，只能用分析方法，使

$$\boldsymbol{H}(\boldsymbol{x}^*,\boldsymbol{u}^*,\boldsymbol{\lambda},t) \leqslant \boldsymbol{H}(\boldsymbol{x}^*,\boldsymbol{u},\boldsymbol{\lambda},t)$$

（2）将 $\boldsymbol{u}^*(t)$ 代入式(6-144)并根据式(6-145)的边界条件，解出 $J^*[\boldsymbol{x}(t),t]$。

（3）将 $J^*[\boldsymbol{x}(t),t]$ 再代入式(6-147)就得到最优控制 $\boldsymbol{u}^*(t)$ 为

$$\boldsymbol{u}^*(t) = \boldsymbol{u}^*\left[\boldsymbol{x}(t),\frac{\partial J^*[\boldsymbol{x}(t),t]}{\partial \boldsymbol{x}},t\right] \tag{6-148}$$

（4）将式(6-148)代入系统状态方程

$$\dot{\boldsymbol{x}} = f[\boldsymbol{x}(t),\boldsymbol{u}^*(t),t]$$
$$\boldsymbol{x}(t)\big|_{t=t_0} = \boldsymbol{x}(t_0)$$

可以求出最优轨线 $\boldsymbol{x}^*(t)$。把 $\boldsymbol{x}^*(t)$ 代入式(6-148)得到最优控制 $\boldsymbol{u}^*(t)$。

应当指出，由于哈密顿-别尔曼方程是偏微分方程，故求解哈密顿-别尔曼方程并非易事。另外，要求 $J^*[\boldsymbol{x}(t),t]$ 一定存在二阶连续偏导数，这就限制了它的应用范围。但是，如果能解，即求出最优控制 $\boldsymbol{u}^*(t)$，而且是状态的函数，则可以构成状态反馈系统。

例 6-5 系统状态方程为

$$\dot{x} = -x + u$$
$$x(0) = 1$$

u 受限制，且 $|u|\leqslant 1$，性能指标 $J=\int_0^{\infty} x^2 \mathrm{d}t$。要寻求 u^*，在状态方程约束下，J 取极小值。

解 （1）求 $\min\limits_{|u|\leqslant 1}\left\{x^2+\left(\frac{\partial J^*}{\partial x}\right)(-x+u)\right\} = \min\limits_{|u|\leqslant 1}\left\{x^2-\left(\frac{\partial J^*}{\partial x}\right)x+\left(\frac{\partial J^*}{\partial x}\right)u\right\}$，用分析方法选择 u^*，满足上面方程，可知

$$u^* = -\operatorname{sign}\left(\frac{\partial J^*}{\partial x}\right)$$

（2）将 u^* 代入哈密顿-别尔曼方程

$$-\frac{\partial J^*}{\partial t} = \min_{|u|\leqslant 1}\left\{x^2+\left(\frac{\partial J^*}{\partial x}\right)x - \operatorname{sign}\left(\frac{\partial J^*}{\partial x}\right)\right\}$$

在此例子中，系统和 L 都是定常的，J 的积分上限为无穷大，性能指标 J 只是 $x(0)$ 的函数与初始时刻无关，故有$\frac{\partial J^*}{\partial t}=0$。即

$$x^2-\frac{\partial J^*}{\partial x}\cdot x-\operatorname{sign}\frac{\partial J^*}{\partial x}=0$$

上式等效为

$$x^2-\frac{\partial J^*}{\partial x}\cdot x-\left|\frac{\partial J^*}{\partial x}\right|=0$$

式中，$|\cdot|$ 为取绝对值。考虑到系统方程和性能指标形式的线性性质，$x(0)=1$，$x(t)|_{t=\infty}=0$，可知 $0\leqslant t<\infty$ 时，$x>0$，$\frac{\partial J^*}{\partial t}$是递增函数。利用此条件，哈密顿-别尔曼方程可以写成

$$x^2-x\frac{\partial J^*}{\partial x}-\frac{\partial J^*}{\partial x}=0$$

因为J^* 与 t 无关，只是 x 的函数，所以上面方程为常微分方程，通解为

$$J^*=\frac{x^2}{2}-x+\ln(1+x)+c$$

式中，c 为积分常数，由边界条件决定。当 $t=\infty$ 时，$\int_{\infty}^{\infty}x^2=0$，$x(t)|_{t=\infty}=0$，故 $c=0$

$$J^*=\frac{x^2}{2}-x+\ln(1+x)$$

（3）将 J^* 代入 u^* 的表达式中

$$u^*=-\operatorname{sign}\left(\frac{x^2}{1+x}\right)$$

对本例来说

$$u^*(t)=\begin{cases}-1 & x>0\\ 0 & x=0\end{cases}$$

（4）将 u^* 代入状态方程，可解得

$$x^*=\begin{cases}2\mathrm{e}^{-t}-1 & 0\leqslant t<\ln 2\\ 0 & \ln 2<t\end{cases}$$

由此得

$$u^*=\begin{cases}-1 & 0\leqslant t<\ln 2\\ 0 & \ln 2<t\end{cases}$$

最优性能指标为 $J^*(1)=\ln 2-\frac{1}{2}=0.193$。

就本例再作一些说明：该系统的状态方程是一阶微分方程。$x(0)=1$，如果选 $u=0$，则状态方程的解为 $x(t)=\mathrm{e}^{-t}$。$J=\int_0^{\infty}x^2\mathrm{d}t=\int_0^{\infty}\mathrm{e}^{-2t}\mathrm{d}t=\frac{1}{2}$，它比$J^*$ 大。应该选 $u^*=$

-1，使 $x(t)$ 获得最大的减速度，使其从 $x(0)=1$ 很快衰减下来。当衰减到 $x(t)=0$ 时，应及时令 $u=0$，这时状态变量就稳定在 $x(t)=0$ 处。而从 $x(0)=1$ 衰减到 $x(t)=0$ 的时间就等于 ln2。

6.5 线性状态调节器

6.5.1 引言

线性系统以二次型为性能指标的最优控制问题，已在国内、外的工程实践中得到应用，其原因是：

（1）被控对象是线性的，最优控制问题容易求得解析解。

（2）线性系统最优控制的结果，可以应用于小信号条件下运行的非线性系统。

（3）最优控制器是线性的，易于实现。

（4）线性、二次型性能指标的最优控制问题除了得到最优解外，还可以导出经典控制理论的一些特性，例如幅值稳定裕量、相位稳定裕量等。

线性系统以二次型性能指标的最优控制问题有两类基本问题。一类是调节器问题；一类是伺服机问题。所谓调节器问题就是给系统加一个控制信号，使系统从一个非零状态转移到零状态，当系统受到干扰时，仍然能保持这种状态。所谓伺服机问题就是使系统的输出跟踪某个指定函数。本节讨论调节器问题，下一节讨论伺服机问题。

6.5.2 有限时间状态调节器

线性时变系统的状态方程为

$$\dot{\boldsymbol{x}}=\boldsymbol{A}(t)\boldsymbol{x}+\boldsymbol{B}(t)\boldsymbol{u} \tag{6-149}$$

$$\boldsymbol{x}(t)|_{t=t_0}=\boldsymbol{x}(t_0) \tag{6-150}$$

式中，$\boldsymbol{x}$ 为 n 维状态向量；$\boldsymbol{u}$ 为 r 维控制向量，且 $\boldsymbol{u}$ 不受限制；$\boldsymbol{A}(t)$，$\boldsymbol{B}(t)$ 为满足矩阵运算相应维数的矩阵，且其元为时间 t 的连续函数。

要求寻找一个最优控制 $\boldsymbol{u}^*$，使

$$J=\frac{1}{2}\boldsymbol{x}^{\mathrm{T}}(t_f)\boldsymbol{F}\boldsymbol{x}(t_f)+\frac{1}{2}\int_{t_0}^{t_f}[\boldsymbol{x}^{\mathrm{T}}\boldsymbol{Q}(t)\boldsymbol{x}+\boldsymbol{u}^{\mathrm{T}}\boldsymbol{R}(t)\boldsymbol{u}]\mathrm{d}t \tag{6-151}$$

为极小。

式中，$\boldsymbol{F}$ 为 $n\times n$ 对称半正定常阵；$\boldsymbol{Q}(t)$ 为 $n\times n$ 对称半正定时变阵；$\boldsymbol{R}(t)$ 为 $r\times r$ 对称正定时变阵。并且 $\boldsymbol{Q}(t)$ 和 $\boldsymbol{R}(t)$ 的元是时间 t 的连续函数。式(6-151)为二次型性能指标，等式右边第一项是对系统末值状态 $\boldsymbol{x}(t_f)$ 的要求，等式右边积分号内第一项表示在整个控制过程中对状态的要求。显然 $t=t_f$ 时，与 J 的等式右边第一项要求重复了。这个目的在于强调对 $\boldsymbol{x}(t_f)$ 的重视。积分号内的第二项是对控制总能量的一个限制，实际上积分号

内的两项是互相制约的。对这两项的重视程度，靠加权阵 $\boldsymbol{Q}(t)$ 和 $\boldsymbol{R}(t)$ 的选取。若重视状态的控制，应增大 $\boldsymbol{Q}(t)$ 各元；若考虑能量消耗要小，则应增大 $\boldsymbol{R}(t)$ 各元。

另外，$\boldsymbol{R}(t)$ 是对称正定时变阵。它的意思是对 $\boldsymbol{u}(t)$ 的每个分量的能量消耗都要限制；同时，在求解调节器问题时，需求 $\boldsymbol{R}(t)$ 的逆。因此，$\boldsymbol{R}(t)$ 必须是正定阵。

求解这个最优控制问题，可以用极小值原理，也可以用动态规划法。这里用极小值原理来求解。

（1）哈密顿函数为

$$H(\boldsymbol{x},\boldsymbol{u},\boldsymbol{\lambda},t)=\frac{1}{2}\boldsymbol{x}^{\mathrm{T}}\boldsymbol{Q}(t)\boldsymbol{x}+\frac{1}{2}\boldsymbol{u}^{\mathrm{T}}\boldsymbol{R}(t)\boldsymbol{u}+\boldsymbol{\lambda}^{\mathrm{T}}[\boldsymbol{A}(t)\boldsymbol{x}+\boldsymbol{B}(t)\boldsymbol{u}] \tag{6-152}$$

（2）伴随方程为

$$\dot{\boldsymbol{\lambda}}=-\frac{\partial H}{\partial \boldsymbol{x}}=-\boldsymbol{Q}(t)\boldsymbol{x}-\boldsymbol{A}^{\mathrm{T}}(t)\boldsymbol{\lambda} \tag{6-153}$$

$$\boldsymbol{\lambda}(t_f)=\boldsymbol{F}\boldsymbol{x}(t_f) \tag{6-154}$$

（3）控制方程为

$$\frac{\partial H}{\partial \boldsymbol{u}}=\boldsymbol{R}(t)\boldsymbol{u}+\boldsymbol{B}^{\mathrm{T}}(t)\boldsymbol{\lambda}=0$$

$$\boldsymbol{u}^*(t)=-\boldsymbol{R}^{-1}(t)\boldsymbol{B}^{\mathrm{T}}(t)\boldsymbol{\lambda} \tag{6-155}$$

$$\frac{\partial^2 H}{\partial \boldsymbol{u}^2}=\boldsymbol{R}(t)>0$$

故 J 取极小值。

（4）将 $\boldsymbol{u}^*$ 代入状态方程，得

$$\dot{\boldsymbol{x}}=\boldsymbol{A}(t)\boldsymbol{x}-\boldsymbol{B}(t)\boldsymbol{R}^{-1}(t)\boldsymbol{B}^{\mathrm{T}}(t)\boldsymbol{\lambda} \tag{6-156}$$

初始状态为 $\boldsymbol{x}(t_0)$。 (6-157)

这是一个求解最优控制的两点边界值问题。联立式(6-153)~式(6-157)即可求解这个最优控制问题。

下面拟另辟新径来解这个最优控制问题。仔细分析一下式(6-153)、式(6-154)、式(6-156)的特点，可见它们都是线性关系。由式(6-154)的关系，设想在 $[t_0,\ t_f]$ 中的任何时刻，$\boldsymbol{\lambda}(t)$ 和 $\boldsymbol{x}$ 有线性关系。设

$$\boldsymbol{\lambda}(t)=\boldsymbol{P}(t)\boldsymbol{x} \tag{6-158}$$

式中，$\boldsymbol{P}(t)$ 为待定的 $n\times n$ 时变阵。

式(6-158)对 t 求导并考虑式(6-156)，有

$$\begin{aligned}\dot{\boldsymbol{\lambda}}&=\dot{\boldsymbol{P}}(t)\boldsymbol{x}+\boldsymbol{P}(t)\dot{\boldsymbol{x}}=\dot{\boldsymbol{P}}(t)\boldsymbol{x}+\boldsymbol{P}(t)[\boldsymbol{A}(t)\boldsymbol{x}-\boldsymbol{B}(t)\boldsymbol{R}^{-1}(t)\boldsymbol{B}^{\mathrm{T}}(t)\boldsymbol{P}(t)\boldsymbol{x}]\\&=[\dot{\boldsymbol{P}}(t)+\boldsymbol{P}(t)\boldsymbol{A}(t)-\boldsymbol{P}(t)\boldsymbol{B}(t)\boldsymbol{R}^{-1}(t)\boldsymbol{B}^{\mathrm{T}}(t)\boldsymbol{P}(t)]\boldsymbol{x}\end{aligned} \tag{6-159}$$

式(6-153)可改写成

$$\dot{\boldsymbol{\lambda}} = -\boldsymbol{A}^{\mathrm{T}}(t)\boldsymbol{P}(t)\boldsymbol{x} - \boldsymbol{Q}(t)\boldsymbol{x} = [-\boldsymbol{A}^{\mathrm{T}}(t)\boldsymbol{P}(t) - \boldsymbol{Q}(t)]\boldsymbol{x} \tag{6-160}$$

比较式(6-159)和式(6-160)可得到 $\boldsymbol{P}(t)$ 应满足的方程

$$[\dot{\boldsymbol{P}}(t) + \boldsymbol{P}(t)\boldsymbol{A}(t) + \boldsymbol{A}^{\mathrm{T}}(t)\boldsymbol{P}(t) - \boldsymbol{P}(t)\boldsymbol{B}(t)\boldsymbol{R}^{-1}(t)\boldsymbol{B}^{\mathrm{T}}(t)\boldsymbol{P}(t) + \boldsymbol{Q}(t) = 0 \tag{6-161}$$

这是关于 $\boldsymbol{P}(t)$ 的一个非线性矩阵微分方程，称为矩阵黎卡提(Riccati)微分方程。其边界条件可以由

$$\boldsymbol{\lambda}(t_f) = \boldsymbol{P}(t_f)\boldsymbol{x}(t_f) = \boldsymbol{F}\boldsymbol{x}(t_f)$$

得到

$$\boldsymbol{P}(t_f) = \boldsymbol{F} \tag{6-162}$$

当矩阵 $\boldsymbol{A}(t)$，$\boldsymbol{B}(t)$，$\boldsymbol{Q}(t)$ 和 $\boldsymbol{R}(t)$ 的各元在$[t_0, t_f]$上都是时间的连续函数时，满足矩阵黎卡提微分方程(6-161)及边界条件式(6-162)的解存在且惟一。上述最优控制问题就可以通过矩阵黎卡提微分方程的解来解决，不用再去求最优控制的两点边界值问题了。

当 $\boldsymbol{P}(t)$ 求出后，

$$\boldsymbol{u}^* = -\boldsymbol{R}^{-1}(t)\boldsymbol{B}^{\mathrm{T}}(t)\boldsymbol{P}(t)\boldsymbol{x} \tag{6-163}$$

由于 $\boldsymbol{u}^*$ 是状态的函数，故可引入状态反馈，实现状态闭环控制。状态图如图 6-24 所示。

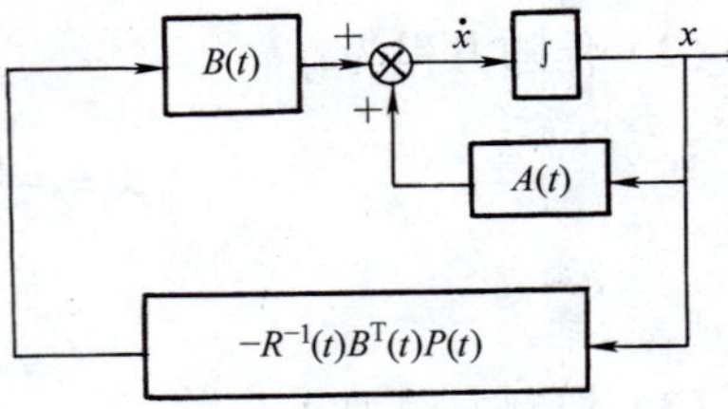

图 6-24

状态反馈的闭环方程为

$$\begin{aligned}\dot{\boldsymbol{x}} &= \boldsymbol{A}(t)\boldsymbol{x} - \boldsymbol{B}(t)\boldsymbol{R}^{-1}\boldsymbol{B}^{\mathrm{T}}(t)\boldsymbol{P}(t)\boldsymbol{x} \\ &= [\boldsymbol{A}(t) - \boldsymbol{B}(t)\boldsymbol{R}^{-1}(t)\boldsymbol{B}^{\mathrm{T}}(t)\boldsymbol{P}(t)]\boldsymbol{x} \\ &= \boldsymbol{G}(t)\boldsymbol{x}\end{aligned} \tag{6-164}$$

式中

$$\boldsymbol{G}(t) = \boldsymbol{A}(t) - \boldsymbol{B}(t)\boldsymbol{R}^{-1}(t)\boldsymbol{B}^{\mathrm{T}}(t)\boldsymbol{P}(t) \tag{6-165}$$

说明：(1) 将矩阵黎卡提微分方程(6-121)两边转置，可以证明 $P(t)$ 是对称阵。由于矩阵黎卡提微分方程的解 $P(t)$ 是对称阵，即

$$\boldsymbol{P}(t) = \boldsymbol{P}^{\mathrm{T}}(t)$$

所以矩阵黎卡提微分方程有$\frac{1}{2}n(n+1)$个独立的非线性标量微分方程。

(2) 最优性能指标为

$$J^* = \frac{1}{2}\boldsymbol{x}^{\mathrm{T}}(t_0)\boldsymbol{P}(t_0)\boldsymbol{x}(t_0) \tag{6-166}$$

证明 $\boldsymbol{x}^{\mathrm{T}}\boldsymbol{P}(t)\boldsymbol{x}$ 对 t 求导

$$\frac{\mathrm{d}}{\mathrm{d}t}[\boldsymbol{x}^{\mathrm{T}}\boldsymbol{P}(t)\boldsymbol{x}] = \dot{\boldsymbol{x}}^{\mathrm{T}}\boldsymbol{P}(t)\boldsymbol{x} + \boldsymbol{x}^{\mathrm{T}}\dot{\boldsymbol{P}}(t)\boldsymbol{x} + \boldsymbol{x}^{\mathrm{T}}\boldsymbol{P}(t)\dot{\boldsymbol{x}}$$

将式(6-149)、式(6-161)代入上式，经过整理得到

$$\begin{aligned}\frac{\mathrm{d}}{\mathrm{d}t}[\boldsymbol{x}^{\mathrm{T}}\boldsymbol{P}(t)\boldsymbol{x}] = &-\boldsymbol{x}^{\mathrm{T}}\boldsymbol{Q}(t)\boldsymbol{x} - \boldsymbol{u}^{\mathrm{T}}\boldsymbol{R}(t)\boldsymbol{u} + \\ &[\boldsymbol{u} + \boldsymbol{R}^{-1}(t)\boldsymbol{B}^{\mathrm{T}}(t)\boldsymbol{P}(t)\boldsymbol{x}]^{\mathrm{T}}\boldsymbol{R}(t)[\boldsymbol{u} + \boldsymbol{R}^{-1}(t)\boldsymbol{B}^{\mathrm{T}}(t)\boldsymbol{P}(t)\boldsymbol{x}]\end{aligned}$$

当 $\boldsymbol{u}$ 和 $\boldsymbol{x}$ 取最优值 $\boldsymbol{u}^*$ 和 $\boldsymbol{x}^*$ 时，上式为

$$\frac{\mathrm{d}}{\mathrm{d}t}[\boldsymbol{x}^{*\mathrm{T}}\boldsymbol{P}(t)\boldsymbol{x}^*] = -\boldsymbol{x}^{*\mathrm{T}}\boldsymbol{Q}(t)\boldsymbol{x}^* - \boldsymbol{u}^{*\mathrm{T}}\boldsymbol{R}(t)\boldsymbol{u}^*$$

上式两边从 t_0 到 t_f 积分并乘 $\frac{1}{2}$，得到

$$\frac{1}{2}\int_{t_0}^{t_f}\frac{\mathrm{d}}{\mathrm{d}t}[\boldsymbol{x}^{*\mathrm{T}}\boldsymbol{P}(t)\boldsymbol{x}^*]\mathrm{d}t = -\frac{1}{2}\int_{t_0}^{t_f}[\boldsymbol{x}^{*\mathrm{T}}\boldsymbol{Q}(t)\boldsymbol{x}^* + \boldsymbol{u}^{*\mathrm{T}}\boldsymbol{R}(t)\boldsymbol{u}^*]\mathrm{d}t$$

即

$$\frac{1}{2}[\boldsymbol{x}^{*\mathrm{T}}\boldsymbol{P}(t)\boldsymbol{x}^*]\Big|_{t_0}^{t_f} = -\frac{1}{2}\int_{t_0}^{t_f}[\boldsymbol{x}^{*\mathrm{T}}\boldsymbol{Q}(t)\boldsymbol{x}^* + \boldsymbol{u}^{*\mathrm{T}}\boldsymbol{R}(t)\boldsymbol{u}^*]\mathrm{d}t \tag{6-167}$$

将式(6-151)中的 $\boldsymbol{x}$，$\boldsymbol{u}$ 分别以 $\boldsymbol{x}^*$，$\boldsymbol{u}^*$ 代入，就得到 J^*，即

$$\begin{aligned}J^* &= \frac{1}{2}\boldsymbol{x}^{*\mathrm{T}}(t_f)\boldsymbol{P}(t_f)\boldsymbol{x}^*(t_f) + \frac{1}{2}\int_{t_0}^{t_f}[\boldsymbol{x}^{*\mathrm{T}}\boldsymbol{Q}(t)\boldsymbol{x}^* + \boldsymbol{u}^{*\mathrm{T}}\boldsymbol{R}(t)\boldsymbol{u}^*]\mathrm{d}t \\ &= \frac{1}{2}\boldsymbol{x}^{*\mathrm{T}}(t_f)\boldsymbol{P}(t_f)\boldsymbol{x}^*(t_f) - \frac{1}{2}[\boldsymbol{x}^{*\mathrm{T}}\boldsymbol{P}(t)\boldsymbol{x}^*]\Big|_{t_0}^{t_f} \\ &= \frac{1}{2}\boldsymbol{x}^{*\mathrm{T}}(t_0)\boldsymbol{P}(t_0)\boldsymbol{x}^*(t_0)\end{aligned}$$

简记成

$$J^* = \frac{1}{2}\boldsymbol{x}^{\mathrm{T}}(t_0)\boldsymbol{P}(t_0)\boldsymbol{x}(t_0)$$

例 6-6 系统状态方程为

$$\dot{x} = ax + u$$
$$x(t_0) = x(0)$$

求最优控制 $u^*(t)$，使性能指标

$$J = \frac{1}{2}Fx^2(t_f) + \frac{1}{2}\int_{t_0}^{t_f}[x^2 + u^2]\mathrm{d}t$$

取极小值。

解 矩阵黎卡提微分方程为

$$\dot{P}(t) = P^2(t) - 2aP(t) - 1$$

用分离变量法求解上面的方程，有

$$\int_{P(t)}^{P(t_f)}\frac{\mathrm{d}P(\tau)}{P^2(\tau) - 2aP(\tau) - 1} = \int_t^{t_f}\mathrm{d}\tau$$

$$P(t_f) = F$$

$$\int_{P(t)}^{F}\frac{\mathrm{d}P(\tau)}{P^2(\tau) - 2aP(\tau) - 1} = \int_t^{t_f}\mathrm{d}\tau$$

$$\begin{aligned}\int_{P(t)}^{F}\frac{\mathrm{d}P(\tau)}{P^2(\tau) - 2aP(\tau) - 1} &= \int_{P(t)}^{F}\frac{\frac{1}{2b}\mathrm{d}P(\tau)}{P(\tau) - (a+b)} - \int_{P(t)}^{F}\frac{\frac{1}{2b}\mathrm{d}P(\tau)}{P(\tau) - (a-b)} \\ &= -\frac{1}{2b}\ln\frac{P(t) - (a+b)[F - (a-b)]}{P(t) - (a-b)[F - (a+b)]} = t_f - t\end{aligned}$$

其中

$$b=\sqrt{a^2+1}$$

或写成

$$e^{-2b(t_f-t)}=\frac{P(t)-(a+b)[F-(a-b)]}{P(t)-(a-b)[F-(a+b)]}$$

而

$$P(t)=\frac{a+b+(b-a)\dfrac{F-a-b}{F-a+b}e^{-2b(t_f-t)}}{1-\dfrac{F-a-b}{F-a+b}e^{-2b(t_f-t)}}$$

最优控制为

$$u^*=-P(t)x$$

由式(6-164)，得到

$$\dot{x}=[a-P(t)]x$$

因初始状态为 $x(0)$，故解得

$$x^*=e^{\int_0^t[a-P(t)]dt}x(0)$$

下面就这个例子来分析一下矩阵黎卡提微分方程的解 $P(t)$ 的特性。

(1) 当 $a=-1$，$b=\sqrt{2}$，$F=0$ 时，则

$$P(t)=\frac{\sqrt{2}-1+(1-\sqrt{2})e^{-2\sqrt{2}(t_f-t)}}{1-\dfrac{1-\sqrt{2}}{1+\sqrt{2}}e^{-2\sqrt{2}(t_f-t)}}$$

(2) 当 $a=-1$，$b=\sqrt{2}$，$F=1$ 时，则

$$P(t)=\frac{\sqrt{2}-1+(\sqrt{2}+1)\dfrac{2-\sqrt{2}}{2+\sqrt{2}}e^{-2\sqrt{2}(t_f-t)}}{1-\dfrac{2-\sqrt{2}}{2+\sqrt{2}}e^{-2\sqrt{2}(t_f-t)}}$$

不同 F 值、不同末值时刻的 $P(t)$ 变化情况如图 6-25 所示。由图可见，当 $t=t_f$ 时

$$\lim_{t\to t_f}P(t)=\lim_{t\to t_f}\frac{a+b+(b-a)\dfrac{F-a-b}{F-a+b}e^{-2b(t_f-t)}}{1-\dfrac{F-a-b}{F-a+b}e^{-2b(t_f-t)}}=F$$

即 $P(t_f)$ 是由矩阵黎卡提微分方程边界条件决定的。

当 $t_f\to\infty$ 时

$$\lim_{t\to\infty}P(t)=\lim_{t\to\infty}\frac{a+b+(b-a)\dfrac{F-a-b}{F-a+b}e^{-2b(t_f-t)}}{1-\dfrac{F-a-b}{F-a+b}e^{-2b(t_f-t)}}=a+b=\sqrt{2}-1$$

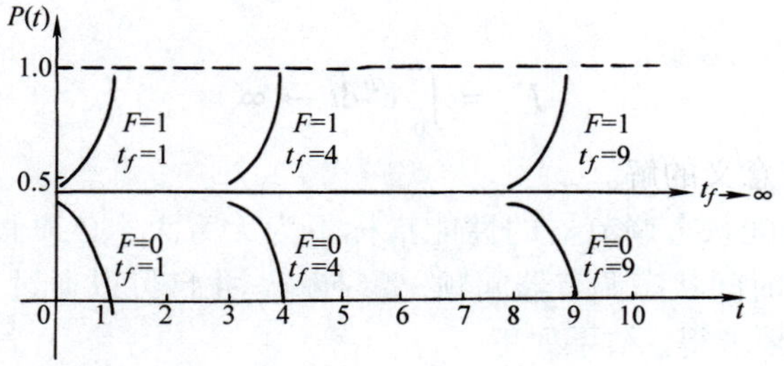

图 6-25

即当 $t_f\to\infty$ 时，$P(t)$ 趋于稳态值。这种情况下，矩阵黎卡提微分方程就变成矩阵代数方程了。

6.5.3 无限时间状态调节器

线性时变系统状态方程及初始状态重写如下

$$\dot{\boldsymbol{x}}=\boldsymbol{A}(t)\boldsymbol{x}+\boldsymbol{B}(t)\boldsymbol{u}$$

初始状态为 $\boldsymbol{x}(t_0)$

$$J=\int_{t_0}^{\infty}[\boldsymbol{x}^{\mathrm{T}}\boldsymbol{Q}(t)\boldsymbol{x}+\boldsymbol{u}^{\mathrm{T}}\boldsymbol{R}(t)\boldsymbol{u}]\mathrm{d}t \tag{6-168}$$

要求求出最优控制 $\boldsymbol{u}^*$，使 J 取极小值。

不难看出，这个最优控制问题，除了性能指标 J 的积分上限为无穷大外，其余情况与有限时间状态调节器问题相同。正是因为 J 的积分上限为无穷大，就产生了性能指标是否收敛的问题，或者说 $t_f=\infty$ 的状态调节器是否有解。

例如

$$\dot{x}=\begin{bmatrix}1&0\\0&1\end{bmatrix}x+\begin{bmatrix}0\\1\end{bmatrix}u$$

$$x(0)=\begin{bmatrix}1\\0\end{bmatrix}$$

$$J=\frac{1}{2}\int_0^{\infty}\left[x^{\mathrm{T}}\begin{bmatrix}1&0\\0&1\end{bmatrix}x+u^2\right]\mathrm{d}t$$

要求寻找 u^*，使 J 取极小值。

对于这个无限时间状态调节器的问题，显然 $u^*=0$ 时，J 取极小值。但该系统的状态转移矩阵

$$\boldsymbol{\phi}(t)=\mathrm{e}^{At}=\begin{bmatrix}\mathrm{e}^t&0\\0&\mathrm{e}^t\end{bmatrix}$$

$$x_1(t)=\mathrm{e}^t$$

是不能控的状态分量，而且这个不能控的状态分量是不稳定的，并出现在性能指标中，

结果求 J^* 时

$$J^* = \int_0^\infty e^{2t} dt \to \infty$$

可见该问题不存在有意义的解。

为了保证无限时间状态调节器的性能指标不为无穷大，必须假定式(6-149)的系统是能控的。这样无限时间状态调节器问题一定有解，并且可以通过有限时间状态调节器的解，取 $t_f \to \infty$ 的极限求得。结果如下

最优控制
$$\boldsymbol{u}^* = -\boldsymbol{R}^{-1}(t)\boldsymbol{B}^{\mathrm{T}}(t)\boldsymbol{P}(t)\boldsymbol{x} \tag{6-169}$$

式中，$\boldsymbol{P}(t)$ 满足如下矩阵黎卡提微分方程及边界条件

$$\dot{\boldsymbol{P}}(t) + \boldsymbol{P}(t)\boldsymbol{A}(t) + \boldsymbol{A}^{\mathrm{T}}(t)\boldsymbol{P}(t) - \boldsymbol{P}(t)\boldsymbol{B}(t)\boldsymbol{R}^{-1}(t)\boldsymbol{B}^{\mathrm{T}}(t)\boldsymbol{P}(t) + \boldsymbol{Q}(t) = 0 \tag{6-170}$$

$$\boldsymbol{P}(t_f) = 0 \tag{6-171}$$

最优性能指标为

$$J^* = \frac{1}{2}\boldsymbol{x}^{\mathrm{T}}(t_0)\boldsymbol{P}(t_0)\boldsymbol{x}(t_0) \tag{6-172}$$

可见无限时间状态调节器与有限时间状态调节器类似，均可用状态负反馈构成状态闭环控制。不过反馈增益矩阵是时变的，这给工程实现带来不便。从便于实现的角度考虑，总希望反馈增益矩阵是常阵。系统满足什么条件才有常值反馈增益矩阵？卡尔曼研究了矩阵黎卡提微分方程解的各种性质后得到了如下结果：

线性定常系统的状态方程为

$$\dot{\boldsymbol{x}} = \boldsymbol{A}\boldsymbol{x} + \boldsymbol{B}\boldsymbol{u} \tag{6-173}$$

$$\boldsymbol{x}(t)|_{t=0} = \boldsymbol{x}(0) \tag{6-174}$$

$$J = \frac{1}{2}\int_0^\infty [\boldsymbol{x}^{\mathrm{T}}\boldsymbol{Q}\boldsymbol{x} + \boldsymbol{u}^{\mathrm{T}}\boldsymbol{R}\boldsymbol{u}] dt \tag{6-175}$$

式中，$\boldsymbol{Q}$ 阵、$\boldsymbol{R}$ 阵为常阵，这时系统称为定常情况。当系统能控，且 $\boldsymbol{Q}$ 阵、$\boldsymbol{R}$ 阵为正定阵，则最优控制为

$$\boldsymbol{u}^* = -\boldsymbol{R}^{-1}\boldsymbol{B}^{\mathrm{T}}\overline{\boldsymbol{P}}\boldsymbol{x} \tag{6-176}$$

常阵 $\overline{\boldsymbol{P}}$ 满足如下矩阵黎卡提代数方程的正定矩阵

$$\overline{\boldsymbol{P}}\boldsymbol{A} + \boldsymbol{A}^{\mathrm{T}}\overline{\boldsymbol{P}} - \overline{\boldsymbol{P}}\boldsymbol{B}\boldsymbol{R}^{-1}\boldsymbol{B}^{\mathrm{T}}\overline{\boldsymbol{P}} + \boldsymbol{Q} = 0 \tag{6-177}$$

将式(6-176)代入式(6-173)，得

$$\dot{\boldsymbol{x}} = (\boldsymbol{A} - \boldsymbol{B}\boldsymbol{R}^{-1}\boldsymbol{B}^{\mathrm{T}}\overline{\boldsymbol{P}})\boldsymbol{x} = \boldsymbol{G}\boldsymbol{x} \tag{6-178}$$

最优轨线 x^* 可由式(6-178)和式(6-174)求出。最优性能指标为

$$J^* = \frac{1}{2}\boldsymbol{x}^{\mathrm{T}}(0)\overline{\boldsymbol{P}}(0)\boldsymbol{x}(0) \tag{6-179}$$

而当这个无限时间状态调节器满足如下条件时，状态反馈增益矩阵才为常阵。

1）系统为定常情况。

2）系统能控。

3）末值时刻为 $t_f = \infty$ 。

4）J 中不含末值项，即 $\boldsymbol{F}=0$。

5）$\boldsymbol{Q}$、$\boldsymbol{R}$ 为正定矩阵，记 $\boldsymbol{Q}>0$，$\boldsymbol{R}>0$。

例 6-7 线性定常系统状态方程为

$$\dot{\boldsymbol{x}} = \begin{bmatrix} 0 & 1 \\ 0 & -1 \end{bmatrix}\boldsymbol{x} + \begin{bmatrix} 0 \\ 1 \end{bmatrix}u$$

$$\boldsymbol{x}(0) = \begin{bmatrix} 1 \\ 0 \end{bmatrix}$$

$$J = \int_0^{\infty}\left\{\boldsymbol{x}^{\mathrm{T}}\begin{bmatrix} 1 & 0 \\ 0 & \mu \end{bmatrix}\boldsymbol{x} + u^2\right\}\mathrm{d}t \qquad \mu \geqslant 0$$

求最优控制 u^*，使 J 取极小值。

解 检验能控性 $\boldsymbol{Q}_c = \mathrm{rank}[B \quad AB] = 2$ 能控。

设
$$\overline{\boldsymbol{P}} = \begin{bmatrix} P_{11} & P_{12} \\ P_{12} & P_{22} \end{bmatrix}$$

矩阵黎卡提代数方程为

$$\begin{bmatrix} P_{11} & P_{12} \\ P_{12} & P_{22} \end{bmatrix}\begin{bmatrix} 0 & 1 \\ 0 & -1 \end{bmatrix} + \begin{bmatrix} 0 & 0 \\ 1 & -1 \end{bmatrix}\begin{bmatrix} P_{11} & P_{12} \\ P_{12} & P_{22} \end{bmatrix} - \begin{bmatrix} P_{11} & P_{12} \\ P_{12} & P_{22} \end{bmatrix}\begin{bmatrix} 0 \\ 1 \end{bmatrix}[0 \quad 1]\begin{bmatrix} P_{11} & P_{12} \\ P_{12} & P_{22} \end{bmatrix} = -\begin{bmatrix} 1 & 0 \\ 0 & \mu \end{bmatrix}$$

将上述方程展开，得到

$$P_{12}^2 = 1$$

$$P_{11} - P_{12} - P_{12}P_{22} = 0$$

$$2P_{12} - 2P_{22} - P_{22}^2 = -\mu$$

解得
$$P_{12} = 1, P_{22} = \sqrt{3+\mu} - 1, P_{11} = \sqrt{3+\mu}$$

于是
$$\overline{\boldsymbol{P}} = \begin{bmatrix} \sqrt{3+\mu} & 1 \\ 1 & \sqrt{3+\mu} - 1 \end{bmatrix}$$

$$\boldsymbol{u}^* = -\boldsymbol{R}^{-1}\boldsymbol{B}^{\mathrm{T}}\overline{\boldsymbol{P}}\boldsymbol{x} = -[0 \quad 1]\begin{bmatrix} \sqrt{3+\mu} & 1 \\ 1 & \sqrt{3+\mu} - 1 \end{bmatrix}\boldsymbol{x}$$

$$= -[1 \quad \sqrt{3+\mu} - 1]x$$

可见，当 μ 为确定的数值时，状态反馈增益矩阵为常阵。

$$J^* = \frac{1}{2}\boldsymbol{x}^{\mathrm{T}}(0)\overline{\boldsymbol{P}}\boldsymbol{x}(0) = \frac{1}{2}[1 \quad 0]\begin{bmatrix} \sqrt{3+\mu} & 1 \\ 1 & \sqrt{3+\mu} - 1 \end{bmatrix}\begin{bmatrix} 1 \\ 0 \end{bmatrix}$$

$$= \frac{1}{2}\sqrt{3+\mu}$$

当 $\quad \mu=0$ 时，$J^*=\frac{\sqrt{3}}{2}$；

$\mu=1$ 时，$J^*=1$。

应该指出，上面讨论状态调节器时，都认为系统状态是可以直接得到并用于状态反馈。如果状态不能直接得到，但只要系统是能观测的，可以利用第 5 章介绍的状态观测器来重构状态实现状态反馈，从而构成带状态观测器的状态调节器。

6.5.4 定常情况下状态调节器的稳定性

无限时间状态调节器的状态图如图 6-26 所示。这是一个状态反馈系统，其稳定性是很重要的。现在用第 4 章介绍的李亚甫诺夫第二法来研究其稳定性。

取李亚甫诺夫函数

$$V(x)=\boldsymbol{x}^{\mathrm{T}}\overline{\boldsymbol{P}}\boldsymbol{x} \tag{6-180}$$

显然

$$V(\boldsymbol{x})>0 \quad \boldsymbol{x}\neq 0$$

$$V(\boldsymbol{x})=0 \quad \boldsymbol{x}=0$$

$$\dot{V}(\boldsymbol{x})=\dot{\boldsymbol{x}}^{\mathrm{T}}\overline{\boldsymbol{P}}\boldsymbol{x}+\boldsymbol{x}^{\mathrm{T}}\overline{\boldsymbol{P}}\dot{\boldsymbol{x}} \tag{6-181}$$

将式(6-178)代入式(6-181)，得

$$\begin{aligned}\dot{V}(\boldsymbol{x})&=[\boldsymbol{A}\boldsymbol{x}-\boldsymbol{B}\boldsymbol{R}^{-1}\boldsymbol{B}^{\mathrm{T}}\overline{\boldsymbol{P}}\boldsymbol{x}]^{\mathrm{T}}\overline{\boldsymbol{P}}\boldsymbol{x}+\boldsymbol{x}^{\mathrm{T}}\overline{\boldsymbol{P}}[\boldsymbol{A}\boldsymbol{x}-\boldsymbol{B}\boldsymbol{R}^{-1}\boldsymbol{B}^{\mathrm{T}}\overline{\boldsymbol{P}}\boldsymbol{x}]\\&=\boldsymbol{x}^{\mathrm{T}}[\boldsymbol{A}-\boldsymbol{B}\boldsymbol{R}^{-1}\boldsymbol{B}^{\mathrm{T}}\overline{\boldsymbol{P}}]^{\mathrm{T}}\overline{\boldsymbol{P}}\boldsymbol{x}+\boldsymbol{x}^{\mathrm{T}}\overline{\boldsymbol{P}}[\boldsymbol{A}-\boldsymbol{B}\boldsymbol{R}^{-1}\boldsymbol{B}^{\mathrm{T}}\overline{\boldsymbol{P}}]\boldsymbol{x}\end{aligned} \tag{6-182}$$

考虑到式(6-177)可写成下面形式

$$[\boldsymbol{A}-\boldsymbol{B}\boldsymbol{R}^{-1}\boldsymbol{B}^{\mathrm{T}}\overline{\boldsymbol{P}}]^{\mathrm{T}}\overline{\boldsymbol{P}}+\overline{\boldsymbol{P}}[\boldsymbol{A}-\boldsymbol{B}\boldsymbol{R}^{-1}\boldsymbol{B}^{\mathrm{T}}\overline{\boldsymbol{P}}]=-\boldsymbol{Q}-\overline{\boldsymbol{P}}\boldsymbol{B}\boldsymbol{R}^{-1}\boldsymbol{B}^{\mathrm{T}}\overline{\boldsymbol{P}} \tag{6-183}$$

将式(6-183)代入式(6-182)，得

$$\dot{V}(\boldsymbol{x})=-\boldsymbol{x}^{\mathrm{T}}\boldsymbol{Q}\boldsymbol{x}-\boldsymbol{x}^{\mathrm{T}}\overline{\boldsymbol{P}}\boldsymbol{B}\boldsymbol{R}^{-1}\boldsymbol{B}^{\mathrm{T}}\overline{\boldsymbol{P}}\boldsymbol{x}$$

由于 $\boldsymbol{Q}>0$，$\boldsymbol{R}>0$，因此当 $\overline{\boldsymbol{P}}$ 阵是正定阵时，有

$$\dot{V}(\boldsymbol{x})<0$$

现在

$$V(\boldsymbol{x})>0 \quad (\boldsymbol{x}\neq 0)$$

$$V(\boldsymbol{x})=0 \quad (\boldsymbol{x}=0)$$

$$\dot{V}(\boldsymbol{x})<0 \quad (\boldsymbol{x}\neq 0)$$

$$\dot{V}(\boldsymbol{x})=0 \quad (\boldsymbol{x}=0)$$

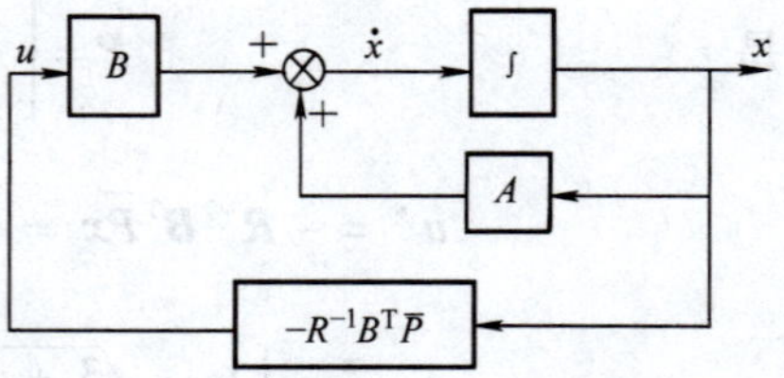

图 6-26

故定常情况下状态调节器平衡状态 $\boldsymbol{x}_e=0$ 是渐近稳定的。即使开环系统 $\dot{\boldsymbol{x}}=\boldsymbol{A}\boldsymbol{x}$ 是不稳定的，也不管 $\boldsymbol{Q}$、$\boldsymbol{R}$ 阵如何选取，只要 $\boldsymbol{Q}>0$，$\boldsymbol{R}>0$，则状态调节器总是渐近稳定的。

如何才能保证 $\bar{P}$ 为正定对称阵呢？对此不加证明只给出结论，即对无限状态调节器问题，使 $\bar{P}$ 为正定对称阵的充分必要条件是 $\{A, D\}$ 能观测。其中 D 是任意一个使 $DD^{\mathrm{T}}=Q$ 成立的矩阵。

例 6-8 电压调节系统结构图如下：

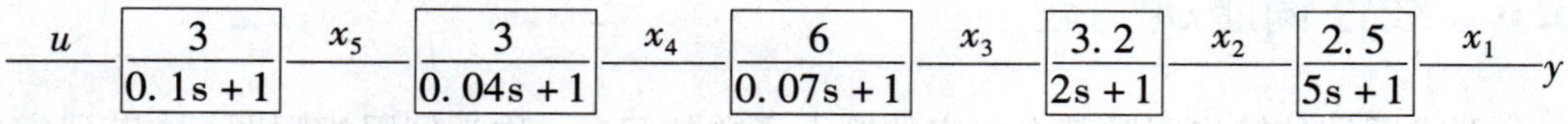

这个系统的状态方程为

$$\dot{x}=\begin{bmatrix}-0.2 & 0.5 & 0 & 0 & 0\\ 0 & -0.5 & 1.6 & 0 & 0\\ 0 & 0 & -\frac{1}{7} & \frac{6}{7} & 0\\ 0 & 0 & 0 & -0.25 & 7.5\\ 0 & 0 & 0 & 0 & -0.1\end{bmatrix}x+\begin{bmatrix}0\\0\\0\\0\\0.3\end{bmatrix}u$$

性能指标为

$$J=\int_0^{\infty}[x^{\mathrm{T}}Qx+u^{\mathrm{T}}Ru]\mathrm{d}t$$

其中
$$Q=\begin{bmatrix}1 & 0 & 0 & 0 & 0\\ 0 & 0 & 0 & 0 & 0\\ 0 & 0 & 0 & 0 & 0\\ 0 & 0 & 0 & 0 & 0\\ 0 & 0 & 0 & 0 & 0\end{bmatrix} \qquad R=1$$

求使 J 为极小时的最优控制。

解 将 Q、R 阵代入 J 中，得

$$J=\int_0^{\infty}\left[x^{\mathrm{T}}\begin{bmatrix}1 & 0 & 0 & 0 & 0\\ 0 & 0 & 0 & 0 & 0\\ 0 & 0 & 0 & 0 & 0\\ 0 & 0 & 0 & 0 & 0\\ 0 & 0 & 0 & 0 & 0\end{bmatrix}x+u^{\mathrm{T}}u\right]\mathrm{d}t$$

$$=\int_0^{\infty}[x_1^2+u^2]\mathrm{d}t$$

按上面介绍的方法求解，得到的最优控制为

$$u^*(t)=-[0.9243 \quad 0.1711 \quad 0.0161 \quad 0.0392 \quad 0.2644]x$$

为保证状态调节器是渐近稳定的，要求 $\bar{P}$ 为正定对称阵。由 $Q=DD^{\mathrm{T}}$，可以得到 $D^{\mathrm{T}}=[1 \quad 0 \quad 0 \quad 0 \quad 0]$。检查 $\{A, D\}$ 的能观测性如下：

因为 $\mathrm{rank}Q_0=\mathrm{rank}[D \quad A^{\mathrm{T}}D \quad (A^2)^{\mathrm{T}}D \quad (A^3)^{\mathrm{T}}D \quad (A^4)^{\mathrm{T}}D]=5$ 满秩，所以 (A, D)

是能观测的，$\bar{\boldsymbol{P}}$ 是正定对称阵，状态调节器是渐近稳定的。应该强调的是，这里的 $\boldsymbol{D}$ 阵完全是由 $\boldsymbol{Q}$ 阵单独决定的。无限时间状态调节器不仅是稳定的，而且有很好的鲁棒稳定性。

6.6 线性伺服机问题

要求系统的输出跟踪某个指定的输入函数的问题，称为伺服机问题。本节研究伺服机的最优控制问题。

6.6.1 有限时间伺服机问题

线性系统方程为

$$\dot{\boldsymbol{x}}=\boldsymbol{A}(t)\boldsymbol{x}+\boldsymbol{B}(t)\boldsymbol{u} \tag{6-184}$$

$$\boldsymbol{y}=\boldsymbol{C}(t)\boldsymbol{x} \tag{6-185}$$

$$\boldsymbol{x}(t)|_{t=t_0}=\boldsymbol{x}(t_0) \tag{6-186}$$

式中，$\boldsymbol{x}$ 为 n 维状态向量；$\boldsymbol{u}$ 为 r 维控制向量；$\boldsymbol{y}$ 为 m 维输出向量；$\boldsymbol{A}(t)$，$\boldsymbol{B}(t)$，$\boldsymbol{C}(t)$ 为满足矩阵运算相应维数的矩阵，它们的元素是 t 的连续函数。要求系统的输出跟踪指定的输入函数 $\boldsymbol{\eta}(t)$。$\boldsymbol{\eta}(t)$ 与输出向量 $\boldsymbol{y}$ 有相同的维数，寻求最优控制 $\boldsymbol{u}^*(t)$，使性能指标

$$J=\frac{1}{2}[\boldsymbol{y}(t_f)-\boldsymbol{\eta}(t_f)]^{\mathrm{T}}\boldsymbol{F}[\boldsymbol{y}(t_f)-\boldsymbol{\eta}(t_f)]+\frac{1}{2}\int_{t_0}^{t_f}\{[\boldsymbol{y}(t)-\boldsymbol{\eta}(t)]^{\mathrm{T}}\boldsymbol{Q}(t)[\boldsymbol{y}(t)-\boldsymbol{\eta}(t)]+\boldsymbol{u}^{\mathrm{T}}\boldsymbol{R}(t)\boldsymbol{u}\}\mathrm{d}t \tag{6-187}$$

取极小值。性能指标 J 中的加权阵 $\boldsymbol{F}\geqslant 0$，$\boldsymbol{Q}(t)\geqslant 0$，$\boldsymbol{R}(t)>0$。现在仍采用极小值原理来求解。

哈密顿函数为

$$H(\boldsymbol{x},\boldsymbol{u},\boldsymbol{\lambda},t)=\frac{1}{2}\{[\boldsymbol{C}(t)\boldsymbol{x}-\boldsymbol{\eta}(t)]^{\mathrm{T}}\boldsymbol{Q}(t)[\boldsymbol{C}(t)\boldsymbol{x}-\boldsymbol{\eta}(t)]+\boldsymbol{u}^{\mathrm{T}}\boldsymbol{R}(t)\boldsymbol{u}\}+\boldsymbol{\lambda}^{\mathrm{T}}[\boldsymbol{A}(t)\boldsymbol{x}+\boldsymbol{B}(t)\boldsymbol{u}] \tag{6-188}$$

由控制方程

$$\frac{\partial H}{\partial \boldsymbol{u}}=0=\boldsymbol{R}(t)\boldsymbol{u}+\boldsymbol{B}^{\mathrm{T}}(t)\boldsymbol{\lambda}$$

得到

$$\boldsymbol{u}^*=-\boldsymbol{R}^{-1}(t)\boldsymbol{B}^{\mathrm{T}}(t)\boldsymbol{\lambda} \tag{6-189}$$

伴随方程为

$$\dot{\boldsymbol{\lambda}}=-\frac{\partial H}{\partial \boldsymbol{x}}=-\boldsymbol{C}^{\mathrm{T}}(t)\boldsymbol{Q}(t)[\boldsymbol{C}(t)\boldsymbol{x}-\boldsymbol{\eta}(t)]-\boldsymbol{A}^{\mathrm{T}}(t)\boldsymbol{\lambda} \tag{6-190}$$

边界条件为

$$\boldsymbol{\lambda}(t_f)=\frac{\partial}{\partial \boldsymbol{x}(t_f)}\left\{\frac{1}{2}[\boldsymbol{C}(t_f)\boldsymbol{x}(t_f)-\boldsymbol{\eta}(t_f)]^{\mathrm{T}}\boldsymbol{F}[\boldsymbol{C}(t_f)\boldsymbol{x}(t_f)-\boldsymbol{\eta}(t_f)]\right\}$$

$$=C^{T}(t_f)F[C(t_f)x(t_f)-\eta(t_f)] \tag{6-191}$$

将式(6-189)代入状态方程(6-184)，得到

$$\dot{x}=A(t)x-B(t)R^{-1}(t)B^{T}(t)\lambda(t) \tag{6-192}$$

由上述的结果可知，原问题就变成两点边界值问题。也可以另辟新径来求解这个伺服机的最优控制问题。不过，不能像线性状态调节器那样，仅认为 $\lambda(t)$ 和 $x(t)$ 有关系。因为这时式(6-190)中多了一项 $\eta(t)$。为此，设

$$\lambda(t)=P(t)x-\xi(t) \tag{6-193}$$

式中，$\xi(t)$ 是与 $\lambda(t)$ 同维的向量。

将式(6-193)对时间求导，得

$$\dot{\lambda}(t)=\dot{P}(t)x+P(t)\dot{x}-\dot{\xi}(t)$$

将式(6-192)、式(6-193)代入上式，就有

$$\begin{aligned}\dot{\lambda}(t)=&[\dot{P}(t)+P(t)A(t)-P(t)B(t)R^{-1}(t)B^{T}(t)P(t)]x+\\&P(t)B(t)R^{-1}(t)B^{T}(t)\xi(t)-\dot{\xi}(t)\end{aligned} \tag{6-194}$$

而将式(6-193)代入式(6-190)，得到

$$\dot{\lambda}(t)=-[C^{T}(t)Q(t)C(t)+A^{T}(t)P(t)]x+A^{T}(t)\xi(t)+C^{T}(t)Q(t)\eta(t) \tag{6-195}$$

式(6-194)和式(6-195)相等，所以比较等式两边各项，就可得到

$$\dot{P}(t)+P(t)A(t)+A^{T}(t)P(t)-P(t)B(t)R^{-1}(t)B^{T}(t)P(t)+C^{T}(t)Q(t)C(t)=0 \tag{6-196}$$

$$P(t_f)=C^{T}(t_f)FC(t_f) \tag{6-197}$$

$$\dot{\xi}(t)+[A^{T}(t)-P(t)B(t)R^{-1}(t)B^{T}(t)]\xi(t)+C^{T}(t)Q(t)\eta(t)=0 \tag{6-198}$$

$$\xi(t_f)=C^{T}(t_f)F\eta(t_f) \tag{6-199}$$

解出 $P(t)$ 和 $\xi(t)$ 后，代入式(6-193)再由式(6-189)求出最优控制

$$u^{*}=-R^{-1}(t)B^{T}(t)P(t)x+R^{-1}(t)B^{T}(t)\xi(t) \tag{6-200}$$

可见，u^{*} 包括两项：一项是状态 x 的反馈，这与状态调节器的解相同；另一项与 $\xi(t)$ 有关，由式(6-198)可知，$\xi(t)$ 取决于 $\eta(t)$，所以它代表跟踪 $\eta(t)$ 所必须的控制信号。

6.6.2 无限时间伺服机问题

线性系统方程为

$$\begin{gathered}\dot{x}=A(t)x+B(t)u\\y=C(t)x\\x(t)|_{t=t_0}=x(t_0)\end{gathered}$$

$$J=\frac{1}{2}\int_{t_0}^{\infty}\{[y(t)-\eta(t)]^{T}Q(t)[y(t)-\eta(t)]+u^{T}R(t)u\}\mathrm{d}t \tag{6-201}$$

可见，这时性能指标 J 中无末值项，且积分项的上限为∞。

对于无限时间伺服机问题的最优控制问题，可以类似无限时间状态调节器问题的办法求解，即在系统能控的条件下，无限时间伺服机问题的最优控制解存在并可通过有限时间伺服机问题的解取 $t_f\to\infty$ 的极限求得。于是有

$$\dot{\boldsymbol{P}}(t)+\boldsymbol{P}(t)\boldsymbol{A}(t)+\boldsymbol{A}^{\mathrm{T}}(t)\boldsymbol{P}(t)-\boldsymbol{P}(t)\boldsymbol{B}(t)\boldsymbol{R}^{-1}(t)\boldsymbol{B}^{\mathrm{T}}(t)\boldsymbol{P}(t)+\boldsymbol{C}^{\mathrm{T}}(t)\boldsymbol{Q}(t)\boldsymbol{C}(t)=0 \tag{6-202}$$

$$\boldsymbol{P}(t_f)=0 \tag{6-203}$$

$$\dot{\boldsymbol{\xi}}(t)+[\boldsymbol{A}^{\mathrm{T}}(t)-\boldsymbol{P}(t)\boldsymbol{B}(t)\boldsymbol{R}^{-1}(t)\boldsymbol{B}^{\mathrm{T}}(t)]\boldsymbol{\xi}(t)+\boldsymbol{C}^{\mathrm{T}}(t)\boldsymbol{Q}(t)\boldsymbol{\eta}(t)=0 \tag{6-204}$$

$$\boldsymbol{\xi}(t_f)=0 \tag{6-205}$$

最优控制为

$$\boldsymbol{u}^*=-\boldsymbol{R}^{-1}(t)\boldsymbol{B}^{\mathrm{T}}(t)\overline{\boldsymbol{P}}(t)\boldsymbol{x}+\boldsymbol{R}^{-1}(t)\boldsymbol{B}^{\mathrm{T}}(t)\overline{\boldsymbol{\xi}}(t) \tag{6-206}$$

式中，$\overline{\boldsymbol{P}}(t)$ 和 $\overline{\boldsymbol{\xi}}(t)$ 是式(6-202)~式(6-205)的解。当 $t_f\to\infty$ 的极限，即

$$\lim_{t_f\to\infty}\boldsymbol{P}(t_f)=\overline{\boldsymbol{P}}(t)$$

$$\lim_{t_f\to\infty}\boldsymbol{\xi}(t_f)=\overline{\boldsymbol{\xi}}(t)$$

例 6-9 线性定常系统方程为

$$\dot{\boldsymbol{x}}=\begin{bmatrix}0&1\\0&0\end{bmatrix}\boldsymbol{x}+\begin{bmatrix}0\\1\end{bmatrix}u$$

$$y=[1\quad 0]\boldsymbol{x}$$

指定的输入函数为 $\eta(t)$。求 u^*，使系统输出 $y(t)$ 跟踪 $\eta(t)$ 并使性能指标

$$J=\frac{1}{2}\int_0^\infty\{[x_1-\eta]^2+u^2\}\mathrm{d}t$$

取极小值。

解 在此例子中，系统能控，$Q=1$，$R=1$。设

$$\boldsymbol{P}(t)=\begin{bmatrix}P_{11}&P_{12}\\P_{12}&P_{22}\end{bmatrix},\boldsymbol{\xi}(t)=\begin{bmatrix}\xi_1\\\xi_2\end{bmatrix}$$

由式(6-202)、式(6-203)可得

$$\begin{bmatrix}\dot{P}_{11}&\dot{P}_{12}\\\dot{P}_{12}&\dot{P}_{22}\end{bmatrix}+\begin{bmatrix}P_{11}&P_{12}\\P_{12}&P_{22}\end{bmatrix}\begin{bmatrix}0&1\\0&0\end{bmatrix}+\begin{bmatrix}0&0\\1&0\end{bmatrix}\begin{bmatrix}P_{11}&P_{12}\\P_{12}&P_{22}\end{bmatrix}-$$

$$\begin{bmatrix}P_{11}&P_{12}\\P_{12}&P_{22}\end{bmatrix}\begin{bmatrix}0\\1\end{bmatrix}[0\quad 1]\begin{bmatrix}P_{11}&P_{12}\\P_{12}&P_{22}\end{bmatrix}=-\begin{bmatrix}1\\0\end{bmatrix}[1\quad 0]$$

$$\begin{bmatrix}P_{11}(t_f)&P_{12}(t_f)\\P_{12}(t_f)&P_{22}(t_f)\end{bmatrix}=0$$

将上式展开，有

$$\dot{P}_{11}-P_{12}^2+1=0\qquad P_{11}(t_f)=0$$

$$\dot{P}_{12}+P_{11}-P_{12}P_{22}=0\quad P_{12}(t_f)=0$$

$$\dot{P}_{22} + 2P_{12} - P_{22}^2 = 0 \quad P_{22}(t_f) = 0$$

令 $t_f \to \infty$，可以求出 $\boldsymbol{P}(t)$ 的稳态解

$$\overline{P}_{11} = \sqrt{2},\ \overline{P}_{12} = 1,\ \overline{P}_{22} = \sqrt{2}$$

$$\overline{\boldsymbol{P}} = \begin{bmatrix} \sqrt{2} & 1 \\ 1 & \sqrt{2} \end{bmatrix}$$

由式(6-204)、式(6-205)，得到

$$\begin{bmatrix} \dot{\xi}_1 \\ \dot{\xi}_2 \end{bmatrix} + \begin{bmatrix} 0 & 0 \\ 1 & 0 \end{bmatrix}\begin{bmatrix} \xi_1 \\ \xi_2 \end{bmatrix} - \begin{bmatrix} P_{11} & P_{12} \\ P_{12} & P_{22} \end{bmatrix}\begin{bmatrix} 0 \\ 1 \end{bmatrix}\begin{bmatrix} 0 & 1 \end{bmatrix}\begin{bmatrix} \xi_1 \\ \xi_2 \end{bmatrix} + \begin{bmatrix} 1 \\ 0 \end{bmatrix}\eta(t) = 0$$

$$\begin{bmatrix} \xi_1(t_f) \\ \xi_2(t_f) \end{bmatrix} = 0$$

将 $\overline{\boldsymbol{P}}$ 代入上面方程组，得到

$$\dot{\xi}_1 = \xi_2 - \eta(t) \qquad \xi_1(t_f) = 0$$

$$\dot{\xi}_2 = -\xi_1 + \sqrt{2}\xi_2 \qquad \xi_2(t_f) = 0$$

设 $\eta(t) = 1 - e^{-t}$，可解出 $\xi_1(t)$，$\xi_2(t)$，并取 $t_f \to \infty$ 的极限，得到

$$\overline{\xi}_1 = \sqrt{2} - \frac{1+\sqrt{2}}{2+\sqrt{2}}e^{-t}$$

$$\overline{\xi}_2 = 1 - \frac{1}{2+\sqrt{2}}e^{-t} = \eta(t) + \frac{1+\sqrt{2}}{2+\sqrt{2}}\dot{\eta}(t)$$

最优控制 u^* 由式(6-206)求出，即

$$u^* = -\begin{bmatrix} 0 & 1 \end{bmatrix}\begin{bmatrix} \overline{P}_{11} & \overline{P}_{12} \\ \overline{P}_{12} & \overline{P}_{22} \end{bmatrix}\boldsymbol{x} + \begin{bmatrix} 0 & 1 \end{bmatrix}\begin{bmatrix} \overline{\xi}_1 \\ \overline{\xi}_2 \end{bmatrix}$$

$$= -x_1 - \sqrt{2}x_2 + \eta + \frac{1+\sqrt{2}}{2+\sqrt{2}}\dot{\eta}$$

伺服机的结构如图 6-27 所示。

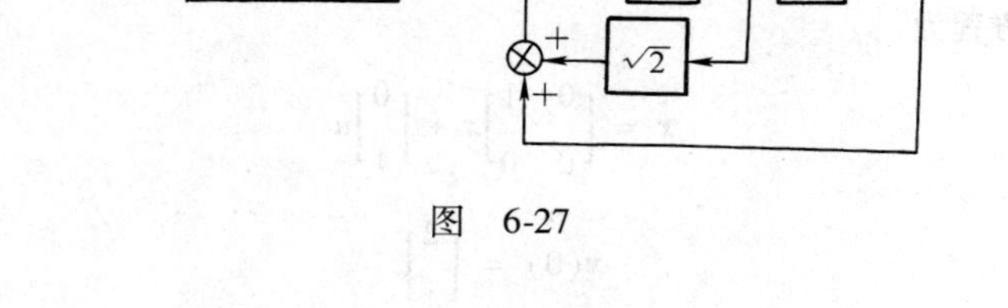

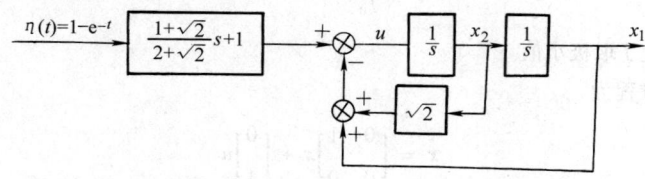

图 6-27

假如指定的输入函数 $\eta(t)$ 为常值，即 $\eta(t)=\eta=$ 常量，则

$$\bar{\xi}_1=\sqrt{2}\eta$$

$$\bar{\xi}_2=\eta$$

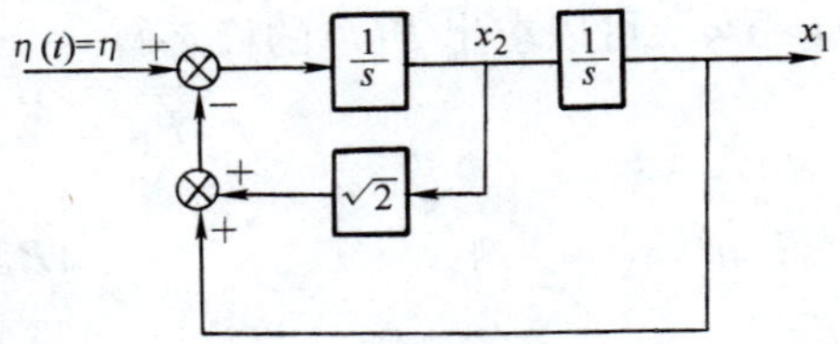

图 6-28

最优控制为 $u^*=-x_1-\sqrt{2}x_2+\eta$

伺服机的结构如图 6-28 所示。可见，伺服机最优控制问题，随着指定的输入信号不同，系统的结构也不同，其差别仅在于状态闭环以外的输入部分。

应该着重指出，上面讨论的伺服机问题，其指定的输入信号 $\eta(t)$ 是已知的。如果要跟踪的输入信号未知，不能用这里的方法求解。

小　　结

本章介绍了控制系统的最优设计方法。求解系统的最优控制问题，首先必须指定一个性能指标。在准确的数学模型已知情况下，寻求最优控制，使性能指标最优。如果不预先指定一个性能指标，“最优”就无从谈起，甚至得出错误的结果。

本章着眼于工程的观点，介绍了极小值原理和动态规划法求解最优控制问题的方法，并通过有代表性的、贴近工程实际的例题进行了求解，例如二次模型的快速控制和考虑燃料消耗的快速控制问题的求解。从控制角度来说，总希望最优控制系统也是一个具有负反馈的闭环系统。由于以二次型性能指标的线性系统的最优控制问题所求出的控制是状态的函数，所以可以实现状态反馈。这就是本章中的线性状态调节器和伺服机问题。这是目前研究比较成熟并得到广泛应用的最优控制问题。

本章的内容是最基本的，欲深入学习，请参考文献[3]、[4]。

习　　题

6-1　系统状态方程为

$$\dot{x}=x+u$$

$$x(0)=1$$

$$J=\int_0^2(x^2+u^2)\mathrm{d}t$$

试求最优控制 u^*，使 J 取极小值。

6-2　系统状态方程为

$$\dot{\boldsymbol{x}}=\begin{bmatrix}0&1\\0&0\end{bmatrix}\boldsymbol{x}+\begin{bmatrix}0\\1\end{bmatrix}u$$

$$\boldsymbol{x}(0)=\begin{bmatrix}2\\1\end{bmatrix}$$

$$J = \frac{1}{2}\int_0^2 u^2 \mathrm{d}t$$

试求最优控制 $u^*(t)$，将系统在 $t_f = 2\mathrm{s}$ 时转移到状态空间坐标原点，并使 J 取极小值。

6-3　线性定常离散系统状态方程为

$$\boldsymbol{x}(k+1) = \begin{bmatrix} 2 & 0 \\ 1 & 1 \end{bmatrix}\boldsymbol{x}(k) + \begin{bmatrix} 1 \\ 0 \end{bmatrix}u(k)$$

$$\boldsymbol{x}(0) = \begin{bmatrix} 1 \\ 0 \end{bmatrix}$$

性能指标为

$$J = \sum_{k=0}^{1}\left\{\boldsymbol{x}^{\mathrm{T}}(k+1)\begin{bmatrix} 0 & 0 \\ 0 & 2 \end{bmatrix}\boldsymbol{x}(k+1) + 2u^2(k)\right\}$$

试求最优控制序列 $u^*(k)$，使 J 取极小值。

6-4　系统状态方程为

$$\dot{x}_1 = x_2$$

$$\dot{x}_2 = -x_1 + u$$

$$\boldsymbol{x}(0) = \begin{bmatrix} 2 \\ 0 \end{bmatrix}$$

性能指标为

$$J = 2x_1^2(4) + \int_0^4 \frac{1}{2}u^2 \mathrm{d}t$$

试求最优控制，使 J 取极小值。

6-5　系统状态方程为

$$\dot{\boldsymbol{x}} = \begin{bmatrix} 0 & 1 \\ -1 & -1 \end{bmatrix}\boldsymbol{x} + \begin{bmatrix} 0 \\ 1 \end{bmatrix}u$$

$$|u| \leqslant 1$$

$$J = \int_0^{t_f}\mathrm{d}t = t_f$$

试确定将系统从初始状态 $\boldsymbol{x}(0) \neq 0$ 转移到原点的最优控制，并使 $\boldsymbol{J} = \min$。

6-6　交通路线图如图 6-29 所示。走完每段街道的时间，在图上以数字标出。试寻求从 A 走到 B 路线最短的走法。

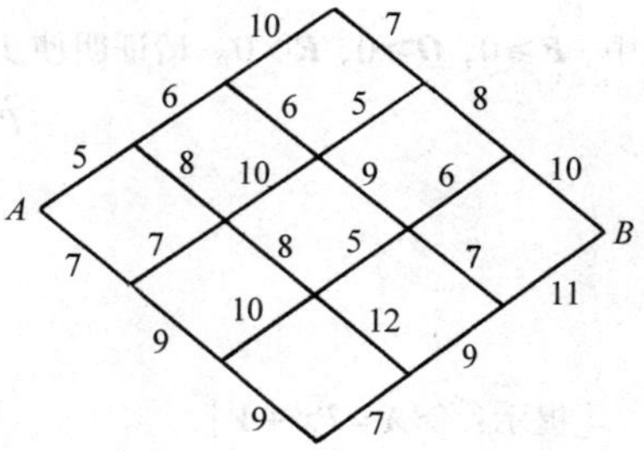

图　6-29

6-7　系统状态方程为　$\dot{\boldsymbol{x}} = \boldsymbol{u}$

性能指标为　$J = \int_0^{t_f}[qx^2 + ru^2]\mathrm{d}t$

式中，$q > 0$，$r > 0$。请证明最优性能指标 J^* 满足如下方程

$$-\frac{\partial J^*}{\partial t} = qx^2 - \frac{1}{4r}\left(\frac{\partial J^*}{\partial x}\right)^2$$

6-8　系统状态方程为

$$\dot{\boldsymbol{x}}_1 = \boldsymbol{x}_2$$

$$\dot{x}_2 = u$$

初始状态为
$$\boldsymbol{x}(0) = \begin{bmatrix} 1 \\ 0 \end{bmatrix}$$

性能指标为
$$J = \int_0^{\infty} \left[2x_1^2 + \frac{1}{2}u^2 \right] \mathrm{d}t$$

求最优控制 u^* 使 J 取极小值。

6-9　系统状态方程为

$$\dot{x} = u$$
$$x(1) = 3$$

性能指标为
$$J = x^2(5) + \frac{1}{2}\int_1^5 u^2 \mathrm{d}t$$

试求最优控制，使 J 取极小值。

6-10　系统状态方程为

$$\dot{\boldsymbol{x}} = \boldsymbol{A}(t)\boldsymbol{x} + \boldsymbol{B}(t)\boldsymbol{u}$$
$$\boldsymbol{x}(t_0)$$
$$J = \frac{1}{2}\boldsymbol{x}^{\mathrm{T}}(t_f)\boldsymbol{F}\boldsymbol{x}(t_f) + \frac{1}{2}\int_{t_0}^{t_f} [\boldsymbol{x}^{\mathrm{T}}\boldsymbol{Q}(t)\boldsymbol{x} + \boldsymbol{u}^{\mathrm{T}}\boldsymbol{R}(t)\boldsymbol{u}]\mathrm{d}t$$

式中，$\boldsymbol{F} \geqslant 0$，$\boldsymbol{Q}(t) \geqslant 0$，$\boldsymbol{R}(t) > 0$。请证明性能指标中有无$\frac{1}{2}$，最优控制规律不改变。

6-11　系统状态方程为

$$\dot{\boldsymbol{x}} = \boldsymbol{A}\boldsymbol{x} + \boldsymbol{B}\boldsymbol{u}$$
$$\boldsymbol{x}(t_0)$$
$$J = \frac{1}{2}\boldsymbol{x}^{\mathrm{T}}(t_f)\boldsymbol{F}\boldsymbol{x}(t_f) + \frac{1}{2}\int_{t_0}^{t_f} [\boldsymbol{x}^{\mathrm{T}}\boldsymbol{u}^{\mathrm{T}}] \begin{bmatrix} \boldsymbol{Q} & \boldsymbol{V} \\ \boldsymbol{V}^{\mathrm{T}} & \boldsymbol{R} \end{bmatrix} \begin{bmatrix} \boldsymbol{x} \\ \boldsymbol{u} \end{bmatrix} \mathrm{d}t$$

式中，$\boldsymbol{R} > 0$，$\boldsymbol{F} \geqslant 0$，$\boldsymbol{Q} \geqslant 0$。请求出使 J 取极小值的最优控制 $\boldsymbol{u}^*$，$\boldsymbol{P}(t)$ 和 J^*。

6-12　系统状态方程为

$$\dot{\boldsymbol{x}} = \boldsymbol{A}\boldsymbol{x} + \boldsymbol{B}\boldsymbol{u} + \boldsymbol{d}$$

式中，d 为已知干扰。

$$J = \frac{1}{2}\boldsymbol{x}^{\mathrm{T}}(t_f)\boldsymbol{F}\boldsymbol{x}(t_f) + \frac{1}{2}\int_{t_0}^{t_f} [\boldsymbol{x}^{\mathrm{T}}\boldsymbol{Q}\boldsymbol{x} + \boldsymbol{u}^{\mathrm{T}}\boldsymbol{R}\boldsymbol{u}]\mathrm{d}t$$

式中，$\boldsymbol{F} \geqslant 0$，$\boldsymbol{Q} \geqslant 0$，$\boldsymbol{R} > 0$。请证明使 J 取极小值的最优控制 $\boldsymbol{u}^*$ 由如下方程决定

$$-\dot{\boldsymbol{P}} = \boldsymbol{A}^{\mathrm{T}}\boldsymbol{P} + \boldsymbol{P}\boldsymbol{A} - \boldsymbol{P}\boldsymbol{B}\boldsymbol{R}^{-1}\boldsymbol{B}^{\mathrm{T}}\boldsymbol{P} + \boldsymbol{Q}$$
$$\boldsymbol{K} = \boldsymbol{R}^{-1}\boldsymbol{B}^{\mathrm{T}}\boldsymbol{P}$$
$$-\dot{\boldsymbol{V}} = (\boldsymbol{A} - \boldsymbol{B}\boldsymbol{K})^{\mathrm{T}}\boldsymbol{V} + \boldsymbol{P}\boldsymbol{d}$$
$$\boldsymbol{u}^* = -\boldsymbol{K}\boldsymbol{x} - \boldsymbol{R}^{-1}\boldsymbol{B}^{\mathrm{T}}\boldsymbol{V}$$

[提示：令 $\boldsymbol{\lambda} = \boldsymbol{P}\boldsymbol{x} + \boldsymbol{V}$]

6-13　系统结构如图 6-30 所示。系统的性能指标

$$J = \int_0^{\infty} [\boldsymbol{x}^{\mathrm{T}}\boldsymbol{Q}\boldsymbol{x} + \boldsymbol{u}^2]\mathrm{d}t$$

式中，$\boldsymbol{Q}=\begin{bmatrix}1 & 0\\0 & 1\end{bmatrix}$。求出 $\boldsymbol{K}$ 阵使 J 取极小值。

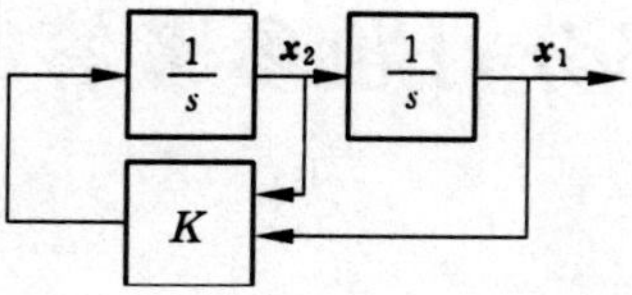

图 6-30

6-14　系统状态方程为　$\dot{\boldsymbol{x}}=\boldsymbol{A}\boldsymbol{x}+\boldsymbol{B}\boldsymbol{u}$

性能指标为　$J=\int_0^{\infty}[\boldsymbol{x}^{\mathrm{T}}\boldsymbol{Q}\boldsymbol{x}+\boldsymbol{u}^{\mathrm{T}}\boldsymbol{R}\boldsymbol{u}]\mathrm{d}t$

式中，$\boldsymbol{Q}$，$\boldsymbol{R}$ 阵均为对称正定阵。该系统的最优控制为 $\boldsymbol{u}^*=-\boldsymbol{R}^{-1}\boldsymbol{B}^{\mathrm{T}}\boldsymbol{P}\boldsymbol{x}$，$\boldsymbol{P}$ 阵由矩阵黎卡提方程 $\boldsymbol{A}^{\mathrm{T}}\boldsymbol{P}+\boldsymbol{P}\boldsymbol{A}-\boldsymbol{P}\boldsymbol{B}\boldsymbol{R}^{-1}\boldsymbol{B}^{\mathrm{T}}\boldsymbol{P}+\boldsymbol{Q}=0$ 给出。请证明 $\boldsymbol{P}$ 阵存在，状态调节器是渐近稳定的。

[提示：选择李亚诺夫函数为 $V(x)=\boldsymbol{x}^{\mathrm{T}}\boldsymbol{P}\boldsymbol{x}$]

部分习题参考答案

第 1 章

1-1 $\begin{bmatrix}\dot{x}_1\\ \dot{x}_2\end{bmatrix}=\begin{bmatrix}-\dfrac{R_1}{L_1} & \dfrac{R_1}{L_1}\\ \dfrac{R_1}{L_2} & -\dfrac{(R_1+R_2)}{L_2}\end{bmatrix}\begin{bmatrix}x_1\\ x_2\end{bmatrix}+\begin{bmatrix}\dfrac{1}{L_1} & -\dfrac{1}{L_1}\\ 0 & \dfrac{1}{L_2}\end{bmatrix}\begin{bmatrix}u_1\\ u_2\end{bmatrix}$

1-2 选取状态变量 $x_1=u_{C1}$，$x_2=u_{C2}$，输出 $y=u_2$

$$\begin{bmatrix}\dot{x}_1\\ \dot{x}_2\end{bmatrix}=\begin{bmatrix}-\dfrac{(R_1+R_2)}{R_1R_2C_1} & -\dfrac{1}{R_2C_1}\\ -\dfrac{1}{R_2C_2} & -\dfrac{1}{R_2C_2}\end{bmatrix}\begin{bmatrix}x_1\\ x_2\end{bmatrix}+\begin{bmatrix}\dfrac{1}{R_2C_1}\\ \dfrac{1}{R_2C_2}\end{bmatrix}u_1,\ y=[-1\quad 0]\begin{bmatrix}x_1\\ x_2\end{bmatrix}+u_1$$

1-3 选取状态变量 $x_1=y$，$x_2=\dot{x}_1=\dot{y}$

$$\begin{bmatrix}\dot{x}_1\\ \dot{x}_2\end{bmatrix}=\begin{bmatrix}0 & 1\\ -k/m & 0\end{bmatrix}\begin{bmatrix}x_1\\ x_2\end{bmatrix}+\begin{bmatrix}0\\ 1/m\end{bmatrix}F$$

1-4 选取状态变量 $x_1=\theta$，$x_2=\dot{\theta}$，$x_3=i_{\mathrm{B}}$

$$\begin{bmatrix}\dot{x}_1\\ \dot{x}_2\\ \dot{x}_3\end{bmatrix}=\begin{bmatrix}0 & 1 & 0\\ 0 & -f/J_D & K_{\mathrm{B}}/J_{\mathrm{D}}\\ 0 & 0 & -R_{\mathrm{B}}/L_{\mathrm{B}}\end{bmatrix}\begin{bmatrix}x_1\\ x_2\\ x_3\end{bmatrix}+\begin{bmatrix}0\\ 0\\ 1/L_{\mathrm{B}}\end{bmatrix}u_{\mathrm{B}}$$

1-5 (1) $\begin{bmatrix}\dot{x}_1\\ \dot{x}_2\end{bmatrix}=\begin{bmatrix}0 & 1\\ -12 & -7\end{bmatrix}\begin{bmatrix}x_1\\ x_2\end{bmatrix}+\begin{bmatrix}0\\ 2\end{bmatrix}u$；$y=[1\quad 0]\begin{bmatrix}x_1\\ x_2\end{bmatrix}$

(2) $\begin{bmatrix}\dot{x}_1\\ \dot{x}_2\\ \dot{x}_3\end{bmatrix}=\begin{bmatrix}0 & 1 & 0\\ 0 & 0 & 1\\ 1.5 & 0 & 0\end{bmatrix}\begin{bmatrix}x_1\\ x_2\\ x_3\end{bmatrix}+\begin{bmatrix}0.5\\ -0.5\\ 0\end{bmatrix}u$；$y=[1\quad 0\quad 0]\begin{bmatrix}x_1\\ x_2\\ x_3\end{bmatrix}$

(3) $\begin{bmatrix}\dot{x}_1\\ \dot{x}_2\\ \dot{x}_3\\ \dot{x}_4\end{bmatrix}=\begin{bmatrix}0&1&0&0\\0&0&1&0\\0&0&0&1\\0&-2&0&-3\end{bmatrix}\begin{bmatrix}x_1\\x_2\\x_3\\x_4\end{bmatrix}+\begin{bmatrix}0\\0\\-1\\3\end{bmatrix}u;\ y=[1\quad 0\quad 0\quad 0]\begin{bmatrix}x_1\\x_2\\x_3\\x_4\end{bmatrix}$

1-7 $\boldsymbol{G}(s)=\dfrac{1}{s^3+9s^2+26s+24}\times\begin{bmatrix}5s^2+26s+34 & 2s+2\\ -19s^2-96s-120 & 2s^2+2s\end{bmatrix}$

1-8 $\begin{bmatrix}\dot{x}_1\\ \dot{x}_2\end{bmatrix}=\begin{bmatrix}-2&-k\\1&-1\end{bmatrix}\begin{bmatrix}x_1\\x_2\end{bmatrix}+\begin{bmatrix}k\\0\end{bmatrix}r,\ y=[1\quad 0]\begin{bmatrix}x_1\\x_2\end{bmatrix}$

1-9 $\begin{bmatrix}\dot{x}_1\\ \dot{x}_2\\ \dot{x}_3\end{bmatrix}=\begin{bmatrix}0&1&0\\0&-1&1\\-10&-40&-6\end{bmatrix}\begin{bmatrix}x_1\\x_2\\x_3\end{bmatrix}+\begin{bmatrix}0&0\\0&1\\10&0\end{bmatrix}\begin{bmatrix}r\\d\end{bmatrix},\ y=[1\quad 0\quad 0]\begin{bmatrix}x_1\\x_2\\x_3\end{bmatrix}$

1-10 选择状态变量 $x_1(k)=y(k)$，$x_2(k)=x_1(k+1)=y(k+1)$

$$\begin{bmatrix}x_1(k+1)\\x_2(k+1)\end{bmatrix}=\begin{bmatrix}0&1\\-2&-3\end{bmatrix}\begin{bmatrix}x_1(k)\\x_2(k)\end{bmatrix}+\begin{bmatrix}0\\1\end{bmatrix}u(k),\ y(k)=[1\quad 0]\begin{bmatrix}x_1(k)\\x_2(k)\end{bmatrix}$$

1-11 $\begin{bmatrix}x_1(k+1)\\x_2(k+1)\\x_3(k+1)\end{bmatrix}=\begin{bmatrix}0&1&0\\0&0&1\\-1&-2&-3\end{bmatrix}\begin{bmatrix}x_1(k)\\x_2(k)\\x_3(k)\end{bmatrix}+\begin{bmatrix}1\\-1\\2\end{bmatrix}u(k),\ y(k)$

$$=[1\quad 0\quad 0]\begin{bmatrix}x_1(k)\\x_2(k)\\x_3(k)\end{bmatrix}$$

1-12 1-10 题的脉冲传递函数为 $G_{yu}(z)=\dfrac{1}{z^2+3z+2}$

1-11 题的脉冲传递函数为 $G_{yu}(z)=\dfrac{z^2+2z+1}{z^3+3z^2+2z+1}$

1-13 $\boldsymbol{Q}=\begin{bmatrix}1&0&1\\1&0&-1\\0&1&0\end{bmatrix}$，$\boldsymbol{P}=\boldsymbol{Q}^{-1}=\begin{bmatrix}0.5&0.5&0\\0&0&1\\0.5&-0.5&0\end{bmatrix}$，$\boldsymbol{\Lambda}=\boldsymbol{PAP}^{-1}=\begin{bmatrix}0&0&0\\0&1&0\\0&0&2\end{bmatrix}$

1-14 $\boldsymbol{Q}=\begin{bmatrix}1&0&1\\-5&1&-1\\25&-10&1\end{bmatrix}$，$\boldsymbol{P}=\boldsymbol{Q}^{-1}=\begin{bmatrix}0.5&0.5&0\\0&0&1\\0.5&-0.5&0\end{bmatrix}$，

$$\boldsymbol{J}=\boldsymbol{PAP}^{-1}=\begin{bmatrix}-5&1&0\\0&-5&0\\0&0&-1\end{bmatrix}$$

1-15 $\boldsymbol{Q}=\begin{bmatrix}1 & 1\\-1 & 0\end{bmatrix}$，$\boldsymbol{P}=\boldsymbol{Q}^{-1}=\begin{bmatrix}0 & -1\\1 & 1\end{bmatrix}$，$\boldsymbol{J}=\boldsymbol{PAP}^{-1}=\begin{bmatrix}-1 & 1\\0 & -1\end{bmatrix}$

1-16 $\boldsymbol{Q}=\begin{bmatrix}-1 & 0.1743 & -0.3257\\1 & 0.1514 & 0.5\\-1 & -0.6514 & -0.3486\end{bmatrix}$，$P=Q^{-1}=\begin{bmatrix}-2 & -2 & -1\\1.1095 & -0.1678 & -1.2773\\3.6641 & 6.0508 & 2.3868\end{bmatrix}$

$$\boldsymbol{M}=\boldsymbol{PAP}^{-1}=\begin{bmatrix}-1 & 0 & 0\\0 & -1 & 1\\0 & 1 & -1\end{bmatrix}$$

1-18 $\begin{bmatrix}\dot{x}_{\mathrm{I}}\\\dot{x}_{\mathrm{II}}\end{bmatrix}=\left[\begin{array}{cc:c}0 & 1 & 0\\0 & -1 & 0\\\hdashline 4 & 2 & 1\end{array}\right]\begin{bmatrix}x_{\mathrm{I}}\\\hdashline x_{\mathrm{II}}\end{bmatrix}+\begin{bmatrix}0\\1\\\hdashline 0\end{bmatrix}\boldsymbol{u}$

$\boldsymbol{y}=[2\quad 1\ \vdots\ 1]$

$\boldsymbol{G}_2(s)\boldsymbol{G}_1(s)=\dfrac{(s+2)(s+3)}{s(s+1)^2}$

1-19 $\begin{bmatrix}\dot{x}_{\mathrm{I}}\\\dot{x}_{\mathrm{II}}\end{bmatrix}=\left[\begin{array}{cc:cc}-2 & 1 & 9 & -1\\0 & -1 & 0 & -2\\\hdashline 0 & 2 & 0 & 0\\0 & 1 & 0 & 0\end{array}\right]\begin{bmatrix}x_{\mathrm{I}}\\x_{\mathrm{II}}\end{bmatrix}+\left[\begin{array}{cc}4 & 1\\-1 & 2\\\hdashline 0 & 0\\0 & 0\end{array}\right]\boldsymbol{u}$

$\boldsymbol{y}=[0\quad 1\ \vdots\ 0\quad 0]\begin{bmatrix}\boldsymbol{x}_{\mathrm{I}}\\\boldsymbol{x}_{\mathrm{II}}\end{bmatrix}$

第 2 章

2-1 （1）$\boldsymbol{\phi}(t)=\dfrac{2}{\sqrt{3}}\mathrm{e}^{-0.5t}\begin{bmatrix}\sin\left(\dfrac{\sqrt{3}}{2}t+60°\right) & \sin\dfrac{\sqrt{3}}{2}t\\-\sin\dfrac{\sqrt{3}}{2}t & -\sin\left(\dfrac{\sqrt{3}}{2}t-60°\right)\end{bmatrix}$

（2）$\boldsymbol{\phi}(t)=\begin{bmatrix}0.75\mathrm{e}^{t}+0.25\mathrm{e}^{5t} & -0.5\mathrm{e}^{t}+0.5\mathrm{e}^{5t} & -0.25\mathrm{e}^{t}+0.25\mathrm{e}^{5t}\\-0.25\mathrm{e}^{t}+0.25\mathrm{e}^{5t} & 0.5\mathrm{e}^{t}+0.5\mathrm{e}^{5t} & -0.25\mathrm{e}^{t}+0.25\mathrm{e}^{5t}\\-0.25\mathrm{e}^{t}+0.25\mathrm{e}^{5t} & -0.5\mathrm{e}^{t}+0.5\mathrm{e}^{5t} & 0.75\mathrm{e}^{t}+0.25\mathrm{e}^{5t}\end{bmatrix}$

2-2 （1）$\boldsymbol{\phi}(t)=\begin{bmatrix}1.25\mathrm{e}^{-t}-0.25\mathrm{e}^{-5t} & 0.25\mathrm{e}^{-t}-0.25\mathrm{e}^{-5t}\\-1.25\mathrm{e}^{-t}+1.25\mathrm{e}^{-5t} & -0.25\mathrm{e}^{-t}+1.25\mathrm{e}^{-5t}\end{bmatrix}$

（2）特征值为 $-1\pm3\mathrm{i}$；$\boldsymbol{Q}=\begin{bmatrix}-0.8452 & 0\\-0.1690 & 0.5071\end{bmatrix}$，$\boldsymbol{P}=\begin{bmatrix}-1.1832 & 0\\-0.3943 & 1.9720\end{bmatrix}$；

$$e^{Mt}=e^{-t}\begin{bmatrix}\cos 3t & \sin 3t\\ -\sin 3t & \cos 3t\end{bmatrix},$$

$$\boldsymbol{\phi}(t)=\boldsymbol{P}^{-1}e^{Mt}\boldsymbol{P}=e^{-t}\begin{bmatrix}\cos 3t+0.3333\sin 3t & 1.7\sin 3t\\ 0.6684\sin 3t & -0.3333\sin 3t+\cos 3t\end{bmatrix}$$

(3) $$\boldsymbol{\phi}(t)=\begin{bmatrix}0.5+0.5e^{2t} & 0.5-0.5e^{2t} & 0\\ 0.5-0.5e^{2t} & 0.5+0.5e^{2t} & 0\\ 0 & 0 & e^{t}\end{bmatrix}$$

2-4 (1) $$\boldsymbol{\phi}(t)=\begin{bmatrix}e^{t} & \frac{1}{4}(e^{t}-e^{-3t})\\ 0 & e^{-3t}\end{bmatrix}$$

(2) $$\boldsymbol{\phi}(t)=\begin{bmatrix}3e^{-t}-3e^{-2t}+e^{-3t} & 2.5e^{-t}-4e^{-2t}+1.5e^{-3t} & 0.5e^{-t}-e^{-2t}+0.5e^{-3t}\\ -3e^{-t}+6e^{-2t}-3e^{-3t} & -2.5e^{-t}+8e^{-2t}-4.5e^{-3t} & -0.5e^{-t}+2e^{-2t}-1.5e^{-3t}\\ 3e^{-t}-12e^{-2t}+9e^{-3t} & 2.5e^{-t}-16e^{-2t}+13.5e^{-3t} & 0.5e^{-t}-4e^{-2t}+6.5e^{-3t}\end{bmatrix}$$

2-5 $$x(0)=\begin{bmatrix}3e^{-t_1}-e^{2t_1}\\ 3e^{-t_1}+2e^{2t_1}\end{bmatrix}$$

2-6 $$\boldsymbol{\phi}(t)=\begin{bmatrix}3e^{-2t}-2e^{-3t} & e^{-2t}-e^{-3t}\\ -6e^{-2t}+6e^{-3t} & -2e^{-2t}+3e^{-3t}\end{bmatrix},\ \boldsymbol{x}(t)=\begin{bmatrix}1-2e^{-2t}+e^{-3t}\\ -1+4e^{-2t}-3e^{-3t}\end{bmatrix}$$

2-8 设 $$\boldsymbol{\phi}(t)=\begin{bmatrix}\phi_{11} & \phi_{12}\\ \phi_{21} & \phi_{22}\end{bmatrix},\ \begin{bmatrix}e^{t}\\ (t-2)e^{t}\end{bmatrix}=\begin{bmatrix}\phi_{11} & \phi_{12}\\ \phi_{21} & \phi_{22}\end{bmatrix}\begin{bmatrix}1\\ -2\end{bmatrix},\ \begin{bmatrix}e^{t}\\ (t-1)e^{t}\end{bmatrix}$$

$$=\begin{bmatrix}\phi_{11} & \phi_{12}\\ \phi_{21} & \phi_{22}\end{bmatrix}\begin{bmatrix}1\\ -1\end{bmatrix}$$

解得 $\phi_{11}=e^{t}$, $\phi_{12}=0$, $\phi_{21}=te^{t}$, $\phi_{12}=e^{t}$

$$\boldsymbol{\phi}(t)=\begin{bmatrix}e^{t} & 0\\ te^{t} & e^{t}\end{bmatrix},\ \dot{\boldsymbol{\phi}}(t)=\boldsymbol{A}\boldsymbol{\phi}(t),\ \dot{\boldsymbol{\phi}}(t)\Big|_{t=0}=\boldsymbol{A}\boldsymbol{\phi}(t)\Big|_{t=0},\ \begin{bmatrix}1 & 0\\ 1 & 1\end{bmatrix}$$

$$=\boldsymbol{A}\begin{bmatrix}1 & 0\\ 0 & 1\end{bmatrix},\ \boldsymbol{A}=\begin{bmatrix}1 & 0\\ 1 & 1\end{bmatrix}$$

2-10 $$\boldsymbol{\phi}(t)=\begin{bmatrix}(2-\cos t+\sin t)e^{-t} & (2-2\cos t+\sin t)e^{-t} & (1-\cos t)e^{-t}\\ 2(\cos t-1)e^{-t} & (3\cos t+\sin t-2)e^{-t} & (\cos t+\sin t-1)e^{-t}\\ 2(1-\cos t-\sin t)e^{-t} & 2(1-\cos t-2\sin t)e^{-t} & (1-2\sin t)e^{-t}\end{bmatrix}$$

$$\boldsymbol{x}(t)=\begin{bmatrix}(-2-0.5\cos t-1.5\sin t)e^{-t}+3.5\\ (2-\cos t+2\sin t)e^{-t}-1\\ (-2+3\cos t-\sin t)e^{-t}-1\end{bmatrix}$$

2-11 $$\begin{bmatrix}a_0(t)\\ a_1(t)\end{bmatrix}=\begin{bmatrix}1 & 1\\ 1 & 3\end{bmatrix}^{-1}\begin{bmatrix}e^{t}\\ e^{3t}\end{bmatrix}=\begin{bmatrix}1.5e^{t}-0.5e^{3t}\\ -0.5e^{t}+0.5e^{3t}\end{bmatrix}$$

$$e^{At}=a_0(t)I+a_1(t)A=\begin{bmatrix}1.5e^t-0.5e^{3t} & -0.5e^t+0.5e^{3t}\\ 1.5e^t-1.5e^{3t} & -0.5e^t+1.5e^{3t}\end{bmatrix}$$

$$H(t)=Ce^{At}B=2e^t$$

2-12　1s 后达到稳态。

2-13　$$\boldsymbol{\phi}(t,\ 0)=\begin{bmatrix}1 & \frac{1}{2}t^2+\frac{1}{8}(2t+1)+\cdots\\ 0 & 1-\frac{1}{2}e^{-2t}+\frac{1}{8}e^{-4t}+\cdots\end{bmatrix}$$

2-14　$$\boldsymbol{\phi}(t,\ 0)=\begin{bmatrix}1 & 0\\ \frac{1}{2}t^2 & 1\end{bmatrix}$$

2-15　$$\boldsymbol{\phi}(t,\ 1)=\begin{bmatrix}1 & (t-1)+\frac{1}{6}(t-1)^2(t+2)+\cdots\\ 0 & 1+\frac{1}{2}(t^2-1)+\frac{1}{8}(t^2-1)+\cdots\end{bmatrix}$$

2-16　$$\boldsymbol{x}(k+1)=\begin{bmatrix}1 & 0.1\\ 0 & 1\end{bmatrix}\boldsymbol{x}(k)+\begin{bmatrix}0.005\\ 0.1\end{bmatrix}u(k)$$

2-17　$$\boldsymbol{x}(1)=\begin{bmatrix}4\\ -2\\ -2\end{bmatrix},\ \boldsymbol{x}(2)=\begin{bmatrix}-2\\ 0\\ 0\end{bmatrix},\ \boldsymbol{x}(3)=\begin{bmatrix}0\\ 0\\ 0\end{bmatrix}$$

2-18　$$\boldsymbol{x}(k+1)=\begin{bmatrix}-0.4161 & 0.4546\\ -1.8190 & -0.4161\end{bmatrix}\boldsymbol{x}(k)+\begin{bmatrix}0.7081\\ 0.9093\end{bmatrix}u(k)$$

2-19　$$\boldsymbol{x}(1)=\begin{bmatrix}0\\ 1.84\end{bmatrix},\ \boldsymbol{x}(2)=\begin{bmatrix}2.84\\ -0.84\end{bmatrix},\ \boldsymbol{x}(3)=\begin{bmatrix}0.16\\ 1.3856\end{bmatrix},\ \boldsymbol{x}(4)=\begin{bmatrix}2.3856\\ -0.4112\end{bmatrix},$$

…

第 3 章

3-1　（1）不能控　（2）能控

3-2　（1）能观　　（2）能观

3-3　$b-a\neq 1$

3-4　$$\boldsymbol{Q}_c=\begin{bmatrix}a & (20a-b) & (396a-36b)\\ b & (4a+16b) & (144a+252b)\\ c & (12a-6b+18c) & (432a-216b+324c)\end{bmatrix}$$；$\det\boldsymbol{Q}_c=0$，不论 a，b，c 为

何值，$\boldsymbol{Q}_c$ 均不满秩。因此不能控。

3-5 不能控

3-6 不能观

3-7 $\boldsymbol{u}(t) \approx 2.8\mathrm{e}^{t} - 5.9\mathrm{e}^{0.5t}$

3-8 系统能控且能观，$G(s) = \dfrac{s^2 + 11s + 5}{s^3 + 8s^2 + 27s + 10}$

3-9 $\boldsymbol{Q}_0 = \begin{bmatrix} 1 & 0 & 0 & 0 \\ 0 & 1 & 0 & 0 \\ 0 & 0 & -1 & 0 \\ 0 & 0 & 0 & -1 \end{bmatrix}$，$\mathrm{rank}\boldsymbol{Q}_0 = 4$，所以系统能观测。

3-10 设采样周期为 T，$\boldsymbol{G} = \begin{bmatrix} \cos T & \sin T \\ -\sin T & \cos T \end{bmatrix}$，$\boldsymbol{H} = \begin{bmatrix} 1 - \cos T \\ \sin T \end{bmatrix}$

$[\boldsymbol{H} \quad \boldsymbol{GH}] = \begin{bmatrix} 1 - \cos T & 1 + \cos T - 2\cos^2 T \\ \sin T & \sin T(2\cos T - 1) \end{bmatrix}$

如果 $T = k\pi(k = 0, 1, 2, \cdots)$，则$[\boldsymbol{H} \quad \boldsymbol{GH}] = \begin{bmatrix} \times & \times \\ 0 & 0 \end{bmatrix}$，系统不能控。

3-11 系统能控

3-12 $\dot{\boldsymbol{\Psi}} = \begin{bmatrix} 0 & 0 & 0 \\ 0 & -1 & 0 \\ 0 & 0 & -2 \end{bmatrix}\boldsymbol{\Psi} + \begin{bmatrix} 1 \\ 1 \\ 0 \end{bmatrix}\boldsymbol{\eta}$，$\boldsymbol{\phi} = [3 \quad 2 \quad 1]\boldsymbol{\Psi}$

3-13 （1）$\boldsymbol{P} = \begin{bmatrix} 4 & 2 \\ 5 & 5 \end{bmatrix}^{-1} = \begin{bmatrix} 0.5 & -0.2 \\ -0.5 & 0.4 \end{bmatrix}$，$\overline{\boldsymbol{A}} = \boldsymbol{PAP}^{-1} = \begin{bmatrix} 0 & 1 \\ -2 & -3 \end{bmatrix}$，$\overline{\boldsymbol{B}} = \boldsymbol{PB} = \begin{bmatrix} 0 \\ 1 \end{bmatrix}$

$\dot{\overline{\boldsymbol{x}}} = \begin{bmatrix} 0 & 1 \\ -2 & -3 \end{bmatrix}\overline{\boldsymbol{x}} + \begin{bmatrix} 0 \\ 1 \end{bmatrix}\boldsymbol{u}$

（2）$\dot{\overline{\boldsymbol{x}}} = \begin{bmatrix} 0 & 1 & 0 \\ 0 & 0 & 1 \\ -2 & -5 & -4 \end{bmatrix}\overline{\boldsymbol{x}} + \begin{bmatrix} 0 \\ 0 \\ 1 \end{bmatrix}\boldsymbol{u}$

3-14 $\boldsymbol{Q} = \begin{bmatrix} 2 & -1 \\ 1 & 1 \end{bmatrix}$，$\boldsymbol{P} = \boldsymbol{Q}^{-1} = \dfrac{1}{3} \times \begin{bmatrix} 1 & 1 \\ -1 & 2 \end{bmatrix}$ $\dot{\overline{\boldsymbol{x}}} = \begin{bmatrix} 0 & 5 \\ 1 & 2 \end{bmatrix}\overline{\boldsymbol{x}} + \begin{bmatrix} 0 \\ 3 \end{bmatrix}u$，$y = [0 \quad 1]\overline{\boldsymbol{x}}$

3-15 $\boldsymbol{P}_c = \begin{bmatrix} 3 & 0 & 1 \\ 1 & 3 & 0 \\ 0 & 1 & 1 \end{bmatrix}^{-1} = \begin{bmatrix} 0.3 & 0.1 & -0.3 \\ -0.1 & 0.3 & 0.1 \\ 0.1 & -0.3 & 0.9 \end{bmatrix}$，做代换 $\boldsymbol{x} = \boldsymbol{P}_c^{-1}\overline{\boldsymbol{x}}$

$\dot{\overline{\boldsymbol{x}}} = \begin{bmatrix} 0 & -2 & -1 \\ 1 & -3 & -3 \\ 0 & 0 & -3 \end{bmatrix}\overline{\boldsymbol{x}} + \begin{bmatrix} 1 \\ 0 \\ 0 \end{bmatrix}\boldsymbol{u}$，$\boldsymbol{y} = [0 \quad 1 \quad 1]\overline{\boldsymbol{x}}$

3-16 $\boldsymbol{Q}_o=\begin{bmatrix}2&1&0\\0&2&1\\-2&-5&-2\end{bmatrix}$，$\boldsymbol{P}_o=\begin{bmatrix}2&1&0\\0&2&1\\0&0&1\end{bmatrix}$，$\boldsymbol{P}_o^{-1}=\begin{bmatrix}0.5&-0.25&0.25\\0&0.5&-0.5\\0&0&1\end{bmatrix}$，

$\dot{\bar{\boldsymbol{x}}}=\begin{bmatrix}0&1&0\\-1&-2&0\\-1&-2&-2\end{bmatrix}\bar{\boldsymbol{x}}+\begin{bmatrix}0\\1\\1\end{bmatrix}\boldsymbol{u}$，$\boldsymbol{y}=[1\quad 0\quad 0]\bar{\boldsymbol{x}}$，$\bar{\boldsymbol{x}}_1$ 和 $\bar{\boldsymbol{x}}_2$ 能观，$\bar{\boldsymbol{x}}_3$ 不能观。

第 4 章

4-1 系统在平衡状态 $x_e=0$ 处，为大范围一致渐近稳定。

4-2 系统在平衡状态 $x_e=0$ 处，为大范围一致渐近稳定。

4-3 系统在平衡状态 $x_e=0$ 处，为大范围一致渐近稳定。

4-4 （1）系统的平衡状态为状态空间的原点，$\begin{bmatrix}x_1\\x_2\end{bmatrix}=\begin{bmatrix}0\\0\end{bmatrix}$；

（2）$\dot{V}=2x_1\dot{x}_1+2x_2\dot{x}_2=2c(x_1^2+x_2^2)^2$

当 $c>0$ 时，$\dot{V}$ 为正定，系统为不稳定；

当 $c=0$ 时，$\dot{V}=0$，系统不是渐近稳定的，但是在李亚甫诺夫意义下是稳定的；

当 $c<0$ 时，$\dot{V}$ 为负定，并且当 $\|x\|\to\infty$，有 $V\to\infty$，所以系统为大范围一致渐近稳定。

4-5 系统的平衡状态为：$\begin{cases}x_1=2n\pi\\x_2=0\end{cases}$（$n$ 为整数）

$\dot{V}=x_2\dot{x}_2+k\sin x_1\cdot\dot{x}_1=-kx_2\sin x_1+kx_2\sin x_1=0$，所以，系统不是渐近稳定的，但是在李亚甫诺夫意义下是稳定的。

4-6 （1）$V(x)=x_1^2+x_2^2$

$\dot{V}=2x_1\dot{x}_1+2x_2\dot{x}_2=2x_1x_2-2x_2^2-2x_1x_2\mathrm{e}^{-t}=-2x_2^2+2x_1x_2(1-\mathrm{e}^{-t})$，为不定，因此无法判定系统是否稳定。

（2）$V(t,x)=x_1^2+\mathrm{e}^tx_2^2$

$\dot{V}=2x_1\dot{x}_1+\mathrm{e}^tx_2^2+2x_2\dot{x}_2\mathrm{e}^t=-x_2^2\mathrm{e}^t$ 为半负定，且 $\dot{V}=0$ 的状态不构成连续的轨线，并且当 $\|x\|\to\infty$，有 $V\to\infty$，所以系统为大范围一致渐近稳定。

4-7 （1）系统在平衡状态 $x_e=0$ 处，为大范围一致渐近稳定。

（2）在平衡状态 $x_e=0$ 处，系统不稳定。

4-8 当 $k>0$ 时，系统为渐近稳定。

4-9 在平衡状态 $x_e=0$ 处，系统不稳定。

4-11 在平衡状态 $x_e=0$ 处，系统不稳定。

4-12 在平衡状态 $x_e=0$ 处，系统不稳定。

4-13　系统在平衡状态 $x_e=0$ 处不稳定，也不是 BIBO 稳定。

4-14　系统在平衡状态 $x_e=0$ 处不稳定，也不是 BIBO 稳定。

4-15　（1）系统在平衡状态 $x_e=0$ 处，为一致渐近稳定。

（2）系统在平衡状态 $x_e=0$ 处，为一致渐近稳定。

第 5 章

5-1　$\boldsymbol{K}=[4 \quad 1]$

5-2　$\boldsymbol{K}=[0.8 \quad -0.2 \quad 0.4]$

5-3　$\boldsymbol{K}=[18 \quad 21 \quad 5]$

5-4　$\boldsymbol{G}=[4 \quad -1 \quad 2]^{\mathrm{T}}$

5-5　$\boldsymbol{G}_1=\begin{bmatrix}-1\\-1\end{bmatrix}$

5-6　$\begin{bmatrix}\dot{x}_1\\ \dot{x}_2\\ \dot{x}_3\end{bmatrix}=\begin{bmatrix}0&1&0\\0&-1&1\\0&0&-10\end{bmatrix}\begin{bmatrix}x_1\\x_2\\x_3\end{bmatrix}+\begin{bmatrix}0\\0\\-10\end{bmatrix}u$

$\lambda_1=-10$，$\lambda_{2,3}=-1\pm \mathrm{j}2$

5-7　$\boldsymbol{K}=[2 \quad -1]$，$\boldsymbol{G}=\begin{bmatrix}2\\2\end{bmatrix}$

5-8　$\boldsymbol{K}=[4 \quad 4.75 \quad 5.25]$

$\boldsymbol{G}=[25 \quad 10]$

5-9　$[k_1 \quad k_2 \quad k_3 \quad k_4 \quad k_c]=[2.4 \quad 3.08 \quad 33.4 \quad 10.08 \quad 0.8]$

5-11　能解耦。

$$\boldsymbol{K}=\boldsymbol{E}^{-1}\boldsymbol{L}=\begin{bmatrix}3&0&0&2\\0&-2&0&0\end{bmatrix}$$

$$\boldsymbol{F}=\boldsymbol{E}^{-1}=\begin{bmatrix}1&0\\0&1\end{bmatrix}$$

第 6 章

6-1　$u^*=\dfrac{\mathrm{e}^{-\sqrt{2}t}-\mathrm{e}^{-\sqrt{2}(4-t)}}{1-\mathrm{e}^{-4\sqrt{2}}-\sqrt{2}\,(1+\mathrm{e}^{-\sqrt{2}})}$

6-2　$u^*=4.5t-5$

6-3　$u^*(k)=\left[-\dfrac{3}{2} \quad 0\right]$，$J^*=11$

6-4 $u^* = -\frac{8\cos 4}{9 - \sin 8}\sin(4 - t)$

6-5 $u^* = \text{sign}\left[k e^{\frac{1}{2}t} \sin\left(\frac{\sqrt{3}}{2}t + \theta \right) \right]$

$k^2 = c_1^2 + c_2^2$，$\tan\theta = \frac{c_1}{c_2}$

其中 c_1、c_2 为积分常数，由边界条件确定。

6-6 从 $B \to A$ 决策。$10 + 8 + 5 + 6 + 6 + 5 = 40 = J^*$。

6-8 $u^* = -2(x_1 + x_2)$，$J^* = 2$

6-9 $u^* = -\frac{2}{3}$

6-11 $\boldsymbol{u}^* = -\boldsymbol{R}^{-1}[\boldsymbol{BP} + \boldsymbol{V}^{\mathrm{T}}]\boldsymbol{x}$

$J^* = \frac{1}{2}\boldsymbol{x}^{\mathrm{T}}(t_0)\boldsymbol{P}(t_0)\boldsymbol{x}(t_0)$

$\dot{\boldsymbol{P}} = \boldsymbol{P}(\boldsymbol{A} - \boldsymbol{BR}^{-1}\boldsymbol{V}^T) - (\boldsymbol{A}^T - \boldsymbol{VR}^{-1}\boldsymbol{B}^T)\boldsymbol{P} + \boldsymbol{PBR}^{-1}\boldsymbol{B}^T\boldsymbol{P} + \boldsymbol{Q} - \boldsymbol{V}^T\boldsymbol{R}^{-1}\boldsymbol{V}$

6-13 $\boldsymbol{P} = \begin{bmatrix} \sqrt{3} & 1 \\ 1 & \sqrt{3} \end{bmatrix}$，$\boldsymbol{K} = [1 \quad \sqrt{3}]$

参考文献

[1] 钱学森，宋健. 工程控制论（修订版）[M]. 北京：科学出版社，1980.

[2] T E 佛特曼，海兹. 线性控制系统引论 [M]. 吕林，等译，北京：机械工业出版社，1979.

[3] 王照林. 现代控制理论基础 [M]. 北京：国防工业出版社，1981.

[4] 夏德钤. 近代控制理论引论 [M]. 哈尔滨：哈尔滨工业大学出版社，1978.

[5] 郑大钟. 线性系统理论 [M]. 2 版. 北京：清华大学出版社，2002.

[6] 北京航空学院，西北工业大学，南京航空学院. 自动控制原理. 北京航空学院印刷厂，1984.

[7] 市川邦彦. 自动控制系统的设计理论 [M]. 由克伟，等译，北京：机械工业出版社，1980.

[8] 伊藤正美. システム制御理论 [M]. 新日本印刷株式会社，1973.

[9] 何关钰. 线性控制系统理论 [M]. 沈阳：辽宁人民出版社，1982.

[10] Doyle JC，Stein G. 带观测器系统的鲁棒性 [M]. IEEE AC-24，1979.

[11] 谢锡祺，杨位钦. 自动控制理论基础 [M]. 北京：北京理工大学出版社，1992.

[12] I. J. 纳格拉思，M 戈帕尔. 控制系统工程 [M]. 刘绍球，等译. 北京：电子工业出版社，1985.

[13] 薛定宇、陈阳泉. 基于 MATLAB/Simulink 的系统仿真技术与应用 [M]. 北京：清华大学出版社，2002.

[14] 黄家英. 自动控制原理 [M]. 南京：东南大学出版社，1991.

[15] 蔡尚峰. 自动控制理论 [M]. 北京：机械工业出版社，1980.

[16] B C KUO. Automatic control system [M]. Prentice-Hall，1982.

[17] 谢绪凯. 现代控制理论基础 [M]. 沈阳：辽宁人民出版社，1980.

[18] 姜长生，等. 线性系统理论与设计（中英文版）[M]. 北京：科学出版社，2008.

[19] 解学书. 最优控制理论与应用 [M]. 北京：清华大学出版社，1986.

[20] Frankl，Lewis. Optimal Control [M]. John Wiley & sons，1986.

[21] 塞奇，怀特. 最优系统设计 [M]. 汪寿基，等译. 北京：水利电力出版社，1985.

[22] 陈启宗. 线性系统理论与设计 [M]. 王纪文，杜正秋，毛剑琴，译. 北京：科学出版社，1988.

[23] 韩京清，何关钰，许有康. 线性系统理论代数基础 [M]. 沈阳：辽宁科学技术出版社，1987.

[24] 须田信英. 自动控制中的矩阵理论 [M]. 北京：科学出版社，1979.

[25] Okko H Bosgra，Huibert Kwakernaak. Design Methods for Control Systems [M]. 2001.

[26] John Doyle，Bruce Francis，Allen Tannenbaum，Feedback Control Theory [M]. 1990.

[27] 程鹏. 多变量线性控制系统 [M]. 北京：北京航空航天大学出版社，1990.

[28] H H Rosenbrock. Design of multivariable control system usine the inverse Nyquist array [M]. proc，I. E. E，1969.

[29] D H 欧文斯. 反馈和多变量系统 [M]. 庞国仲，白方周，李嗣福，译. 合肥：安徽科学技术出版社，1986.

[30] RAJNIKANT V PATEL，NEIL MUNRO. Multivariable system Theory and Design [M]. Pergamon Press，1981.